제 3 판

예제 중심으로 쉽게 배우는

MELSEC-Q PLC 자동화제어 실무기초

자동화설비 기능사 실기 완벽 대비

자동화설비 산업기사 실기를 위한 기초 다지기

전기기능장 PLC 실기 대비

정영호 · 조승근 · 최국진 공저

B.C.Info

목 차 Contents

I
PLC의 개요

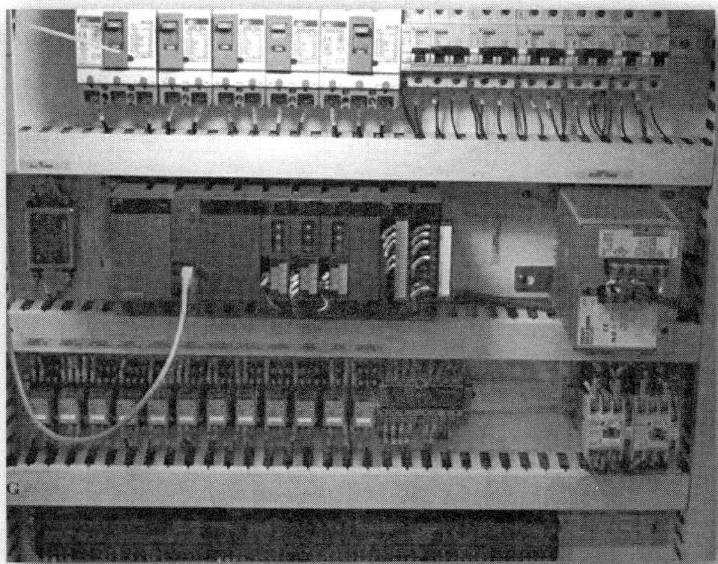

1.1 PLC란?

PLC(Programmable Logic Controller)란 종래에 사용하던 제어반 내의 릴레이 타이머, 카운터 등의 기능을 LSI, 트랜지스터 등의 반도체 소자로 대체하고 기본적인 시퀀스 제어 기능에 수치 연산 기능을 추가하여 프로그램 제어가 가능하도록 한 자율성이 높은 제어 장치이다.

(1) PLC의 여러 정의들

① 논리연산, 순서조작, 시한, 계수 및 산술연산 등의 제어동작을 실행시키기 위해 제어 순서를 일련의 명령어 형식으로 기억하는 메모리를 가지고, 이 메모리의 내용에 따라 기계와 프로세스의 제어를 디지털 또는 아날로그 입·출력을 통하여 행하는 디지털 조작형의 공업용 전자장치이다.

② 디지털 또는 아날로그 입출력 모듈을 통하여 로직, 시퀀싱, 타이밍, 카운팅, 연산과 같은 특수한 기능을 수행하기 위하여 프로그램 가능한 메모리를 사용하고 여러 종류의 기계나 프로세서를 제어하는 디지털 동작의 전자장치로서 공장 자동화의 두뇌이다.

③ 제어 이벤트에 대한 로직, 시퀀스, 시간 카운팅, 연산 등의 기능을 가지고 있고, 명령을 저장할 프로그램 메모리를 사용하며, 프로그램의 변경만으로 다양한 제어가 가능하다.

(2) PLC 기본 구성

PLC는 마이크로프로세서(microprocessor) 및 메모리를 중심으로 구성된 일종의 컴퓨터이다.

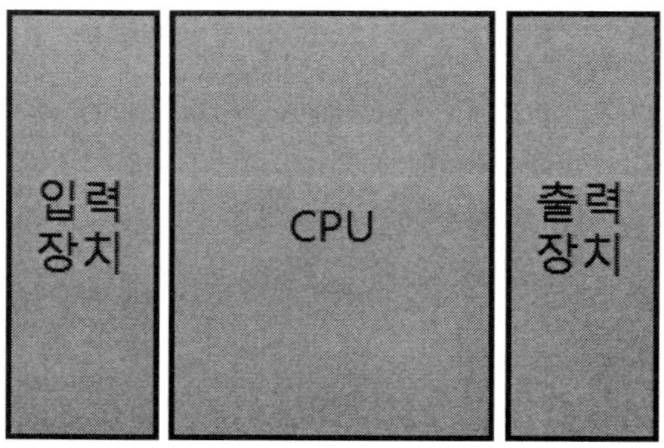

[그림 1.1] PLC의 기본 구성요소

CPU(Central Processing Unit : 중앙처리장치)는 마이크로프로세서와 메모리(주기억장치)로 이루어져 있으며 프로그램에 의해 입력과 출력을 제어하도록 해주는, 실질적으로 컴퓨터와 같은 기능을 하는 핵심 장치이다.

(3) PLC와 RELAY 제어 비교

PLC는 시퀀스 로직의 하드 와이어드 회로를 컴퓨터 프로그램으로 수행하도록 해주는 장치이다.

① 시퀀스 릴레이 제어회로와 제어반 예

시퀀스 로직 회로를 릴레이, 스위치, 센서를 가지고 직접 와이어로 복잡하게 연결한다.

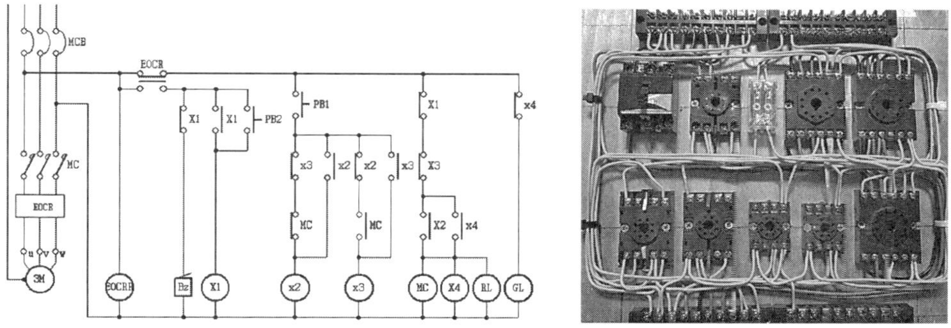

[그림 1.2] 시퀀스 회로도와 회로 구성 모습 예

② PLC 제어 예

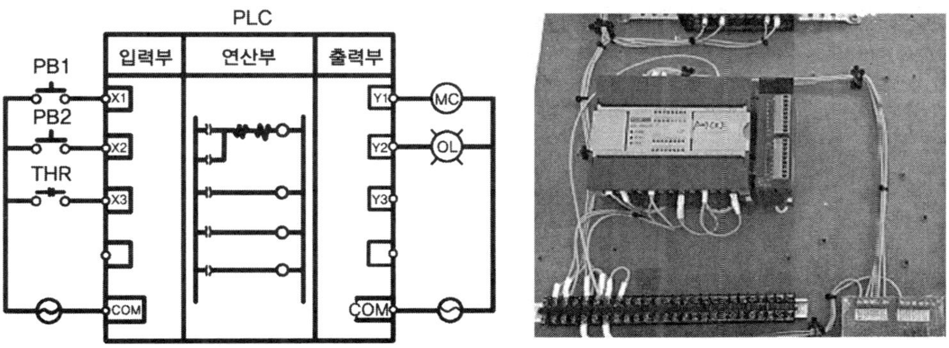

[그림 1.3] PLC 제어회로 구성 모습 예

PLC는 이 릴레이 로직 간의 와이어 연결을 프로그램으로 수행하게 된다. 즉, 복잡한 전선으로 연결된 전기 회로가 컴퓨터 프로그램으로 처리되므로 릴레이 간 와이어 로직 배선이 필요 없다.

[표 1.1] PLC와 릴레이 제어 비교

구분	PLC 제어	릴레이 제어
제어방식	프로그램에 의해 제어되는 soft wired logic	부품 간 배선에 의해 로직이 결정되는 hard wired logic
제어기능	조합논리(AND, OR, NOT 등) 다수의 타이머/카운터 SHIFT 레지스터 산술연산, 논리연산 통신	조합논리(AND, OR, NOT 등) 타이머 단순한 프리셋 카운터
제어요소	무접점 방식에 의한 고신뢰성, 긴 수명, 고속 제어	유접점 방식에 의한 한정된 수명, 저속 제어
제어로직 수정	프로그램 수정만으로 가능	연결 배선 철거와 재시공
동작방식	직렬 시퀀스 처리	병렬 시퀀스 처리
사용 접점수	동일 접점도 무제한 사용 가능	접점 사용의 한계
보 전 성	유지 보수가 쉬움	유지 보수가 곤란함
확 장 성	시스템 확장이 용이하고, 컴퓨터와 연동하여 작업 정보 송수신 가능	시스템 확장이 어렵고, 컴퓨터와 연동하여 작업 정보 송수신 불가능
크 기	소형화 가능	부품이 크기 때문에 소형화에 한계

(4) PLC의 적용분야

- 식료 산업 : 생산라인 자동제어
- 제철, 제강 산업 : 하역, 원료 수송 등
- 섬유, 화학 : 컨베이어, 수입 출하 등
- 자동차 : 전송라인, 조립라인, 도장라인 등
- 기계 산업 : 산업용 로봇, 공작기계 등
- 상하수도 : 정수장 제어, 하수처리 제어 등
- 물류 산업 : 자동창고 제어, 하역설비 제어, 반송라인 제어 등

(5) PLC의 분류

PLC는 크기와 형태에 따라 일체형(블록타입)과 모듈형으로 분류한다. 대체로 일체형은 소형 PLC이지만, 모듈형은 대형 PLC이며 확장성이 좋다.

① 일체형 PLC(블록타입 PLC)

비교적 소형의 자동화 시스템에 사용되는 PLC이다. 전원장치, CPU, 메모리, 입력 및 출력의 모든 기능이 하나의 케이스 안에 설치되어 있고 소형이다. 또한 취급이 간단하고 저가이다. 확장

UNIT을 장착하면 입출력 점수를 확장할 수 있으나 입출력 점수에 한계가 있다.

PLC 간의 통신, ANALOG 신호의 처리, 위치결정과 같은 고도의 기능을 발휘하기 어려우며, 프로그램 STEP 수도 제한적이고 상위 컴퓨터와의 작업정보의 전송이나 작업지시 정보의 교환 등이 제한된다.

일체형 PLC는 간단한 설비의 자동화나 단독적인 제어 설비의 자동화가 주목적이다. 따라서 장래의 확장성이 요구되는 설비에서는 입출력 점수 및 기타 기능을 고려하여 적절한 모듈형 PLC를 선정하는 것이 좋다.

(a) MASTER-K PLC

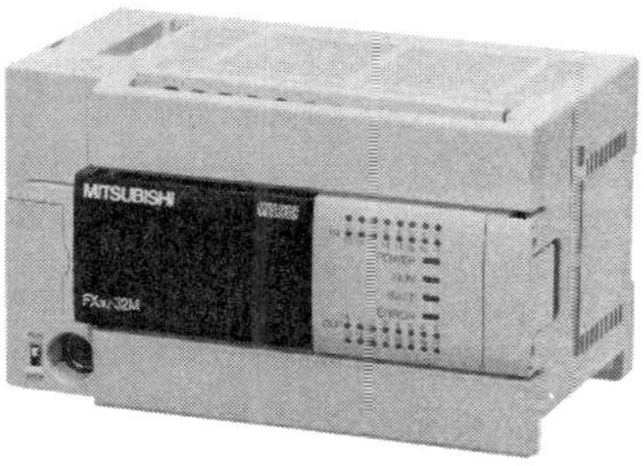

(b) 미쯔비시 FX-5U PLC

[그림 1.4] 일체형 PLC 모습 예

② 모듈형 PLC

모듈형 PLC의 BASE UNIT에 POWER UNIT과 CPU UNIT를 기본으로 설치하고, 자동화 대상의 기능에 따라 여러 종류의 입출력 장치를 추가하여 사용할 수 있다. 또한 CPU의 기능이 일체형에 비해 향상되었고 고속처리 및 대용량 데이터의 처리가 가능하며, PLC 간의 통신이나 상위 컴퓨터와의 다양하고 고속의 통신이 지원된다.

이와 같은 기능을 이용함으로써 CNC, ROBOT, 상위 컴퓨터와 연결하여 대단위의 자동화가 가능하고, 컴퓨터 통신을 이용하여 수주에서 생산 판매에 이르는 전 과정을 자동화하는 종합화 생산시스템을 구성할 수 있다. 또한 모든 생산 활동이 기계로 움직이는 무인 공장의 등장이 가능하도록 하였다.

[그림 1.5] 미쯔비시사 모듈형 PLC(MELSEC-Q) 예

UNIT의 종류에는 입력, 출력, 입/출력 혼용, 통신, 고속 카운터, PID제어, 아날로그 입력, 아날로그 출력, 위치 결정 UNIT 등이 있다.

(6) PLC 발전 추세

① 단순 반복적인 분야에서 정밀한 제어 분야로 응용분야가 광범위해짐

② 고속화

③ 반도체 제조 기술의 발달, 수요자의 다양한 요구로 인해 기종 및 확장 I/O 모듈 등의 다양화

④ 시리즈화 : 언어의 통일, I/O MODULE 및 주변기기의 공용화

⑤ 외부통신기기 강화로 고속 대량 데이터 처리 형태의 증가 - 빅데이터 대응

⑥ 구조 형상의 다양화 : 일체형, 랙 마운트형, 저소비전력 소자 채용으로 소형화, 박형화

⑦ 시뮬레이션 기능의 발전

1.2 PLC의 구성

(1) PLC 구성 요소

PLC는 마이크로프로세서(microprocessor) 및 메모리를 중심으로 구성되어 인간의 두뇌 역할을 하는 중앙처리장치(CPU), 외부 기기와의 신호를 연결시켜주는 입·출력부, 각 부에 전원을 공급하는 전원부, PLC 내의 메모리에 프로그램을 기록하는 주변 장치로 구성되어 있다.

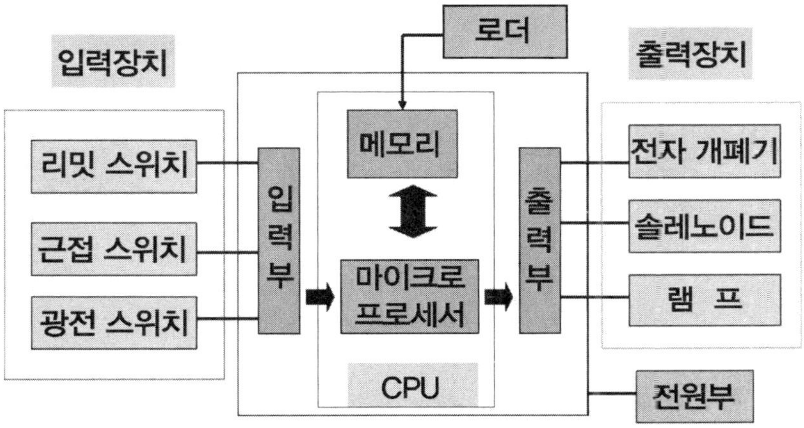

[그림 1.6] PLC 구조 블록도

① CPU의 구성요소와 기능

- **연산부** : PLC의 두뇌 부분으로서, 메모리에 저장된 프로그램을 해독하여 실행
- **메모리** : ROM과 RAM이 있음
  - 사용자 프로그램 메모리 : 사용자가 작성한 프로그램이 저장되는 영역
  - 데이터 메모리 : 입·출력 릴레이, 타이머, 카운터의 접점 상태 및 설정값, 현재값 등 저장
  - 시스템 메모리 : PLC 제작회사에서 작성한 프로그램이 저장되는 영역

② 입력부

PLC가 제어 동작을 수행하기 위한 외부 입력측 기기의 입력 신호를 받아 CPU에서 사용할 수 있는 신호로 변환해 주는 역할을 한다.

입력부 내부는 입력신호가 포토 커플러를 통해 CPU 연산부에 전달되므로 전기적으로 절연되어 입력 노이즈 영향을 최소로 하도록 구성되어 있다.

- **입력신호 인가방법** : 외부전원 공급형과 내부전원 공급형이 있으며, 일반적으로 랙형은 외부전원을 이용하고, 일체형은 내부전원을 이용하는 기기가 많다.

■ **입력 접점의 기기** : 푸쉬 스위치, 셀렉터 스위치, 리미트 센서, 근접 센서, 광전 센서, 디지털 16진 스위치 등

■ **입력 모듈의 종류** : 전원 유닛(DC24V, AC110V, AC 220V), 아날로그 입력 유닛, 고속카운터, A/D변환 유닛 등

[그림 1.7] 각종 입력기기 모습들

③ 출력부

CPU의 연산 출력신호를 출력 릴레이 또는 출력 TR을 통해 부하를 구동하도록 한다. 내부 출력 명령을 IC 신호 레벨로부터 증폭기를 거쳐 계전기 코일을 구동하고 내부 연산회로의 연산결과를 외부 구동기에 맞는 신호로 변환하여 출력시키는 부분이다.

■ **출력기기** : 램프 및 각종 표시장치, 파워 릴레이, 솔레노이드, 모터드라이버, 인버터 등

[표 1.2] 출력 모듈의 종류

출력신호	유접점 방식	무접점 방식
직류(DC)	릴레이 출력	트랜지스터 출력
교류(AC)	릴레이 출력	SSR 출력

[그림 1.8] 각종 출력기기 모습들

(2) PLC 시스템 구성

PLC의 기본 구성은 컴퓨터의 구성과 유사하다. 명령을 기억하고 처리하는 CPU가 있고 주기억장치, 입출력 제어장치로 구성되어 있다. 주기억장치는 사용자 프로그램 또는 데이터를 저장하고 있고 이를 CPU가 명령들을 실행하면서 시스템이 움직인다.

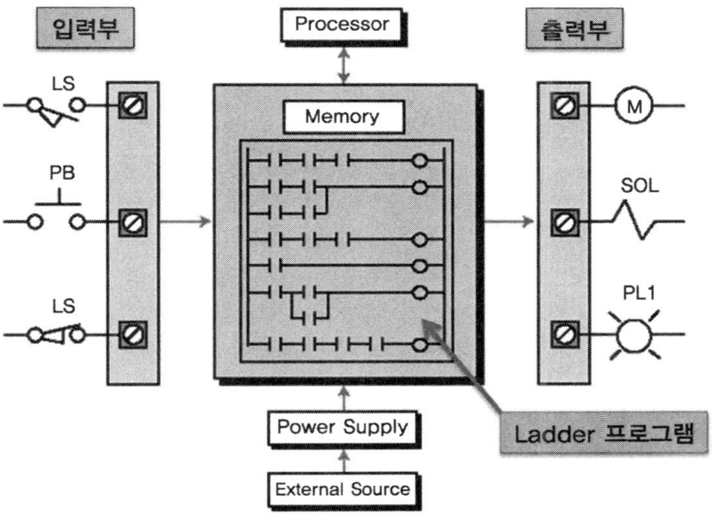

[그림 1.9] PLC 제어 시스템 구성도

입력부에 각종 입력 장치들이 접속되어 CPU에 정보를 전달하고 이를 프로그램에 의해 출력부에 연결된 각종 출력 장치들을 구동시키게 된다.

사용자는 입력에 따라 어떻게 출력 장치들을 구동시킬 것인가를 프로그램으로 만들어서 이를 PLC로 보내 CPU에게 프로그램을 실행하도록 해야 한다.

(3) 입력 및 출력 접점의 결선 예

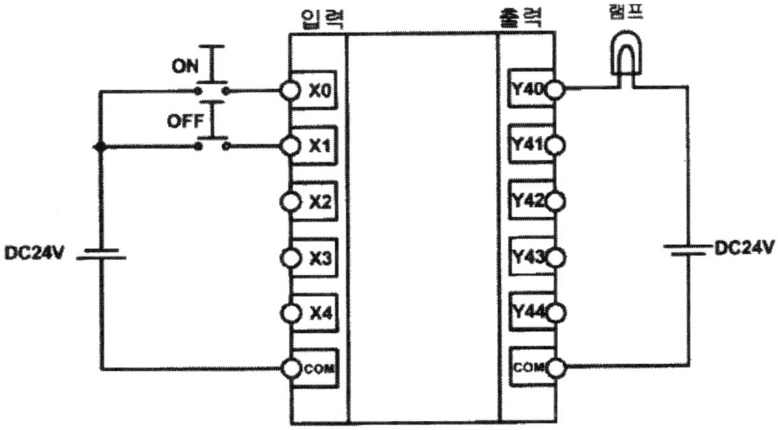

[그림 1.10] MELSEC PLC에서의 입력과 출력의 연결 방법 예

MELSEC PLC 입력부는 +COM을 사용하고, 출력부는 −COM을 사용한다. 따라서 입력기기를 PLC와 결선시 PLC 입력점과 GND에 접속해야 하며 출력기기를 PLC와 접속시 출력점과 +전원 사이에 접속해야 한다.

PLC 제조회사에 따라서는 COM의 극성이 다를 수도 있고, 어떤 기종은 사용자가 COM의 전압을 결정해서 사용할 수 있는 것도 있으니 제조사의 매뉴얼을 잘 확인한 후 사용해야 한다.

1.3 PLC 프로그래밍 개요

(1) PLC 프로그래밍 언어 종류와 방식

① 니모닉(Mnemonic)

어셈블리 언어 형태의 문자 기반 언어이다. 명령어를 직접 입력하는 방법으로, 회사별로 다르고 직관적이지 못하나, 핸디 로더 등에서는 유용하다. Instruction List라고도 한다.

■ 니모닉 프로그램 예

```
LD      X1
AND     X2
LDI     X4
AND     X5
ORB
OR      Y1
AND     X3
OUT     Y1

END
```

② 래더(Ladder)

래더는 회로도의 모양이 사다리와 같아서 붙여진 이름이다. 도형 기반의 언어의 일종으로, 릴레이 심볼을 사용하여 논리 표현한 그래픽한 방법으로 가장 널리 사용된다.

■ 래더 프로그램 예

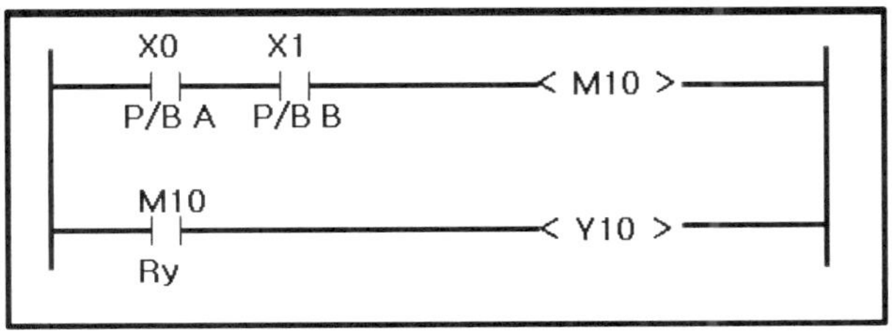

[그림 1.11] Ladder 예

③ SFC(Sequential Function Chart)

구조화된 언어로 복잡한 로직에 적용된다. 니모닉 또는 래더 다이어그램 방식으로 작성된 여러 개의 프로그램 블록들을 순차적으로 도식화하여 그 실행 조건을 부여하는 방식이다.

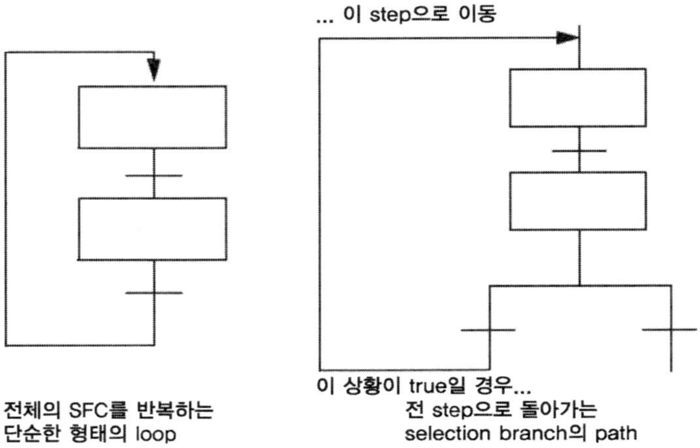

[그림 1.12] SFC 예

④ ST(Structured Text) 언어

텍스트 형식으로의 자유로운 기술을 할 수 있어 C언어 등의 고급 언어와 동등한 프로그래밍이 가능하다. 연산 처리를 용이하게 기술하는 것이 가능하여 프로그램의 가시성이 양호하고, 복잡한 산술 연산, 비교 연산 등을 실행하는 분야에 많이 적용되고 있다.

```
IF      Initialization THEN
        good := 0; Defective := 0; Yield := 0.0;

ELSE
        IF Inspection THEN
                good := good +1;

        ELSE
                Defective := Defective + 1;
        END_IF;

        Yield := DINT_TO_REAL(good)/DINT_TO_REAL(good + Defective);
END_IF;
```

[그림 1.13] ST 언어 프로그램 예

(2) 래더의 이해

PLC 내부에는 논리명령어로 제어내용이 입력되어 있다. 동작을 정확히 이해하기 위해서는 니모닉이라고 하는 논리명령어가 필요하지만, 니모닉으로 된 프로그램은 제어내용을 전체적으로 이해하기 힘들다. 따라서 전체적으로 내용을 이해하고 작성하기 쉬운 래더도를 주로 사용한다.

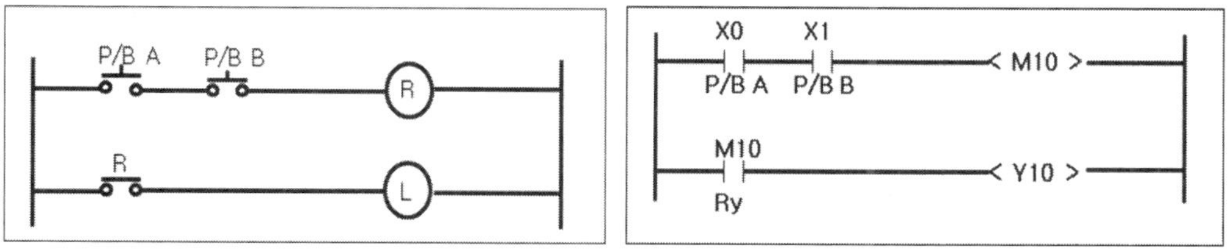

(a) 시퀀스 회로 (b) PLC Ladder도

[그림 1.14] AND 로직의 시퀀스 회로와 PLC 래더 차이 예

[표 1.3] 릴레이 로직 회로와 PLC 래더 로직 기호 차이

구분	릴레이 기호	PLC 기호	해 설
A접점	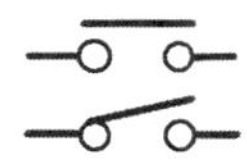		평상시 개방되어 있음. N.O(Normally Open) 접점이라고도 함. PLC에서는 외부입력 및 내부 로직의 ON, OFF 상태를 표시
B접점	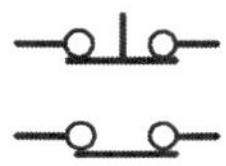		평상시 닫혀 있음. N.C(Normally Close) 접점이라고도 함. PLC에서는 외부입력 및 내부 로직의 ON, OFF 상태의 반전을 표시
C접점	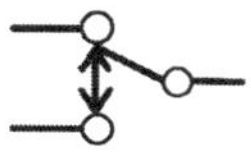	없음	PLC에서는 A, B접점을 혼합한 로직의 조합으로 표현
출력코일	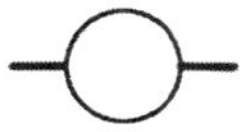	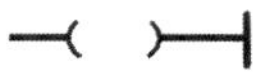	PLC에서는 괄호 안에 출력 접점 기호로 표현
응용명령어	없음		PLC의 각종 응용 명령을 수행

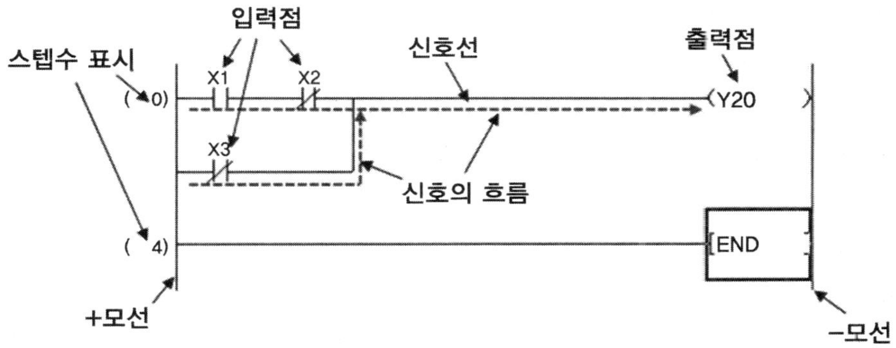

[그림 1.15] Ladder의 표현과 구성 요소

릴레이와는 달리 접점은 세로 선에는 배치하면 안 된다. 출력접점은 프로그램 중에 가능하면 한 번만 사용하도록 한다. PLC는 일종의 컴퓨터이므로 프로그램을 처리하는 데 있어서 한 번에 한 명령씩 순차적으로 실행한다.

래더도도 일종의 프로그래밍 언어이고 각종 입력점, 접속점, 출력점의 개개의 요소가 각각의 명령어로 변환되어 실행된다. 명령어들이 메모리에 적재되어 CPU는 한 번에 한 명령씩 처리하며 첫 명령어부터 마지막 명령까지 한 번 수행하는 것을 1스캔타임이라 한다.

래더도의 동작 흐름의 순서를 [그림 1.16]에 나타내었다.

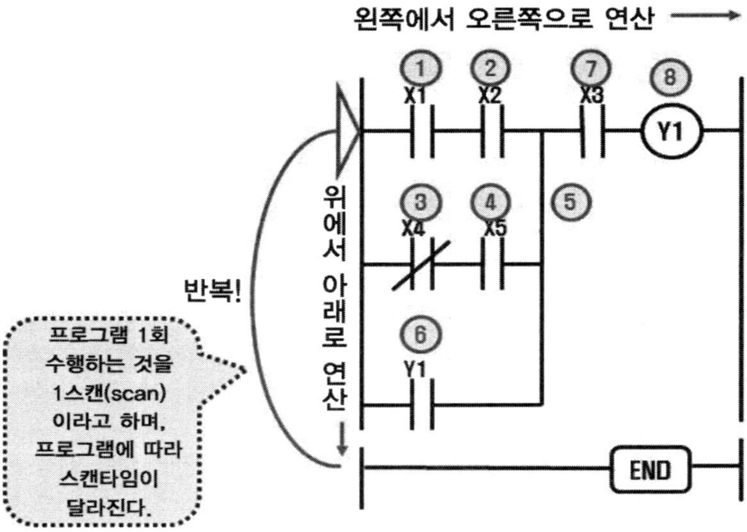

[그림 1.16] 동작 흐름의 순서

■ **전기신호 흐름**

- 왼쪽에서 오른쪽으로 진행한다(+모선에서 -모선으로 흐른다고 생각).
- 위에서 아래로 진행한다.
- 신호가 END까지 가면 다시 처음부터 진행을 반복한다.
- 이 한 번의 과정을 1 스캔(scan)이라고 한다.

(3) 기본 용어 정의

① 점(Point)

입력 32점, 출력 32점의 PLC는 스위치나 센서 등 입력기기를 최대 32개, 램프나 릴레이 등 출력기기를 최대 32개 사용할 수 있다.

PLC의 입출력 용량을 표시할 때 사용한다.

② 스텝(Step)

PLC 명령의 최소단위로 A접점, B접점, 출력코일 등의 각각의 명령이 1스텝에 해당하는 명령이고 기타 응용 명령어의 경우 하나의 명령어가 다수의 스텝을 점유할 수 있다.

또한 프로그램 용량 및 CPU 속도를 표시하는 단위로 사용된다(예 : 용량 30K step, 속도 0.1msec/step).

③ 스캔타임(Scan time)

사용자가 작성한 프로그램이 선두에서 끝까지 1회 수행하는 데 걸리는 시간을 말한다.

(4) 제어 흐름의 표현 방법

① 타임차트(Time chart)

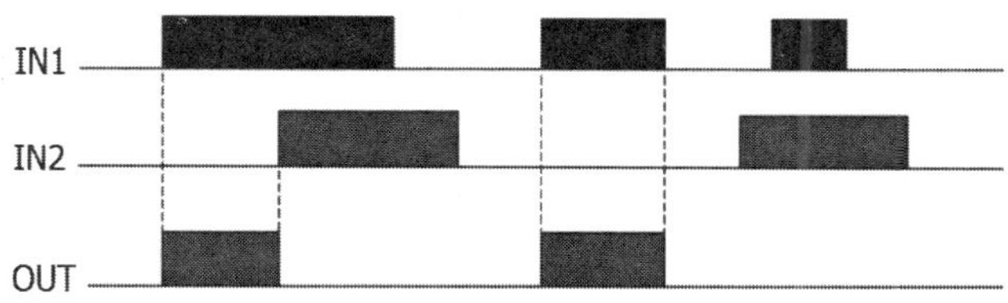

[그림 1.17] 타임차트 예

주로 스위치, 센서 입력에 따른 출력 간의 관계를 사용할 때 이용된다. 타이머를 이용한 제어의 흐름을 나타낼 때 흔히 사용된다.

② 제어선도(유공압실린더의 경우)

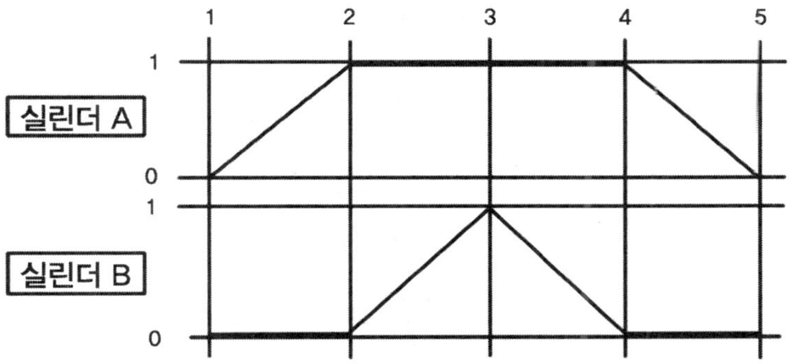

[그림 1.18] 제어선도 예

제어선도는 공유압 실린더의 작동변화나 리밋센서 등의 작동 상태를 나타낸다.

선도에서 '0'은 실린더 후진, '1'은 실린더 전진을 나타내며 세로선의 번호는 작동순서를 의미한다. 실린더 리밋센서 등을 이용하여 다음 동작이 되도록 프로그램한다.

■ **실린더의 기타 표현방법**

- +(전진), -(후진) : (예) A+ → B+ → B- → A-

③ 흐름도(Flow chart)

프로그램의 알고리즘을 도식적으로 나타내는 방식이다. 제어 흐름의 순서대로 기호를 사용하여 표현하는 데 사용한다.

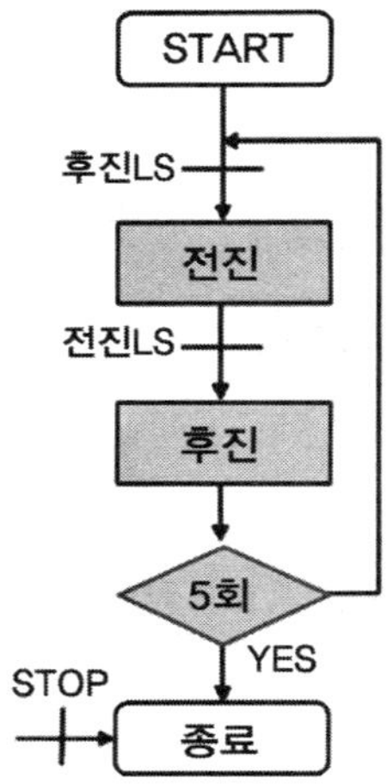

[그림 1.19] 흐름도의 예

(5) PLC 프로그램의 연산처리 흐름

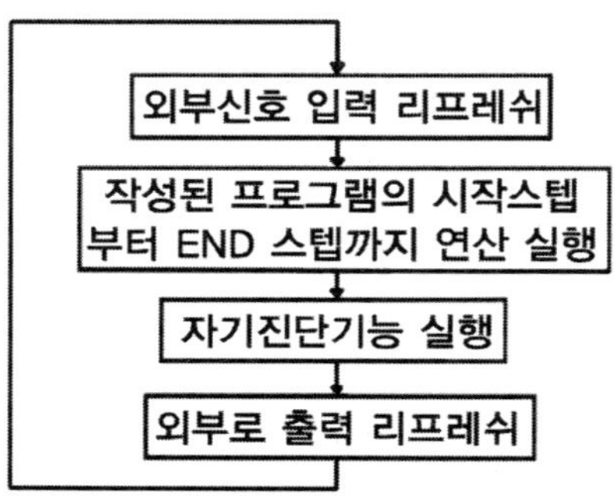

[그림 1.20] PLC CPU의 처리 흐름

① SCAN

입력 Unit으로부터 접점 상태를 읽어 들여 입력 영역에 저장한 후 이를 바탕으로 0 Step부터 End까지 순차적으로 연산을 실행하고 자기진단을 행한 후 외부로 출력하는 일련의 동작을 말한다.

② 입력 Refresh

프로그램을 실행하기 전에 입력 unit에서 Data을 Read하여 Data Memory의 입력 영역에 일괄 저장하는 것을 말한다.

③ 출력 Refresh

End 명령까지 연산을 실행하고 자기진단 기능을 한 후 Data Memory에 있는 출력 Y영역의 Data을 출력 Unit에 일괄 출력하는 것을 말한다.

(6) CPU 모듈의 메모리

PLC의 메모리는 크게 사용자 프로그램 메모리, 데이터 메모리, 시스템 메모리 등 3가지로 구분된다. 시스템 메모리는 PLC 생산 회사에서 작성한 시스템 프로그램인 펌웨어가 들어 있어 PLC 기능이나 성능을 결정하는 요소 중 하나이며, 사용자가 접근할 수 없다.

프로그램의 연산은 프로그램 메모리에 저장되어 있는 프로그램을 프로그램 캐시메모리에 전송하여 실행한다.

[표 1.4] CPU 자체 사용자 메모리 구성

구 분	기 능	저장 요소들
프로그램 메모리	CPU모듈이 연산에 필요한 프로그램과 파라미터를 저장 (Flash ROM)	프로그램, 파리미터, 디바이스 코멘트, 디바이스 초기값
프로그램 캐시메모리	프로그램 메모리에서 실행 프로그램을 저장하여 실행(SRAM)	프로그램
표준 ROM	프로그램, 파라미터 등의 데이터를 저장(Flash ROM)	프로그램, 파라미터, 디바이스 코멘트, 디바이스 초기값, PLC사용자 데이터, 래치 데이터 백업파일
표준 RAM	메모리 카드를 장착하지 않고 레지스터나 디바이스를 사용하는 메모리 (SRAM)	파일 레지스터, 로컬디바이스, 샘플링 트레이스 파일, 모듈에러 이력용 파일

(7) PLC 프로그래밍 순서

① 개발 프로그램 입력 및 출력 설계

- 각종 스위치 및 입력센서 등 각 기기가 연결된 접점마다 고유 번호를 부여하기 위한 전 작업으로 해당 PLC 전용 개발 프로그램을 준비한다.

② 입출력기기의 할당

- 각종 입출력기기의 고유번호 등을 부여하고 동작상태를 정의하는 것

③ 내부 릴레이, 타이머, 카운터 등의 할당

- 내부 접점, 타이머, 카운터 등에 대한 고유번호를 부여하고 설정값 등을 정의

④ 코딩(Coding)

- PC의 소스 코드 작성과 동일한 개념으로, 해당 PLC의 메모리에 로딩할 프로그램을 작성하는 것으로 래더도를 가장 많이 사용한다.

⑤ 로딩(Loading)

- 프로그램 입력 장치를 이용하여 작성한 프로그램을 PLC 메모리에 기억시키는 작업

⑥ 시뮬레이션(Simulation) 또는 실행(Execution)

- 직접 운전을 하지 않고 컴퓨터로 모의(시뮬레이션) 확인하는 작업
- 직접 출력을 구동시켜 동작을 확인하는 작업

Ⅱ

MELSEC-Q PLC와 GX-Works2

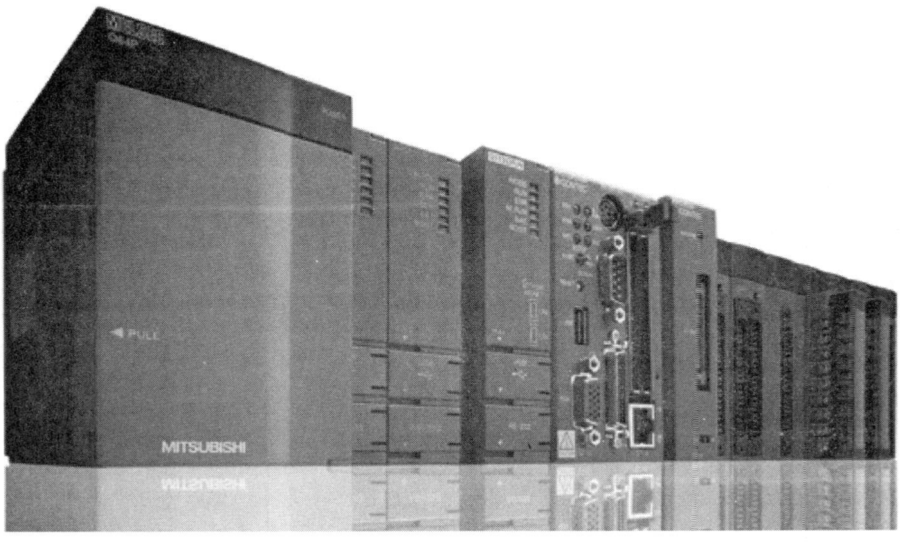

2.1 MELSEC 계열 PLC 종류

(1) MELSEC 시리즈 종류(출처 : 한국 미쯔비시 오토메이션)

MELSEC 시리즈 중 Q 시리즈가 가장 널리 사용되고 있고, L 시리즈는 가격이 저렴하고 컴팩트한 일체형 시리즈로서 소규모 간단한 제어에 사용되고 있다.

[표 2.1] MELSEC 시리즈 종류

MELSEC-Q 시리즈	MELSEC-L 시리즈	MELSEC-F 시리즈
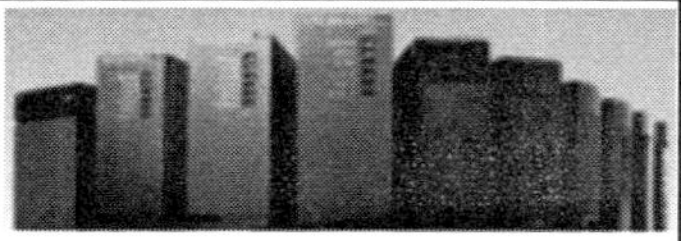		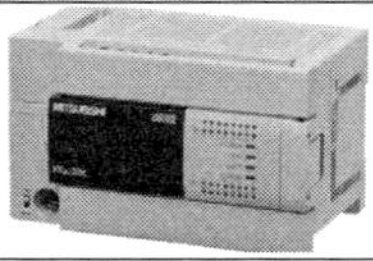
고속 · 고정밀 데이터 처리	다양한 제어가 가능한 표준모델	효율적 비용의 컴팩트 모델
• CPU • 베이스유닛 • 전원 • 입출력 모듈 • 아날로그 모듈 • 펄스 입출력, 카운터 모듈 • 위치결정 모듈 • 정보 모듈 • 제어 네트워크 모듈 • 에너지 측정 모듈	• CPU • 전원 • 입출력 모듈 • 아날로그 모듈 • 카운터 모듈 • 위치결정 모듈 • 정보 모듈 • 제어 네트워크 모듈	• 본체 • I/O 확장 • 아날로그 제어 • 고속 카운팅 • 위치제어 • 네트워크, 통신
MELSEC-QS/WS 시리즈	**엔지니어링 소프트웨어**	**MELSEC 관련 네트워크**

제조현장의 안정성 극대화	TCO 감소	복잡한 대규모 현장을 연결
• 세이프티 PLC • 세이프티 컨트롤러 • 세이프티 릴레이 모듈	• iQ Works • GX Works2 • PX Developer • MX Component • MX Sheet • 기타 엔지니어링 소프트웨어 • 주변장비 지원 도구	• CC-Link IE 컨트롤러 네트워크 • CC-Link 필드 네트워크 • CC-Link • CC-Link 세이프티 • CC-Link/LT • Ethernet • AnyWire • SSCNET • PC 인터페이스 보드

(2) MELSEC-Q 시리즈 모델 라인업(출처 : 한국 미쯔비시오토메이션)

① 라인업

주로 학교의 실습실에 많이 설치된 CPU 모델은 Q02U, Q02H 계열에서 최근에는 Q03UDE 또는 Q03UDV 시리즈를 많이 채용하고 있다. 이 중 가장 하이퍼포먼스는 Q03UDV CPU이다.

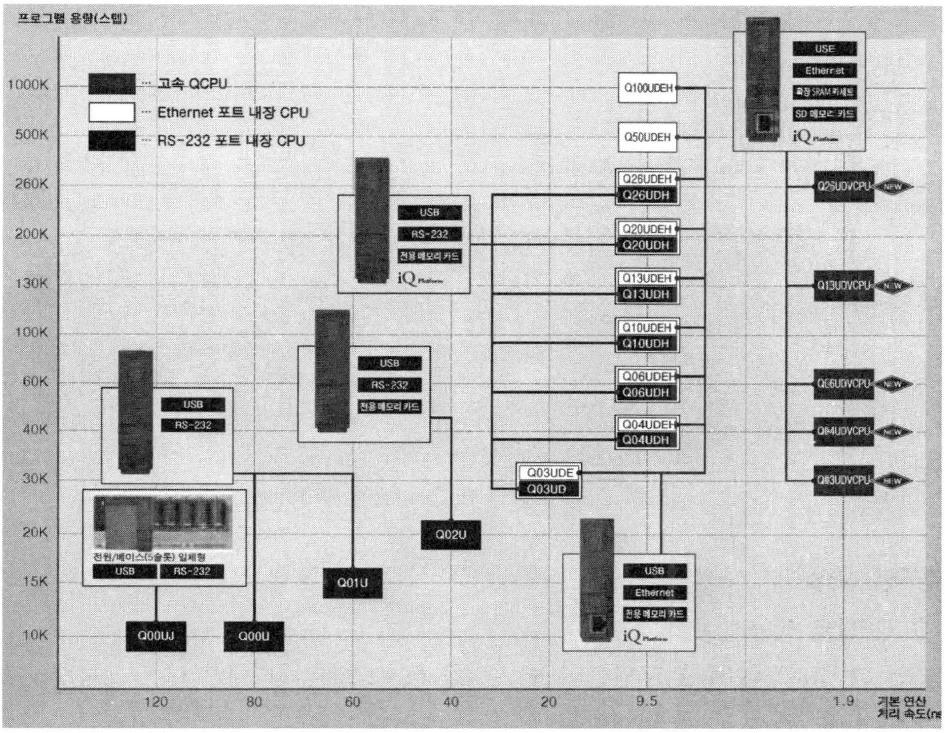

[그림 2.1] MELSEC-Q 시리즈 라인업

위의 [그림 2.1]에서 알 수 있듯이 Q03UDE와 Q03UDV의 두드러지는 차이는 처리 속도이다. UDV는 UDE에 비해 속도가 약 10배 빠르고 메모리 확장이 용이하도록 구성되어 있다.

2.2 MELSEC-Q PLC 시스템 구성

(1) 랙(모듈)형 PLC 시스템의 구성

랙형 PLC는 'Base'라는 메인보드에 각각의 기능별 모듈을 장착하여 사용할 수 있도록 구성되어 있고, 각 모듈은 장치주소를 할당하여 사용하여야 한다.

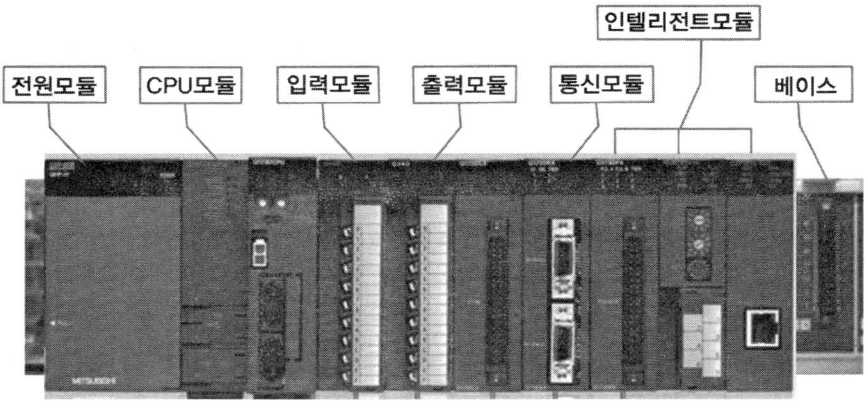

[그림 2.2] 모듈형 PLC 시스템 구성 예

(2) CPU 모듈

① 주요 CPU별 성능

MELSEC-Q 시리즈의 주요 모델별 성능 사양을 [표 2.2]에 나타내었다.

[표 2.2] 주요 CPU별 성능

형명	프로그램 용량	디바이스 용량	표준 ROM용량	입출력 점수	기본연산 처리속도	주변기기 접속포트
Q06UDVCPU	60K스텝	424K워드	1025.5KByte	4096점	1.9nSec	USB, Ethernet
Q03UDVCPU	30K스텝	126K워드	1025.5KByte	4096점	1.9nSec	USB, Ethernet
Q03UDECPU	30K스텝	125K워드	1024KByte	4096점	20nSec	USB, Ethernet
Q02UCPU	20K스텝	93K워드	512KByte	2048점	40nSec	USB, RS-232C

② MELSEC-Q 시리즈 CPU 종류와 인터페이스

[표 2.3] Q 시리즈 CPU 종류

시리즈	QnUDE	QnU	QnH	Q 베이직
외 관	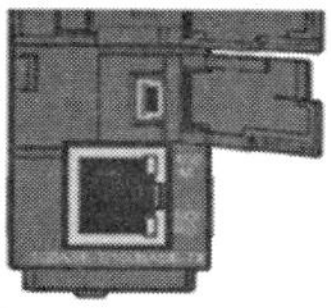	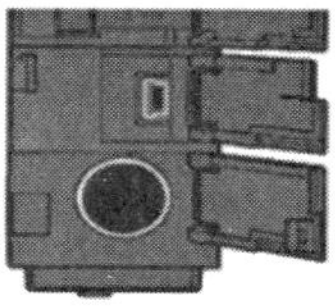	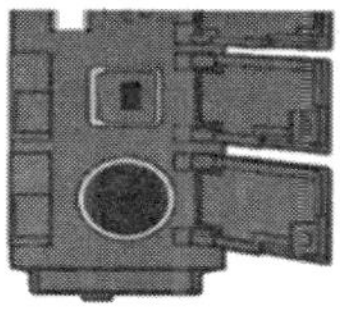	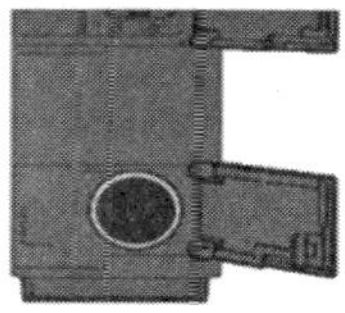
인터페이스	Mini-USB Ethernet	Mini-USB RS-232C	USB RS-232C	RS-232C
대응 CPU	Q03UDECPU Q04DEHPU Q06DEHPU Q10UDEHCPU Q13UDEHCPU Q20UDEHCPU Q26UDEHCPU	Q00UJCPU Q00UCPU Q01UCPU Q02UCPU Q03UDCPU Q04UDHCPU Q06UDHCPU Q13UDHCPU Q26UDHCPU	Q02CPU Q02HCPU Q06HCPU Q12HCPU Q25HDCPU Q02PHCPU Q06PHCPU Q12PHCPU Q25PHCPU Q12PRHCPU Q25PRHCPU	Q00CPU Q00JCPU Q01CPU

(3) 베이스

베이스(Base)는 모듈식 PLC에서 PLC의 CPU 모듈, 입력 모듈, 출력 모듈, 인텔리전트 모듈 등 각각의 모듈을 장착할 수 있도록 해주는 컨넥터가 있는 기판을 말한다.

CPU를 제외하고 주변기기 모듈을 베이스에 장착하면 각각의 모듈마다 장치 번호를 할당해 주어야 한다.

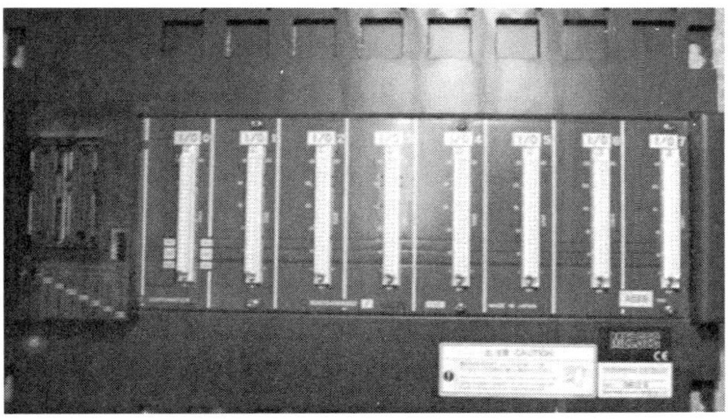

[그림 2.3] PLC 베이스 유닛

① 입출력 번호의 할당

입출력 번호는 다음의 경우에 시퀀스 프로그램에서 사용하는 어드레스를 나타내기 위한 것이다.

■ ON/OFF 데이터의 수신과 출력

CPU 모듈에 대한 ON/OFF 데이터의 수신은 입력(X)으로, CPU 모듈에서의 ON/OFF 데이터의 출력은 출력(Y)으로 한다.

■ 입출력 번호의 표현

입출력 번호는 16진수로 표현한다.

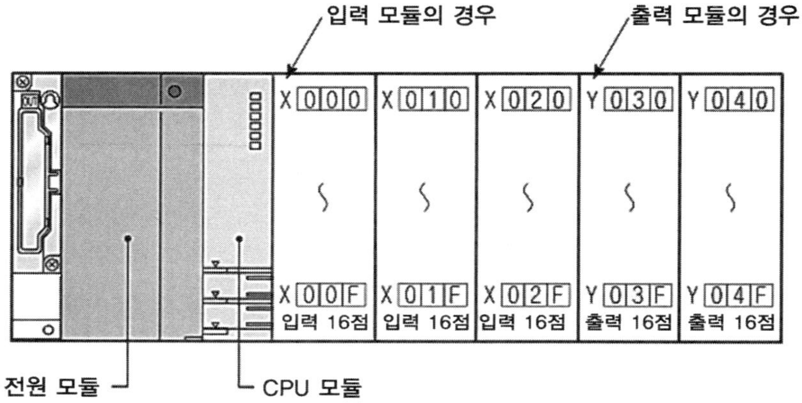

[그림 2.4] 확장 모듈별 어드레스의 할당 예

② GX-WORKS2에서의 I/O 할당 설정

PLC 파라미터의 I/O 할당 설정에서 설정한다. <u>I/O 할당</u>에서는 베이스 모듈의 슬롯마다 다음 항목을 개별적으로 설정할 수 있다.

- 종류(모듈 종류)
- 점수(입출력 점수)
- 선두 XY(선두 입출력 번호)

예를 들어, 지정 슬롯의 입출력 점수를 변경하는 경우에는 점수만 설정할 수 있다. 설정하지 않은 항목은 베이스 모듈의 장착 상태가 된다.

Q 3 8 R B

기호	시리즈 종류
Q	Q Series 용
A	A Series 용
A1S	AnS Series 용

기호	베이스 종류
3	기본 베이스
5	1) 증설용 2) 전원 모듈 장착 X
6	1) 증설용 2) 전원 모듈 장착 O

슬롯 수
전원, CPU 제외

기호	전원 종류
R	전원 이중화용
S	1) 슬림 전원 모듈 용 2) 증설 접속 X

베이스(BASE) 의미

[그림 2.5] PLC 베이스 모델 형명 예

(4) 전원 모듈

Q 6 4 R B

기호	전원 종류
1	AC100/AC200V 입력
2	AC100/AC 200V 입력, DC24V 출력
3	DC24V 입력
4	대용량 전원(8.5A)

기호	베이스 종류
R	전원 이중화 시스템용
S	슬림

Module name	Input	Output
Q61P	100V to 240VAC	5VDC 6A
Q62P	100V to 240VAC	5VDC 3A, 24VDC 0.6A
Q63P	24VDC	5VDC 6A
Q64P(N)	100V to 120V/AC200 to 240VAC	5VDC 8.5A
Q61P-D	100V to 240VAC	5VDC 6A

[그림 2.6] 전원 모듈 모델 형명과 종류

(5) 범용 입력·출력 모듈

[입력 모듈]

Q X 4 1

입력모듈

기호	입력 신호
1	AC110V
2	AC220V
4	DC24V, NPN, 24V COM
8	DC24V, PNP, 0V COM

기호	입력 점수
0	16점
1	32점
2	64점

[출력 모듈]

Q Y 4 2 P

출력모듈

기호	입력 신호
1	릴레이
2	트라이악(TRIAC)
4	DC24V, Sink Type, 0V COM
7	5V/12V
8	DC24V, Source Type, 24V COM

기호	입력 점수
0	16점
1	32점
2	64점

프로텍터 내장
1) 써멀 프로텍터 2) 단락보호기능

[그림 2.7] 입출력 모듈 종류

① QX41DC 입력 모듈(Positive Common Type) 내부회로

PLC가 제어 동작을 수행하기 위한 외부 입력측 기기의 입력 신호를 받아 CPU에서 사용할 수 있는 신호로 변환해 주는 역할을 한다.

입력부 내부는 입력신호가 포토 커플러를 통해 CPU 연산부에 전달되므로 전기적으로 절연되어 입력 노이즈 영향을 최소로 하도록 구성되어 있다.

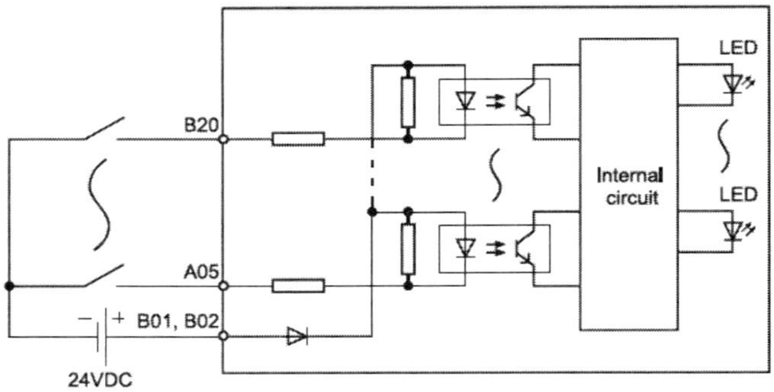

[그림 2.8] QX41DC 입력 모듈 내부회로

② QY41P Transistor 출력 모듈(Sink Type) 내부 회로

CPU의 연산 출력신호를 포토 커플러를 거쳐, 출력 릴레이 또는 출력 TR을 통해 부하를 구동하도록 한다.

내부 출력 명령을 IC 신호 레벨로부터 증폭기를 거쳐 계전기 코일을 구동하고 내부 연산회로의 연산결과를 외부 구동기에 맞는 신호로 변환하여 출력시키는 부분이다.

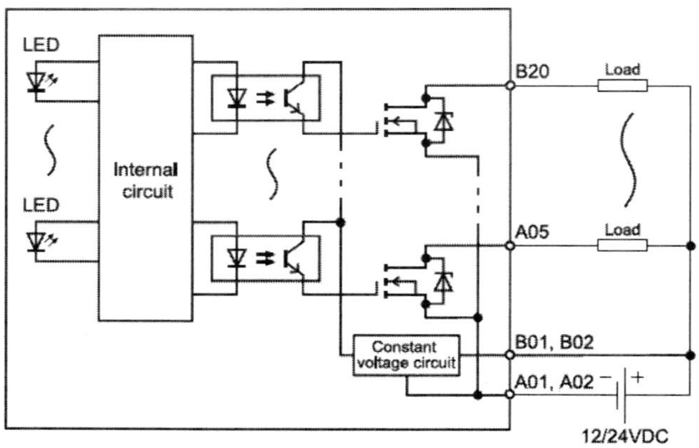

[그림 2.9] QY41P 출력 모듈 내부회로

(6) 기타 인텔리전트 모듈

① 아날로그 입출력 모듈

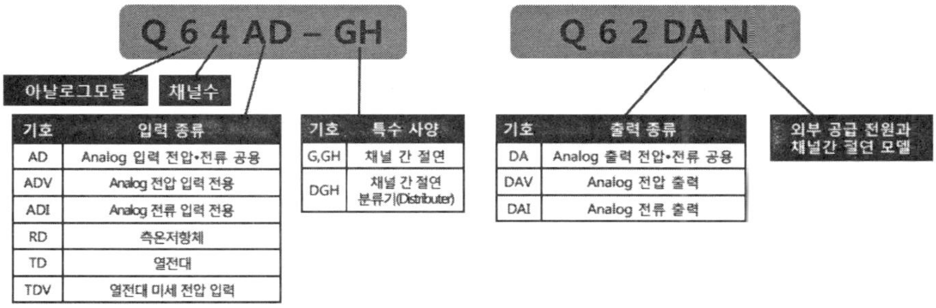

기호	입력 종류
AD	Analog 입력 전압•전류 공용
ADV	Analog 전압 입력 전용
ADI	Analog 전류 입력 전용
RD	측온저항체
TD	열전대
TDV	열전대 미세 전압 입력

기호	특수 사양
G,GH	채널 간 절연
DGH	채널 간 절연 분류기(Distributer)

기호	출력 종류
DA	Analog 출력 전압•전류 공용
DAV	Analog 전압 출력
DAI	Analog 전류 출력

[그림 2.10] 아날로그 입력, 출력 모듈 종류

② 위치결정 모듈과 고속 카운터 모듈

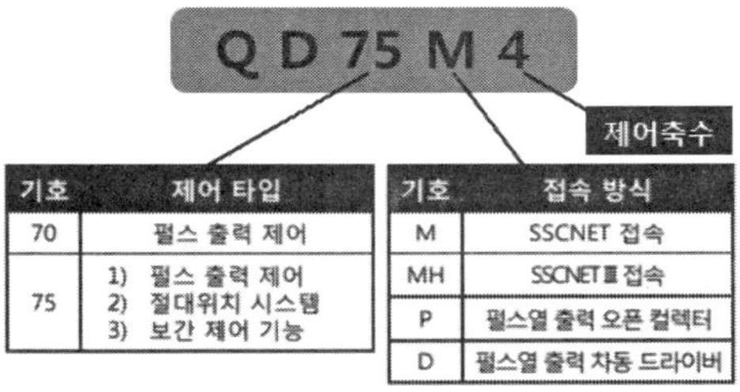

기호	제어 타입
70	펄스 출력 제어
75	1) 펄스 출력 제어 2) 절대위치 시스템 3) 보간 제어 기능

기호	접속 방식
M	SSCNET 접속
MH	SSCNET Ⅲ 접속
P	펄스열 출력 오픈 컬렉터
D	펄스열 출력 차동 드라이버

[그림 2.11] 위치결정 모듈 종류

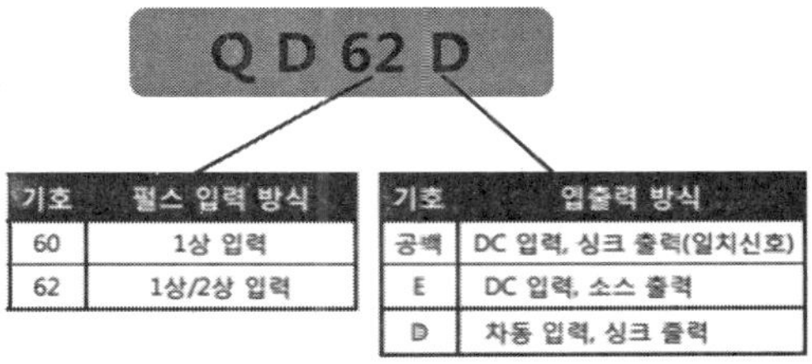

기호	펄스 입력 방식
60	1상 입력
62	1상/2상 입력

기호	입출력 방식
공백	DC 입력, 싱크 출력(일치신호)
E	DC 입력, 소스 출력
D	차동 입력, 싱크 출력

[그림 2.12] 고속 카운터 모듈 종류

③ 네트워크 모듈

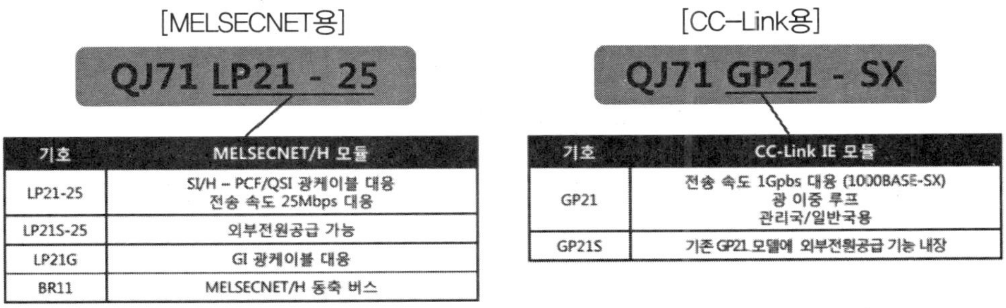

기호	MELSECNET/H 모듈
LP21-25	SI/H – PCF/QSI 광케이블 대응 전송 속도 25Mbps 대응
LP21S-25	외부전원공급 가능
LP21G	GI 광케이블 대응
BR11	MELSECNET/H 동축 버스

기호	CC-Link IE 모듈
GP21	전송 속도 1Gpbs 대응 (1000BASE-SX) 광 이중 루프 관리국/일반국용
GP21S	기존 GP21 모델에 외부전원공급 기능 내장

[그림 2.13] 네트워크 모듈 종류

2.3 기기 간의 접속

구 모델의 경우 PC와의 접속은 RS-232C, USB를 통해 연결되지만, 신 모델의 경우 최근 네트워크 기능의 강화성이 필요하여 Ethernet 환경을 이용한 접속을 하도록 구성되어 있다.

1대의 PLC만 사용한다면 이더넷 케이블을 이용하여 PC와 PLC 간을 직접 연결하여 사용할 수도 있지만, HMI 장치와도 연결 및 복수의 PLC를 연결하고자 한다면 HUB를 이용하여 접속한다.

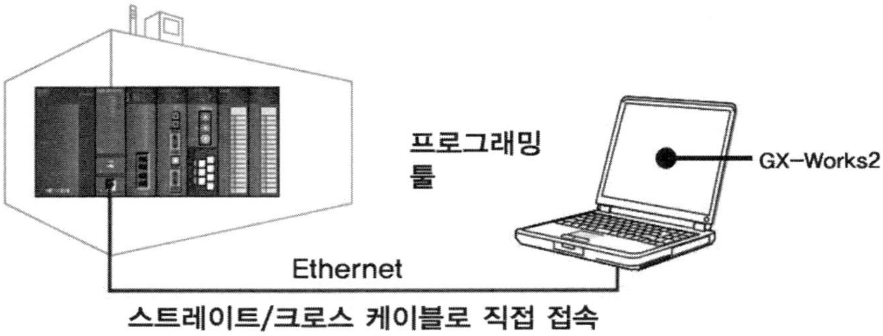

[그림 2.14] PC와의 1:1 직접 접속 예(출처 : 미쯔비시사 매뉴얼)

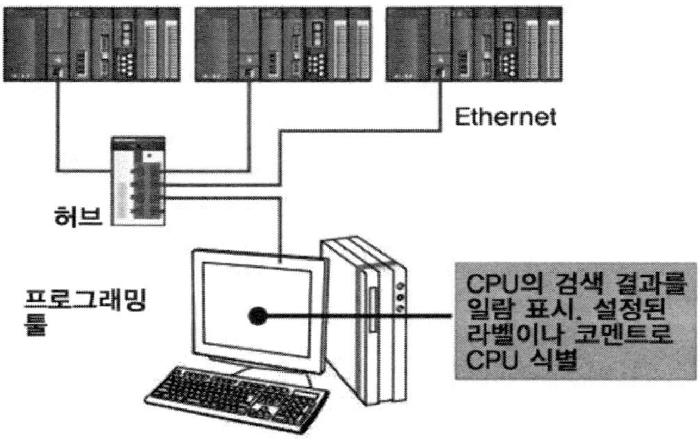

[그림 2.15] 여러 개의 PLC와 PC 간의 연결(출처 : 미쯔비시사 매뉴얼)

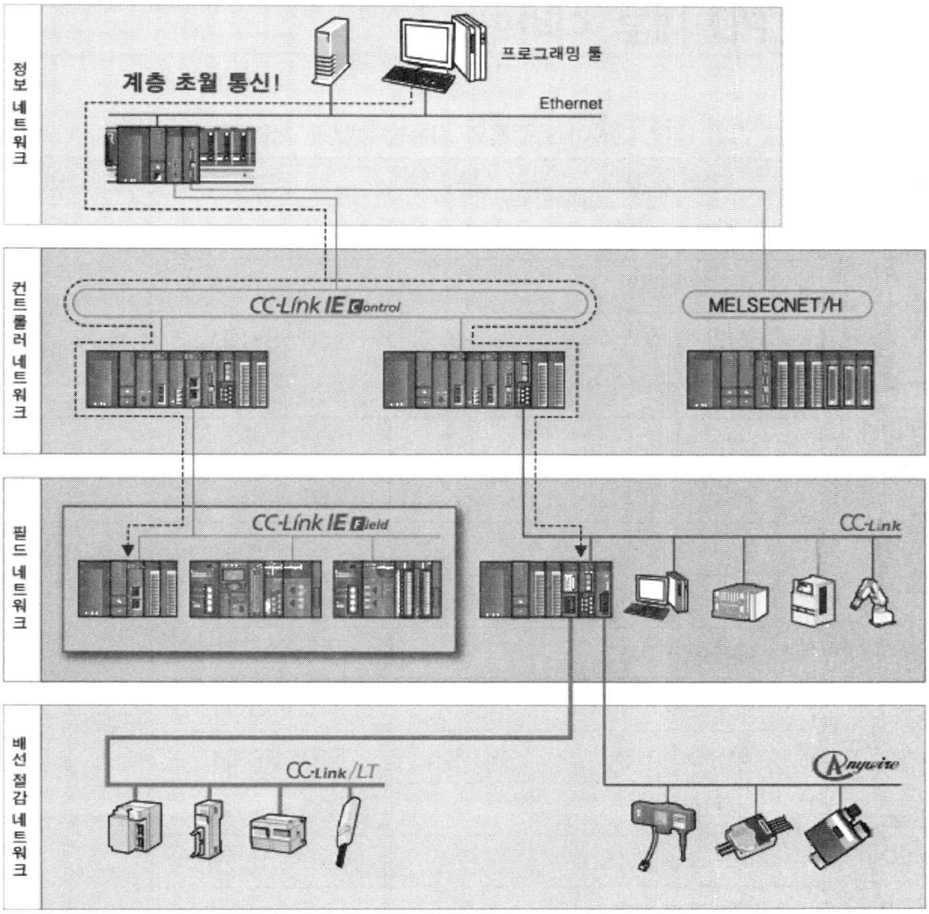

[그림 2.16] 네트워크를 이용한 계층 접속 예(출처 : 미쯔비시사 매뉴얼)

생산 공장에서 대규모로 PLC 시스템을 구성할 경우에는 [그림 2.16]처럼 계층적 구조로 시스템을 구성한다. 계층 간의 연결은 CC-Link 등의 통신망을 이용하고 최상단 시스템은 이더넷으로 구성된다.

2.4 Q-CPU 내부 디바이스

[표 2.4] 내부 디바이스 종류와 사용범위(UDE 계열 CPU 경우)

종류	디바이스명	점수	사용범위	비고
비트(bit) 디바이스	외부입력(X)	8K	X0~X1FFF	고정 값
	외부출력(Y)	8K	Y0~Y1FFF	
	스텝 릴레이(S)	8K	S0~S8191	
	링크 특수릴레이(SB)	2K	SB0~SB07FF	
	내부 릴레이(M)	8K	M0~M8191	합계 29K Word 내에서 변경가능
	래치 릴레이(L)	8K	L0~L8191	
	어넌시에이터(F)	2K	F0~F2047	
	에지 릴레이(V)	2K	V0~V2047	
	링크릴레이(B)	8K	B0~B1FFF	
워드(word) 디바이스	타이머(T)	2K	T0~T2047	
	적산타이머(ST)	0(기본값)	ST0~ST2047	
	카운터(C)	1K	C0~C1013	
	데이터 레지스터(D)	12K	D0~D12287	
	링크 레지스터(W)	8K	W0~W1FFF	
	특수링크 레지스터(SW)	2K	SW0~SW07FF	

(디바이스 : 특정 데이터를 저장할 수 있는 내부메모리 또는 장치 영역)

(1) Bit 디바이스

① 외부입력(X)

- PLC 하드웨어로 연결된 입력 모듈에 ON/OFF 입력 정보를 갖는 디바이스

② 외부출력(Y)

- PLC 하드웨어로 연결된 출력 모듈에 ON/OFF 정보를 출력하는 디바이스

③ 내부 릴레이(M)

CPU 모듈 내부에서 사용되는 소프트웨어적으로 생성되는 보조 접점. 동일 접점기호의 사용 개수는 제한이 없다. 아래와 같이 조작 시 내부 릴레이는 모두 OFF 된다.

- PLC의 전원 OFF → ON 시
- CPU 모듈의 리셋 조작 시
- 래치 클리어 시

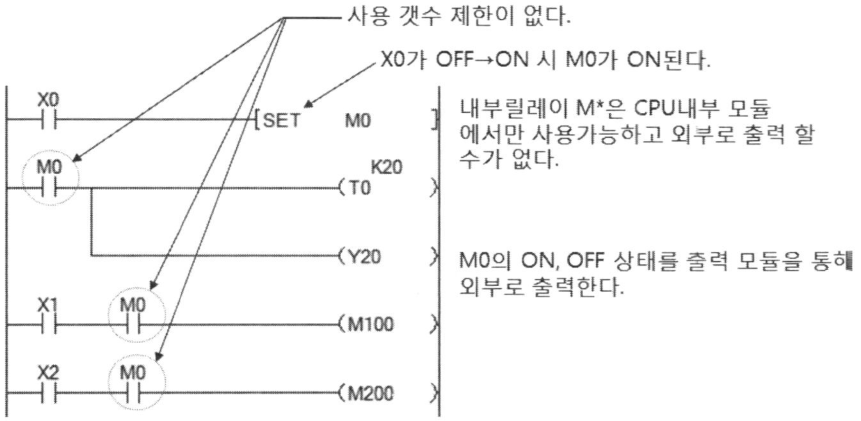

[그림 2.17] 내부 릴레이 사용 예

④ 래치(Latch) 릴레이(L)

래치 릴레이는 CPU 모듈 내부에서 사용하는 래치(정전유지)를 사용할 수 있는 보조 접점 래치 릴레이는 아래와 같이 조작해도 연산 결과(ON/OFF 정보)를 유지한다.

- PLC의 전원 OFF → ON 시
- CPU 모듈의 리셋 조작 시

래치는 CPU 모듈에 내장된 배터리로 동작한다.

[래치 릴레이의 클리어]

래치 릴레이는 래치 클리어 조작으로 OFF한다.

GX-Works2 PLC 파라미터의 디바이스 설정에서 Latch (2) Start/End으로 설정한 래치 릴레이는 RESET/L CLR RESET/L.CLR 스위치/리모트 래치 클리어에 의해 래치 클리어를 해도 OFF가 불가능하다.

⑤ 어넌시에이터(F)

- 사용자가 작성하는 설비의 이상 · 고장 검출용 프로그램에 사용하면 편리한 릴레이
- 특수 릴레이(SM62)가 ON일 때 특수 레지스터(SD62~79)로 설비이상 유무를 확인 가능

[특수 릴레이]

- SM62 : 어넌시에이터가 1개라도 ON 되면 ON

[특수 레지스터]

- SD62 ·············· 최초로 ON된 어넌시에이터 번호를 저장
- SD63 ·············· ON되어 있는 어넌시에이터의 개수를 저장
- SD64 79 ········ ON된 순서로 어넌시에이터 번호를 저장
  (SD62와 SD64는 동일 어넌시에이터 번호가 저장

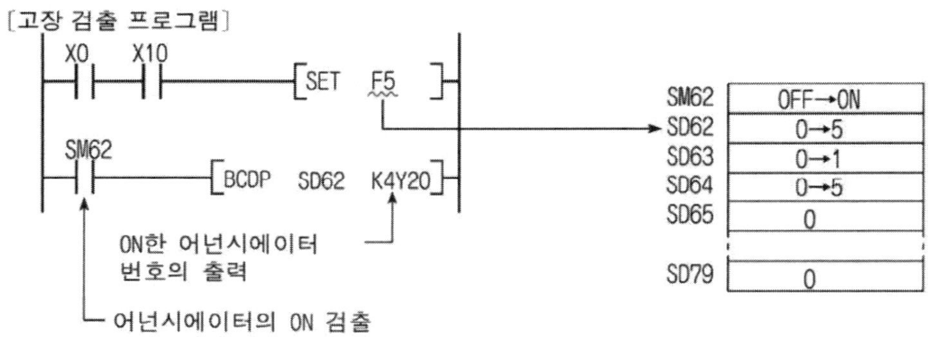

[그림 2.18] 어넌시에이터 사용 예

⑥ 링크 릴레이(B)

- 네트워크 모듈의 링크 릴레이(LB)를 CPU 모듈에 리프레시하는 경우 또는 CPU 모듈 내 데이터를 네트워크 모듈의 링크 릴레이(LB)에 리프레시하는 경우에 사용하는 CPU 모듈 측의 릴레이

⑦ 링크 특수 릴레이(SB)

- 네트워크 모듈 등 인텔리전트 기능 모듈의 통신 상태 · 이상 상태를 표시하는 릴레이
- 링크 특수 릴레이는 데이터 링크 시에 발생하는 다양한 요인에 따라 ON/OFF
- 링크 특수 릴레이를 모니터함으로써 데이터 링크의 통신 상태 · 이상 상태 등을 파악 가능

⑧ 스텝릴레이(S)

- SFC(Sequential Function Chart) 프로그램용 디바이스

⑨ 에지 릴레이(V)

- 래더 블록의 선두부터 연산 결과(ON/OFF)를 유지하는 디바이스로, 접점에서만 사용 가능
- 인덱스 수식에 의한 구조화 프로그램으로 펄스상승(OFF → ON) 검출 시 실행하고자 하는

경우 사용
- 에지 릴레이를 코일로 사용 불가

(2) WORD 디바이스

① 타이머(T)

- 타이머의 코일이 ON하면 카운트를 시작하고, 설정값이 되었을 때 접점이 ON하는 디바이스
- 타이머가 OFF되면 카운트했던 값은 0이 되고 접점도 OFF됨

② 적산타이머(ST)

- 타이머의 코일이 OFF되어도 현재값과 접점의 ON/OFF 상태를 유지
- 타이머의 코일이 ON되면 계측을 시작하고, 타임업 되면 접점이 ON. 코일이 ON되면, 유지하고 있는 현재값에서 카운트를 재시작함

③ 고속 타이머

- 계측 단위가 0.1~100ms인 타이머로, 기존 타이머와 적산타이머에 기호 H를 붙임

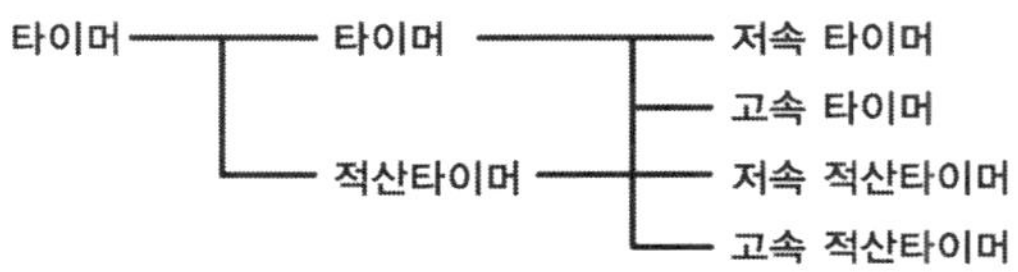

④ 카운터(C)

- 시퀀스 프로그램에서 입력조건이 ON한 횟수를 카운트 카운트값과 설정값이 같아지면 접점이 ON

⑤ 데이터 레지스터(D)

- 데이터 레지스터는 수치데이터(-32,768 ~ 32,767 또는 0000H ~ FFFFH)를 저장
- 비트 구성과 읽기 및 쓰기 단위 데이터 레지스터는 1점 16비트 단위

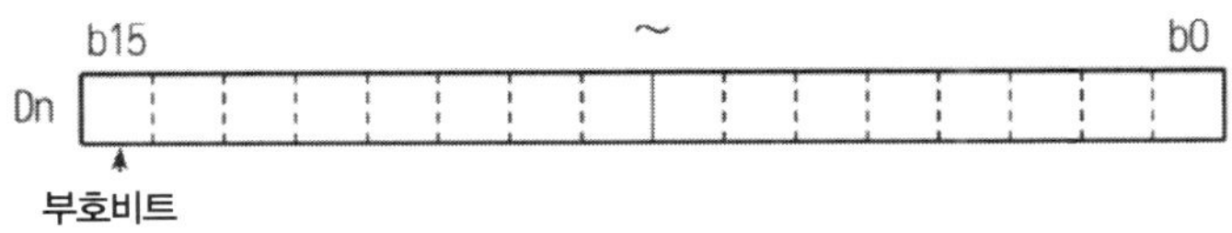

- 32비트 명령으로 데이터 레지스터를 사용할 때는 Dn과 Dn+1이 처리 대상- 데이터 레지스터 2점에는 −2,147,483,648 ~ 2,147,483,647 또는 0 ~ FFFFFFFF의 데이터를 저장

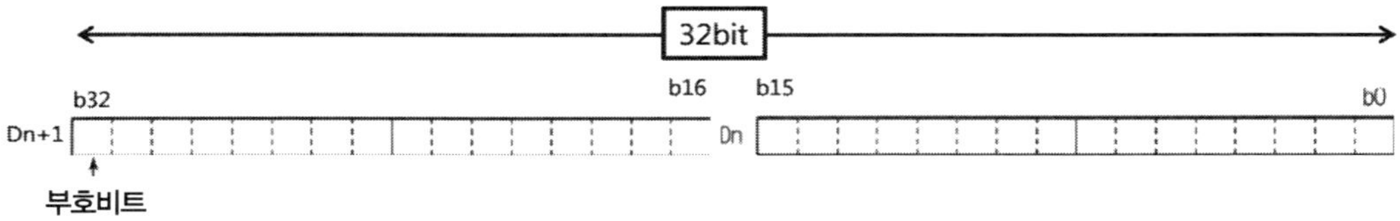

[그림 2.19] 데이터 레지스터 범위

⑥ 링크 레지스터(W)

- MELSECNET/H 네트워크 모듈 등 인텔리전트 기능 모듈 링크 레지스터(LW)의 데이터가 CPU 모듈에 리프레시될 때의 CPU 모듈 측의 레지스터

⑦ 링크 특수 레지스터(SW)

- MELSECNET/H MELSECNET/H 네트워크 모듈 등의 인텔리전트 기능 모듈의 통신 상태를 저장하는 레지스터
- 데이터 링크 시의 정보가 저장되므로, 링크 특수 레지스터를 모니터하면 이상 원인을 조사 가능

⑧ 파일 레지스터(R)

- 데이터 레지스터의 확장용 디바이스로 데이터 레지스터와 동일한 처리 속도를 가짐
- 데이터 링크 시의 정보가 저장되므로 링크 특수 레지스터를 모니터하면 이상 원인을 조사 가능
- 파일 레지스터를 저장하는 메모리는 3종류(표준 RAM, SRAM 카드, Flash 카드)
- 파일 레지스터의 내용은 PLC의 전원 OFF, CPU 모듈 Reset 시에도 유지됨(내장 배터리에 의해 유지)

(3) 특수 릴레이와 특수 레지스터

[표 2.5] 특수 릴레이

번호	명 칭	내 용	비고
SM400	상시 ON	• 항상 ON되어 있는 접점	
SM401	상시 OFF	• 항상 OFF되어 있는 접점	
SM402	RUN 후 1스캔만 ON	• RUN 후 1스캔 시간동안만 ON되는 접점 • 스캔 실행 타입의 프로그램에서만 사용	
SM403	RUN 후 1스캔만 OFF	• RUN 후 1스캔 시간동안만 OFF되고 나머지는 ON • 스캔 실행 타입의 프로그램에서만 사용	
SM404	저속 프로그램 RUN 후 1스캔만 ON	• RUN 후 1스캔 시간동안만 ON • 저속 프로그램에서만 사용	신규
SM405	저속 프로그램 RUN 후 1스캔만 OFF	• RUN 후 1스캔 시간동안만 OFF되고 나머지는 ON • 저속 프로그램에서만 사용	신규
SM409	0.01초 클록	• 일정한 시간간격으로 ON/OFF를 반복하는 접점	
SM410	0.1초 클록		
SM411	0.2초 클록		
SM412	1초 클록		
SM413	2초 클록		
SM414	2n초 클록	• SD414에서 지정한 값(n)에 따라 클록 시간 결정	
SM415	2n(ms) 클록	• SD415에서 지정한 값(n)에 따라 클록 시간 결정	신규

[표 2.6] 특수 레지스터

번호	명 칭	내 용	비고
SD412	1초 카운터	• RUN 후 1초마다 +1씩 증가 카운트 • 0 → … → 32767 → 0 → …을 반복	
SD414	2n(sec) 클록 설정	• n 값을 지정(디폴트 : 30sec) • 1～32767 범위 내 지정	신규
SD0415	2n(ms) 클록 설정	• n 값을 지정(디폴트 : 30ms) • 1～32767 범위 내 지정	신규
SD420	스캔 카운터	• RUN 후 1스캔마다 +1씩 증가 카운트 • 0 → … → 32767 → 0 → …을 반복	신규
SD430	저속스캔 카운터	• RUN 후 1스캔마다 +1씩 증가 카운트 • 0 → … → 32767 → 0 → …을 반복 • 저속 프로그램에서만 사용	신규

2.5 메모리 구조와 프로그램 파일

(1) 메모리 구조

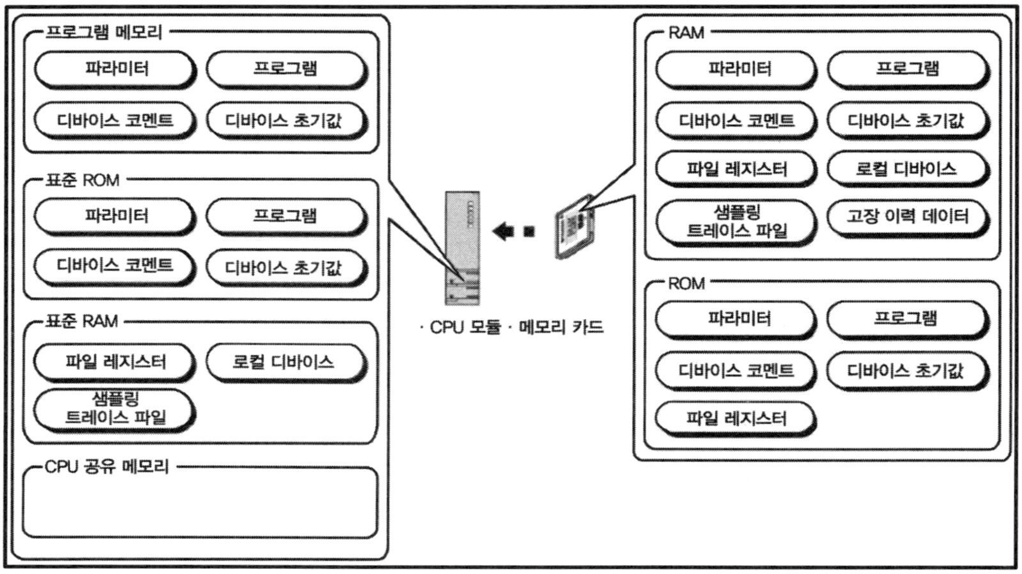

[그림 2.20] PLC의 메모리 종류와 위치

① 프로그램 메모리

- CPU가 연산하기 위한 프로그램 저장
- 래더 등 사용자가 작성한 프로그램 저장

② 표준 RAM

- 파일 레지스터용 메모리
- 표준 RAM의 파일 레지스터는 데이터 레지스터처럼 고속으로 액세스 가능

③ 표준 ROM

- 부트 운전하는 경우 데이터 저장
- 배터리 백업 없이도 데이터 보존 가능

④ CPU 공유 메모리

- 멀티 CPU 간의 데이터의 쓰기/읽기용 메모리

(2) 프로그램 파일의 메모리 저장 영역

[그림 2.21] 메모리의 저장 영역

① 파일 머리글

- 파일명, 파일 크기, 파일 작성일 등이 저장되는 영역
- 파일 머리글의 크기는 기본 34 step으로 PLC 파라미터의 디바이스 설정내용에 따라 크기가 달라지며, 따라서 프로그램 작성 시 기본 34 step부터 시작됨

② 실행 프로그램

- 작성한 프로그램이 저장되는 영역

③ RUN 중 쓰기용 확보 스텝

- CPU 운전 중 프로그램 변경 시 리셋하지 않고 계속 운전하기 영역
- RUN 중 쓰기용 확보 스텝의 잔여 Step 수 표시됨(기본값 500 Step).
- 확보 스텝 수는 GX-Works2([Online] - [Write to PLC]의 Program 탭에서 변경)

2.6 CPU에서의 데이터 처리

(1) 2진 정보의 단위

CPU 모듈에서는 수치 · 알파벳 등의 데이터를 0(OFF)과 1(ON)의 상태로 표현하고 있다. 이

0과 1로 표현한 데이터를 BIN(2진수)라고 한다.

2진 정보는 보통 비트(bit)와 바이트(byte)로 표현한다.

- bit : 2진수의 한 자릿수 단위
- byte : 1byte = 8bit
- word : 1word = 2byte(혹은 프로세서가 한 번에 처리 가능한 비트수)

(2) BIN과 HEX 관계

BIN 데이터를 4비트마다 정리하여 표현하는 HEX(16진수), BCD(2진화 10진수) 및 실수를 사용하는 것도 가능하다. BIN, HEX, BCD, DEC(10진수)의 수치 표현을 표에 나타내었다.

16진수와 2진수와의 변환은 별도의 공식이 없고 2진수 4비트 단위로 직접 변환한다.

[표 2.7] 10진수, 16진수, 2진수, BCD의 관계

10진수	16진수	2진수	BCD
0	0	0000	0000
1	1	0001	0001
2	2	0010	0010
3	3	0011	0011
4	4	0100	0100
5	5	0101	0101
6	6	0110	0110
7	7	0111	0111
8	8	1000	1000
9	9	1001	1001
10	A	1010	1 0000
11	B	1011	1 0001
12	C	1100	1 0010
13	D	1101	1 0011
14	E	1110	1 0100
15	F	1111	1 0101

(3) BCD(Binary Coded Decimal : 2진화 10진수)

BCD(2진화 10진수)는 DEC(10진수)의 1자리를 BIN(2진수)로 표현한 것이다. HEX(16진수)와 마찬가지로 4비트로 표현하지만, HEX의 A ~ F는 사용하지 않는다. BIN, BCD, DEC의 수치 표현을 아래 표에 나타내었다.

CPU 모듈의 각 레지스터(데이터 레지스터, 링크 레지스터 등)는 16비트로 구성되어 있다. 따라서 각 레지스터에 저장할 수 있는 수치를 BCD로 나타내면 0 ~ 9999의 범위가 된다.

(4) 실수(부동소수점 데이터)의 표현

실수 데이터에는 단정밀도 부동소수점 데이터와 배정밀도 부동소수점 데이터가 있다. 단정밀도 실수 데이터는 워드 디바이스 2개를 사용하여 다음과 같이 나타낸다.

$$\pm(1.\text{가수부})\times 2^{\text{지수부}-127}$$

실수 데이터를 내부에서 표현할 때의 비트 구성과 그 의미는 다음과 같다.

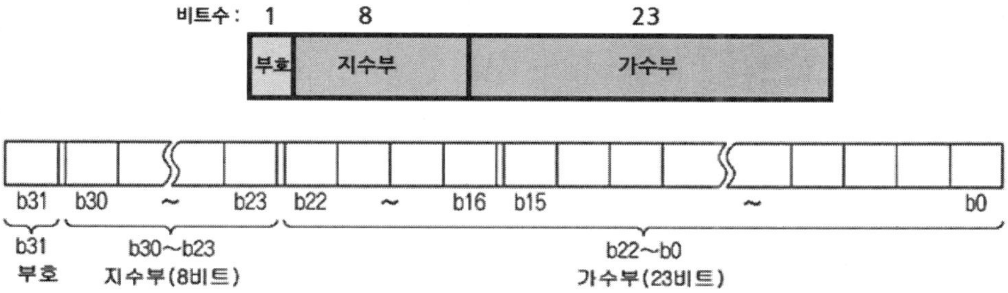

[그림 2.22] 부동소수점의 비트 구성

- **부호** : b31은 부호를 나타낸다(0 : 양, 1 : 음).
- **지수부** : b23 ~ b30에서 2n의 n을 표현한다.
- **가수부** : b0 ~ b22의 23비트에서 2진수로 1.XXXXXX…로 하였을 때의 XXXXXX…의 값을 나타낸다.

(5) 문자 데이터 표현

미국정보교환표준부호(American Standard Code for Information Interchange) 또는 줄여서 ASCII(/ˈæski/, 아스키)는 영문 알파벳을 사용하는 대표적인 문자 인코딩이다. 아스키는 컴퓨터와 통신 장비를 비롯한 문자를 사용하는 많은 장치에서 사용되며, 대부분의 문자 인코딩이 아스키에 기초를 두고 있다.

아스키는 7비트 인코딩으로, 33개의 출력 불가능한 제어 문자들과 공백을 비롯한 95개의 출력 가능한 문자들로 총 128개로 이루어진다.

[표 2.8] 아스키 코드 테이블

Dec	Hex	Char	Dec	Hex	Char	Dec	Hex	Char	Dec	Hex	Char
0	00	null	32	20	space	64	40	@	96	60	`
1	01	start of heading	33	21	!	65	41	A	97	61	a
2	02	start of text	34	22	"	66	42	B	98	62	b
3	03	end of text	35	23	#	67	43	C	99	63	c
4	04	end of transmit	36	24	$	68	44	D	100	64	d
5	05	enquiry	37	25	%	69	45	E	101	65	e
6	06	acknowledge	38	26	&	70	46	F	102	66	f
7	07	audible bell	39	27	'	71	47	G	103	67	g
8	08	backspace	40	28	(	72	48	H	104	68	h
9	09	horizontal tab	41	29	)	73	49	I	105	69	i
10	0A	line feed (₩n)	42	2A	*	74	4A	J	106	6A	j
11	0B	vertical tab	43	2B	+	75	4B	K	107	6B	k
12	0C	form feed	44	2C	,	76	4C	L	108	6C	l
13	0D	carriage return (₩r)	45	2D	-	77	4D	M	109	6D	m
14	0E	shift out	46	2E	.	78	4E	N	110	6E	n
15	0F	shift in	47	2F	/	79	4F	O	111	6F	o
16	10	data link escape	48	30	0	80	50	P	112	70	p
17	11	device control 1	49	31	1	81	51	Q	113	71	q
18	12	device control 2	50	32	2	82	52	R	114	72	r
19	13	device control 3	51	33	3	83	53	S	115	73	s
20	14	device control 4	52	34	4	84	54	T	116	74	t
21	15	neg acknowledge	53	35	5	85	55	U	117	75	u
22	16	synchronous idle	54	36	6	86	56	V	118	76	v
23	17	end of trans. block	55	37	7	87	57	W	119	77	w
24	18	cancel	56	38	8	88	58	X	120	78	x
25	19	end of medium	57	39	9	89	59	Y	121	79	y
26	1A	substitution	58	3A	:	90	5A	Z	122	7A	z
27	1B	escape	59	3B	;	91	5B	[	123	7B	{
28	1C	file separator	60	3C	<	92	5C	₩	124	7C	|
29	1D	group separator	61	3D	=	93	5D	]	125	7D	}
30	1E	record separator	62	3E	>	94	5E	^	126	7E	~
31	1F	unit separator	63	3F	?	95	5F	_	127	7F	DEL

2.7 GX-Works2의 특징

GX-Works2는 Windows 상에서 설계, 디버그, 보수까지 실행하기 위한 프로그래밍 툴이다.

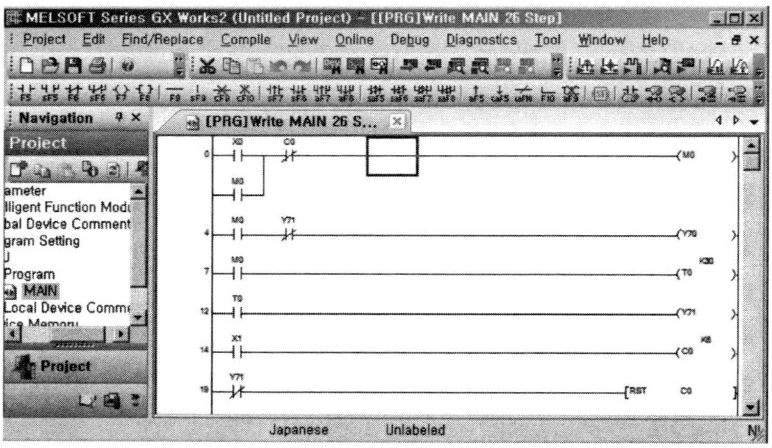

[그림 2.23] GX-WORKS2에서 래더를 작성한 화면 모습

(1) GX-Works2의 기능

① 프로그램 작성

심플 프로젝트에 의한 기존의 GX Developer와 같은 프로그래밍이나 구조화 프로젝트에 의한 구조화 프로그램을 작성할 수 있다.

② 파라미터 설정

CPU의 파라미터나 인텔리전트 기능모듈, 네트워크 파라미터를 설정할 수 있다.

③ PLC CPU에 대한 읽기/쓰기 기능

PLC 읽기/쓰기 기능으로 작성한 시퀀스 프로그램을 PLC CPU에 읽기/쓰기할 수 있다. 또한 RUN 중 쓰기 기능으로 PLC CPU가 RUN 중에 시퀀스 프로그램을 변경할 수 있다.

④ 모니터/디버그

작성한 시퀀스 프로그램을 PLC CPU에 쓰기하여 동작시켰을 때의 디바이스값 등을 오프라인/온라인 중에 모니터할 수 있으며 이를 이용하여 디버그할 수 있다.

⑤ 진단

PLC CPU의 현재의 에러 상태나 고장 이력 등을 진단할 수 있다. 또한 시스템 모니터(QCPU(Q모드)/LCPU의 경우)에 의해 인텔리전트 기능 모듈 등에 관한 상세한 정보를 확인할 수 있다.

(2) 프로젝트 종류

① 심플 프로젝트

미쓰비시 PLC CPU의 명령을 사용하여 시퀀스 프로그램을 작성한다. 또한 심플 프로젝트에서는 기존의 GX Developer와 같은 조작으로 프로그램을 작성할 수 있다.

② 구조화 프로젝트

구조화 프로젝트는 구조화 프로그래밍에 의한 프로그램 작성이 가능하다. 제어를 세분화하여 프로그램의 공통 부분을 부품화하면 보기 쉽고 유용성 높은 프로그램 작성(구조화 프로그래밍)이 가능하다.

(3) 라벨을 사용한 프로그래밍

프로그래밍 시 라벨을 사용하면 많은 디바이스 번호를 신경 쓰지 않고 프로그램을 작성할 수 있다. 라벨 프로그래밍에서 작성한 프로그램은 컴파일하면 자동으로 디바이스를 할당할 수 있어 실제의 프로그램에서 사용할 수 있다.

[그림 2.24] 래더도에서 라벨 사용 예

(4) GX-Works2에서 지원하는 언어

[표 2.9] PLC 프로그래밍 언어 종류별 특징

프로그램 언어	개 요	심플 프로젝트		구조화 프로젝트
		라벨 미사용	라벨 사용	
Ladder	기존의 GX Developer와 같은 조작 방법으로 접점이나 코일 등으로 회로를 나타내는 그래픽 언어. 라벨 사용 프로젝트의 경우, 래더 에디터 내에서 ST 프로그램을 편집하는 인 라인 ST 기능을 사용할 수 있다.	○	○	○
ST	C 언어 등과 유사한 계산기 기술자 성향의 텍스트 언어	X	○	○
SFC	프로그램의 실행 순서나 실행 조건을 명확하게 한 그래픽 언어	○	○	○
구조화 Ladder	접점이나 코일 등으로 회로를 나타내는 그래픽 언어	X	X	○

(5) 시뮬레이션

시뮬레이션 기능에 의해 오프라인 중에 디버그가 가능하도록 할 수 있다. 따라서 PLC CPU에 접속하지 않고도 PC 상에서만으로도 작성한 시퀀스 프로그램이 정상적으로 동작하는지 확인/디버그할 수 있다.

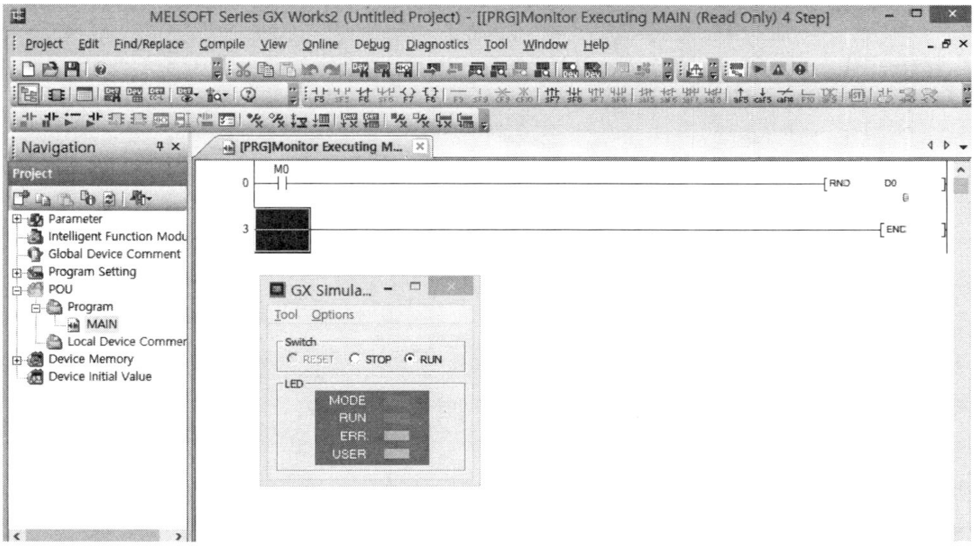

[그림 2.25] GX-WORKS2에서 시뮬레이션을 실행한 화견 모습

2.8 프로젝트의 생성과 초기 설정

(1) 프로젝트의 생성

먼저 바탕의 아이콘을 더블 클릭하여 GX-Works2를 실행한다.

[프로젝트] - [프로젝트 새로 만들기](Ctrl + N)를 한다. 또는 [그림 2.26]처럼 메뉴 아이콘을 클릭하여 실행한다.

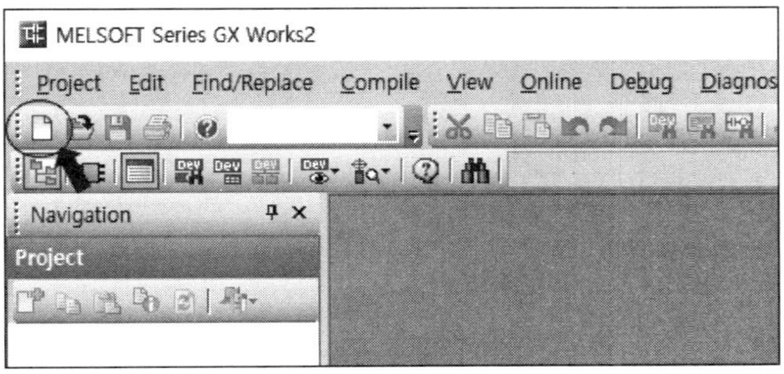

[그림 2.26] 아이콘을 이용한 새프로젝트 실항

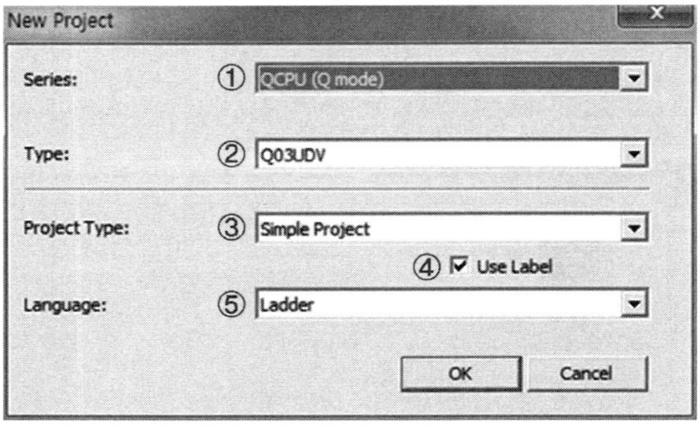

[그림 2.27] 프로젝트 새로 만들기

① PLC 시리즈는 QCPU(Q mode)를 선택한다.

② PLC type은 본인이 사용하는 CPU형을 선택한다.

③ 프로젝트는 Simple Project를 선택한다.

④ 라벨을 사용하려면 체크해야 한다.

⑤ 언어는 Ladder를 선택한다.

프로그램을 작성하고 편집할 수 있게 새 프로젝트가 실행된다.

(2) 전체 화면의 구성

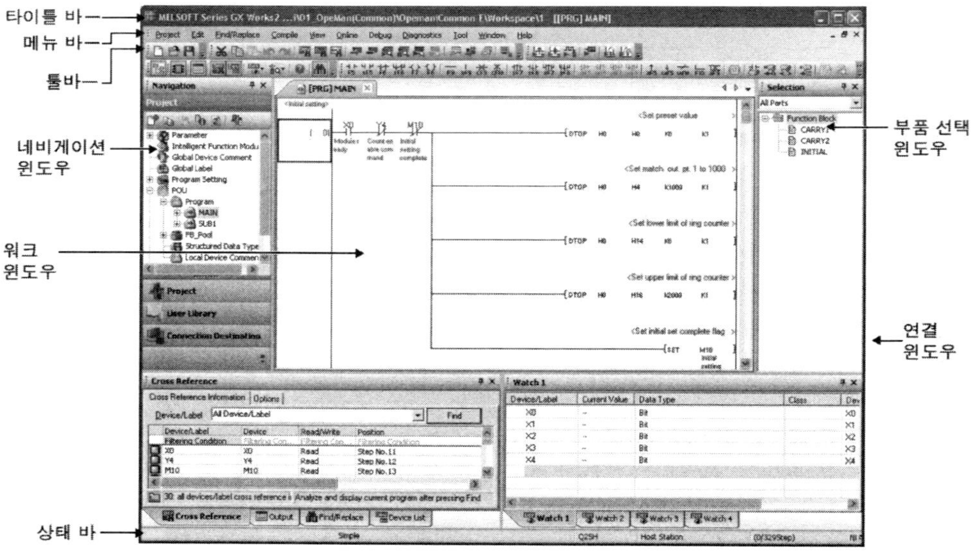

[그림 2.28] GX-Works2 화면

(3) 네트워크 설정(Ethernet 접속 타입의 경우)

① PLC 파라미터에서 설정 방법(공장 설정 IP를 변경시..)

여기서는 공장 설정 디폴트 IP를 변경할 필요가 있을 경우에만 설정하도록 한다.

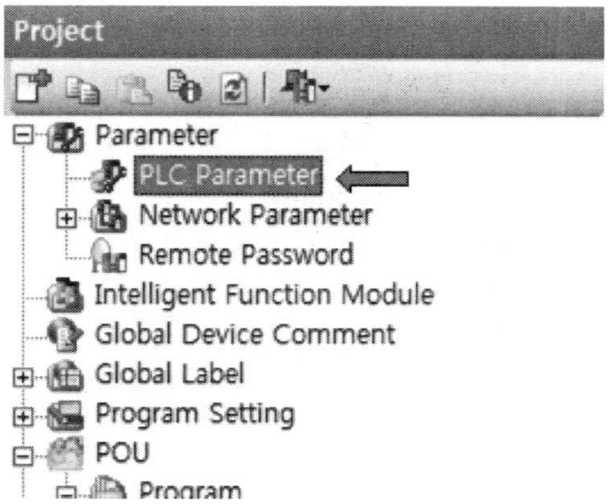

[그림 2.29] 프로젝트 내비게이션 메뉴들

프로젝트 내비게이션 메뉴에서 [PLC Parameter]를 클릭하면 다음의 [그림 2.30]처럼 파라미터 설정창에서 Built-in Ethernet Port Setting 탭을 클릭하여 설정한다.

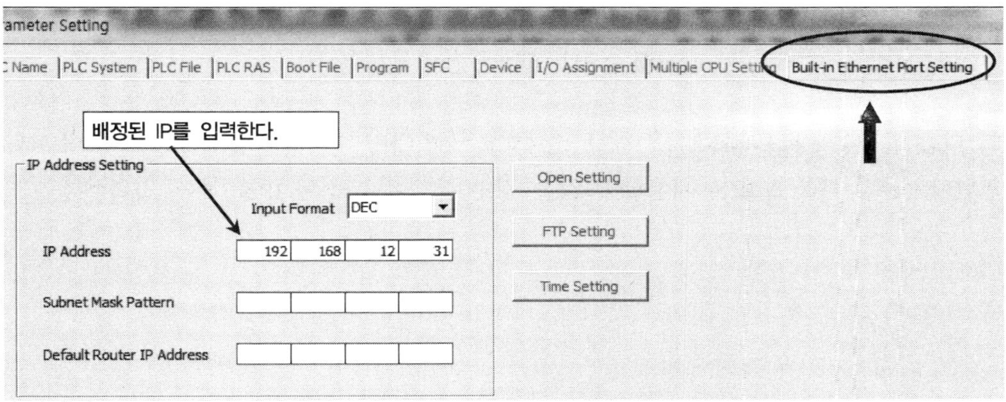

[그림 2.30] PLC Parameter 메뉴창에서 수동 IP 입력

② Connection 설정

먼저 Connection 설정을 클릭하여 설정 창에서 Ethernet Board 아이콘을 더블 클릭한다. 프로토콜을 TCP에서 UDP로 변경한다.

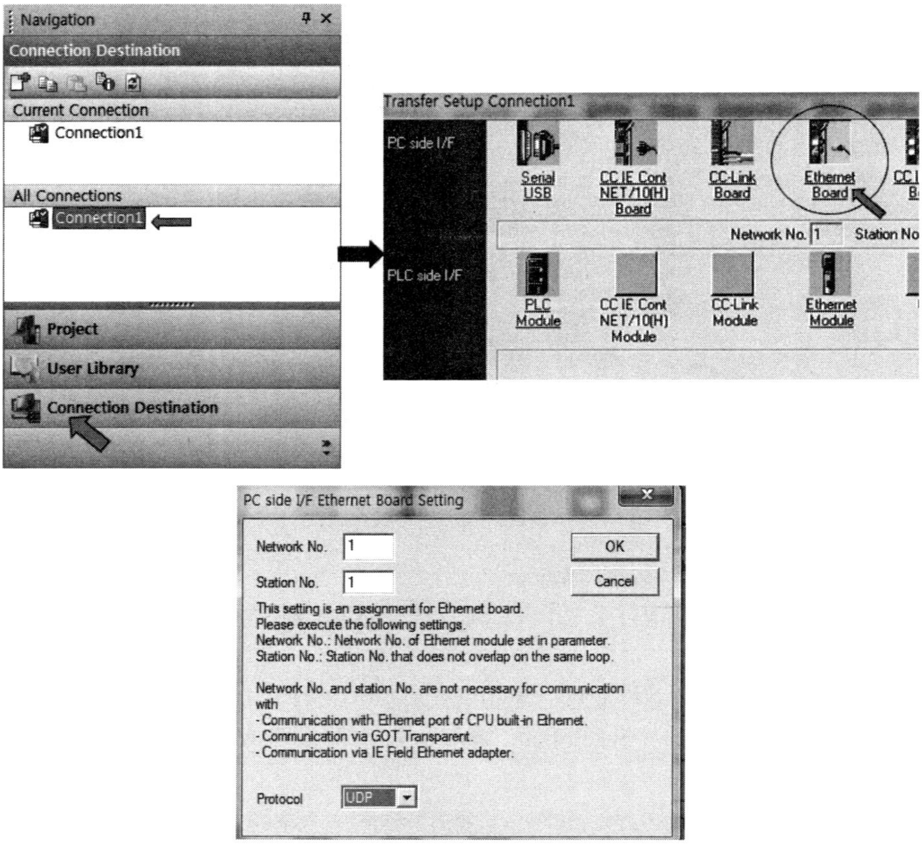

[그림 2.31] 이더넷 연결 설정 순서

그 다음 설정창에 PLC Module을 더블 클릭하고 Find CPU.... 버튼을 클릭하여 접속 어드레스를 확인한다. 공장 디폴트 IP를 사용하지 않을 경우 본인에 배정된 IP를 찾아 입력한다.

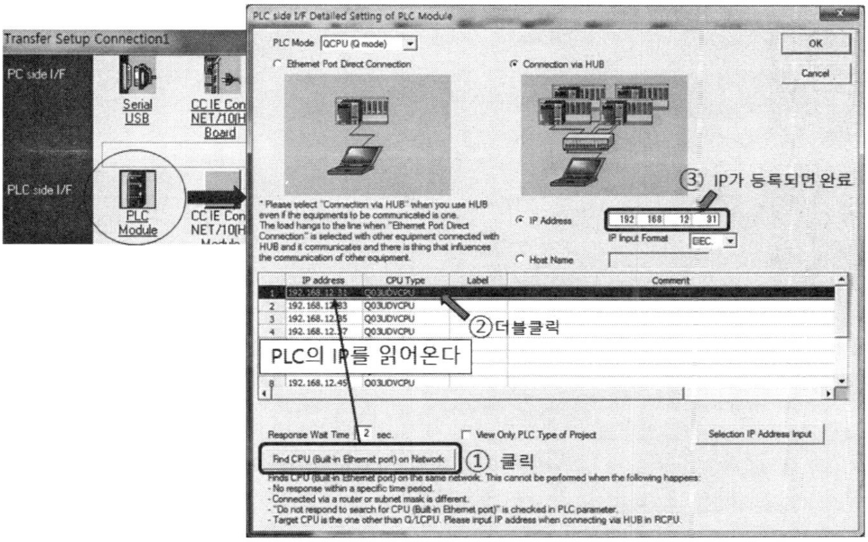

[그림 2.32] 접속 IP 확인 및 등록 예시

만일 Find CPU.... 버튼을 클릭했을 때 다음과 같은 오류메시지 팝업 창이 나온다면 PLC와 PC 간 이더넷 접속이 잘못된 경우이다.

물리적 접속이 불량이거나 PC와 PLC 간의 IP 환경이 매칭이 안 될 경우에 이러한 에러가 발생한다.

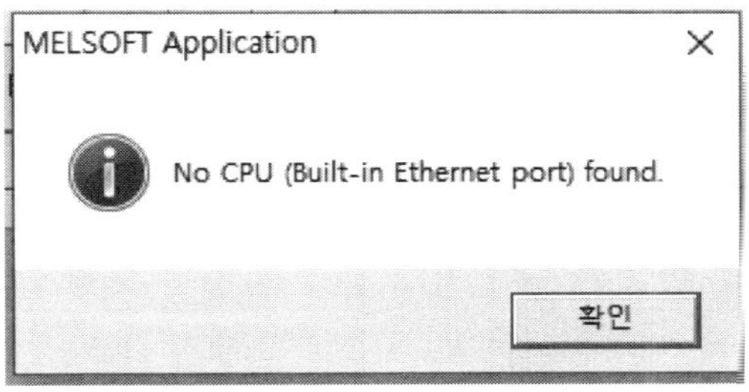

[그림 2.33] 접속 오류시의 팝업창

마지막으로 No Specification을 선택하여 나오는 팝업창에서 [OK]를 클릭한 후 [Connection Test] 버튼을 클릭하여 설정에 성공하였는지 팝업창으로 확인되었으면 설정이 올바르게 된 것이다. 이로써 PLC와 PC 간의 접속이 마무리되었다.

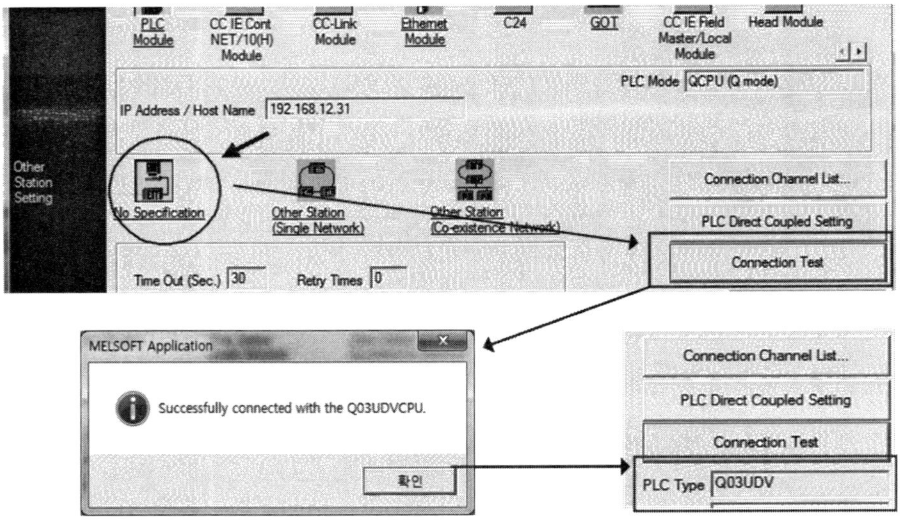

[그림 2.34] 접속 성공시의 팝업창

2.9 GX-Works2 편집

(1) 사용하는 접점의 종류별 기호와 동작

[표 2.10] PLC에서 사용하는 접점의 종류

분류	래더 심볼	처리 내용
접점 입력 종류	─┤├─	a접점
	─┤/├─	b접점
	─┤↑├─	펄스 상승 a접점
	─┤↓├─	펄스 하강 a접점

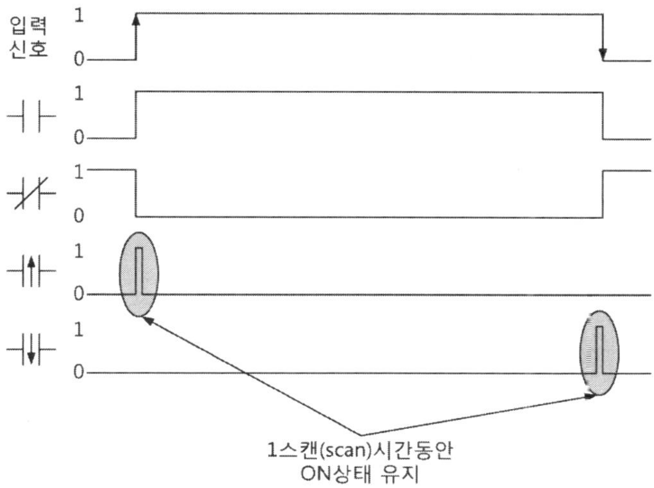

[그림 2.35] 입력신호에 대한 접점 명령의 동작 상태

펄스 접점은 1스캔타임 동안에만 접점이 동작하는 디바이스이다. 1스캔타임은 CPU 속도에 따라 보통 수십 μSec ~ 수 mSec 정도이다.

(2) 연산 결과의 처리

① 상승 및 하강 펄스 처리

 : 연산 결과 신호를 상승 펄스화하여 전달한다.

 : 연산 결과 신호를 하강 펄스화하여 전달한다.

② 반전 처리

 : 연산 결과 신호를 반전하여 전달한다.

(3) 도구모음의 단축키

상단의 도구모음에서 마우스로 드롭&드래그를 하여 사용해도 되지만, 빠른 프로그램 작성을 위한 단축키 사용은 프로그램 작성자에게 필수이다. 각각의 접점 또는 코일의 단축키를 숙지하여 프로그램 작성 시 유용하게 사용할 수 있다.

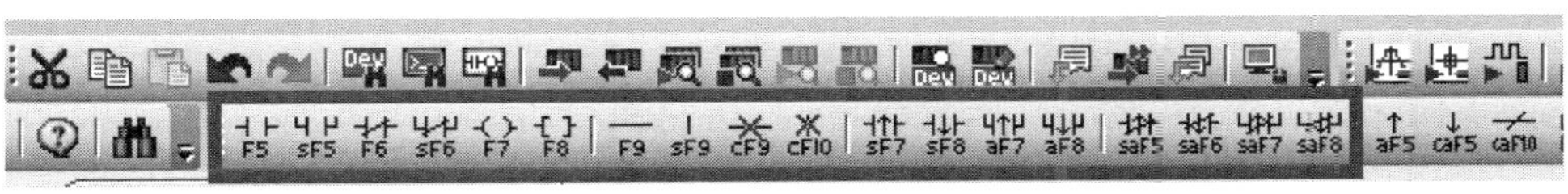

[그림 2.36] 도구모음 단축키

[표 2.11] 많이 사용하는 로직의 단축키

기 호	단 축 키	설 명
	F5	A 접점
	F6	B 접점
	F7	코 일
	F8	응용 명령
	F9	가로선 입력
	Shift + F9	세로선 입력
	Shift + F7	상승 펄스
	Shift + F8	하강 펄스

[표 2.12] 프로그램 편집 시 사용할 단축키

내 용	단 축 키
행 삽입	Shift + Ins
행 삭제	Shift + Del
열 삽입	Ctrl + Ins
열 삭제	Ctrl + Del
세로, 가로선 입력	Ctrl + 화살표
가로선의 연속 입력	Ctrl + Shift + 화살표

[표 2.13] 변환/컴파일 관련 단축키

내 용	단 축 키
변환	F4
변환+RUN 중 쓰기	Shift + F4
변환(모든 프로그램)	Shift + Alt + F4
PLC 쓰기	Alt + O + W

[표 2.14] 모니터 모드 관련 단축키

내 용	단 축 키
모니터 모드	F3
모니터 중 쓰기 모드	Shift + F3
모니터 종료	Alt + F3
쓰기 모드	F2

Ⅲ

기초 프로그래밍 실습

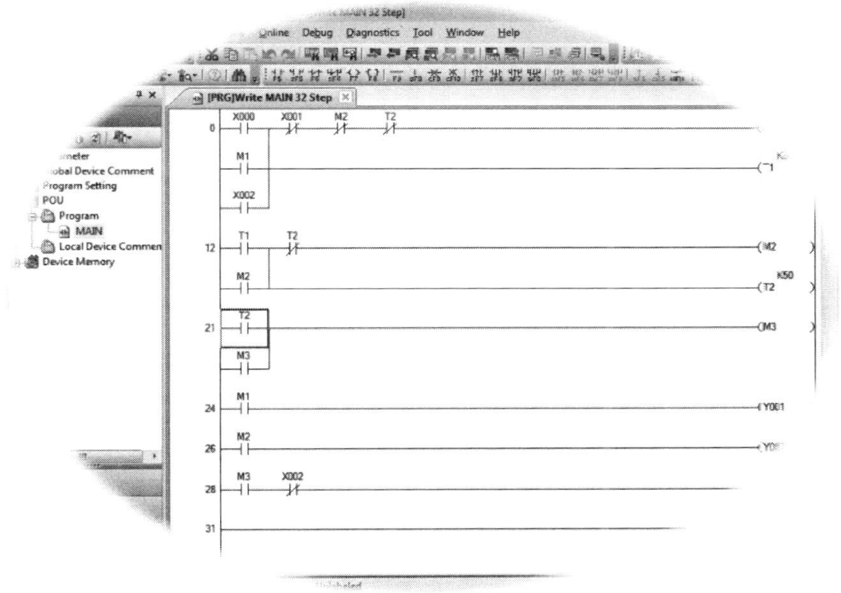
Online Debug Diagnostics Tool Window Help
[PRG]Write MAIN 32 Step
Global Device Comment
Program Setting
POU
Program
MAIN
Local Device Commen
Device Memory
X000 X001 M2 T2
M1
X002
T1 T2
M2
K50
T2
M3
M1
Y001
M2
M3 X002
0
12
21
24
26
28
31

3.1 PLC 하드웨어 구성

여기서는 본 교재에서 사용하는 PLC 하드웨어 구성과 특성을 살펴본다. PLC 모듈은 파워서플라이, CPU, 입력유닛, 출력유닛, 위치결정유닛이 구성되어 있다. 그리고 서보앰프와 터치스크린이 있다.

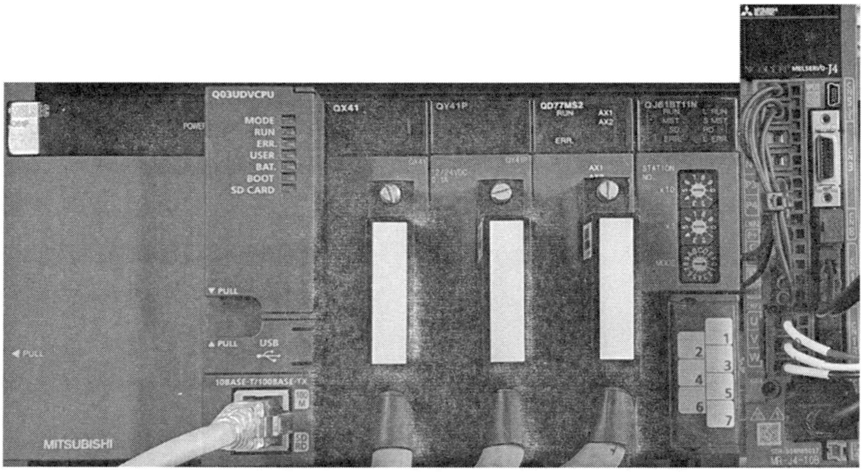

파워서플라이 모듈 CPIU 모듈 입력모듈 출력모듈 위치결정모듈 CC-Link모듈 서보앰프

[그림 3.1] PLC 모듈의 구성 예

(1) CPU 모듈(Q03UDV) 성능

① 기본 연산 처리 속도(LD 명령) : 1.9ns

② 프로그램 용량 : 최대 260K스텝

③ 고정 스캔 인터럽트 프로그램(최소 간격) : 100μs

④ SD 메모리 카드 슬롯 지원

- 데이터 로깅 기능
- 부팅 운전
- 백업/복구

⑤ Ethernet, USB 포트 지원

⑥ 보안기능 강화

⑦ 실수데이터의 고속, 고정밀 처리

(2) 입력 모듈(QX41)

① DC Input Module(Positive Common Type)

② 32-point 입력

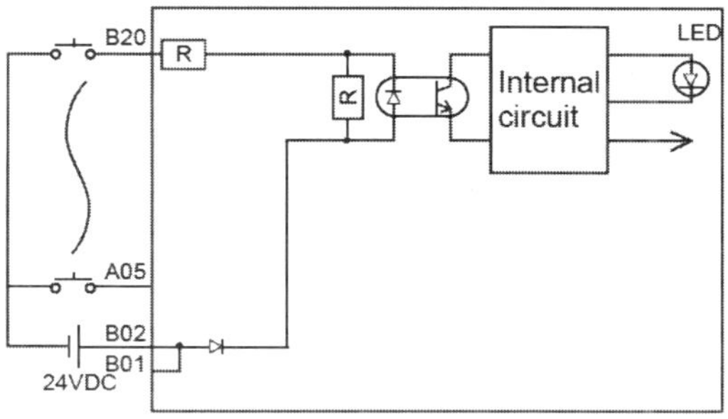

[그림 3.2] 입력 모듈의 인터페이스

(3) 출력 모듈(QY42P)

① Transistor Output Module(Sink Type)

② 32-point 출력

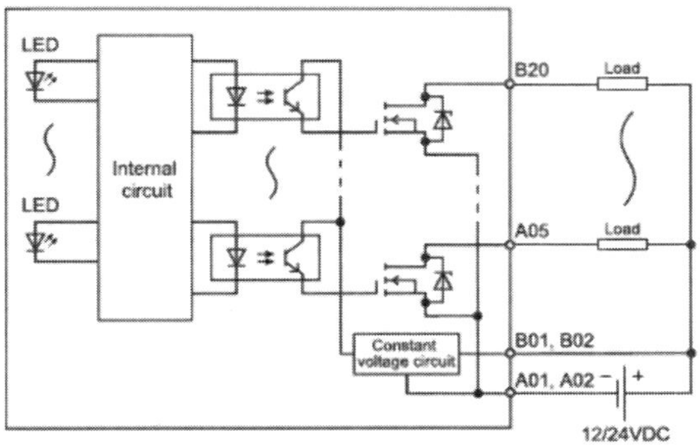

[그림 3.3] 출력 모듈의 인터페이스

(4) 위치결정 모듈(QD77MS2)

① 고속의 기동 시간

② 풍부한 위치결정 제어 기능

- 원점복귀 제어를 충실
- 다양한 제어 방식 - 축마다의 위치결정, 보간제어, 속도 · 토크제어
- 풍부한 데이터량
- 복수 데이터의 연속 실행
- 가감속 처리

③ 동기제어에 대응
④ 인텔리전트 기능 유닛 전용 명령의 사용 가능
⑤ GX Works2에 의한 설정, 모니터, 테스트 가능

(5) 터치스크린

터치스크린이란 HMI(Human Machine Interface) 시스템의 핵심 장치로서 컴퓨터 스크린에 손가락의 터치조작으로 기기를 조작하도록 하는 시스템이다. 시스템의 작동상황 등을 그래픽으로 표현하여 사람이 쉽게 모니터링할 수 있도록 해주며 터치조작으로 조작 지령을 입력할 수 있다.

미쯔비시사의 터치스크린은 주로 GOT1000 시리즈가 많이 사용되고 있으며 최근 GOT1000 시리즈에서 고해상화와 고속, 고성능화된 GOT2000 시리즈가 사용되고 있다.

(a) GOT1000 시리즈 예

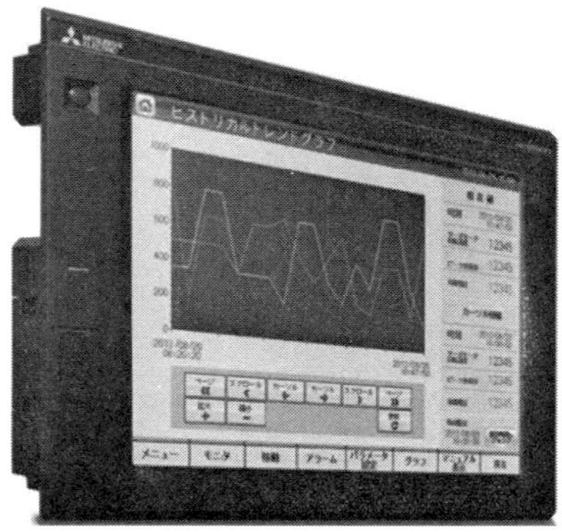

(b) GOT2000 시리즈 예

[그림 3.4] 미쯔비시사의 터치스크린 시리즈

[표 3.1] GOT1000 시리즈와 GOT2000 시리즈 주요 성능 비교

구 분	GOT1000 시리즈	GOT2000 시리즈
처리속도(로깅, 스크립터, 알람, 데이터 전송 등)		GOT1000의 약 2배 이상
메모리 용량	약 15MB	57MB(데이터 압축기술로 128MB 저장 가능)
제스처 조작 기능	없음	화면확대, 축소 스크롤 가능
글꼴 PNG 이미지 제공	없음	제공(확대시 깔끔한 글꼴)
Ethernet 인터페이스 지원	없음	지원

3.2 실습을 위해 알아두어야 할 것들 및 실행 순서

(1) 기초 실습을 위한 입출력 결선

거의 모든 상용화되어 있는 PLC는 입력단과 출력단에 COM 단자가 있다. 이 COM 단자는 PLC 입·출력단 장치 각각의 내부에 공통으로 묶여 있는 라인을 말한다. 여기에 전원부의 +V 혹은 0V를 연결하여 사용된다.

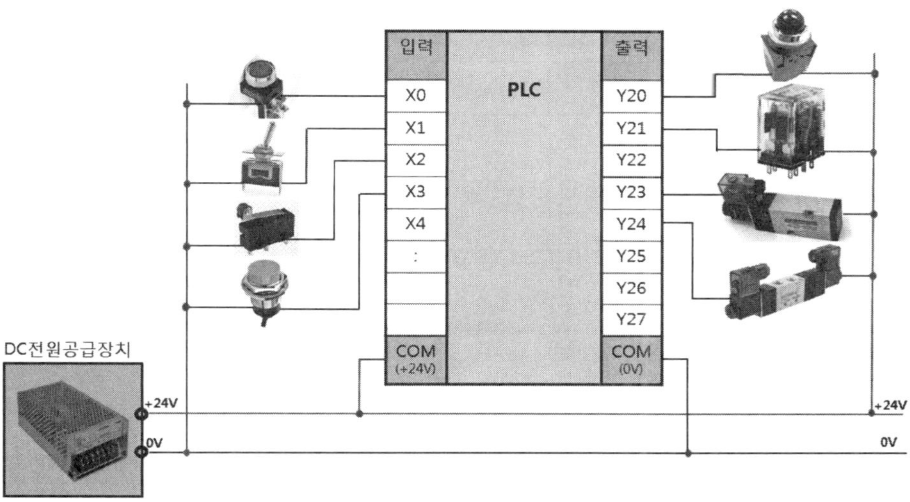

[그림 3.5] 입력 접점과 출력 접점의 기기와 전원 연결 방법 예

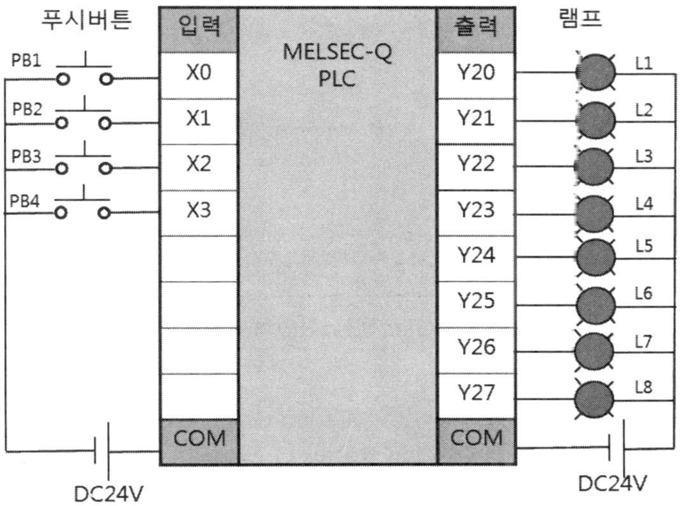

[그림 3.6] 실습을 위한 입력 접점과 출력 접점의 기기접속

MELSEC PLC는 입력 모듈은 +COM을 사용하고, 출력 모듈은 -COM을 사용한다. 어떤 메이커의 PLC는 사용자가 +, -을 지정하여 입출력 COM을 사용하는 기종도 있다.

[그림 3.6]처럼 실습시 입력기기는 푸시버튼을 사용하여 DC24V 전원의 +COM으로 접속하고, 출력기기는 DC24V용 램프를 사용하여 -COM으로 접속한다.

[표 3.2] 입출력기기의 접점 할당과 기호

구분	입 력				출 력							
장치명	스위치	스위치	스위치	스위치	램프	램프	램프	램프	램프	램프	램프	램프
기호	PB1	PB2	PB3	PB4	L1	L2	L3	L4	L5	L6	L7	L8
할당	X00	X01	X02	X03	Y20	Y21	Y22	Y23	Y24	Y25	Y26	Y27

(2) GX-WORKS2 실행과 통신설정

앞서 2장의 2.6절을 참조하여 GX-WORKS2를 실행하고 통신설정을 한다.

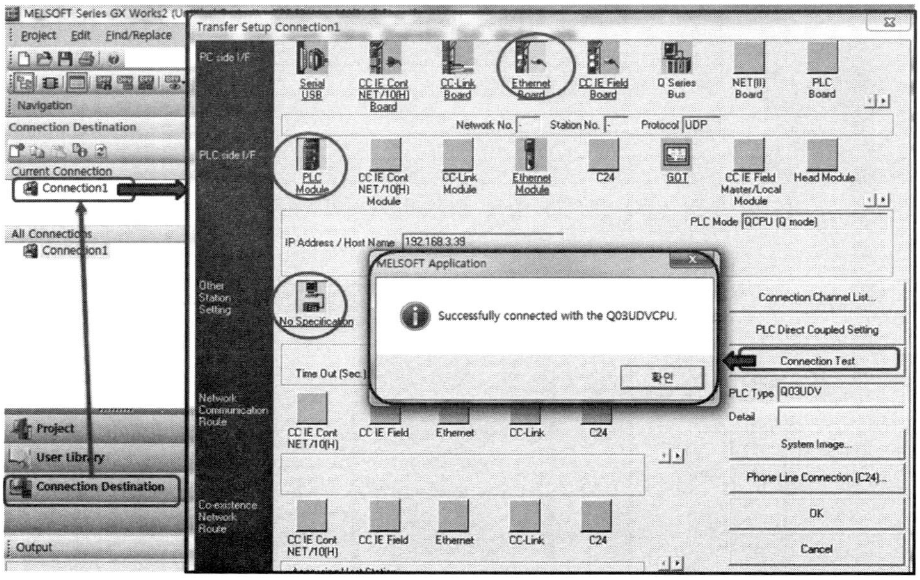

[그림 3.7] 프로젝트 화면에서 통신 확인

(3) 래더 프로그램 작성

다음과 같이 래더 편집창에 프로그램을 작성한다. 단축키를 많이 활용하면 편리하게 작성할 수 있다.

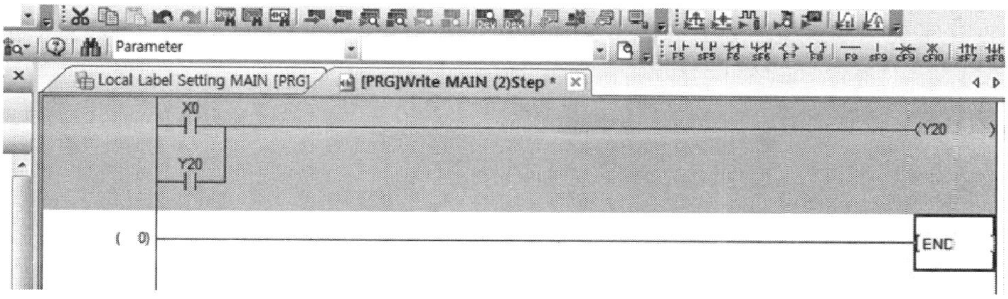

[그림 3.8] 래더 프로그램 작성화면

(4) 컴파일

[Compile] - Rebuild All을 선택하거나 단축 아이콘 을 이용한다.

작성된 래더 프로그램을 PLC로 다운로드하기 전에 반드시 컴파일을 수행해야 한다. 컴파일하기 전에는 회색 음영으로 되어 있는 래더 프로그램은 컴파일이 완료되면 회색 음영 부분이 없어지게 된다.

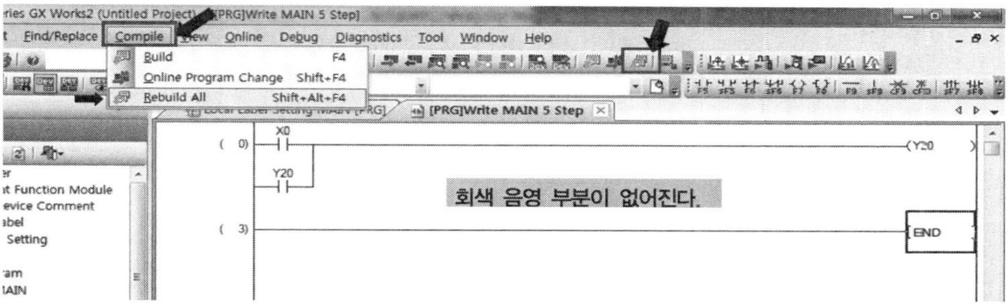

[그림 3.9] 컴파일 실행을 위한 선택 방법

(5) PLC로 쓰기

작성된 래더 프로그램을 PLC로 다운로드(쓰기) 한다.

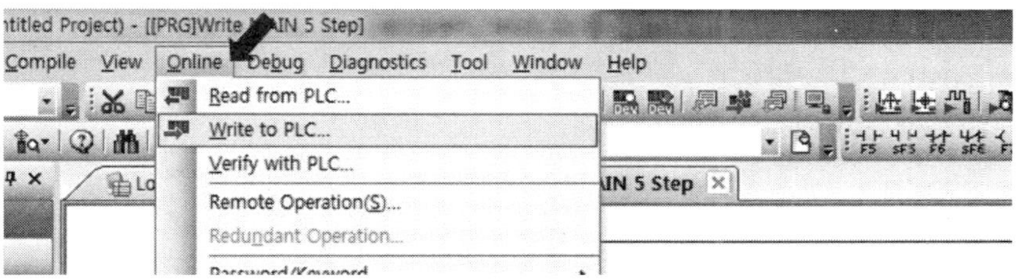

[그림 3.10] PLC 쓰기 메뉴 1

다음 쓰기 창에서 보통의 경우 [파라미터+프로그램] 버튼을 클릭한다. [모두선택] 버튼은 인텔리전트 모듈을 사용할 경우에 선택하는 것이 좋다.

[실행] 버튼을 클릭하면 쓰기가 실행되고 완료되었다는 메시지 창이 나온다.

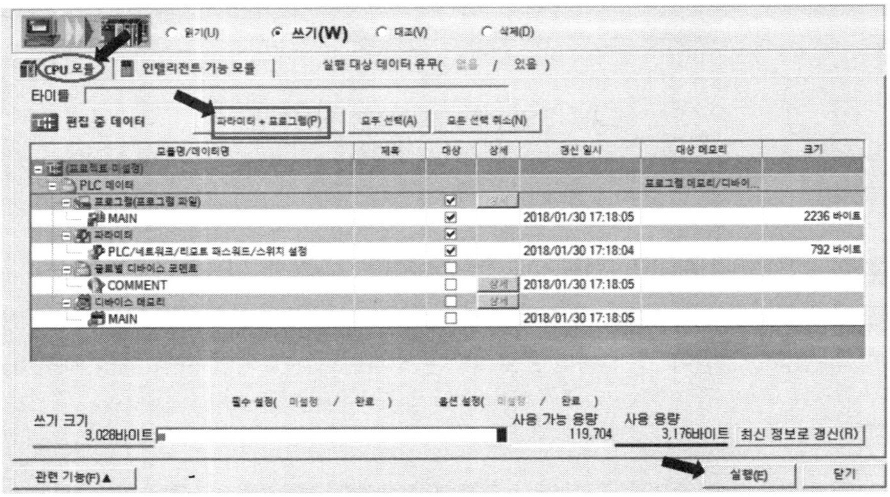

[그림 3.11] PLC 쓰기 메뉴 2

(6) 기본조작 1 - 모니터 모드

단축키 [F3] 혹은 메뉴 [Online] - Monitor Mode를 선택한다.

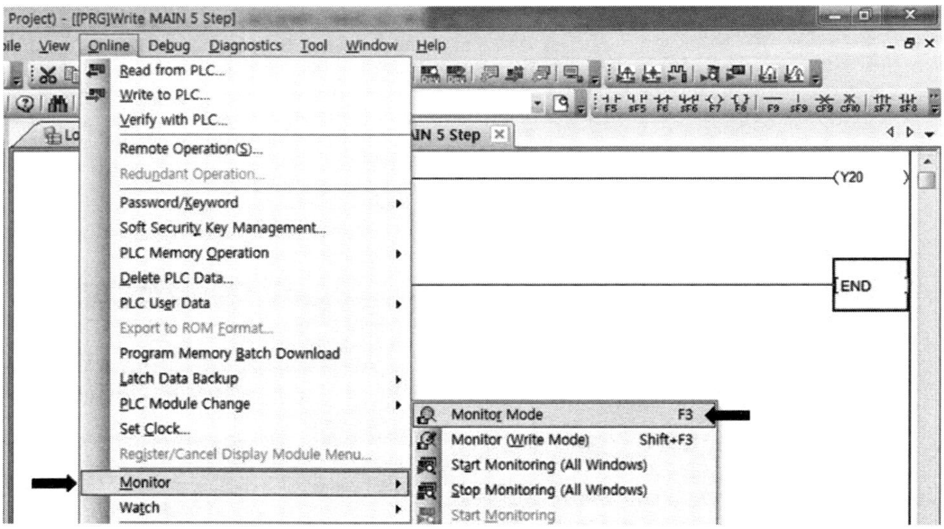

[그림 3.12] 모니터 모드 메뉴

모니터 모드는 PLC 프로그램이 동작 중 입력, 출력의 ON-OFF 상태를 스크린 상에서 확인할 수 있다. 접점에 푸른색 음영이 채워져 있으면 ON 상태임을 나타낸다. 모니터 모드에서 빠져 나오려면 편집모드 단축키 [F2] 키를 누른다.

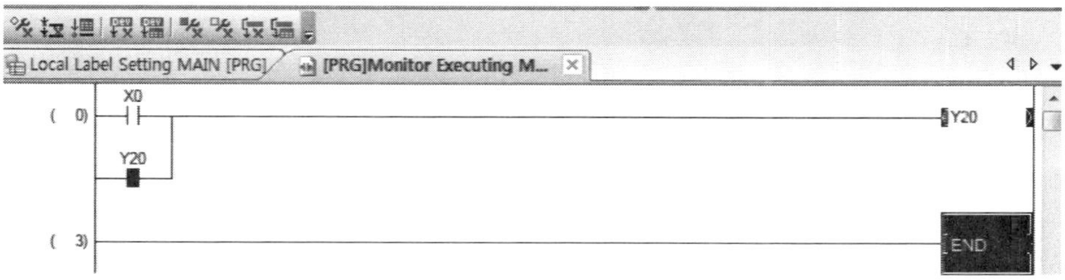

[그림 3.13] 모니터 모드 동작화면

(7) 기본조작 2 - 모니터 쓰기 모드

단축키 [Shift]+[F3] 또는 메뉴 [Online] - Monitor(Write Mode)를 선택한다.

모니터 모드는 모니터 모드 중 편집이 필요할 경우 모니터링 상태에서 프로그램을 수정하여 쓰기를 할 수 있도록 해준다.

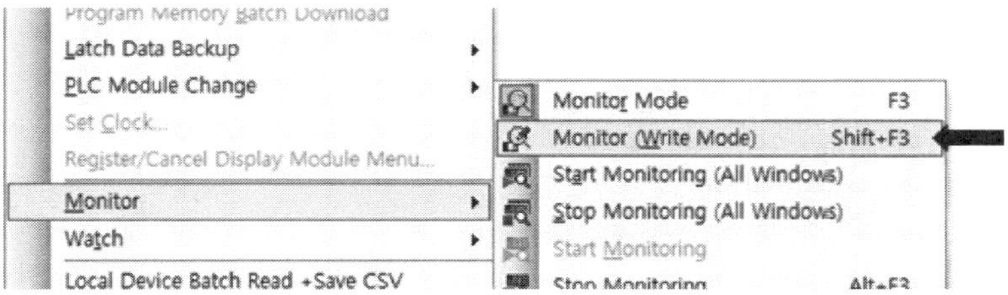

[그림 3.14] 모니터 쓰기 모드 메뉴

(8) 기본조작 3 - 시뮬레이션 모드

메뉴 [Debug] - Start/Stop Simulation을 선택한다.

시뮬레이션 모드는 PLC 하드웨어가 없어도 PC상에서 동작 확인을 가능하게 한다. 인텔리전트 모듈은 지원이 안 되지만 CPU의 기능만 이용한다면 하드웨어 없이 동작 확인을 할 수 있다.

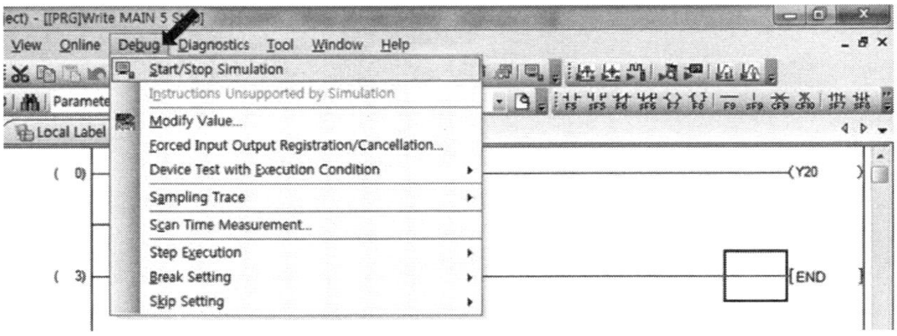

[그림 3.15] 시뮬레이션 모드 메뉴

시뮬레이션 모드에서 어느 접점을 ON, OFF시키고자 한다면 편집 커서를 해당 접점에 두고 단축키 [Shift] + [Enter]를 누르면 된다. 한 번 누를 때마다 ON - OFF가 토글된다.

아래 그림에서 X0가 푸시버튼이라면 [Shift] + [Enter]를 두 번 눌러야 한다.

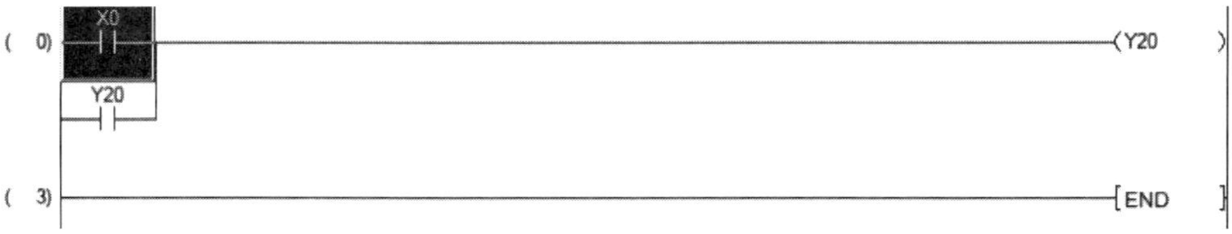

[그림 3.16] 시뮬레이션 모드에서 접점 수동 동작 1

접점이 많을 경우 아래 그림처럼 Modify Value 메뉴를 이용하면 일괄적으로 많은 접점을 ON 또는 OFF시킬 수 있다.

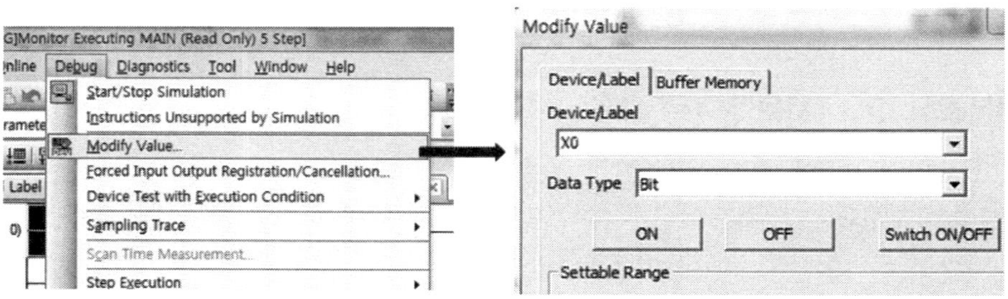

[그림 3.17] 시뮬레이션 모드에서 접점 수동 동작 2

시뮬레이션 모드를 해제하려면 다시 한 번 메뉴 [Debug] - Start/Stop Simulation을 선택한다.

* 〈주의〉 시뮬레이션 모드는 [F2] 키로 해제되지 않는다.

(9) 래더도의 작성 방법

단축기 등을 이용하여 다음과 같은 래더도를 작성해 보자. 툴바를 이용해도 되지만 빠른 입력을 위해 가급적 단축키 사용을 권장한다.

[그림 3.18] 래더도 예시

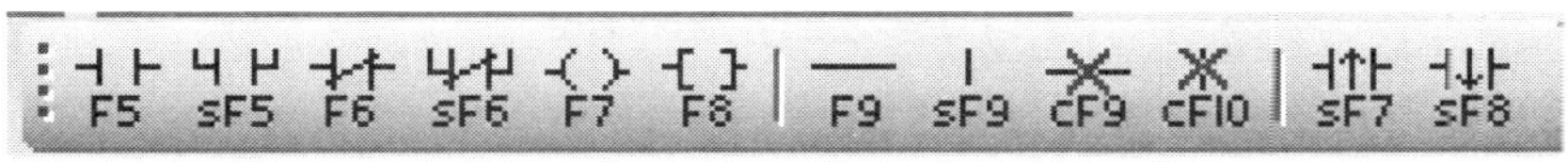

[그림 3.19] 툴바의 래더 작성을 위한 디바이스와 라인 툴

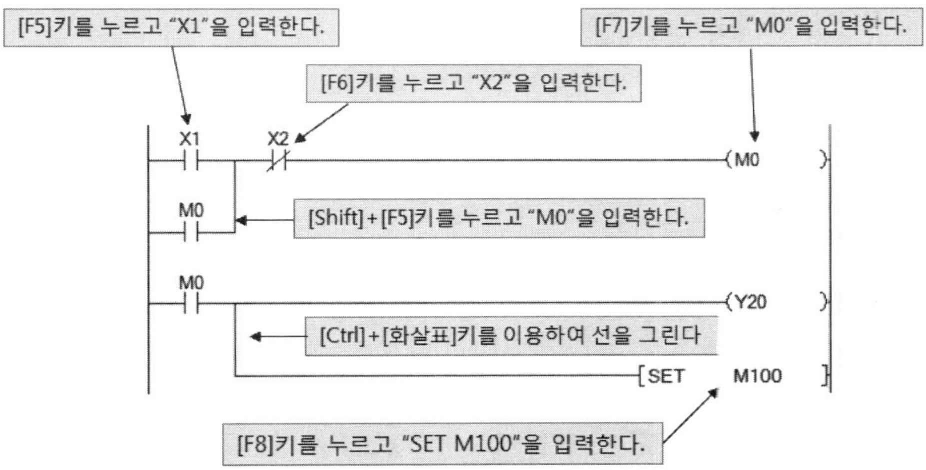

[그림 3.20] 래더의 편집 방법

일반적으로 출력에 릴레이 코일은 괄호 ( )를 사용하고, 명령문이 올 때는 대괄호 [ ]를 사용한다.

선을 그릴 때는 [Ctrl] 키와 화살표 키를 사용하여 그릴 수 있는데 선이 없는 곳은 선이 그려지고, 선이 있는 곳은 지워지게 된다.

3.3 기본 전기 시퀀스 회로의 래더도 표현

(1) 예스(YES) 회로

예스 회로란 입력이 존재하면 출력도 존재하는 전기회로를 의미한다.

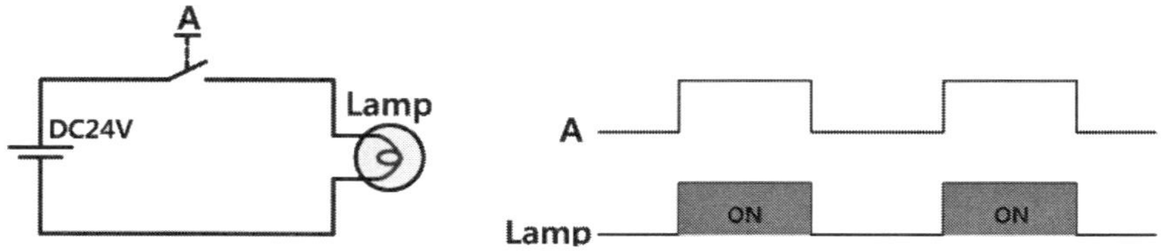

(a) YES 전기회로　　　　(b) YES 전기회로 타임 차트

[그림 3.21] YES 회로

YES 전기회로를 PLC프로그램으로 나타내면

[그림 3.22] YES 회로 래더도

(2) 직렬(AND) 회로

직렬 회로도 별로 어렵지 않다. 누구나 쉽게 이해할 수 있는 전기회로로, 스위치 A와 B가 동시에 ON되고 있는 동안만 램프가 ON되는 회로이다.

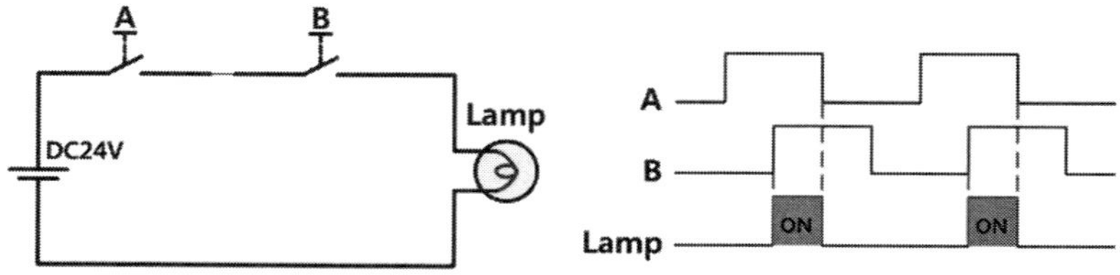

(a) 직렬(AND) 회로　　　　(b) 직렬(AND) 회로 타임 차트

[그림 3.23] AND 논리 시퀀스회로

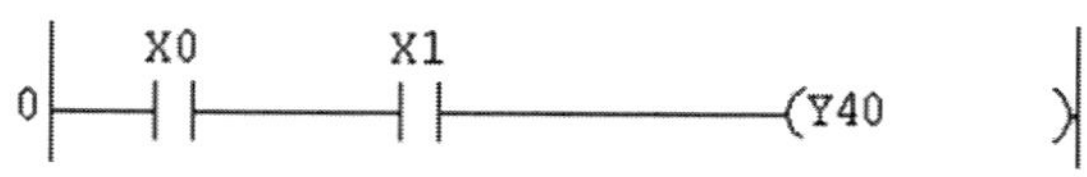

[그림 3.24] AND 논리의 래더도

(3) 병렬(OR) 회로

여러 개의 입력 스위치 중 하나 또는 그 이상의 스위치가 ON되었을 때 램프가 ON되는 회로를 병렬 회로라 한다.

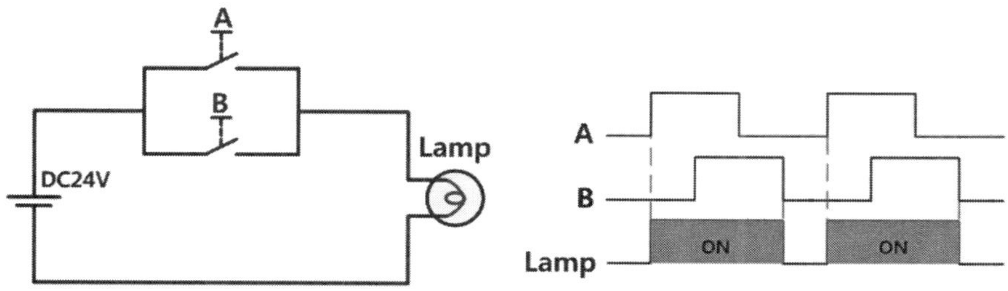

(a) 병렬(OR) 회로　　　　(b) 병렬(OR) 회로 타임 차트

[그림 3.25] OR 논리 시퀀스 회로

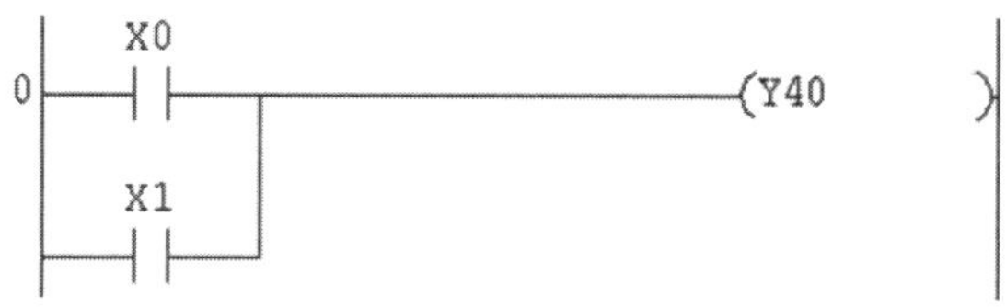

[그림 3.26] OR 논리의 래더도

(4) 부정(NOT) 회로

출력의 상태가 입력 상태의 반대가 되는 전기회로로 입력이 ON되면 출력이 OFF되고, 입력이 OFF되면 출력이 ON이 되는 전기회로이다.

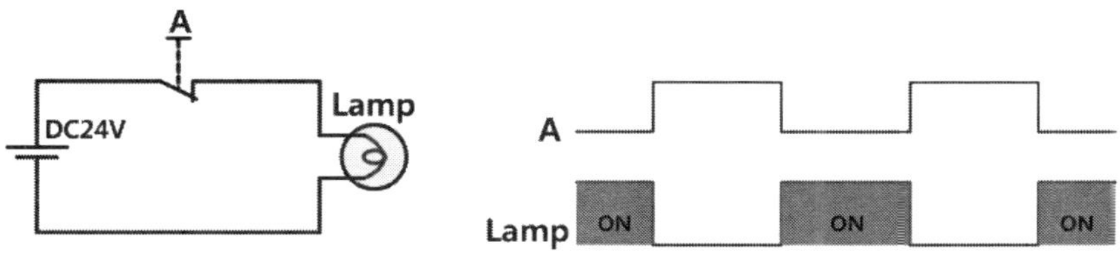

(a) 부정(NOT) 회로　　　　(b) 부정(NOT) 회로 타임 차트

[그림 3.27] 부정(NOT) 시퀀스 회로

[그림 3.28] 부정(NOT) 논리의 래더도

[표 3.3] 기본 디지털 논리의 논리표

AND 논리			OR 논리			NOT 논리	
입력		출력	입력		출력	입력	출력
X1	X2	Y	X1	X2	Y	X1	Y
0	0	0	0	0	0	0	1
0	1	0	0	1	0	1	0
1	0	0	1	0	0		
1	1	1	1	1	1		

(5) 자기유지회로

자기유지회로란 릴레이를 조작하는 스위치 접점에 릴레이의 a접점을 병렬로 접속한 회로로서, 푸시버튼을 ON하여 릴레이가 동작되면 푸시버튼을 OFF하더라도 그 상태를 계속 유지하기 위한 회로이다. 아래 회로에서 Set 버튼을 누르면 코일 K1이 여자되어 K1의 a접점도 ON 된다.

Set 버튼을 떼더라도 K1의 a접점을 통해 전류가 코일에 계속 흐르게 되어 릴레이가 동작을 유지하게 된다.

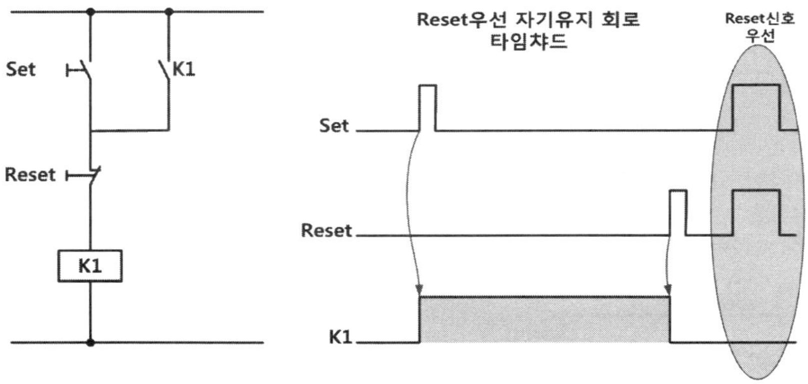

[그림 3.29] 전기 시퀀스 회로로 표현한 자기유지회로

[EX 3-1] PB1(X0)을 누르면 출력 Y20이 ON 하여 자기유지하는 회로

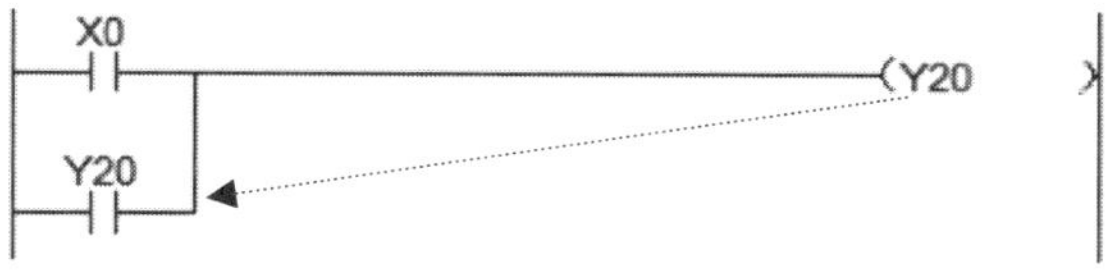

[EX 3-2] 자기유지의 리셋과 라벨 사용방법

누르면 자기유지 상태를 OFF할 수 있는 b접점 스위치 X1을 부가한다.

- Label을 사용하지 않은 경우

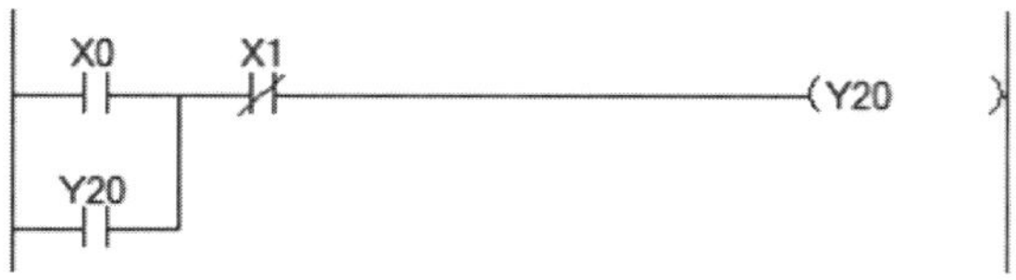

- Label을 사용한 경우([그림 3.7] 라벨사용 방법 참조)

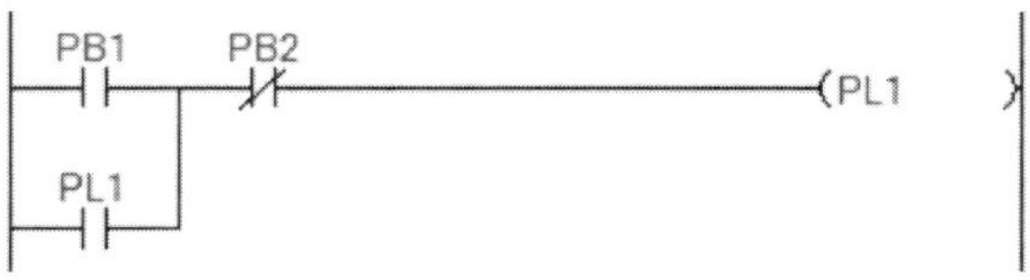

[EX 3-3] 내부 릴레이(M0)를 이용한 간접 제어

래더 프로그래밍시 수정을 용이하게 하기 위해서는 직접 출력을 제어하는 것보다 내부 릴레이를 이용하여 간접 제어하는 것이 좋다.

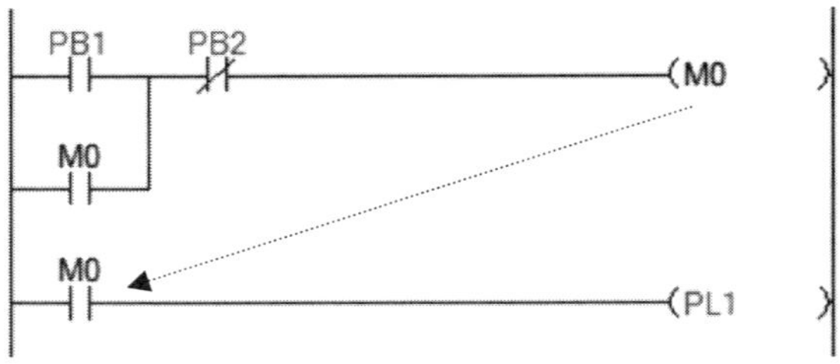

[EX 3-4] 기동우선 자기유지

기동스위치(PB1)과 정지스위치(PB2)가 동시에 눌러졌다면 기동을 우선한다.

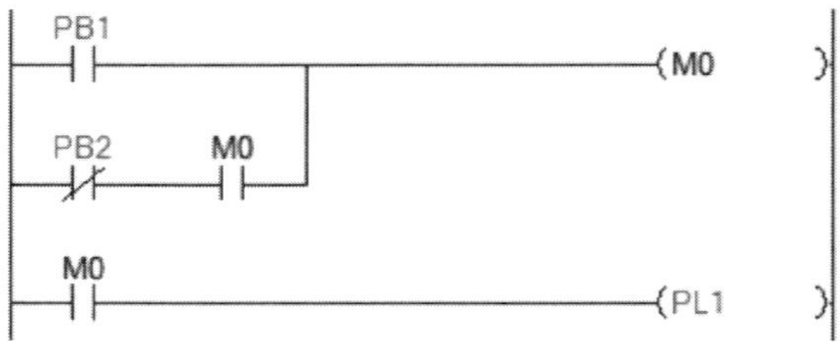

[EX 3-5] 정지우선 자기유지

기동스위치(PB1)과 정지스위치(PB2)가 동시에 눌러졌다면 정지를 우선한다.

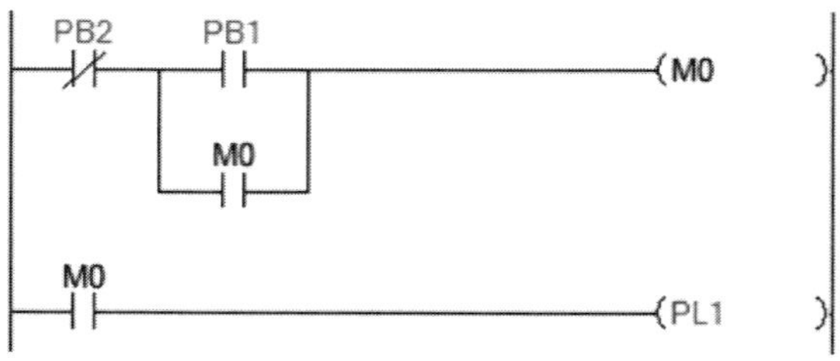

[EX 3-6] 명령어(SET, RST)를 이용한 접점 ON, OFF

SET : 지정한 디바이스를 ON 시킨다.

RST : 지정한 디바이스를 OFF 시킨다.

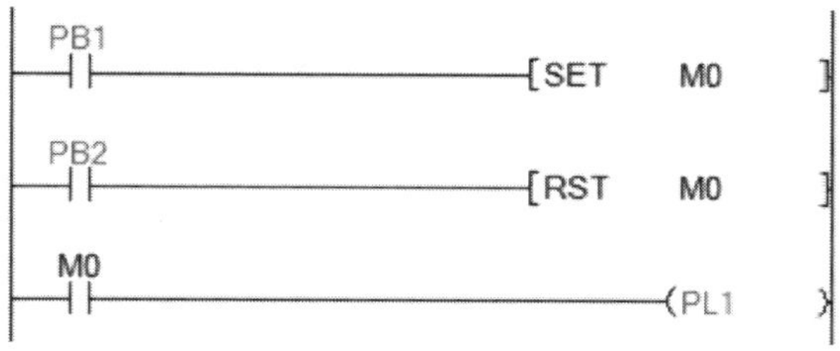

(6) 인터록 회로 구성

인터록 회로란 정회전과 역회전, 전진과 후진처럼 상반된 동작이 동시에 작동하지 않게 하기 위해 어느 하나가 동작 중일 때 다른 쪽이 동작하지 않도록 하는 일종의 안전장치이다.

다음 회로 그림에서 스위치 PB1(X0), PB2(X1) 둘 중 먼저 눌리는 쪽이 동작한다. 이때 다른 쪽 스위치가 눌러지더라도 그 상태를 계속 유지하는 기능을 수행한다.

PB3(X2)는 초기화(리셋) 스위치이다.

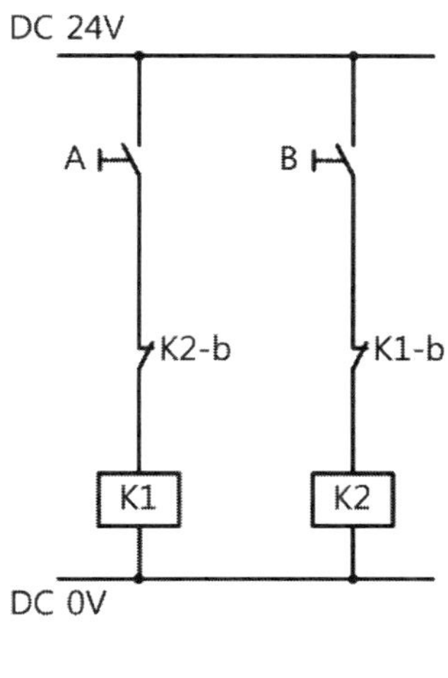

[그림 3.30] 인터록 전기 시퀀스회로

[EX 3-7] 기본 인터록 회로

PB1과 PB2 중 먼저 누른 스위치가 동작하여 해당 램프가 점등된다.

PB3를 누르면 인터록이 해제되고 램프가 소등된다.

내부 릴레이 M0, M1을 이용하여 출력을 한다.

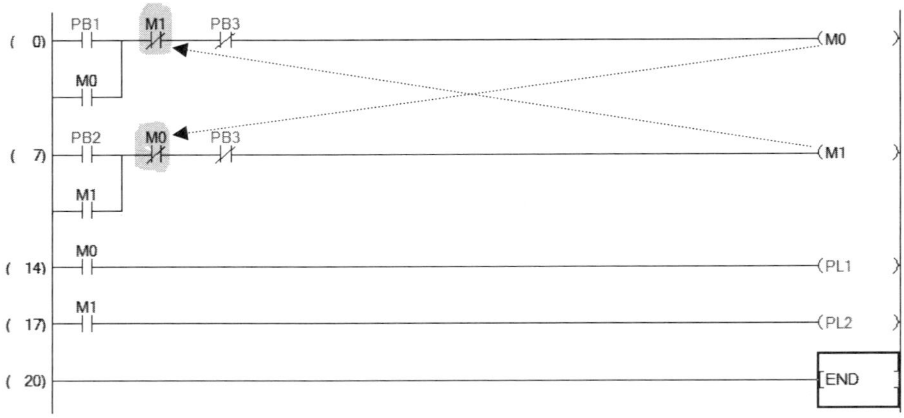

(7) 펄스 디바이스 사용법

- ─┤↑├─ : 펄스 상승 접점
- ─┤↓├─ : 펄스 하강 접점

이 접점은 1스캔타임 동안에만 접점이 동작하는 디바이스이다. 1스캔타임은 CPU 속도에 따라 보통 수십 μSec ~ 수 mSec 정도이다.

다음 두 개의 펄스화 회로의 예는 동일한 동작을 수행한다.

① 상승 펄스 접점을 이용한 회로 예

PB1을 OFF → ON 하는 순간 MO는 1 스캔타임 동안에만 ON이 된다.

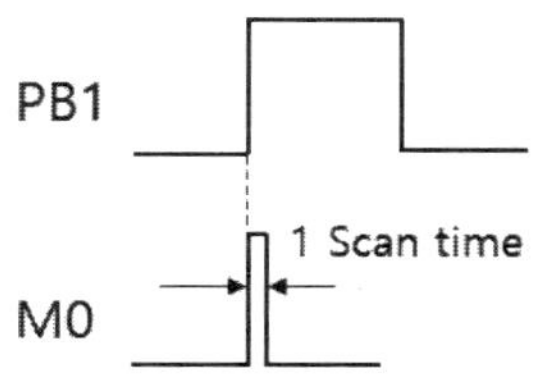

② 신호의 펄스화 옵션을 사용한 예

신호의 펄스화 옵션을 사용해도 위의 상승 펄스 접점의 동작과 동일한 동작을 한다.

3.4 PLC 기초실습

이 절의 PLC 기초실습에서는 PLC의 시뮬레이션 기능만으로도 동작을 확인할 수 있도록 구성하였으나 직접 하드웨어 접속하여 I/O 디바이스를 직접 지정하여 실습할 수도 있다.

시뮬레이션 시 입력 스위치 PB1 ~ PB4, 출력 램프 PL1 ~ PL4는 로컬라벨을 이용하면 되고, 라벨을 사용하기 위해서는 아래 그림처럼 프로젝트 설정 화면에서 Use Label 박스에 체크하여야 한다.

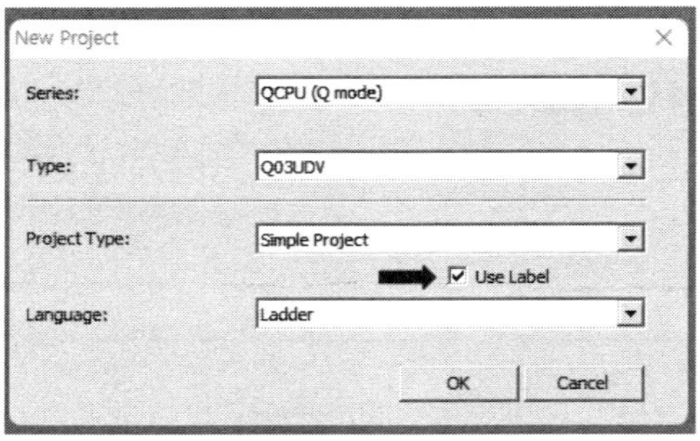

[그림 3.31] New Project 설정 화면

만일 스위치와 램프를 하드웨어를 PLC모듈에 직접 연결하려면 다음 그림처럼 접속하여야 하고, 이때 래더 프로그램에는 스위치와 램프가 접속된 디바이스 번호를 지정하여야 한다. 예를 들면 본 예제의 PB1 대신 X1A를, PL1 대신 Y3A을 지정하도록 한다.

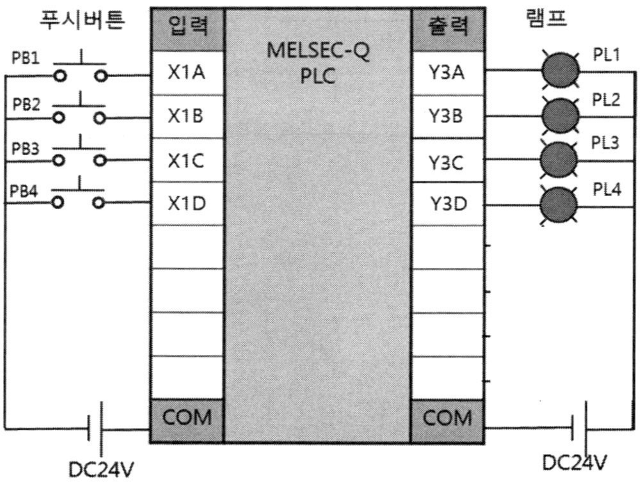

[그림 3.32] 하드웨어 직접 접속시의 결선도

실습 3-1 스위치에 의한 램프 점등제어

○ 문 제

PB1 ON 하면 : PL1 점등, 나머지 소등

PB2 ON 하면 : PL2 점등, 나머지 소등

PB3 ON 하면 : PL3 점등, 나머지 소등

PB4 ON 하면 : PL4 점등, 나머지 소등

○ Time Chart

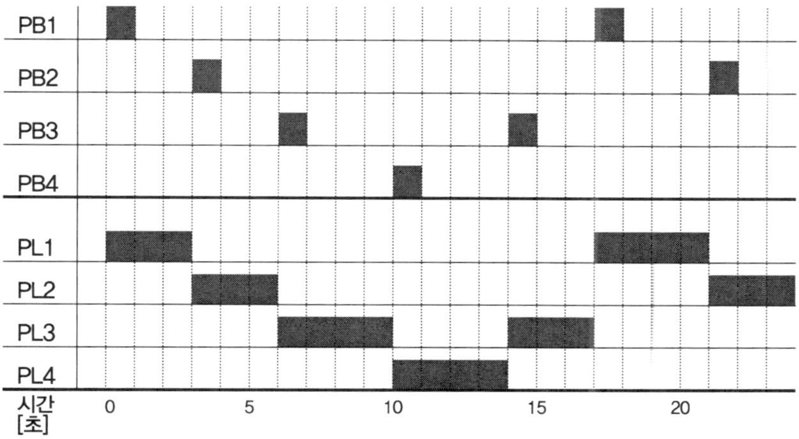

※ 위의 타임차트에서 시뮬레이션 기능을 이용하여 동작 확인이 가능하고, 하드웨어 직접 결선 시 다음 Ladder 프로그램에서 다음과 같이 디바이스를 결선한다.

입력 버튼		출력 램프	
시뮬레이션	하드웨어 결선	시뮬레이션	하드웨어 결선
PB1	X1A	PL1	Y3A
PB2	X1B	PL2	Y3B
PB3	X1C	PL3	Y3C
PB4	X1D	PL4	Y3D

○ Ladder

① 제어신호의 생성

▪ 각 램프의 소등 조건

• PL1의 소등 조건 : PB2, PB3, PB4 중 어느 하나라도 눌러질 때 • PL2의 소등 조건 : PB1, PB3, PB4 중 어느 하나라도 눌러질 때 • PL3의 소등 조건 : PB1, PB2, PB4 중 어느 하나라도 눌러질 때 • PL4의 소등 조건 : PB1, PB2, PB3 중 어느 하나라도 눌러질 때

각 조건을 b접점 스위치 직렬로 연결한다.

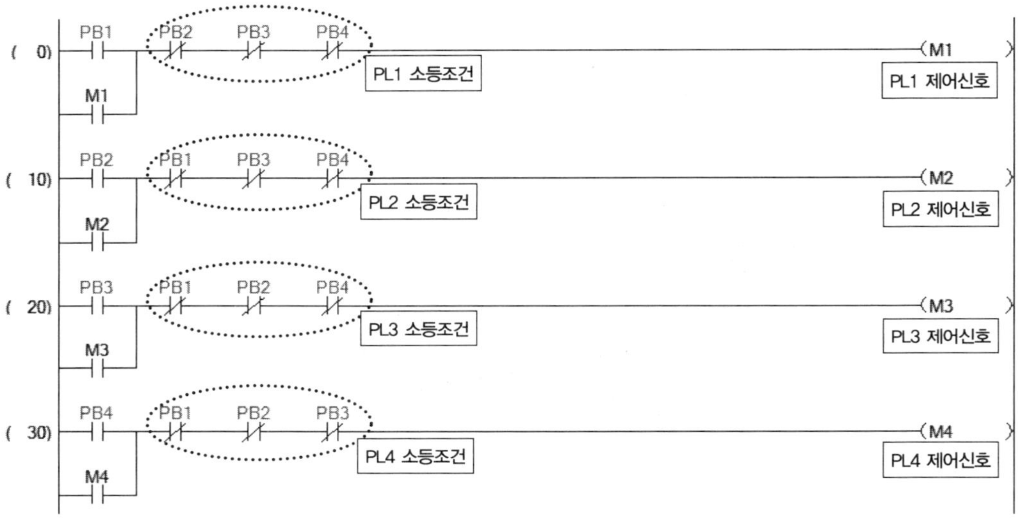

② 제어신호로 출력 구성

실습 3-2 스태퍼(Stepper) 회로

스태퍼 회로란 조작스위치가 순서대로 동작되도록 하는 것을 말한다. 예를 들어 4개의 조작스위치(PB1, PB2, PB3)가 있다고 가정하면 PB1이 눌려야 PB2를 누르면 동작되고, PB2가 눌려서 동작되어야 PB3가 눌리면 동작되도록 하는 것을 말한다.

○ 문 제

4개의 조작스위치가 순서대로 눌려졌을 때 4개의 LED가 점등되도록 한다. PB4가 눌리면 모두 OFF한다.

순서 : PB1 → PB2 → PB3 →

○ Time Chart

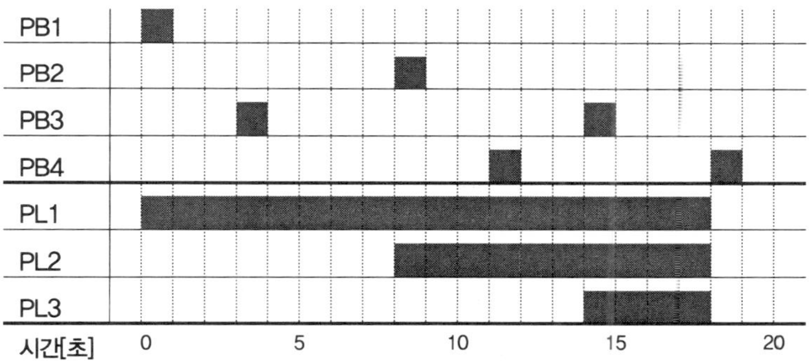

○ Ladder

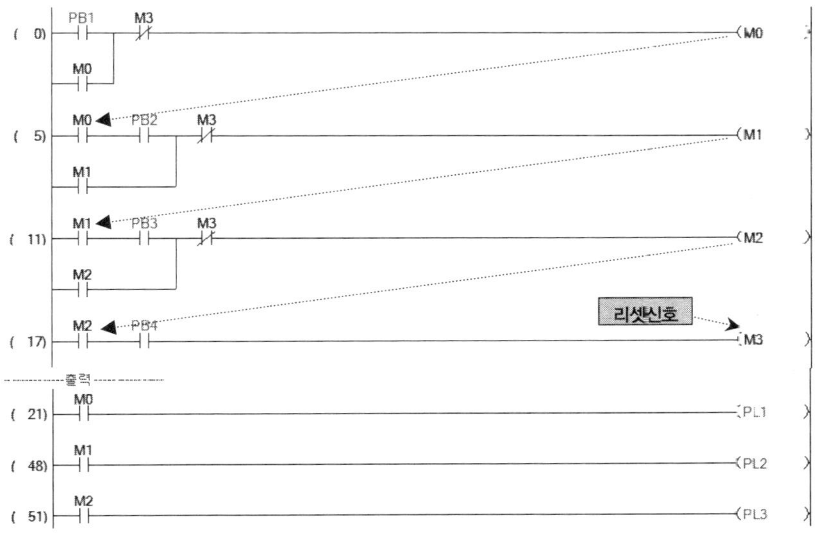

실습 3-3 릴레이를 이용한 DC모터 정역 제어

○ 문 제

PB1을 ON-OFF하면 모터는 정회전하고 PB2를 ON-OFF하면 모터는 역회전한다.
PB3를 ON-OFF하면 모터는 정지한다.
(* 주의 : K1, K2가 동시에 ON이 되지 않게 한다. 회전 중 반대 방향 회전시 반드시 정지 후 조작되도록 한다.)

○ 접속도

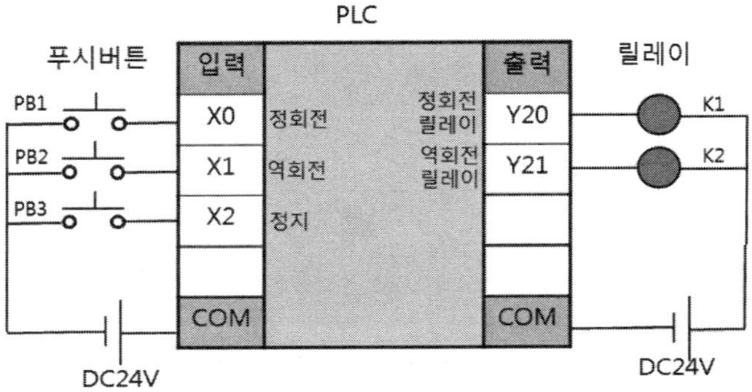

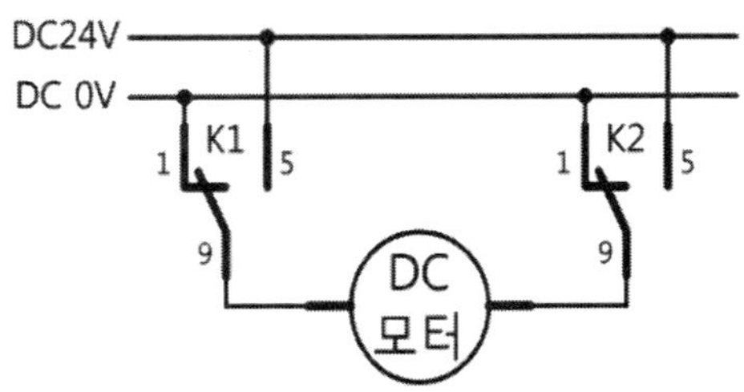

○ Ladder

3.5 타이머/카운터 실습

(1) Timer

타이머란 사용자가 설정한 시간에 출력이 나오도록 하는 장치이다. 장치를 특정한 시간 순서로 동작시키고자 할 때 시간 제어를 할 수 있는 기능을 말한다.

- 연산 결과가 ON일 때 타이머의 코일은 ON하여 설정값까지 카운트하고, 타임업(계수값≥설정값)하면 a접점은 ON한다.
- 타이머는 입력이 OFF되면 출력이 즉시 OFF되며 타이머도 초기화된다.
- 적산타이머는 입력이 OFF되더라도 현재값을 유지하며, 적산타이머의 현재값 클리어 및 접점의 리세트는 RST 명령으로 실행한다.
- 타이머 동작 시간 단위는 사용자가 설정할 수 있다.

[표 3.4] 타이머의 종류

타이머 구분	종류	기본시간단위	표 현(예 : 1초 설정)
타이머	저속타이머	100mSec	T0 k10
	고속타이머	10mSec	H T1 k100
적산타이머	저속 적산타이머	100mSec	ST k10
	고속 적산타이머	10mSec	H ST k100

■ **저속타이머와 고속타이머 계측시간 단위 설정**

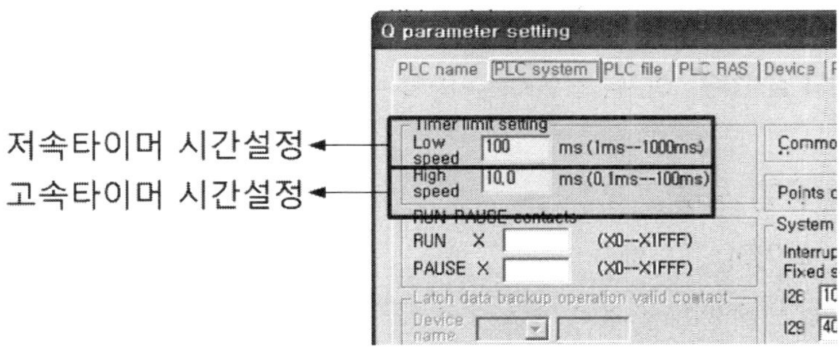

[그림 3.33] 타이머의 설정 시간 변경

[표 3.5] 타이머 입력이 ON → OFF로 변할 시 접점 상태

타이머 종류	타이머 코일	타이머 현재값	타임업 이전		타임업 이후	
			a접점	b접점	a접점	b접점
저속타이머 고속타이머	OFF	0	OFF	ON	OFF	ON
저속 적산타이머 고속 적산타이머	OFF	현재값 유지	OFF	ON	ON	OFF

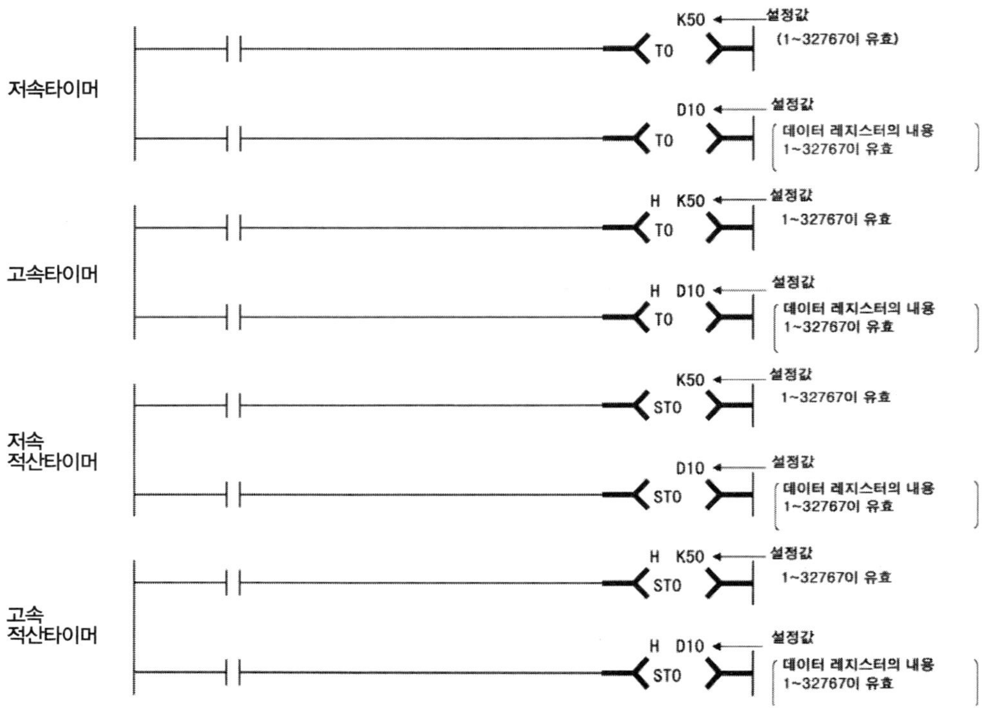

[그림 3.34] 타이머 설정 예

★ 주의 : 타이머의 설정값은 10진수, 정수(K)만 사용할 수 있다.

(2) 타이머 동작별 종류

① ON delay 타이머

타이머에 신호가 들어온 후 일정시간 후에 접점 ON하는 타이머

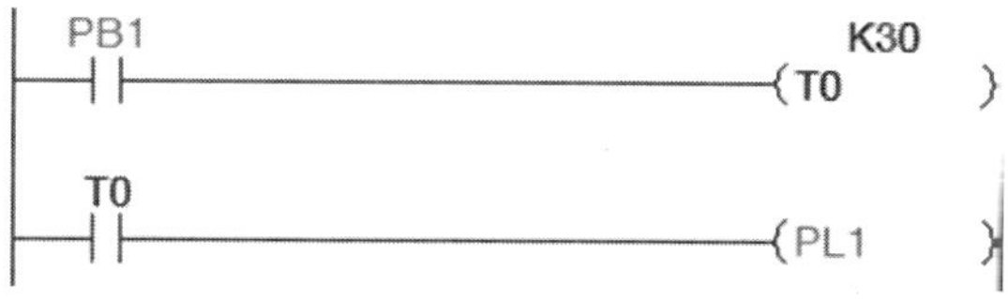

② OFF delay 타이머

작동 신호가 들어오면 즉시 ON하고 신호가 끊어지면 일정시간 지난 후 OFF하는 타이머이다. 아래의 래더는 입력 스위치가 ON 시 PL1이 동작하고, 입력 스위치가 OFF 되는 순간부터 타이머가 동작하여 설정시간이 되면 PL1이 OFF 된다.

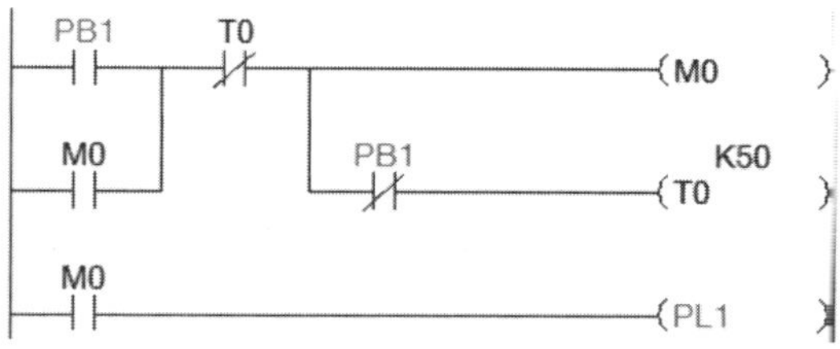

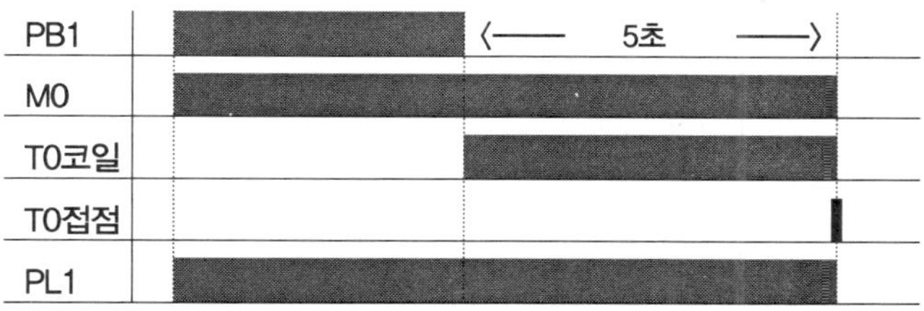

[그림 3.35] OFF delay 타이머 타임차트

③ One-Shot 타이머

PB1을 누르면 PL1은 즉시 ON하여 설정된 시간(3초)이 지난 후 OFF된다.

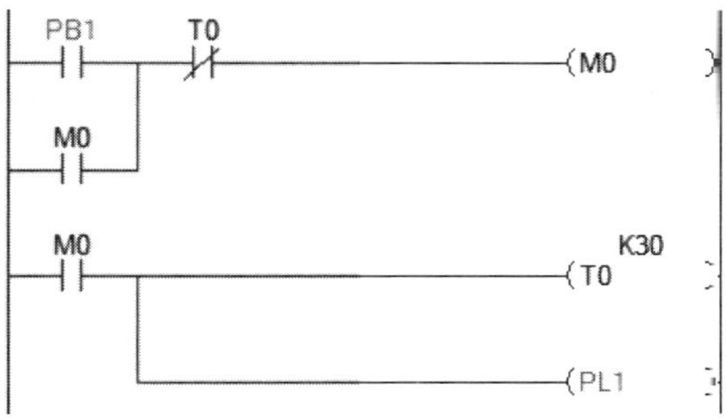

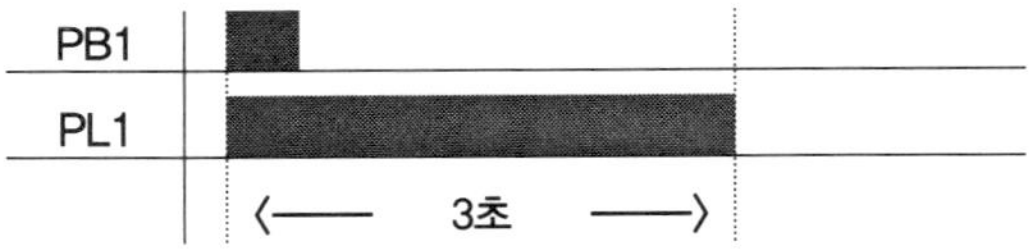

(3) 적산타이머(ST)

타이머 입력에 ON된 시간을 각각 누적하여 설정시간에 도달하면 접점이 ON되는 타이머로, 저속 적산타이머와 고속 적산타이머가 있다. 타이머 리셋은 RST 명령으로 실행한다.

① 적산타이머 사용을 위한 설정방법

(가) 프로젝트 내비게이션 메뉴에서 [Parameter] - [PLC Parameter] - Device 탭에서 메모리 할당을 해 주어야 한다. 하지만 디바이스 할당메모리가 29K이어야 하므로 다른 디바이스를 감소해야 한다. ST 할당을 1K로 올려주고, Timer(T)는 2K → 1K로 감소 조정한다.

(나) 두 번째로 메뉴 Tool - Device/Label Automatic Assign Setting에서 ST의 Assign Selection 항목의 체크 표시를 해제한다.

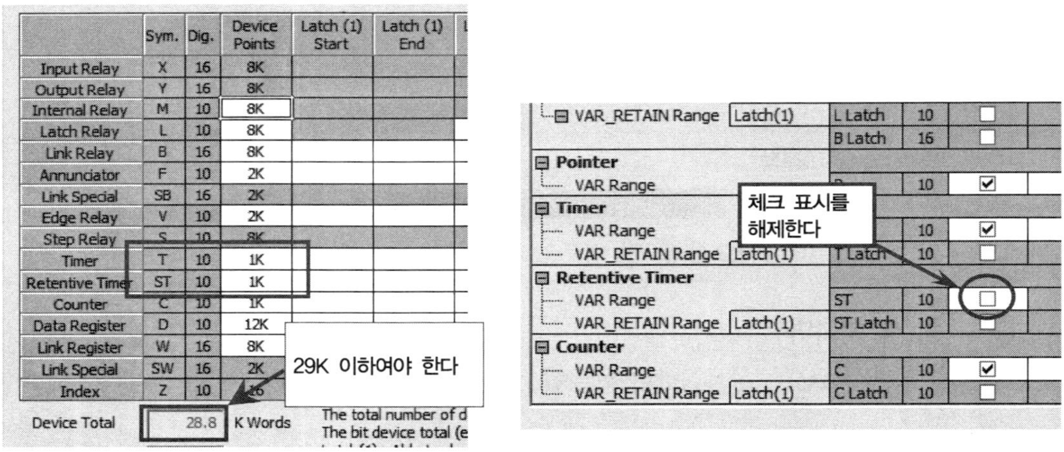

(a) Parameter Setting에서 설정 (b) Device/Label Automatic Assign Setting 창 설정

[그림 3.36] 적산타이머 사용을 위한 설정방법

② 적산타이머의 동작

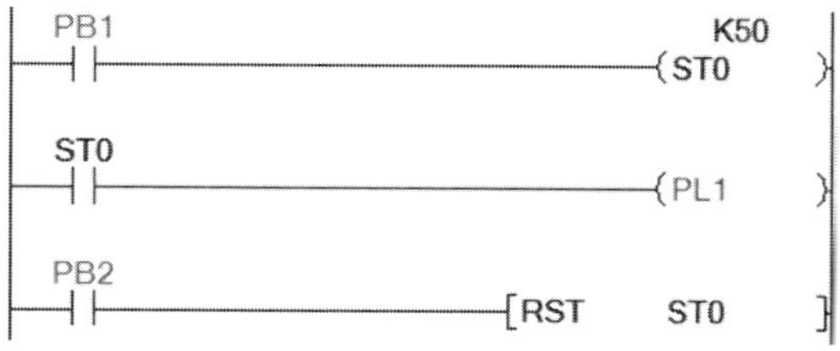

[그림 3.37] 적산타이머 동작 예

PB1이 ON하면 일반 타이머처럼 동작을 시작하고 타이머 작동 도중에 PB1이 OFF되더라도 그때까지의 타임 시간은 기억하고 있다. 다시 PB1을 통해 작동신호가 오면 이전 기억된 값부터 다시 작동을 시작한다.

적산타이머 리셋은 [RST ST□] 명령으로 해야 한다.

(4) COUNTER(C)

① 카운터의 특징

- 연산 결과가 OFF → ON으로 변화했을 때 현재값(카운트값)을 +1 한다.
- 연산 결과가 ON 상태일 때는 카운트되지 않는다(카운트 입력은 펄스화할 필요는 없다).
- 카운트업 이후는 RST 명령을 실행할 때까지 카운트 값 및 접점의 상태는 변화하지 않는다.
- 설정값이 0인 경우는 1과 동일하게 처리한다.

② 카운터 설정 방법과 동작

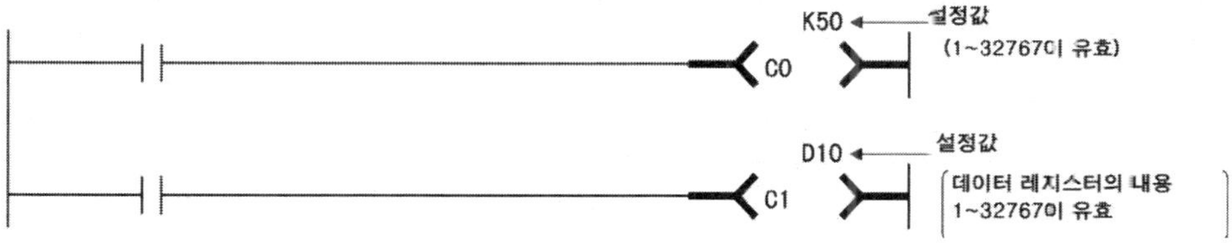

[그림 3.38] 카운터 설정 예

다음 그림의 회로에서 PB1을 10회 누르면 접점이 동작하여 PL1이 동작한다. C0를 초기화 하려면 명령어 [RST C0]로 해야 한다.

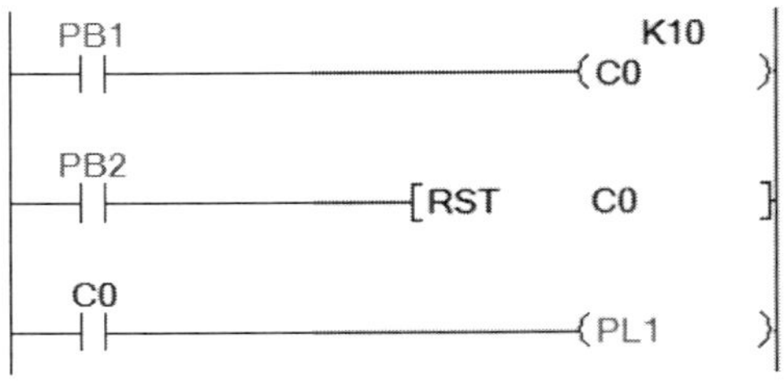

[그림 3.39] 카운터의 동작 예

TIMER 사용시 주의사항

타이머의 접점에서 별도의 타이머를 계측하는 프로그램을 작성할 경우는 나중에 계측할 타이머부터 순서대로 프로그래밍한다.
다음의 경우, 계측순으로 프로그래밍하면 모든 타이머가 동일 스캔에 ON 한다.

스캔타임보다 짧은 설정값일 때
설정값이 "1"일 때

[EX1] T0~T2의 타이머를 뒤쪽 타이머부터 순서대로 프로그래밍했을 경우

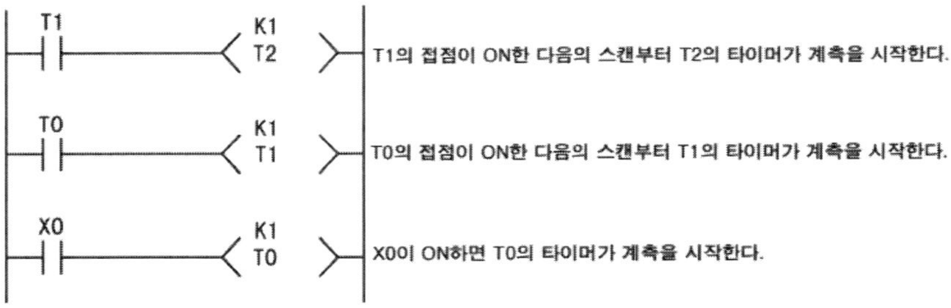

[EX2] T0~T2의 타이머를 계측순으로 프로그래밍했을 경우

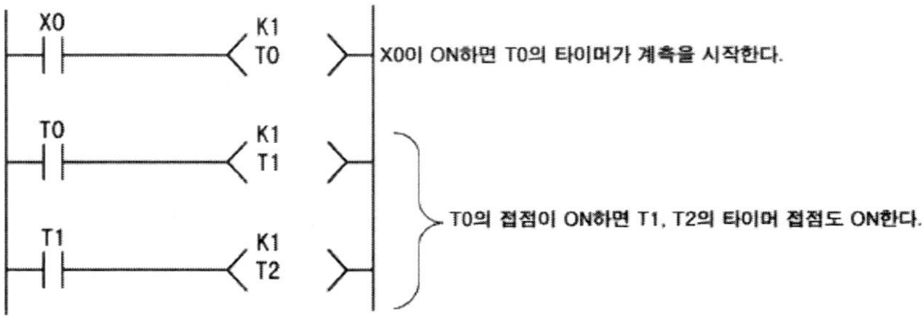

실습 3-4 타이머 응용 : Flicker 1

○ 문 제

PB1 ON 하면 : PL1은 2초 동안 OFF – 1초 ON 무한반복 점멸한다.

PB2 ON 하면 : PL1은 OFF (리셋)

○ Time Chart

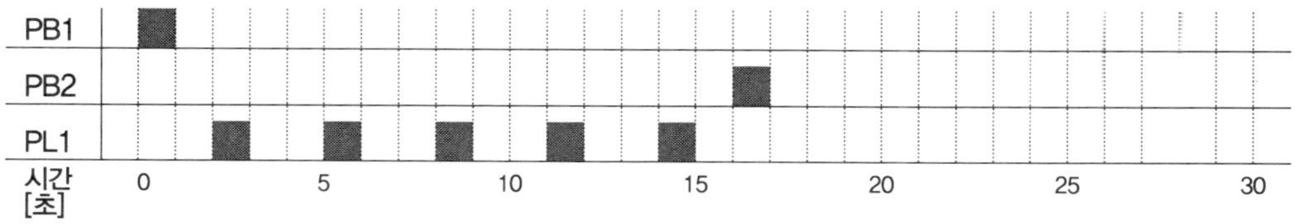

○ Ladder

▪ 동작해석

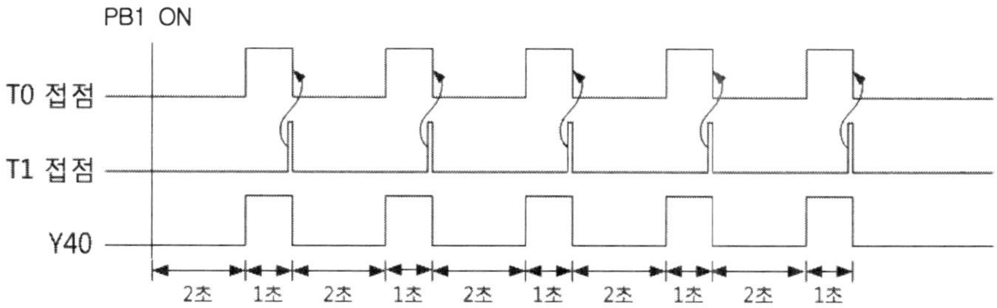

▪ 방법 1. 카운터 직렬 연결

타이머 T0(2초)가 먼저 동작하고 T0의 접점으로 T1(1초)을 작동하도록 한다.

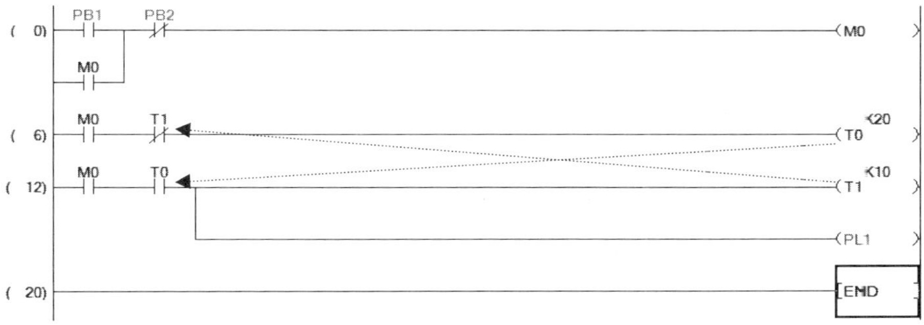

▪ 방법 2. 타이머 병렬 연결

두 개의 타이머 T0(2초), T1(3초)가 동시에 시작되도록 하여 T1(3초) 접점이 작동시마다 두 개의 타이머를 동시에 리셋시킨다.

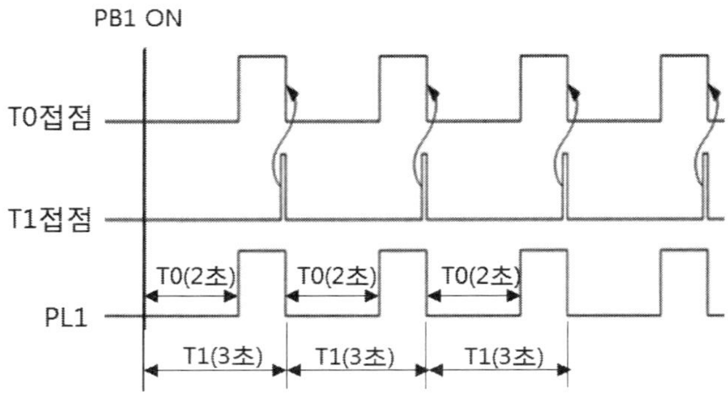

활용 과제 3.1 다음 타임차트를 보고 LADDER도를 작성하시오.

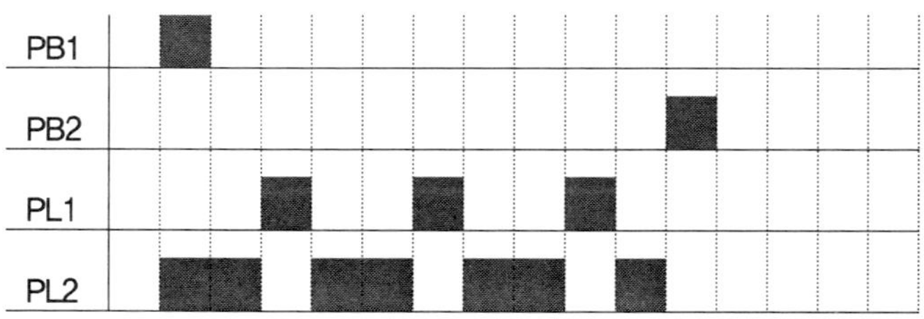

실습 3-5 타이머 응용 : Flicker 2

○ 문 제

앞의 [실습 3-4]에서 카운터를 이용하여 5회까지 점멸 후 자동 정지하도록 하시오. 정지 후 PB1을 누르면 다시 5회 점멸 동작을 해야 한다.

○ Ladder

[응용과제]

위의 실습에서 래더도를 다음과 같이 수정하여 실행하시오. 그리고 위의 것과 동작이 다른 이유를 생각하여 설명하시오.

(Hint : 래더 프로그램 동작 순서를 생각하시오)

실습 3-6 타이머 응용 : Flicker 3

○ 문 제

PB1 ON 하면 : PL1은 2초 동안 ON – 4초 OFF가 무한반복 점멸한다.

PB2 ON 하면 : PL1은 OFF(리셋)

○ Time Chart

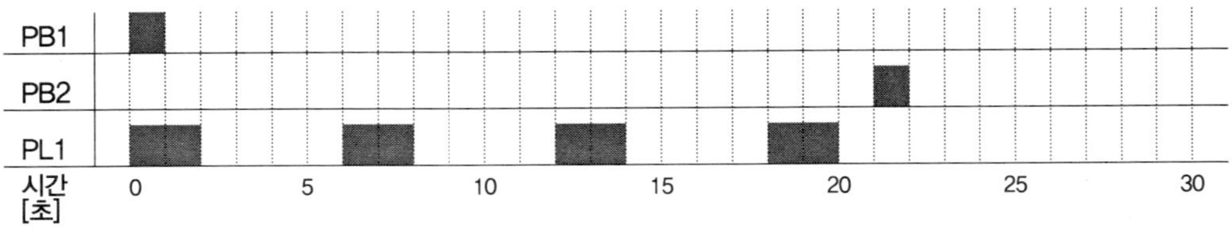

○ Ladder

▪ 방법 1. 타이머 직렬 연결

▪ 방법 2. 타이머 병렬 연결

활용과제 3.2 다음 타임차트와 문제를 보고 LADDER도를 작성하시오.

○ 문 제

PB1 ON 하면 : PL1은 4초 후 ON – 2초 후 OFF가 무한반복 점멸한다.

PB2 ON 하면 : PL1은 OFF (리셋)

○ Time Chart

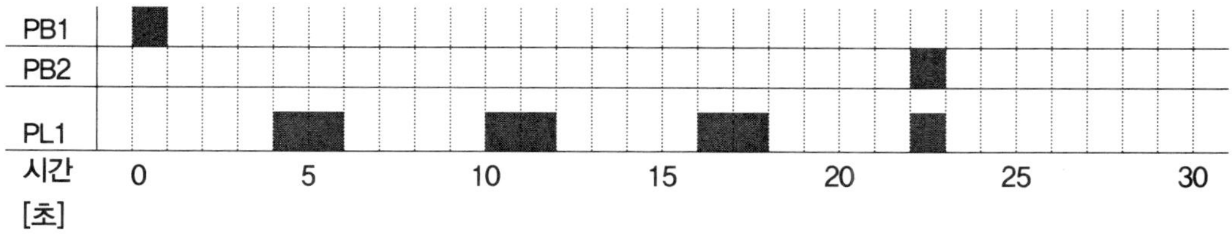

○ Ladder

▪ 방법 1. 타이머 직렬 연결

▪ 방법 2. 타이머 병렬 연결

실습 3-7 타이머 활용 : 램프 시간 제어 1

○ 문 제

PB1 ON 하면 : PL1은 5초간 ON, PL2는 10초간 ON,
PL3는 15초간 ON, PL4는 즉시 ON하여 유지

PB2 ON 하면 : 모든 접점 OFF(초기화)

○ Time Chart

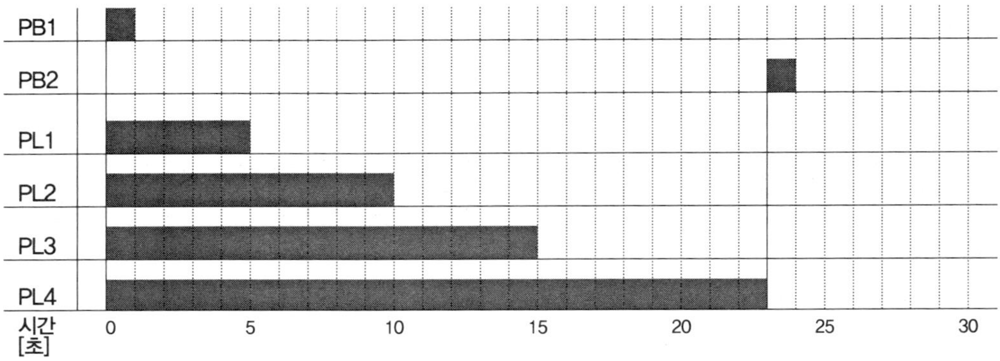

○ Ladder

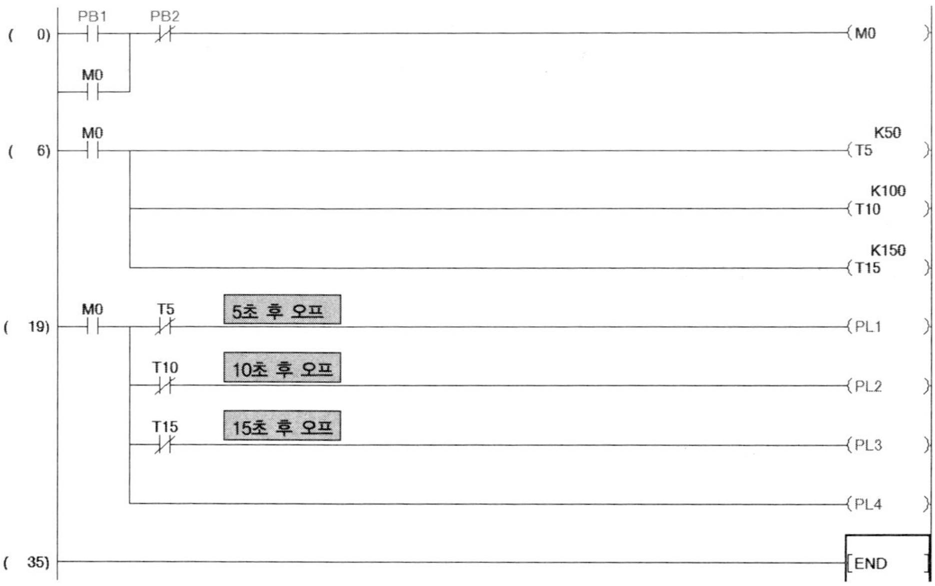

활용과제 3.3 다음 타임차트를 보고 LADDER도를 작성하시오.

○ 문 제

PB1 ON 하면 : PL1은 즉시 ON, PL2는 5초 후 ON, PL3는 10초 후 ON, PL4는 15초 후 ON
PB2 ON 하면 : 모두 OFF(초기화)

○ Time Chart

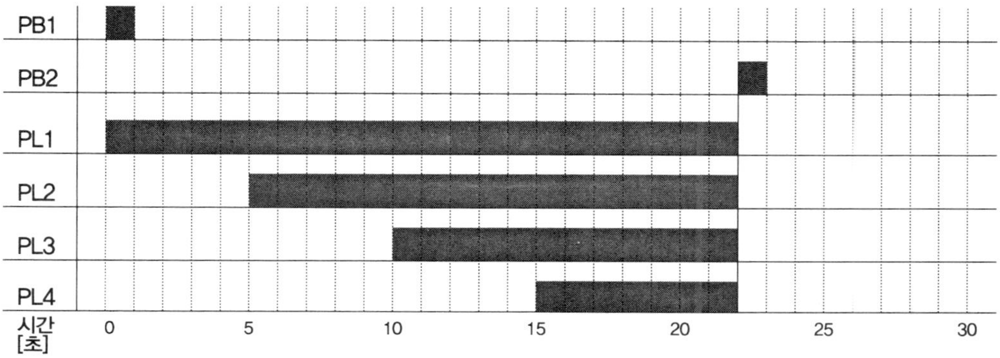

실습 3-8 타이머 활용 : 램프 시간 제어 2

○ 문 제

PB1 ON 하면 : PL1은 즉시 ON - 5초 후 OFF, PL2는 5초 후 ON - 5초 후 OFF,
PL3는 10초 후 ON - 5초 후 OFF, PL4는 15초 후 ON하여 유지

PB2 ON 하면 : 모두 OFF(초기화)

○ Time Chart

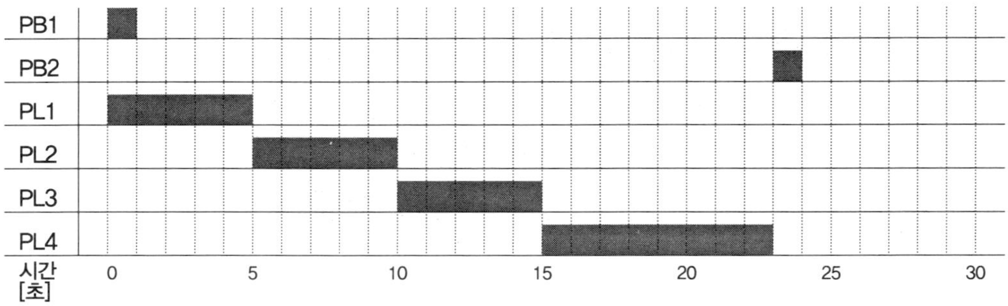

○ Ladder

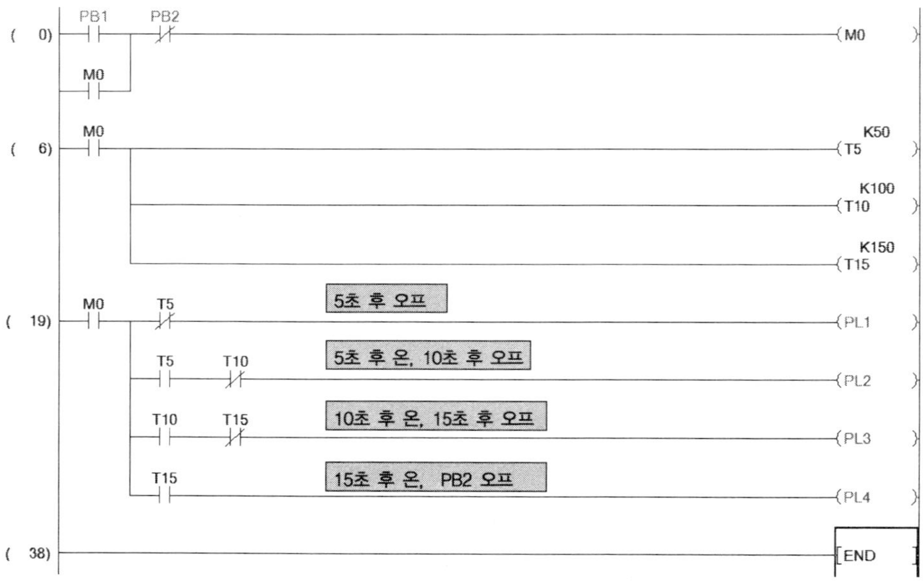

실습 3-9 타이머 활용 : 램프의 반복 순차 동작

○ 문 제

PB1 ON 하면 : PL1은 ON - 3초 후 OFF, PL2는 3초 후 ON - 3초 후 OFF,
PL3는 6초 후 ON - 3초 후 OFF, PL4는 9초 후 ON - 3초 후 OFF
→ PL1부터 무한반복

PB2 ON 하면 : 모두 OFF(리셋)

○ Time Chart

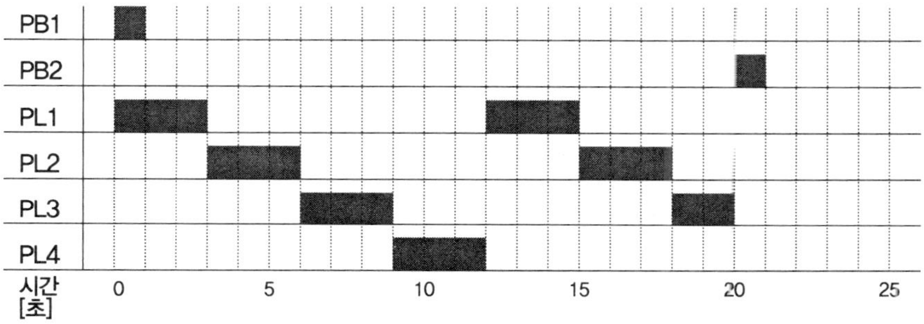

○ Ladder

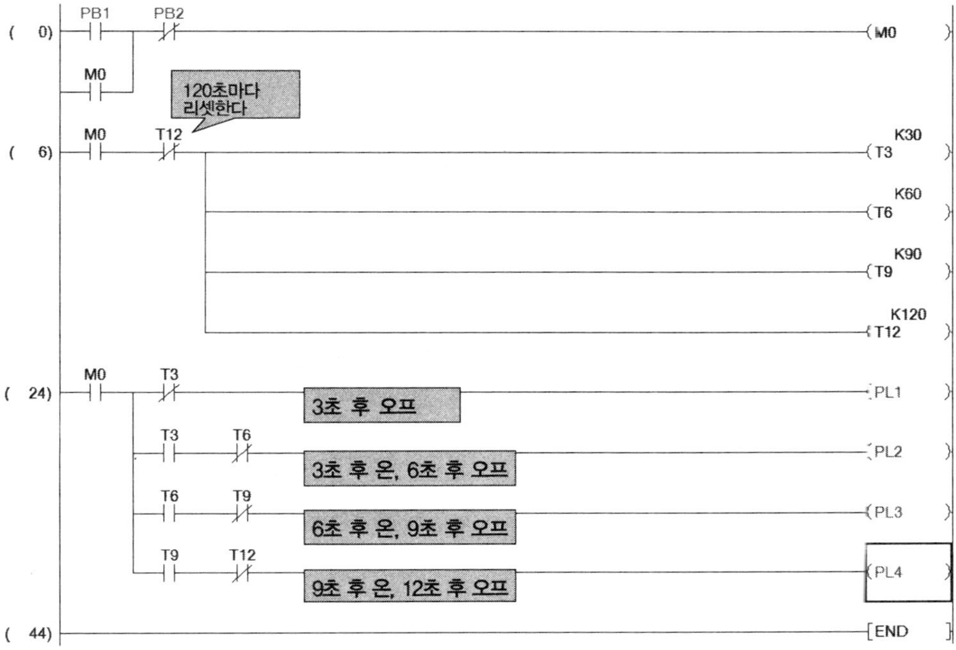

실습 3-10 타이머 활용 : 램프 교환 점등제어

○ 문 제

PB1 ON 하면 : PL1, PL3은 5초간 ON - 5초 후 OFF - 5초 후 ON을 1회 동작,
PL2는 PL1 소등 후 5초간 ON,
PL4는 PL1 소등 후 5초간 ON-5초간 OFF 후 계속 ON

PB2 ON 하면 : 모두 OFF(리셋)

○ Time Chart

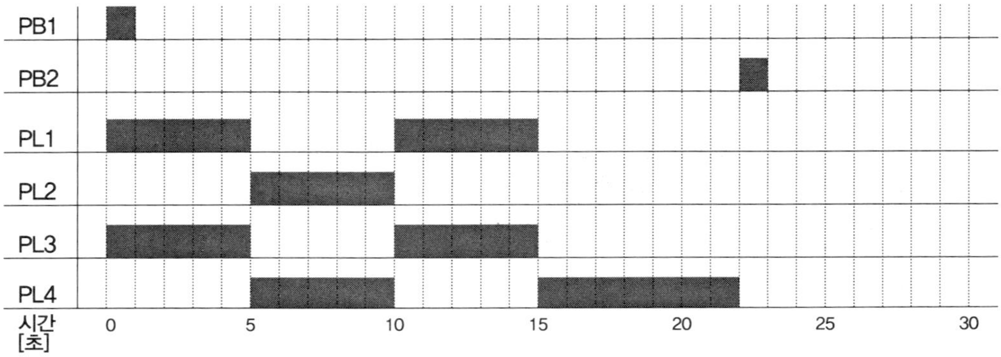

○ Ladder

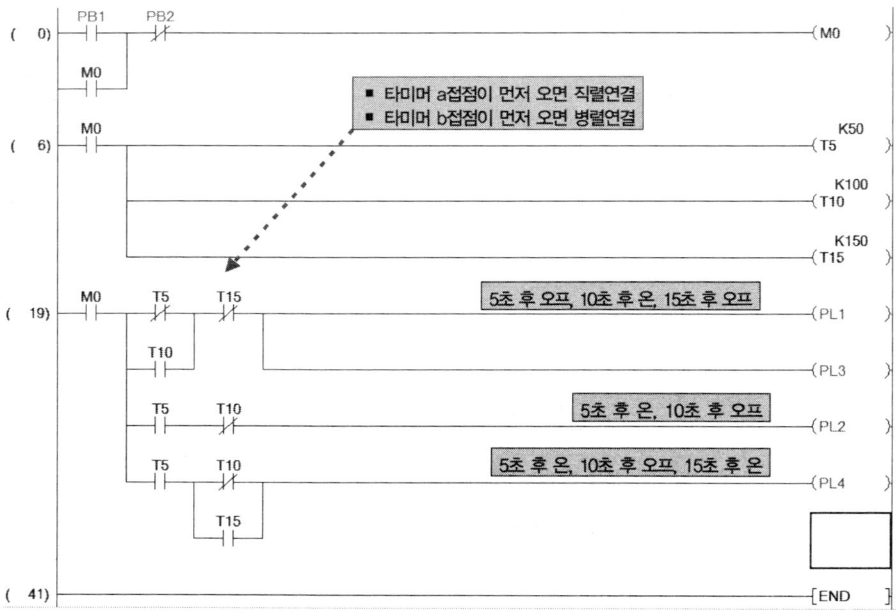

활용과제 3.4 다음 타임차트를 보고 LADDER도를 작성하시오.

○ 문 제

PB1 ON 하면 : PL1은 3초 ON – 3초 후 OFF를 무한반복,

PL2는 PL1과 반대 동작,

PL3는 6초 ON - 6초 후 OFF를 무한반복,

PL4는 PL3과 반대 동작

PB2 ON 하면 : 모두 OFF(리셋)

○ Time Chart

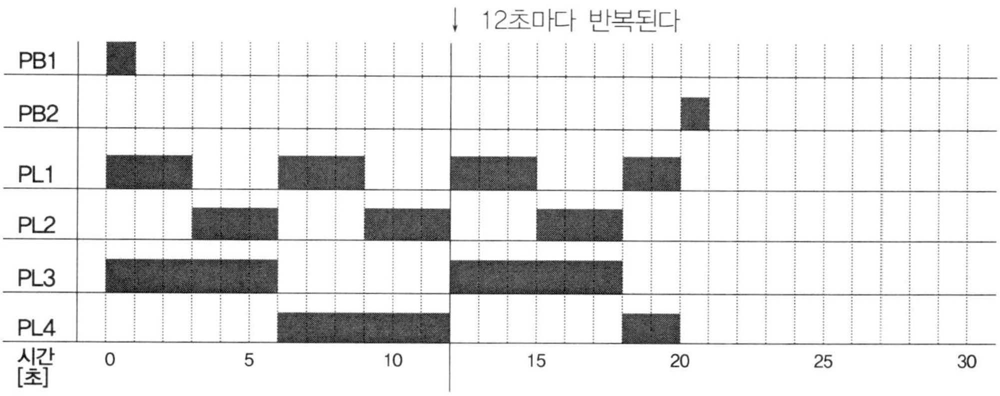

- HINT -

논리식 : $PL1 = (\overline{T3} + T6) \cdot \overline{T9}$

$PL2 = \overline{PL1}$

$PL3 = \overline{T6} + T12$

$PL4 = \overline{PL3}$

활용과제 3.5 타임차트 작성

○ 문 제

다음 래더도를 보고 타임차트를 그리시오.

○ Ladder

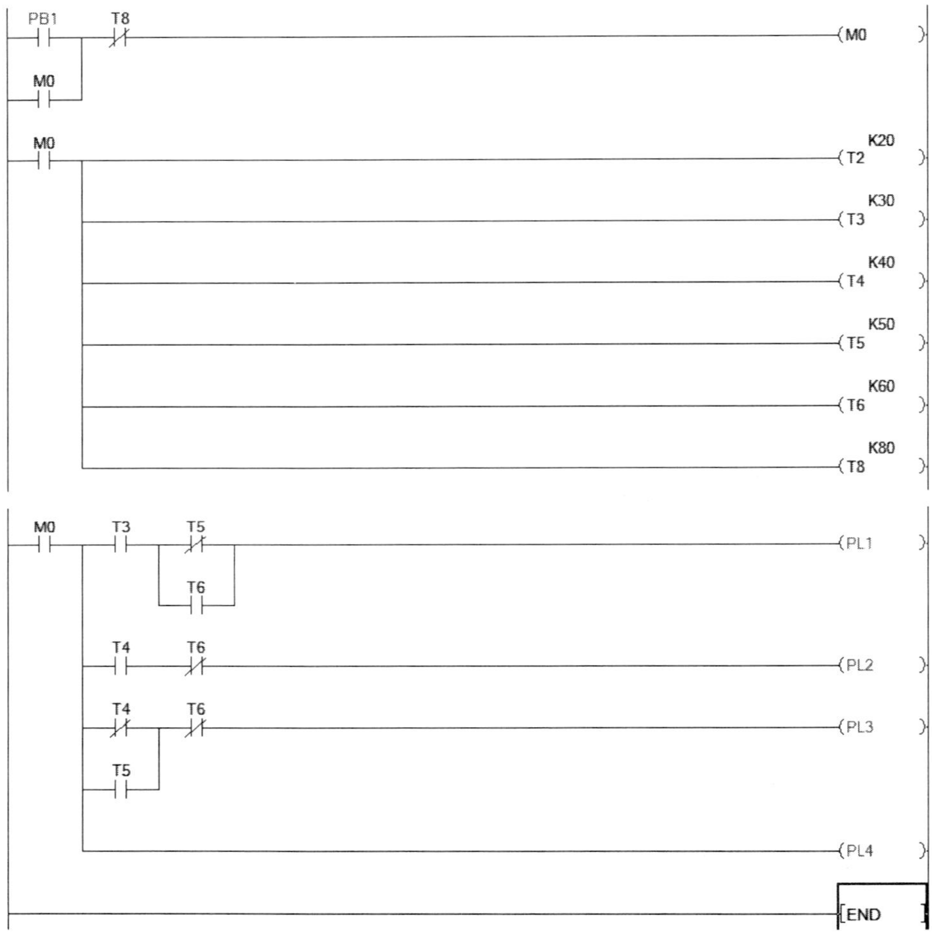

○ Time Chart

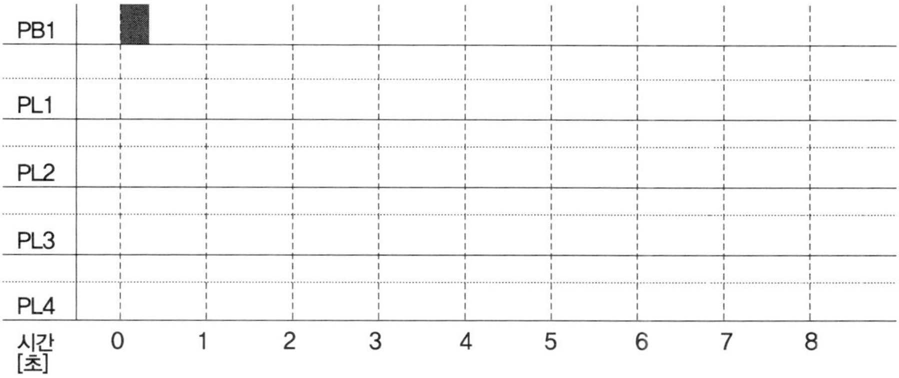

실습 3-11 타이머 활용 : OFF 시퀀스(로컬 라벨 사용법)

○ 문 제

PB1 ON 하면 : PL1은 ON,
PL2는 PL1 점등 1초 후 ON,
PL3는 PL1 점등 2초 후 ON,
PL4는 PL1 점등 3초 후 ON

PB2 ON 하면 : PL1은 즉시 OFF,
PL2는 PL1 소등 1초 후 OFF,
PL3는 PL1 소등 2초 후 OFF,
PL4는 PL1 소등 3초 후 OFF

○ Time Chart

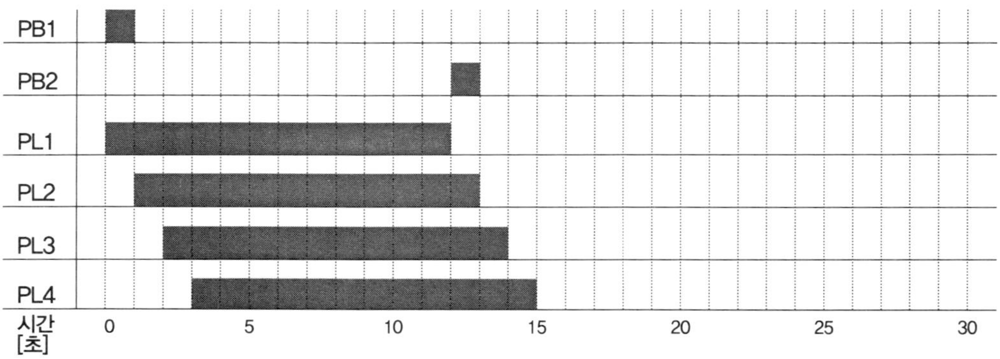

- HINT -

시작 시퀀스(PB1)와 종료 시퀀스(PB2) 각각 별도 프로그래밍을 해야 한다.

※ 내부 접점(M)을 로컬 라벨을 사용하여 프로그램해 보자.

접점이나 내부장치(타이머, 카운터 등)를 많이 사용하는 경우에 라벨을 사용하면 프로그램의 이해가 쉽고 많은 변수 사용시 혼돈을 피할 수 있기 때문에 가급적 라벨을 많이 활용하도록 한다.

○ Ladder

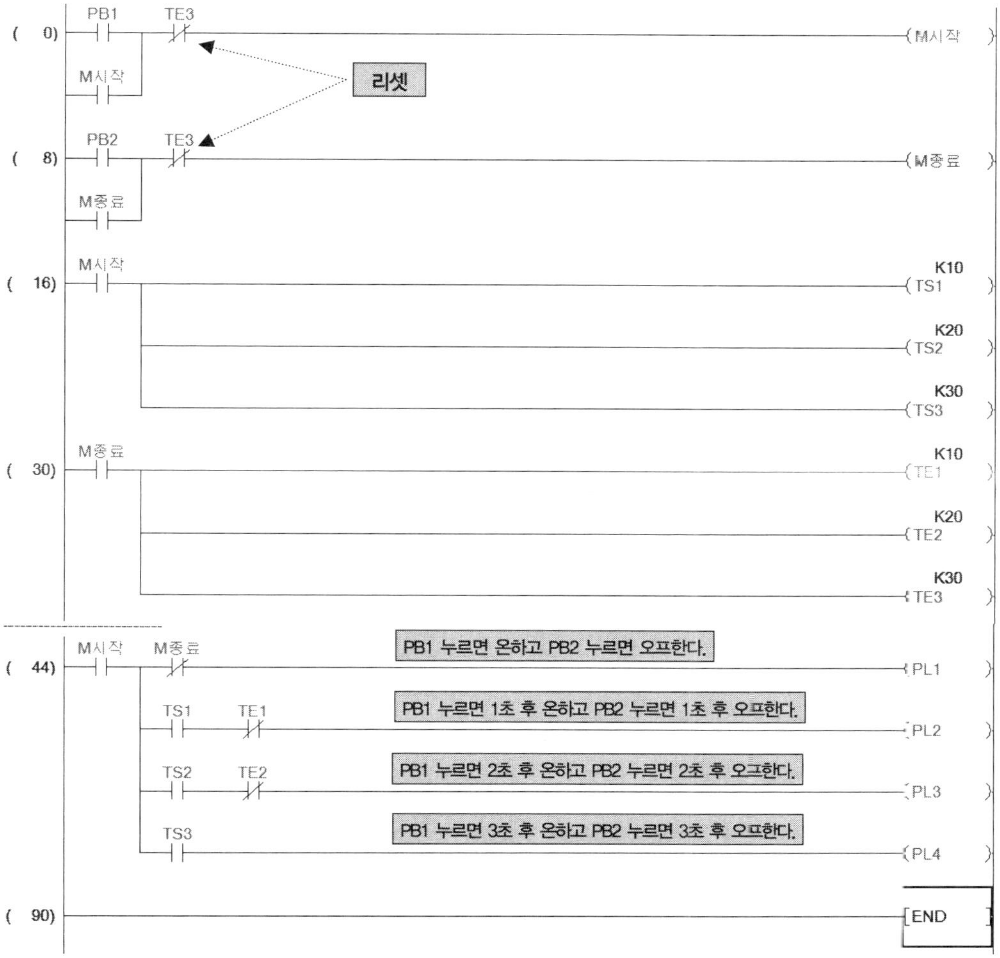

※ 라벨 명명 방법(개인 생각임)

라 벨	디바이스	기 능
M시작	M접점	PS1을 눌러 시작 시퀀스의 제어 신호로 사용
M종료	M접점	PS2를 눌러 종료 시퀀스의 제어 신호로 사용
TS1	Timer	시작 시퀀스 1초타이머
TS2	Timer	시작 시퀀스 2초타이머
TS3	Timer	시작 시퀀스 3초타이머
TE1	Timer	종료 시퀀스 1초타이머
TE2	Timer	종료 시퀀스 2초타이머
TE3	Timer	종료 시퀀스 3초타이머

▶ 디바이스 M0를 **M시작**이라고 입력하면 다음 창이 열린다.

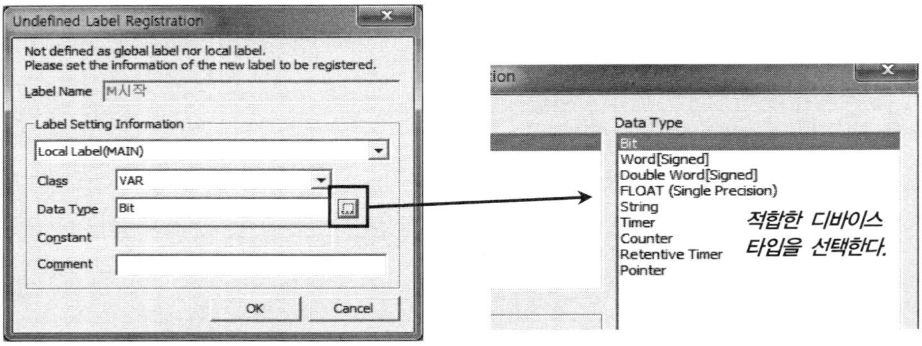

[그림 3.40] 라벨 설정메뉴 클릭시 모습

▪ 내부 접점 M은 비트 디바이스이므로 디폴트 데이터 타입이 Bit로 되어 있으므로 별도 선택 창을 열 필요가 없으나, 타이머 등 나머지 디바이스는 반드시 해당 타입을 선택해야 한다.
예를 들어 Timer를 로컬라벨 설정시 다음 그림과 같이 설정하여야 한다.

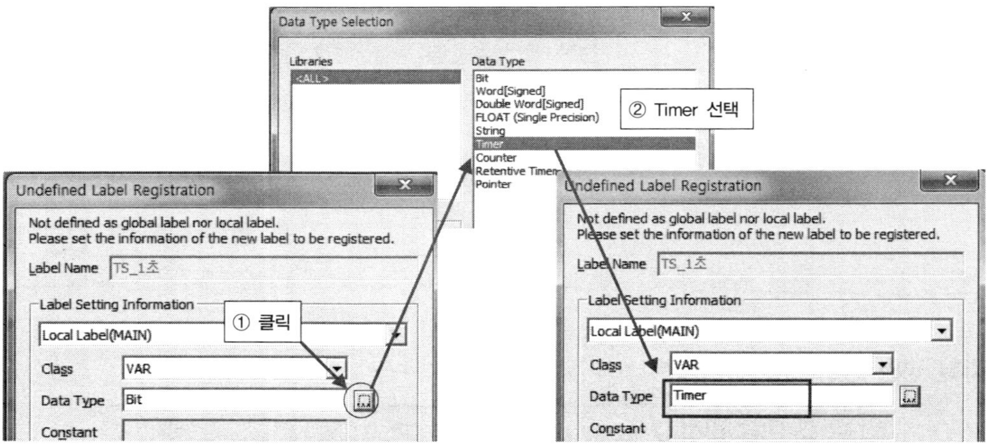

[그림 3.41] 라벨 속성 변경방법

- **Project** 내비게이션 창에서 **Local Label**을 열어보면 자동으로 등록되어 있음을 알 수 있다.

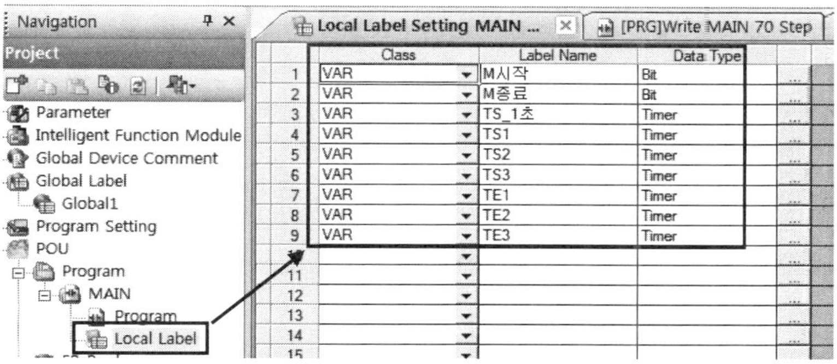

[그림 3.42] 로컬 라벨에 등록된 예

- 할당된 디바이스 번호 확인하는 법

주 메뉴 **[Tool] - [Option]**을 선택한 후 옵션 창에서 **Ladder Diagram**을 선택하고 그림과 같이 **▢ Display Labels and Devices** 항목에 체크표시를 한다.

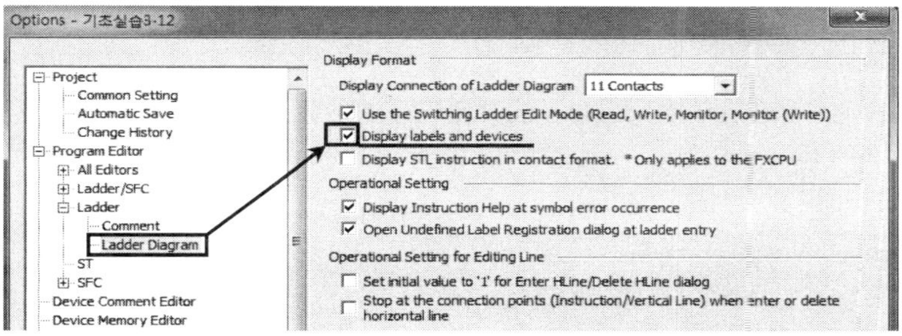

[그림 3.43] 자동할당된 디바이스 번호가 부여된 모습 예

■ 디바이스 영역 확인

주 메뉴 **[Tool]** - **[Device/Label Automatic-Assign Setting...]**을 선택하면 다음과 같이 창이 열린다.

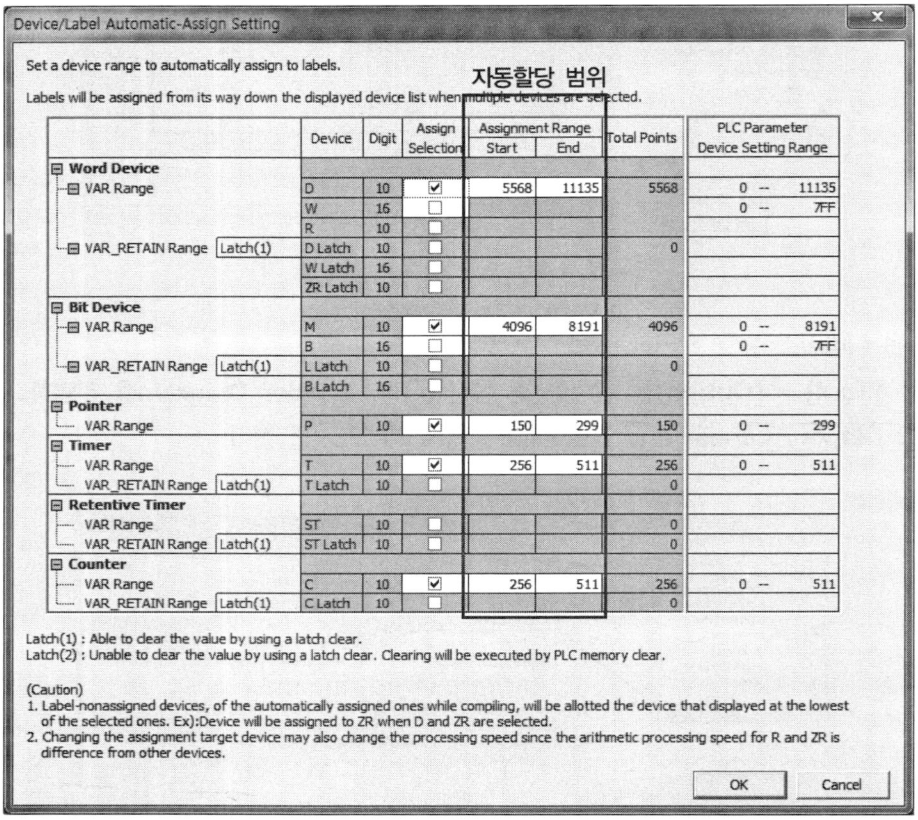

[그림 3.44] 자동할당 범위의 확인

내부 접점(M)은 비트 디바이스이므로 M4096~M8192 범위에서 자동할당이 된다. 이 범위들은 사용자가 범위 값을 직접 입력하여 조정할 수도 있다.

활용과제 3.6 OFF 시퀀스 응용

○ 문 제

PB1 ON 하면 : PL1은 ON,
PL2는 PL1 점등 5초 후 ON,
PL3는 PL1 점등 10초 후 ON

PB2 ON 하면 : PL3은 즉시 OFF,
PL2는 PL3 소등 5초 후 OFF,
PL1는 PL2 소등 5초 후 OFF

○ Time Chart

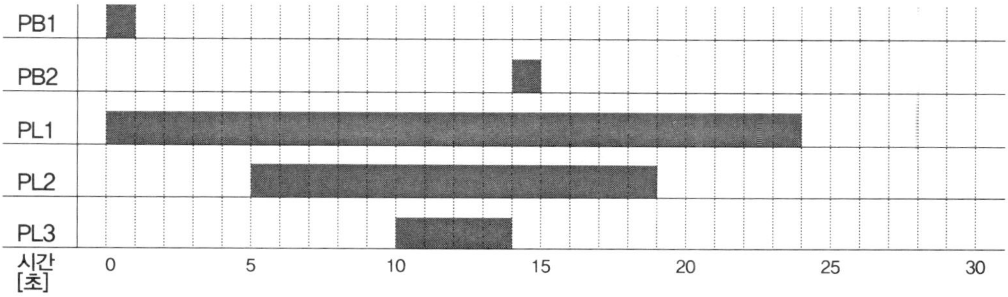

실습 3-12 카운터 응용 : 스위치 횟수에 따른 제어

○ 문 제

PB1 처음 누르면 PL1 ON, PB1 두 번째 누르면 : PL2 ON

PB1 세 번째 누르면(하강에지) PL3 ON, PB1 네 번째 누르면(하강에지) PL4 ON

PB2 ON 하면 : 모두 OFF(리셋)

○ Time Chart

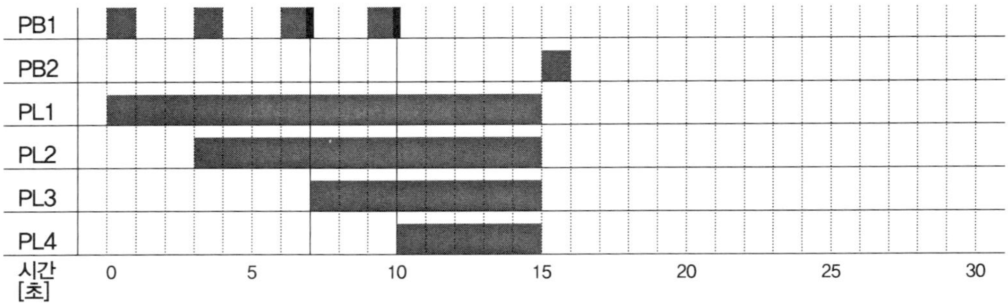

○ Ladder

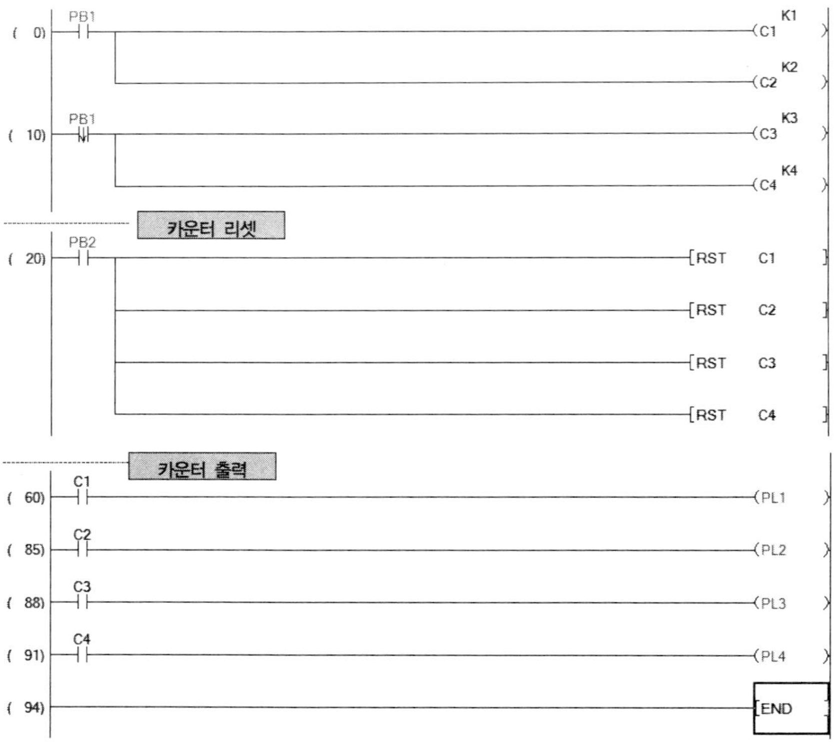

실습 3-13 카운터, 타이머 활용 : 램프의 점멸 제어

○ 문 제

PB1을 누르면 PL1이 1초 OFF, 2초 ON이 5회 점멸하고 종료한다.
종료 후 다시 PB1을 누르면 5회 점멸동작이 다시 수행한다.

○ Time Chart

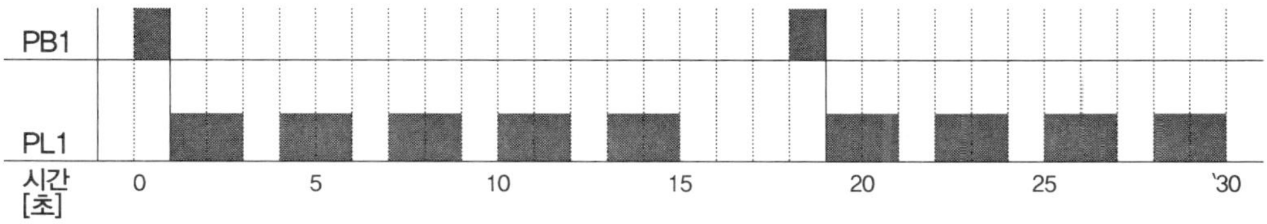

○ Ladder - 타이머 직렬 연결

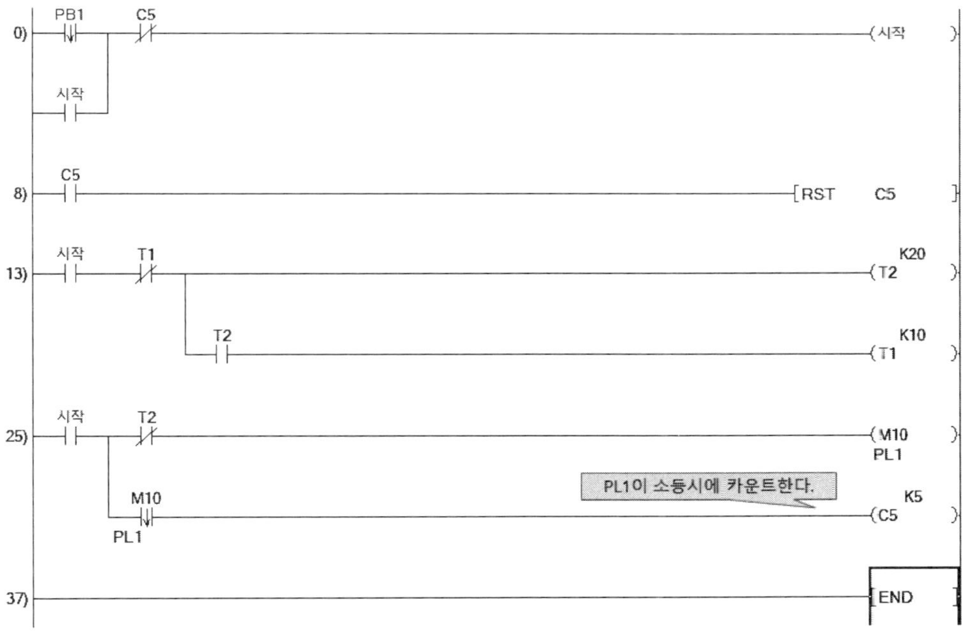

[응용]

위 문제를 타이머를 병렬 방법으로 변경하시오.

활용과제 3.7 타이머와 카운터의 조합

○ 문 제

PB1 스위치가 세 번 눌렸을 때부터 위 타임차트로 동작하도록 한다.
단, 세 번째 스위치 입력 하강에지부터 동작하며 PB2가 눌리면 모두 소등되며 초기화한다.

○ Time Chart

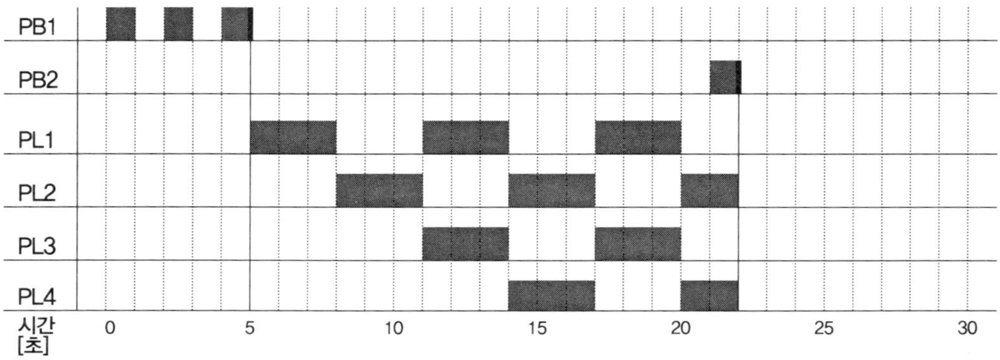

- Hint : 2개의 그룹으로 나누어 생각한다.

① 램프 1, 2 그룹

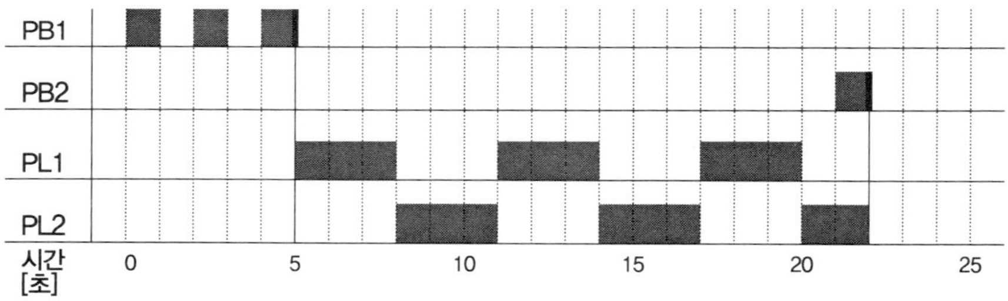

② 램프 3, 4 그룹

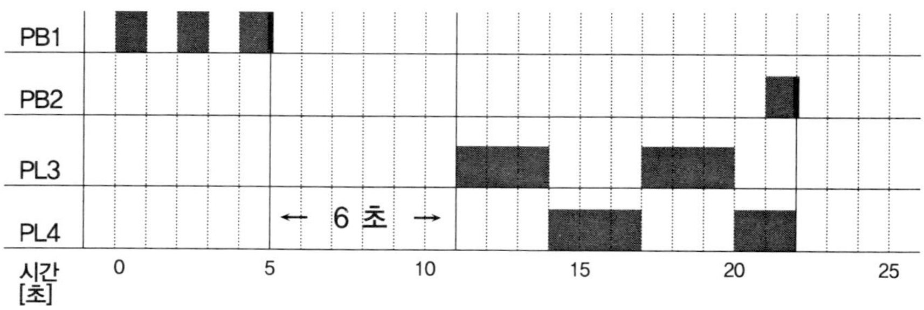

실습 3-14 타이머 응용 : 남자 소변기 물 내림 자동제어

○ 문 제

① 소변기 정면 인체감지 센서에 2초 이상 감지되면 3초 동안 밸브 온 하여 물 내림

② 동작 ① 완료 후 사람이 소변기를 벗어나 센서가 2초 동안 감지가 안 되면 4초 동안 밸브 온하여 물 내림.

디바이스	기 능
X11	인체감지 근접센서
Y24	물 밸브

○ Time Chart

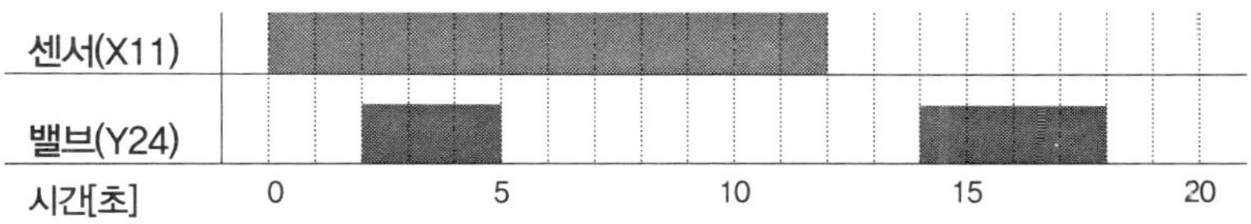

○ Ladder

[타이머 시간 설정]

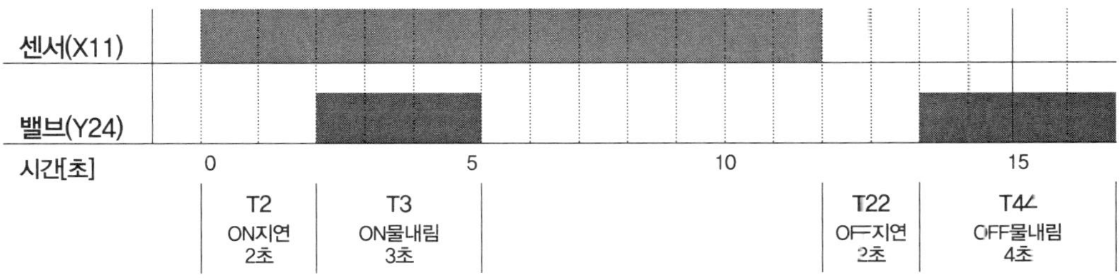

① 센서 감지에 의한 제어신호 생성

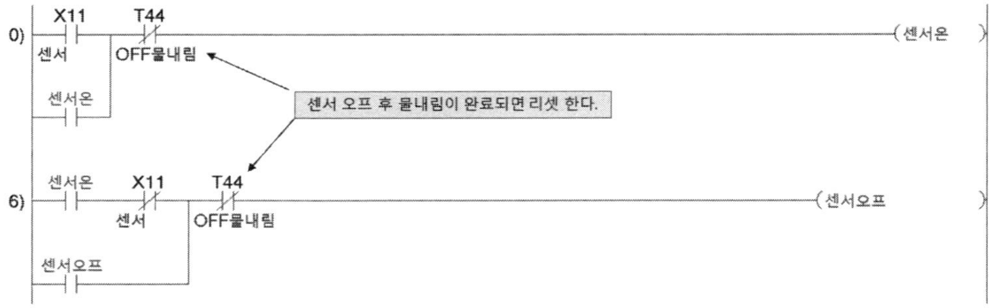

② 타이밍 제어 신호 생성

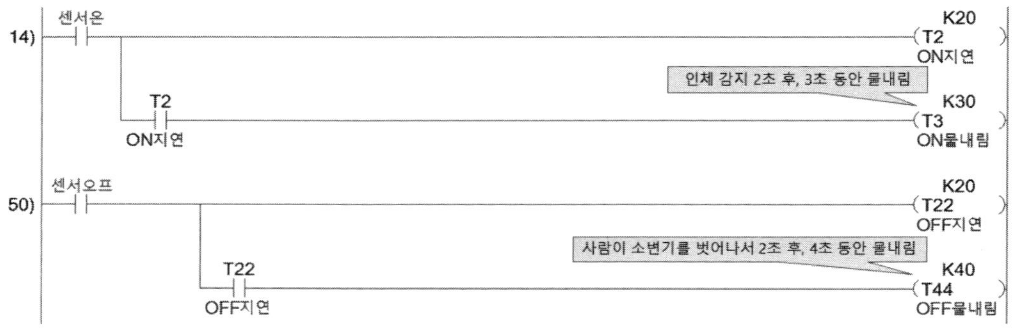

③ 밸브 출력

- 센서 감지시 : 2초 지연 후 물 밸브 열고 3초 후 닫음
- 센서 오프시 : 2초 지연 후 물 밸브 열고 4초 후 닫음

Ⅳ
명령어 종류와 활용

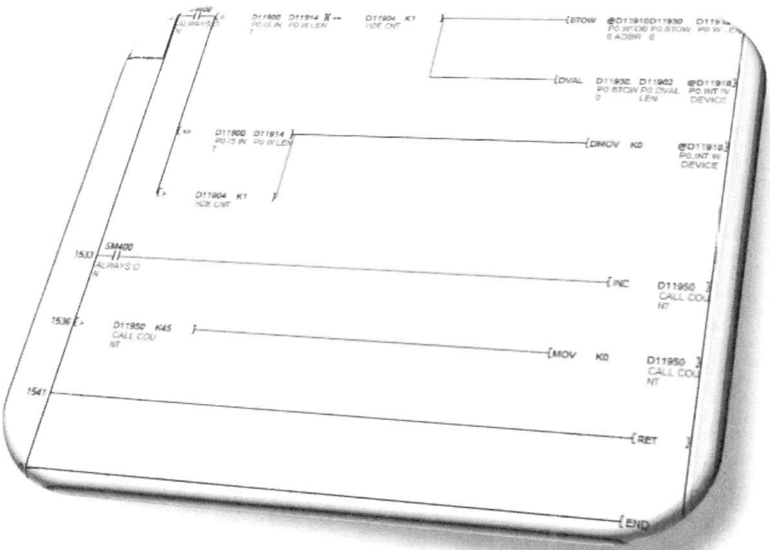

4.1 MELSEC-Q 기본 명령어 분류와 종류 요약

(1) 시퀀스 명령

[표 4.1] 시퀀스 명령어의 종류

분 류	종 류	명령어
출력 및 제어 명령	접점	LD, LDI, AND, ANI, OR, ORI, LDP, LDF, ANDP, ANDF, ORP, ORF
	결합	ANB, ORB, MPS, MRD, MPP, INV, MEP, MEF EGP, EGF
	출력	OUT, SET, RST, PLS, PLF, FF, DELTA
	시프트	SFT
	마스터 컨트롤	MC, MCR
	프로그램 종료	FEND, END
	정지	STOP
비교연산 명령	데이터비교	=, 〈〉, 〉, 〈, 〉=, 〈=
	블록 데이터비교	BKCMPn (n : =, 〈〉, 〉, 〈, 〉=, 〈=)
산술연산 명령	BIN 산술연산	+, −, *, /
	BCD 산술연산	B+, B−, B*, B/, DB+, DB−, DB*, DB/
	BIN 블록 가감산	BK+, BK−
	BIN 증감	INC, DEC
데이터 변환 명령	BCD ↔ BIN 변환	BCD, BIN
	BIN 16bit ↔ 32bit 변환	DBL, WORD
	BIN ↔ 부동소수점	FLT, INT
	BIN 16bit ↔ BIN 32bit	DBL, WORD
	BIN ↔ GRAY 변환	GRAY, BIN
	2의 보수	NEG
	블록변환	BKBCD, BKBIN
데이터 전송 명령	데이터 전송	MOV
	데이터 부정 전송	CML
	블록전송	BMOV
	동일데이터 블록 전송	FMOV
	데이터 교환	XCH, BXCH, SWAP
분기, 인터럽트, 리플래쉬 명령	점프	CJ, SCJ, JMP, GOEND
	인터럽트	DI, EI, IMASK, IRET
	I/O리플래쉬	RFS
기타 편리한 명령	업/다운 카운터	UDCNT1, UDCNT2
	티칭, 특수 타이머	TTMR, STMR
	주변제어	ROTC
	경사신호	RAMP
	펄스	PSD, PLSY, PWM
	매트릭스 입력	MTR

(2) 응용 명령

[표 4.2] 응용 명령어 종류

분 류	종 류		명령어
논리연산명령	기본논리연산		WAND, WOR, WXOR, WXNR
	기본블록논리연산		BKAND, BKOR, BKXOR, BKXNR
	로테이션	오른쪽	ROR, RCR
		왼쪽	ROL, RCL
	시프트	오른쪽	SFR, BSFR, DSFR,
		왼쪽	SFL, BSFL, DSFL
	비트 조작		BSET, BRST, TEST, BKRST
데이터 처리 명령	데이터 서치		SER
	비트검사		SUM
	디코드, 엔코더		DECO, ENCO, SEG
	검색		MAX, MIN
	분리와 결합		DIS, UNI, NDIS, NUNI, WTOB, WTOW
	소트		SORT
	합계산		WSUM
구조화 명령	반복제어		FOR, NEXT, BREAK
	서브루틴		CALL, RET, FCALL, ECALL, FECALL, COM
	인덱스		IX, IXEND, IXDEV, IXSET
데이터 억세서 명령	포인트 억세서		FIFW, FIFR, FPOP, FINS, FDEL
	데이터 읽기/쓰기		FROM, TO
표시 명령	아스키 프린트		PR, PRC
	표시		LED, LEDC, LEDR
디버거와 고장진단 명령	검사		CHKST, CHK, CHKCIR, CHKEND
	스테이터스 래치		SLT, SLTR
	샘플링 트레이서		STRA, STRAR
	프로그램 트레이서		PTRA, PTRAR, PTRAEXE
문자열 처리 명령	BIN ↔ 10진ASCII		BINDA, DABIN
	BIN ↔ 16진ASCII		BINHA, HABIN
	BCD ↔ 10진ASCII		BCDDA, DABCD
	ASCII ↔ 16진BIN		HEX, ASC
	BIN ↔ 10진 문자열		STR, VAR
	부동소수점 ↔ 문자열		ESTR, EVAR
	부동소수점 ↔ BCD		EMOD, EXEXP
	디바이스 커맨드 읽기		COMRD
	문자열 길이 검출		LEN
	문자열 추출		RIGHT, LEFT, MDIR, MDIW, INSTR
	문자열 데이터 결합		$+

수학함수 명령어	삼각함수(부동소수점)	SIN, COS, TAN, ASIN, ACOS, ATAN
	삼각함수	BSIN, BCOS, BTAN, BASIN, BACOS, BATAN
	도 ↔ 래디안	RAD, DEG
	평방근, 지수, 로그	SQR, BSQR, EXP, LOG
	난수	RND, SRND
데이터 제어 명령	상하한 리미트 제어	LIMIT
	불감대 제어	BAND
	존 제어	ZONE
전환명령	블록 넘버 전환	RSET
	파일세트	QDRSET
시계용 명령	시계데이터 R/W	DATERD, DATEWR
	시계데이터 가감산	DATE+, DATE-
	시계데이터 변환	SECOND, HOUR
주변기기용 명령	주변기기로 입출력	MSG, PKEY
프로그램 명령	프로그램 명령	PSTOP, POFF, PSCAN, PLOW
기타 명령	WDT 리셋	WTD
	타이밍 블록	DUTY
	1바이트 직접 R/W	ZRRDB, ZRWRB, ADRSET
	키보드 숫자키 입력	KEY
	인덱스 대피/복귀	ZPUSH, ZPOP
	EEP-ROM 일괄쓰기	EROMWR
데이터 링크용 명령	네트워크 리플래쉬	ZCOM
	QnA대응 타국디바이스 읽기	READ, SREAD
	QnA대응 타국디바이스 쓰기	WRITE, SWRITE
	QnA대응 데이터 송수신	SEND, RECV
	QnA대응 타국 트랜전트요구	REQ
	QnA 대응리모트 I/O국 특수기능 모듈에서 데이터 R/W	ZNFR, ZNTO
	A 호환링크 명령타국 디바이스 읽기/쓰기	ZNRD, ZBWR
	A 호환링크 명령 리모트 I/O국 특수기능 모듈에서 데이터 R/W	RFRP, RTOP
	루틴 정보 읽기/등록	RTREAD, RTWRITE

4.2 명령어의 구성과 데이터 지정

(1) 명령어 구성

CPU 모듈에서 사용할 수 있는 명령의 대부분은 명령부와 디바이스부로 나눌 수 있다. 명령부와 디바이스부의 내용은 다음과 같다.

OP-CODE	OPERAND

- OP-CODE : 명령어부
- OPERAND : 명령 대상이 되는 디바이스부(소스, 데스티네이션으로 구성)

① 소스(S : Source)

- 소스는 연산 시 사용하는 데이터이다.
- 각 명령으로 지정된 디바이스에 따라 다음의 데이터가 사용된다.

상수	• 연산에서 사용하는 수치를 지정한다. • 프로그램 작성 시 설정하므로, 프로그램 실행 중에는 변경할 수 없다. • 상수를 가변데이터로 사용하는 경우 인덱스 수식으로 처리한다.
비트 디바이스, 워드 디바이스	• 연산에서 사용하는 데이터가 저장되어 있는 디바이스를 지정한다. • 지정된 디바이스에 저장되는 데이터를 프로그램 실행중에 변경함으로써, 해당 명령에서 사용하는 데이터를 변경할 수 있다.

② 데스티네이션(D : Destination)

데스티네이션에는 연산 후 결과 데이터가 저장된다.

- 다만 명령에 따라서는 연산 전에 데스티네이션에도 연산에서 사용하는 데이터를 저장할 필요가 있는 경우가 있다.
- BIN16 비트 덧셈에는 오퍼랜드가 2개와 3개가 있는 경우가 있는데 결과가 저장되는 데스티네이션은 항상 맨 오른쪽 오퍼랜드이다.

데스티네이션에는 반드시 데이터를 저장하기 위한 디바이스를 설정한다.

+	S	D

: S + D → D

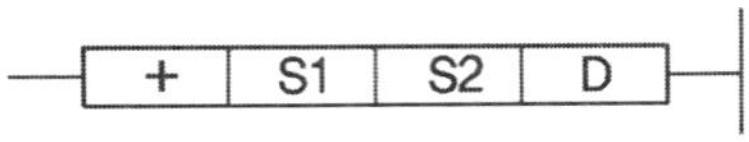

: S1 + S2 → D

③ 디바이스수/전송수(n)

디바이스수/전송수에는 사용하는 디바이스수/전송수를 복수 디바이스용 명령으로 지정한다.

- 블록 전송명령의 경우 다음과 같이 전송개수를 지정하는 오퍼랜드가 온다.

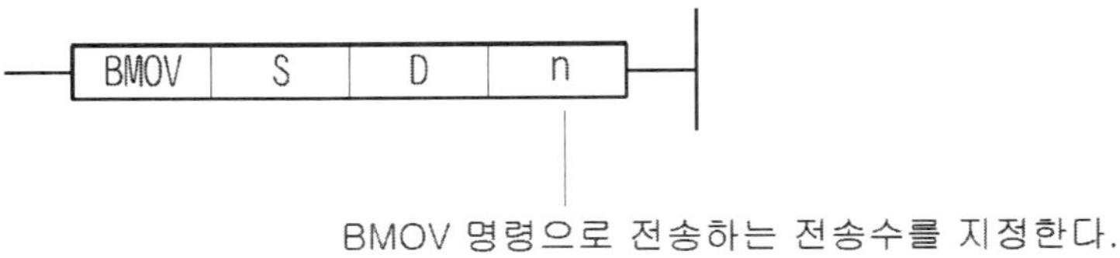

(2) 데이터 지정방법

CPU모듈에서 사용하는 데이터의 종류는 다음과 같다.

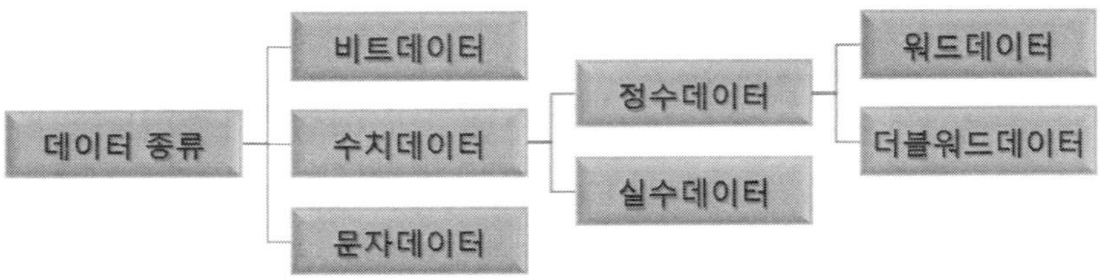

[그림 4.1] 데이터의 종류와 분류

① 비트(Bit) 데이터

비트 데이터는 접점 · 코일 등 1비트 단위로 취급하는 데이터이다. 비트 데이터로 **비트 디바이스** 및 **비트로 지정된 워드 디바이스**를 사용할 수 있다.

■ **비트 디바이스는 1점 단위로 지정**

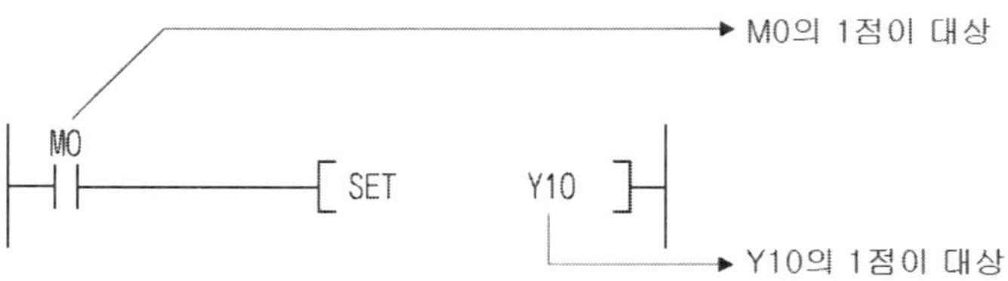

■ 워드 디바이스 사용 시

워드 디바이스는 비트 No.를 지정함으로써 지정 비트 No.의 1/0을 비트 데이터로 사용할 수 있다.

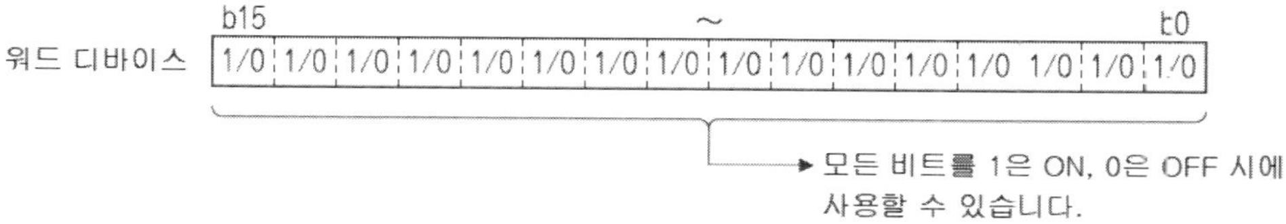

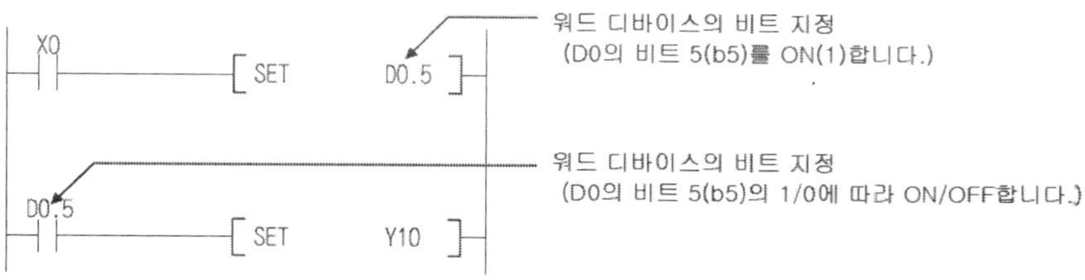

다만, 타이머(T), 적산타이머(ST), 카운터(C), 인덱스레지스터(Z)는 비트로 지정할 수 없다. (예 : Z0.0은 불가능)

② 워드(16비트) 데이터

CPU 모듈에서 취급할 수 있는 워드 데이터는 다음과 같다.

10진 상수………K-32768 ~ K32767
16진 상수………H0000 ~ HFFFF

워드 데이터는 워드 디바이스 및 자리가 지정된 비트 디바이스를 사용할 수 있다.

■ 비트 디바이스 사용시

비트 디바이스는 자리를 지정하면 워드 데이터를 취급할 수 있다.

- X0 자리를 지정한 경우의 예

K1X0	X0 ~ X3 (4점)
K2X0	X0 ~ X7 (8점)
K3X0	X0 ~ XB (12점)
K4X0	X0 ~ XF (16점)

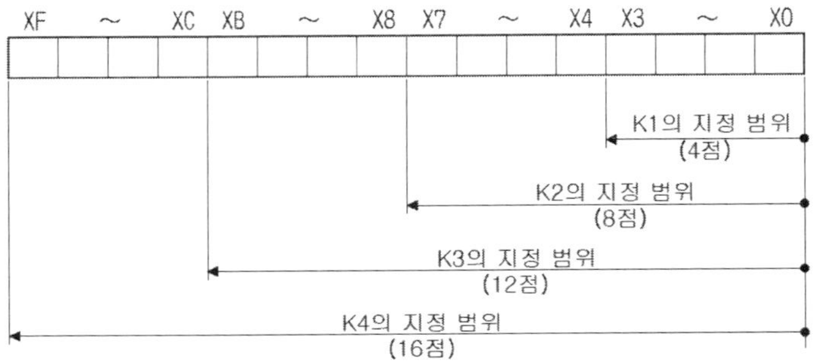

[그림 4.2] 16비트 명령의 자리 지정 범위

③ 실수 데이터

기본명령, 응용 명령에서 사용하는 32비트의 부동소수점 데이터이다. 워드 디바이스만 실수 데이터를 저장할 수 있다.

실수를 취급하는 명령에서는 하위 16비트로 사용할 디바이스를 지정한다. 실수는 (지정디바이스 번호)와 (지정디바이스 번호+1)의 32비트에 저장된다.

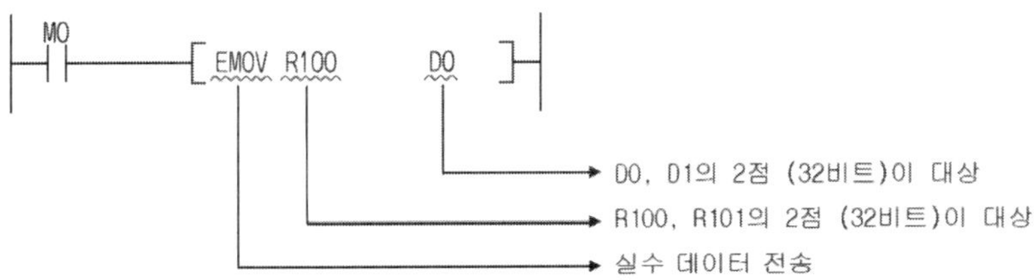

■ **부동소수점 데이터 표현**

[가수부] × E[지수부]

부동소수점 데이터를 표현할 때의 비트 구성과 그 의미는 다음과 같다.

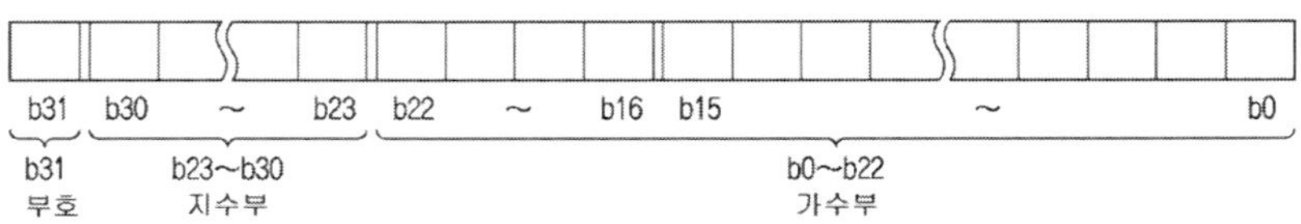

■ **부호비트(b31)** : 0 음수, 1 양수

■ **지수부 b23 ~ b30에 2n의 n을 표현**

b23 ~ b30의 BIN값에 따라 n은 다음과 같다.

b23~b30	FFH	FEH	FDH		81H	80H	7FH	7EH		02H	01H	00H
n	미사용	127	126		2	1	0	−1		−125	−126	미사용

● 가수부 b0 ~ b22의 23비트에 2진수로 1.XXXXXX…로 표현하였을 때, XXXXXX…의 값을 나타낸다.

④ 문자열 데이터($)

기본명령, 응용명령에서 사용하는 문자데이터이다. 지정 문자부터 문자열의 끝을 나타내는 NULL 코드(00H)까지가 대상이다.

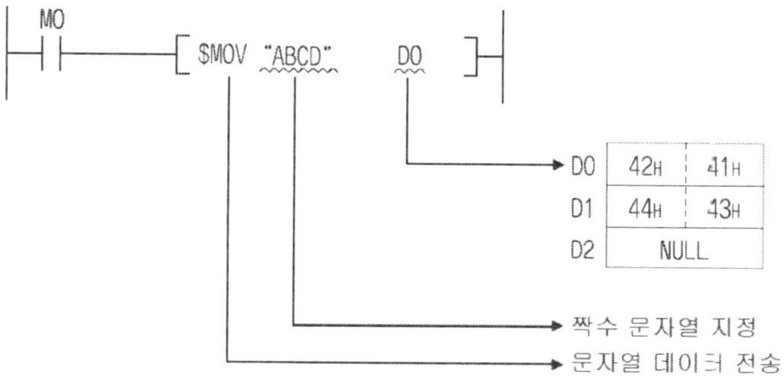

(3) 인덱스 수식

■ 인덱스 수식은 인덱스 레지스터를 사용하는 간접 설정 방법이다.

■ 인덱스 레지스터는 16개(Z0 ~ Z15)가 있다.

● 각 인덱스 레지스터에는 -32768 ~ 32767을 설정할 수 있다.

● 인덱스 수식은 다음과 같이 동작한다.

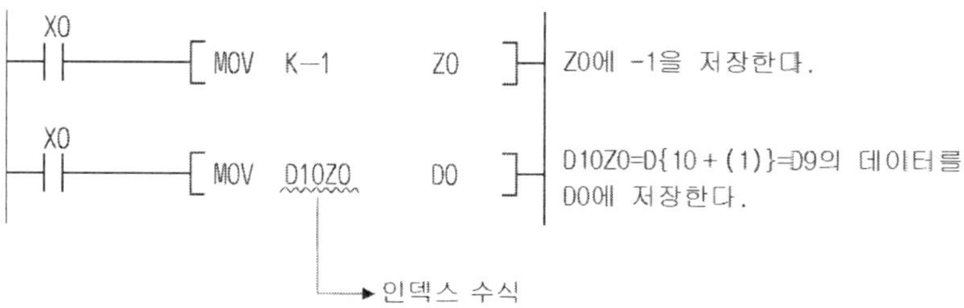

4.3 시퀀스 및 출력 명령과 기타 제어 명령

[표 4.3] 기본 시퀀스 및 출력, 제어 명령 종류들

동작 분류	명령기호	심볼	처리내용	확장명령
접점	LD, LDI		논리(a접점), 논리부정(b접점) 연산 시작	
	AND, ANI		논리적, 논리적 부정 연산 시작	
	OR, ORI		논리합, 논리합 부정 연산 시작	
	LDP, LDF		펄스상승, 하강 연산 시작	
	ANDP, ANDF		펄스상승, 하강 직렬접속	
	ORP, ORF		펄스상승, 하강 병렬접속	
결합	ANB	ANB	논리 블록 간 AND 접속	
	ORB	ORB	논리 블록 간 OR 접속	
	MPS MRD MPP	MPS MRD MPP	• 연산결과의 기억 • MPS로 기억한 연산결과 읽기 • MPS로 기억한 연산결과 읽기와 리셋	
	INV		연산결과의 반전	
	MEP, MEF		연산결과 펄스 상승화, 하강화	
	EGP, EGF	Vn, Vn	연산결과 펄스 상승화, 하강화. (Vn으로 기억)	
출력	OUT		디바이스의 출력	
	SET	SET D	디바이스의 세트	
	RST	RST D	디바이스의 리셋	
	PLS	PLS D	입력 신호의 펄스 상승시에 프로그램 1주기분의 펄스 발생	
	PLF	PLF D	입력 신호의 펄스 하강시에 프로그램 1주기분의 펄스 발생	
	FF	FF D	디바이스 출력의 반전	
	DELTA(P)	DELTA(P) D	다이렉트 출력의 펄스화	( )
시프트	SFT(P)	SFT(P) D	디바이스의 1비트 좌시프트	( )
마스터 컨트롤	MC	MC n D	마스터 컨트롤 시작	
	MCR	MCR n	마스터 컨트롤 해제	
프로그램 종료	FEND	FEND	메인 프로그램의 종료	
	END	END	시퀀스 프로그램의 종료	
정지	STOP	STOP	입력 조건 성립 후 시퀀스의 연산 정지. RUN/STOP 스위치를 다시 RUN으로 하면 시퀀스 프로그램 실행	

(1) 펄스 접점

① ─┤↑├─ : 펄스 상승 접점

지정 비트 디바이스의 펄스 상승 순간(OFF → ON)만 ON 된다.
ON 중 실행 명령의 펄스 처리 명령(P)과 동일하게 처리된다.

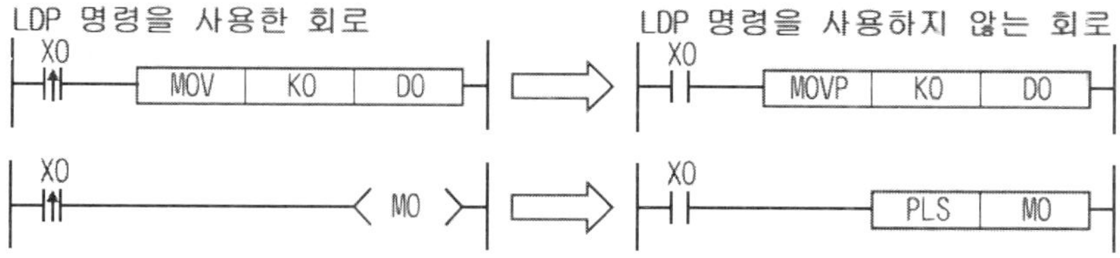

[그림 4.3] 펄스 점점과 펄스 명령 사용 예

② ─┤↓├─ : 펄스 하강 접점

지정 비트 디바이스의 펄스 하강 순간(ON → OFF)만 ON 된다.

(2) 연산 결과의 결합

① ──↑──(MEP) : 연산 결과의 펄스 상승 처리

직전까지의 연산 결과의 펄스 상승시(OFF → ON) ON 된다.

② ──↓──(MEF): 연산 결과의 펄스 하강 처리

직전까지의 연산 결과의 펄스 하강시(ON → OFF) ON 된다.

③ ──/──(INV) : 연산 결과의 반전

직전까지의 연산 결과를 반전하여 전달한다.

(3) 출력명령

① SET : 디바이스 세트

지정한 비트 디바이스를 ON하거나 지정 비트를 1로 한다. RST 명령으로 OFF 한다.

② RST : 디바이스 리셋

지정한 비트 디바이스를 OFF하거나 지정 비트를 0으로 한다.

③ PLS, PLF : 펄스 상승, 펄스 하강 출력

■ PLS

실행 지령의 OFF → ON 시에 지정 디바이스를 1스캔타임 동안 ON한다.

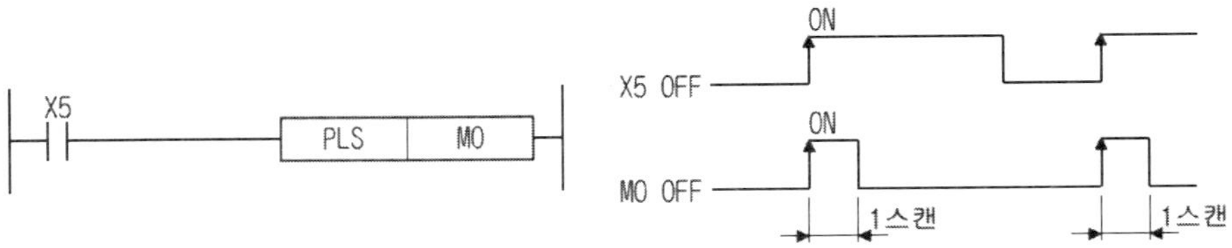

[그림 4.4] PLS 명령의 동작

■ PLF

실행 지령의 ON→OFF 시에 지정 디바이스를 1스캔타임 동안만 ON한다.

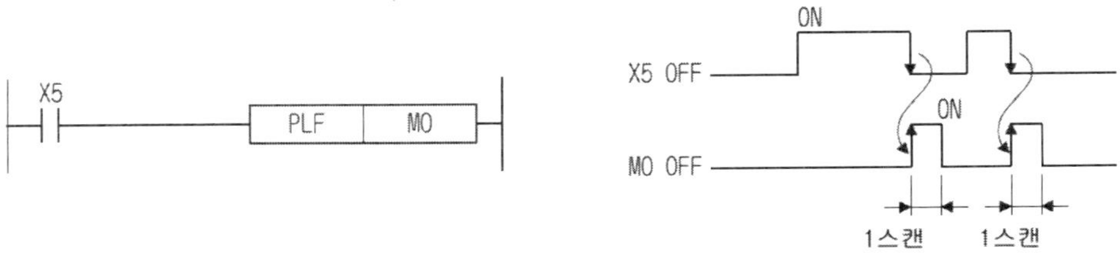

[그림 4.5] PLF 명령의 동작

④ FF : Flip-Flop, 출력의 반전

디바이스를 OFF → ON, ON → OFF, 0 → 1, 1 → 0으로 반전동작한다.

(4) SFT(P) : 비트 디바이스 시프트

지령 신호가 들어올 때마다 대상 비트 디바이스를 상위 비트로 한 비트씩 시프트한다. 예를 들어 SFT 명령으로 M11을 지정한 경우, SFT 명령 실행 시 M10의 ON/OFF를 M11로 시프트하고 M10을 OFF한다.

- ✔ 시프트할 선두의 디바이스는 SET 명령으로 ON 한다.
- ✔ 연속으로 SFT, SFTP를 이용하는 경우, 번호가 큰 디바이스부터 프로그램한다.

(5) MC, MCR : 마스터 컨트롤 세트, 마스터 컨트롤 리셋

마스터 컨트롤 명령은 래더 프로그램의 공통 모선을 개폐함으로써 효율적으로 래더 프로그램을 전환하는 경우에 사용하는 명령이다.

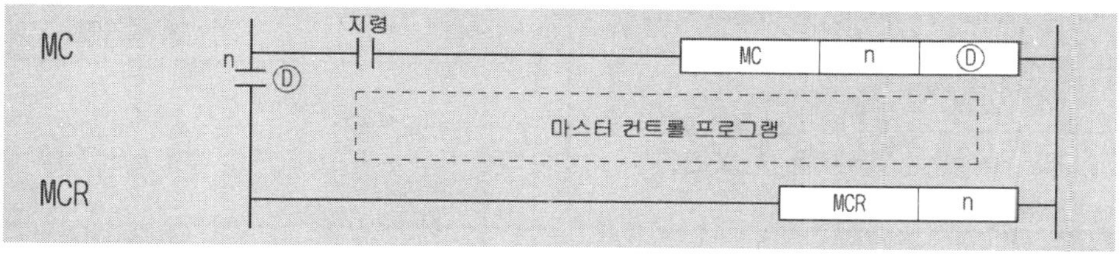

- n : 네스팅(범위 : N0 ~ N14)

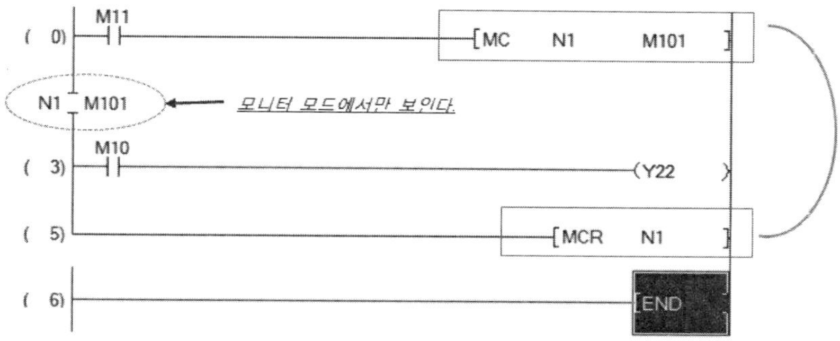

[그림 4.6] 마스터 컨트롤(MC) 명령 사용방법

▪ 마스터 컨트롤을 사용한 래더 프로그램 예

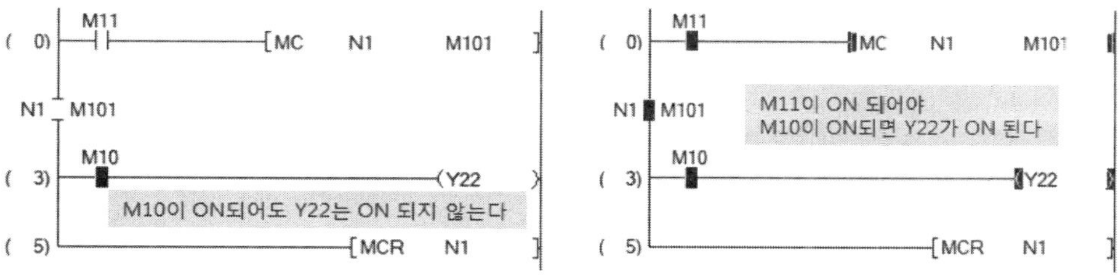

[그림 4.7] 마스터 컨트롤 사용 예

MC 실행 지령이 OFF일 때의 MC 명령에서 MCR 명령 사이의 연산 결과는 다음 표와 같다.

[표 4.4] MC 지령 OFF일 때의 디바이스 상태

디바이스	디바이스 상태
고속 타이머, 저속 타이머	카운트값은 0이 되고, 코일, 접점은 모두 OFF
고속 적산타이머, 저속 적산타이머, 카운터	코일은 OFF되지만 카운트값, 접점은 모두 현재 상태를 유지
OUT 명령에 사용된 디바이스	모두 OFF
SET, RST, SFT 명령, 기본, 응용 명령에 사용된 디바이스	현재 상태를 유지

[EX 4-1] 마스터 컨트롤 명령 사용 예

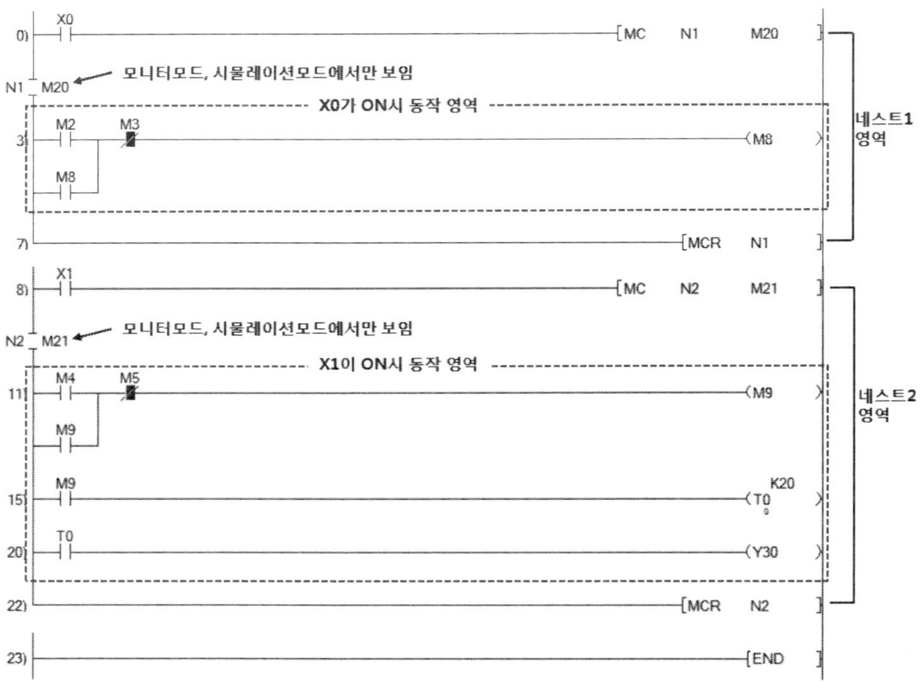

(6) 종료(END, FEND) 및 정지(STOP) 명령

① END : 전체 시퀀스 프로그램의 종료

모든 프로그램의 마지막임을 나타낸다.

② FEND : 메인 프로그램의 종료

- FEND 명령은 CJ 명령 등으로 시퀀스 프로그램의 연산을 분기하는 경우, 메인 루틴 프로그램을 서브 루틴 프로그램, 인터럽트 프로그램으로 분할할 때 사용
- FEND 명령을 실행하면 CPU 모듈은 실행하고 있는 프로그램을 종료
- FEND 명령 이후의 시퀀스 프로그램도 주변기기에서 래더 프로그램으로 표시 가능

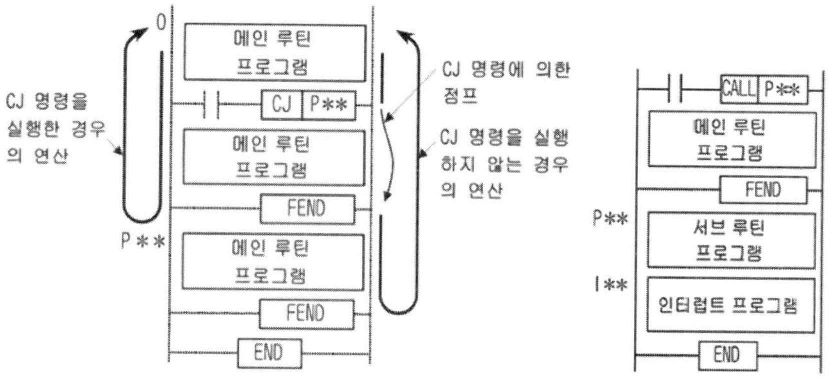

(a) CJ명령을 이용한 경우 (b) 서브 프로그램이 있는 경우

[그림 4.8] END와 FEND 차이

③ STOP : 시퀀스 프로그램의 정지

- 실행 지령이 ON되면 출력 Y를 리셋하고 CPU 모듈의 연산을 정지한다.
  (RUN/STOP(키) 스위치를 STOP 위치로 한 경우와 동일하다)
- STOP 명령 실행 후 CPU 모듈의 연산을 재개할 때는 RUN/STOP(키) 스위치를 RUN → STOP → RUN으로 조작해야 한다.

[EX 4-2] CJ 명령을 사용하고 있는 경우의 프로그램 흐름

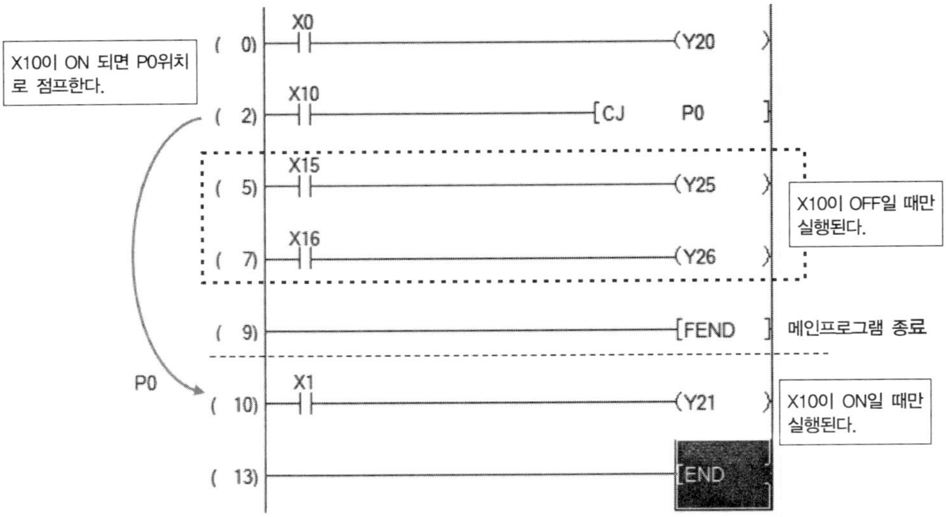

4.4 비교 연산 명령

[표 4.5] 주요 비교 연산 명령 종류들

분류	명령기호	심볼	처리내용	실행조건
16비트 데이터 비교	=	= S1 S2	(S1) = (S2)일 때 ON	
	〈〉	〈〉 S1 S2	(S1) ≠ (S2)일 때 ON	
	〉	〉 S1 S2	(S1) 〉 (S2)일 때 ON	
	〈	〈 S1 S2	(S1) 〈 (S2)일 때 ON	
	〉=	〉= S1 S2	(S1) ≥ (S2)일 때 ON	
	〈=	〈= S1 S2	(S1) ≤ (S2)일 때 ON	
32비트 데이터 비교	D=	D= S1 S2	(S1+1, S1) = (S2+1, S2)일 때 ON	
	D〈〉	D〈〉 S1 S2	(S1+1, S1) ≠ (S2+1, S2)일 때 ON	
	D〉	D〉 S1 S2	(S1+1, S1) 〉 (S2+1, S2)일 때 ON	
	D〈	D〈 S1 S2	(S1+1, S1) 〈 (S2+1, S2)일 때 ON	
	D〉=	D〉= S1 S2	(S1+1, S1) ≥ (S2+1, S2)일 때 ON	
	D〈=	D〈= S1 S2	(S1+1, S1) ≤ (S2+1, S2)일 때 ON	
실수 데이터 비교	E=	E= S1 S2	(S1+1, S1) = (S2+1, S2)일 때 ON	
	E〈〉	E〈〉 S1 S2	(S1+1, S1) ≠ (S2+1, S2)일 때 ON	
	E〉	E〉 S1 S2	(S1+1, S1) 〉 (S2+1, S2)일 때 ON	
	E〈	E〈 S1 S2	(S1+1, S1) 〈 (S2+1, S2)일 때 ON	
	E〉=	E〉= S1 S2	(S1+1, S1) ≥ (S2+1, S2)일 때 ON	
	E〈=	E〈= S1 S2	(S1+1, S1) ≤ (S2+1, S2)일 때 ON	

[EX 4-3] 16비트 비교 명령과 실수 비교 명령

❶ 16비트 비교 예

- X00~X0F 워드 값이 D3과 같을 때

- 10진 상수 100이 D3값과 다를 때

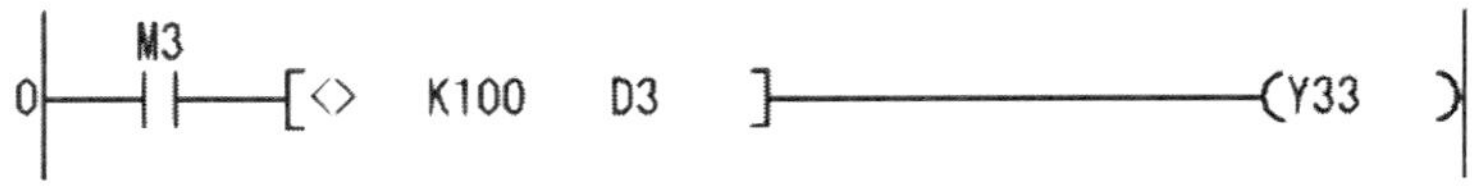

❷ 실수의 비교 예

- 실수 1.23이 [D4:D3]의 실수데이터와 다를 때

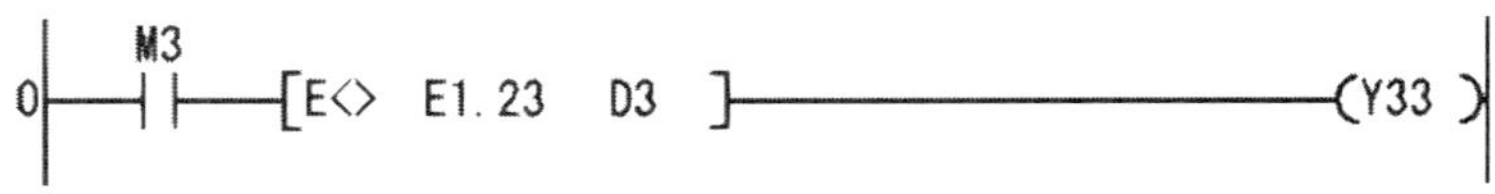

- [D1:D0]의 실수와 [D4:D3]의 실수와 같을 때

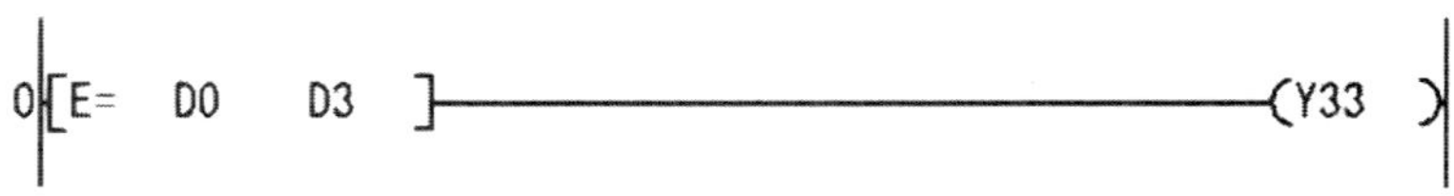

4.5 산술 연산 명령

[표 4.6] 주요 산술 연산 명령들

분류	명령기호	심볼	처리내용	실행조건
BIN 16비트 가감산	+(P)	+(P) | S | D	(D) + (S) → (D)	⎍ (↑)
		+(P) | S1 | S2 | D	(S1) + (S2) → (D)	
	−(P)	−(P) | S | D	(D) − (S) → (D)	⎍ (↑)
		−(P) | S1 | S2 | D	(S1) − (S2) → (D)	
BIN 32비트 가감산	D+(P)	D+(P) | S | D	(D+1,D) + (S+1,S) → (D+1,D)	⎍ (↑)
		D+(P) | S1 | S2 | D	(S1+1,S1) + (S2+1,S2) → (D+1,D)	
	D−(P)	D−(P) | S | D	(D+1,D) − (S+1,S) → (D+1,D)	⎍ (↑)
		D−(P) | S1 | S2 | D	(S1+1,S1) − (S2+1,S2) → (D+1,D)	
BIN 16비트 승제산	*(P)	*(P) | S1 | S2 | D	(S1) * (S2) → (D+1,D)	⎍ (↑)
	/(P)	/(P) | S1 | S2 | D	(S1)/(S2) → 몫(D), 나머지(D+1)	
BIN 32비트 승제산	D*(P)	D*(P) | S1 | S2 | D	(S1+1,S1)*(S2+1,S2) → (D+3,D+2,D−1,D)	⎍ (↑)
	D/(P)	D/(P) | S1 | S2 | D	(S1+1,S1)/(S2+1,S2) → 몫(D+1,D), 나머지(D+3,D+2)	
BCD 4자리 가감산	B+(P)	B+(P) | S | D	(D) + (S) → (D)	⎍ (↑)
		B+(P) | S1 | S2 | D	(S1) + (S2) → (D)	
	B−(P)	B−(P) | S | D	(D) − (S) → (D)	⎍ (↑)
		B−(P) | S1 | S2 | D	(S1) − (S2) → (D)	
부동 소수점 데이터 가감산	E+(P)	E+(P) | S | D	(D+1,D) + (S+1,S) → (D+1,D)	⎍ (↑)
		E+(P) | S1 | S2 | D	(S1+1,S1) + (S2+1,S2) → (D+1,D)	
	E−(P)	E−P | S | D	(D+1,D) − (S+1,S) → (D+1,D)	⎍ (↑)
		E−(P) | S1 | S2 | D	(S1+1,S1) − (S2+1,S2) → (D+1,D)	
BIN 데이터 1 증가, 감소	INC(P)	INC(P) | D	(D)+1 → (D)	⎍ (↑)
	DINC(P)	DINC(P) | D	(D+1,D) + 1 → (D+1,D)	
	DEC(P)	DED(P) | D	(D)−1 → (D)	
	DDEC(P)	DDEC(P) | D	(D+1,D) − 1 → (D+1,D)	

[EX 4-4] 덧셈 뺄셈 명령 동작

❶ X5가 ON되면 D3과 D0의 내용을 더하여, Y38 ~ Y3F에 출력.

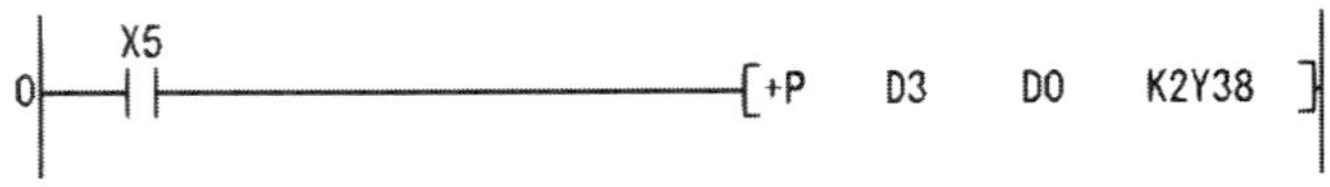

❷ 타이머 T3의 설정값과 현재값의 차이를 Y40 ~ Y53에 BCD로 출력.

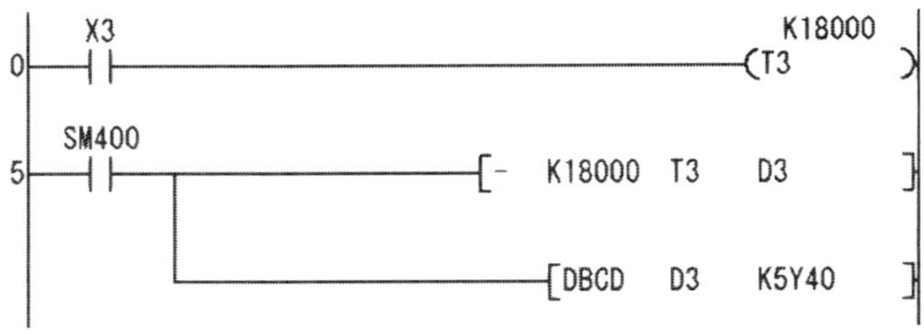

[EX 4-5] BCD 덧셈 명령 동작

16진수 7654에서 16진수 4321의 BCD 데이터를 빼서 D10에 저장하고 동시에 Y30 ~ Y3F에 출력한다.

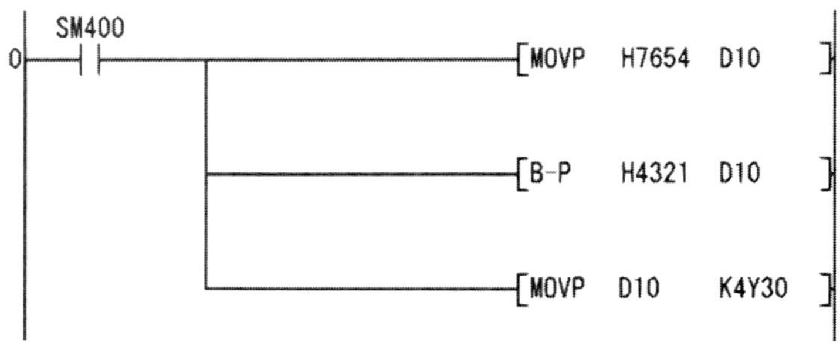

BCD란?

BCD는 Binary Coded Decimal의 약자로서 2진코드의 10진화를 의미한다. 2진수는 컴퓨터 같은 디지털 시스템에는 좋지만 그것을 사용하는 사용자(사람)에게는 매우 불편하기 때문에 2진수를 사람들이 편하게 사용할 수 있는 10진수의 형태로 창안한 것이 바로 BCD코드다.
예를 들어 10진수 953을 BCD코드로 변환시키면 다음과 같다.

9	5	3
↓	↓	↓
1001	0101	0011

4.6 데이터 변환 명령

[표 4.7] 주요 데이터 변환 명령 종류들

분류	명령기호	심볼	처리내용	실행조건
BIN → BCD 변환	BCD(P)	BCD(P) S D	(S) → (D) BIN(0~9999)	⎍ (↑)
	DBCD(P)	DBCD(P) S D	(S+1, S) → (D+1, D) BIN(0~99999999)	⎍ (↑)
BCD → BIN 변환	BIN(P)	BIN(P) S D	(S) → (D) BCD(0~9999)	⎍ (↑)
	DBIN(P)	DBIN(P) S D	(S+1, S) → (D+1, D) BCD(0~99999999)	⎍ (↑)
BIN 16,32bit ↕ 부동 소수점 변환	FLT(P)	INT(P) S D	BIN16bit(S) → 부동소수점(D+1,D)	⎍ (↑)
	DFLT(P)	DINT(P) S D	BIN32bit(S+1,S) → 부동소수점(D+1,D)	⎍ (↑)
	INT(P)	INT(P) S D	부동소수점(S+1,S) → BIN16bit(D)	⎍ (↑)
	DINT(P)	DINT(P) S D	부동소수점(S+1,S) → BIN32bit(D+1,D)	⎍ (↑)
BIN 16비트 ↕ 32비트 변환	DBL(P)	DBL(P) S D	(S) → (D+1, D) BIN(-32768~32767)	⎍ (↑)
	WORD(P)	WORD(P) S D	(S+1, S) → (D) BIN(-32768~32767)	⎍ (↑)

BIN 데이터(9999 : 2진수 0010 0111 0000 1111)를 BCD로 변환하면

1001 1001 1001 1001

이 된다.

[EX 4-6] BIN ⇒ BCD 명령 동작 예

카운터 C4의 현재값을 Y20 ~ Y2F에서 7-SEGMENT 표시기로 출력한다.

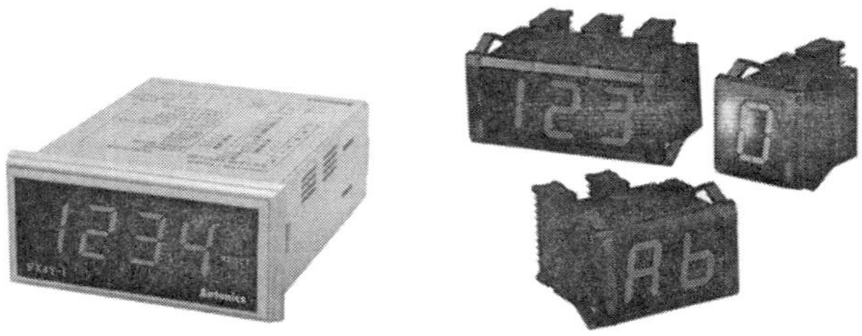

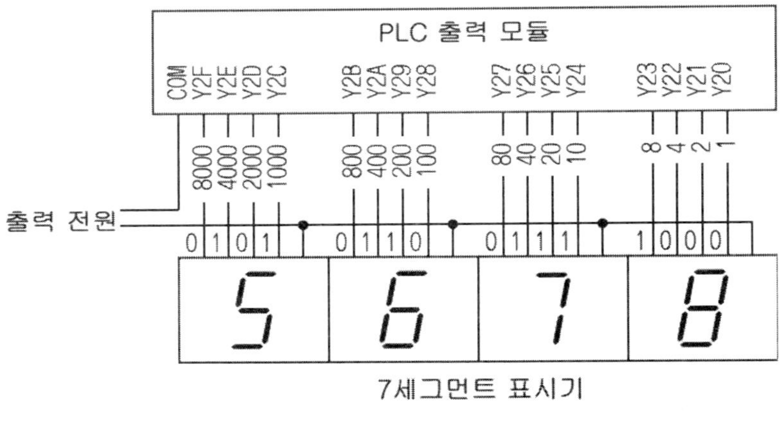

[그림 4.12] 7-세그먼트 모듈들과 인터페이스(오토닉스 사)

[EX 4-7] BCD ⇒ BIN 명령 동작 예

X8이 ON되면 X10 ~ X1B의 디지털 스위치로 주어진 BCD 데이터를 BIN으로 변환하여 D8에 저장한다.

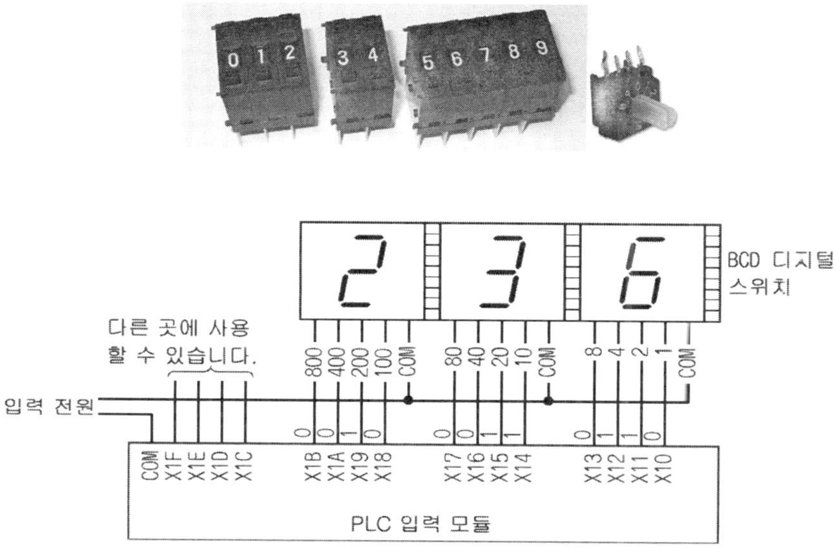

[그림 4.13] 디지털 BCD 스위치 모습과 인터페이스

[EX 4-8] BIN 데이터의 실수로의 변환

D20의 BIN16비트 데이터를 부동소수점형 실수로 변환하여 D0, D1에 저장한다.

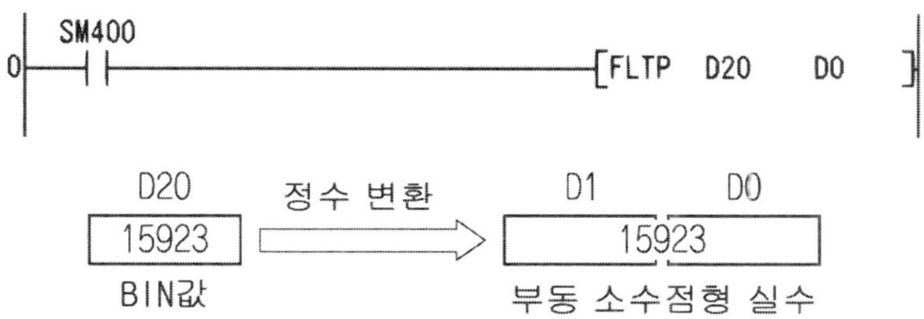

[EX 4-9] 실수 ⇒ 정수 변환

D20, D21의 부동소수점형 실수를 BIN32비트 데이터로 변환하여 D0, D1에 저장한다.

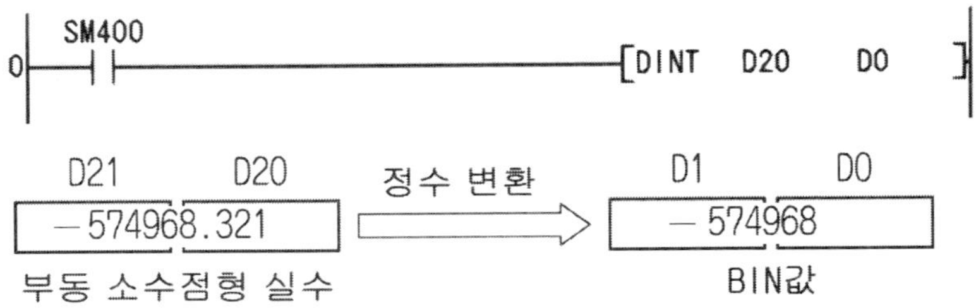

[EX 4-10] 더블 워드로 변환

D100에 있는 16비트 워드 데이터를 32비트 더블 워드로 변환한다.

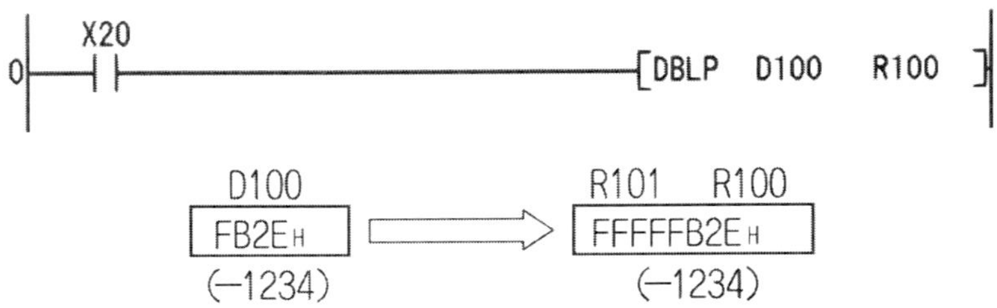

4.7 데이터 전송 명령

[표 4.8] 데이터 전송 명령 종류들

동작분류	명령기호	심볼	처리내용	실행조건
16비트, 32비트 데이터 전송	MOV(P)	MOV(P) | S | D	(S) → (D)	⎍ (↑)
	DMOV(P)	DMOV(P) | S | D	(S+1, S) → (D+1, D)	
부동소수점 전송	EMOV(P)	EMOV(P) | S | D	(S+1, S) → (D+1, D)	⎍ (↑)
문자열 전송	$MOV(P)	$MOV(P) | S | D	S 문자열 데이터를 D로 지정된 번호 이후에 전송	⎍ (↑)
16비트, 32비트 부정전송	CML(P)	CML(P) | S | D	/(S) → (D)	⎍ (↑)
	DCML(P)	DCML(P) | S | D	/(S+1, S) → (D+1, D)	
블록 16 비트전송	BMOV(P)	BMOV(P) | S | D | n		⎍ (↑)
동일 16비트 데이터 블록전송	FMOV(P)	FMOV(P) | S | D | n	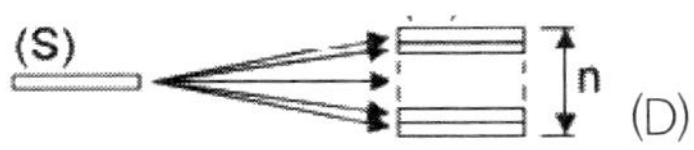	⎍ (↑)
16, 32비트 데이터 교환	XCH(P)	XCH(P) | D1 | D2	(D1) ⇆ (D2)	⎍ (↑)
	DXCH(P)	DXCH(P) | D1 | D2	(D1+1, D1) ⇆ (D2+1, D2)	
블록 16비트 데이터 교환	BXCH(P)	BXCH(P) | S | D | n	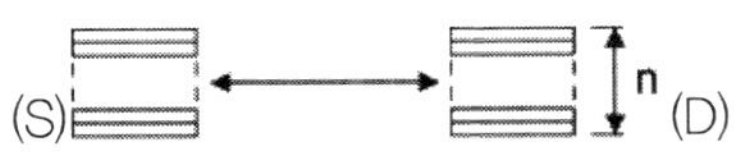	⎍ (↑)
상하 BYTE 교환	SWAP(P)	SWAP(P) | D	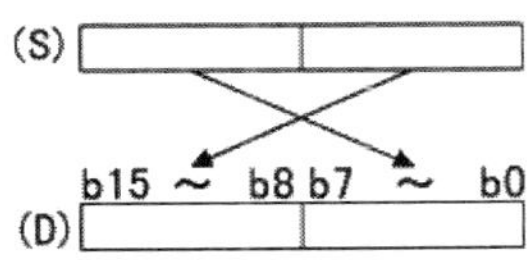	⎍ (↑)

[EX 4-11] 전송 명령 예

❶ 10진수 155(16진수 98H)를 D0에 저장

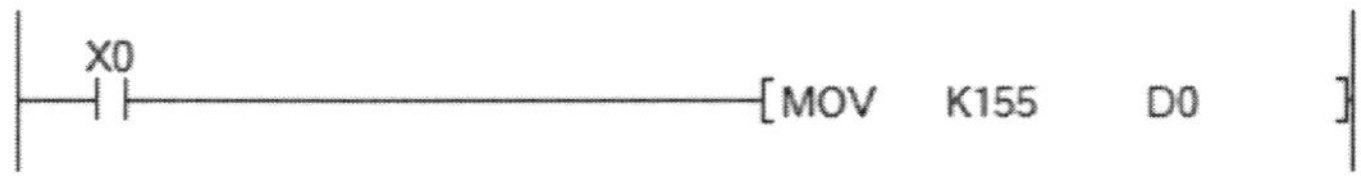

❷ 16진수 1234H를 D10에 저장

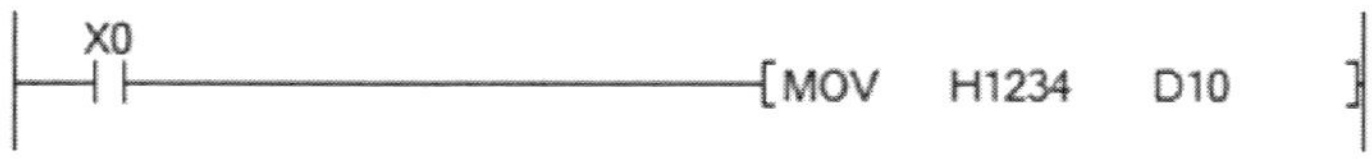

❸ 입력 X0~X3 4비트를 D0.0~D0,3에 저장

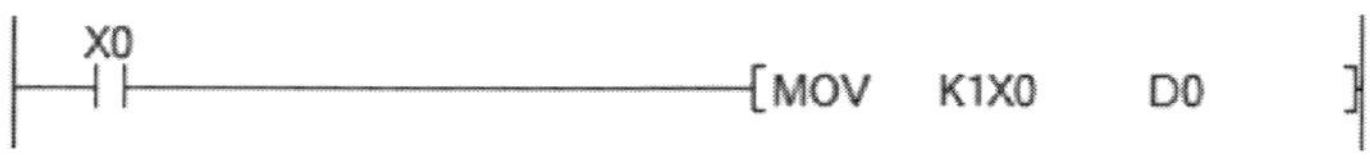

D0.4~D0.F는 0으로 처리된다.

❹ D0의 하위바이트(D0.0~D0.7)를 내부메모리 M100~M107에 저장

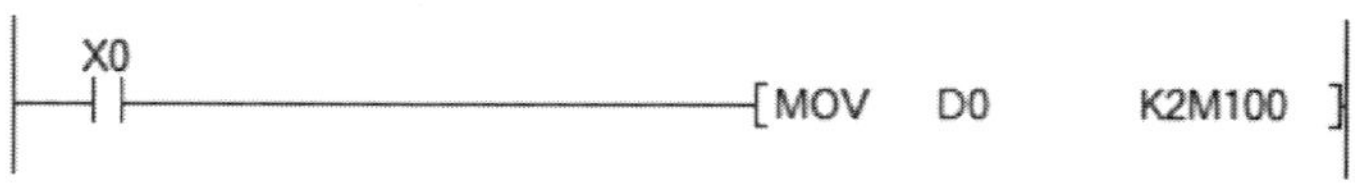

❺ 입력 X10 ~ X11의 12점을 D10.0~D10.B에 저장

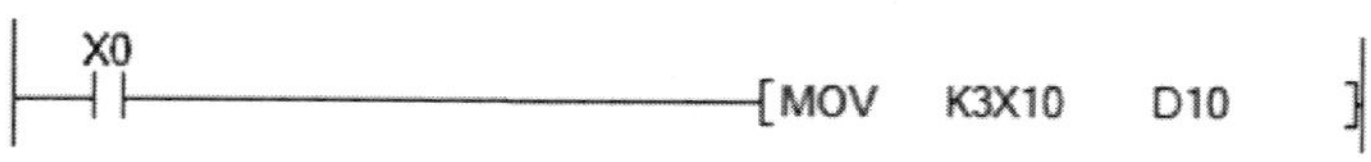

❻ (32비트 전송 예) D20, D21의 값을 D100, D101에 저장

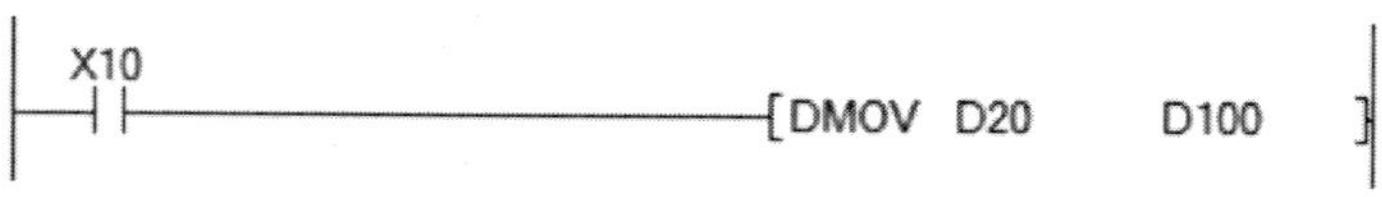

❼ (32비트 전송 예) X0 ~ X1F의 32점 데이터를 D20, D21에 저장

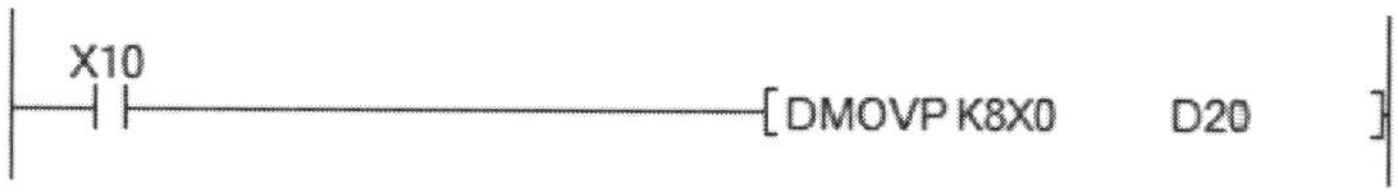

❽ X2가 ON되면 D0 ~ D49를 모두 0으로 클리어하는 프로그램

4.8 프로그램 분기 명령

[표 4.9] 주요 프로그램 분기 명령 종류들

동작분류	명령기호	심볼	처리내용	실행조건
포인트 분기	CJ	CJ Pn	입력 조건 성립시 Pn으로 점프	
	SCJ	SCJ Pn	입력 조건이 성립한 다음의 스캔에서 Pn으로 점프	
	JMP	JMP Pn	무조건 Pn으로 점프	
END 점프	GOEND	GOEND	입력 조건 성립시 END 명령으로 점프	

분기 명령 사용시 주의할 점

★ 타이머의 코일 ON 후, CJ, SCJ, JMP 명령으로 코일이 ON되어 있는 타이머를 점프하면 정상적인 계측할 수 없게 된다.
★ CJ, SCJ, JMP 명령으로 OUT 명령을 점프하면 스캔타임이 짧아진다.
★ CJ, SCJ, JMP 명령으로 뒤로 점프하면 스캔타임이 짧아진다.
★ CJ, SCJ, JMP 명령은 실행 중인 스텝보다 빠른 번호의 스텝으로 점프할 수 있다. 다만 WDT가 타임업하지 않도록 이전의 루프에서 빠져 나가게 할 필요가 있다.

[EX 4-12] CJ 명령 동작 흐름 예

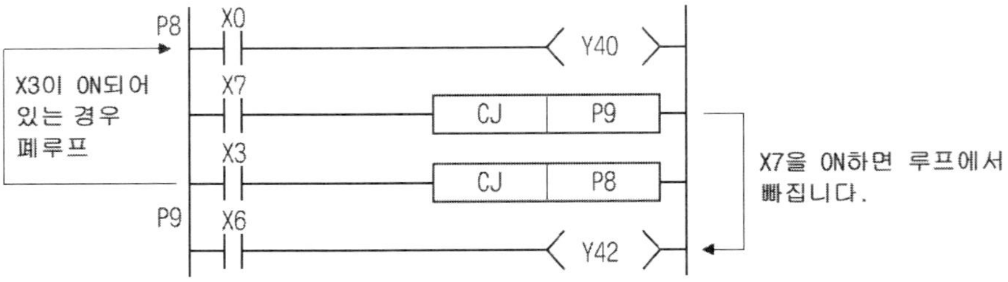

4.9 논리연산 명령

[표 4.10] 기본 논리연산 명령 종류들

동작분류	명령기호	심볼	처리내용	실행조건
기본 논리연산	WAND(P)	WAND(P) S D	(D)∧(S) → (D)	⎍ (↑)
		WAND(P) S1 S2 D	(S1)∧(S2) → (D)	
	DAND(P)	DAND(P) S D	(S+1, S)∧(D+1, D) → (D+1, D)	
		DAND(P) S1 S2 D	(S1+1, S1)∧(S2+1, S2) → (D+1, D)	
	WOR(P)	WOR(P) S D	(D)∨(S) → (D)	⎍ (↑)
		WOR(P) S1 S2 D	(S1)∨(S2) → (D)	
	DOR(P)	DOR(P) S D	(S+1, S)∨(D+1, D) → (D+1, D)	
		DOR(P) S1 S2 D	(S1+1, S1)∨(S2+1, S2) → (D+1, D)	
	WXOR(P)	WXOR(P) S D	(D)⊻(S) → (D)	⎍ (↑)
		WXOR(P) S1 S2 D	(S1)⊻(S2) → (D)	
	DXOR(P)	DXOR(P) S D	(S+1, S)⊻(D+1, D) → (D+1, D)	
		DXOR(P) S1 S2 D	(S1+1, S1)⊻(S2+1, S2) → (D+1, D)	
	WXNR(P)	WXNR(P) S D	NOT[(D)⊻(S)] → D	⎍ (↑)
		WXNR(P) S1 S2 D	NOT[(S1)⊻(S2)] → D	
	DXNR(P)	DXNR(P) S D	NOT[(S+1, S)⊻(D+1, D)] → (D+1, D)	
		DXNR(P) S1 S2 D	NOT[(S1+1, S1)⊻(S2+1, S2)] → (D+1, D)	

■ 디지털 기본 논리와 연산

① 논리곱(AND)

A	B	Y
0	0	0
0	1	0
1	0	0
1	1	1

기호 :

② 논리합(OR)

A	B	Y
0	0	0
0	1	1
1	0	1
1	1	1

기호 :

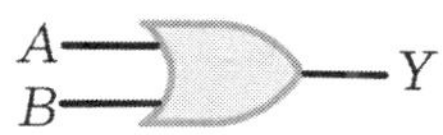

③ 논리 부정(NOT)

A	Y
0	1
1	0

기호 :

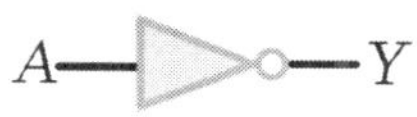

④ 배타적 논리합(Exclusive-OR)

A	B	X
0	0	0
0	1	1
1	0	1
1	1	0

기호 :

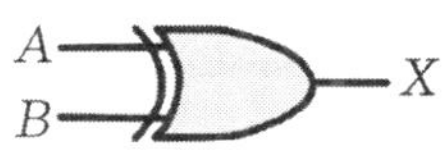

⑤ 배타적 부정논리합(Exclusive-NOR)

A	B	X
0	0	1
0	1	0
1	0	0
1	1	1

기호 :

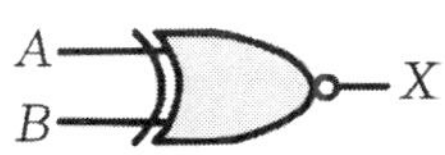

[EX 4-13] WAND, WOR, WXOR 명령의 동작

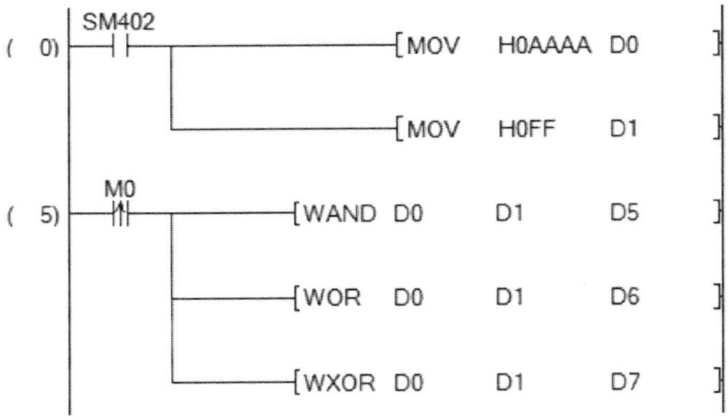

- 결과 :

D0 :	1	0	1	0	1	0	1	0	1	0	1	0	1	0	1	0
D1 :	0	0	0	0	0	0	0	0	1	1	1	1	1	1	1	1
D5 :	0	0	0	0	0	0	0	0	1	0	1	0	1	0	1	0
D6 :	1	0	1	0	1	0	1	0	1	1	1	1	1	1	1	1
D7 :	1	0	1	0	1	0	1	0	0	1	0	1	0	1	0	1

4.10 로테이션, 시프트 명령

[표 4.11] 주요 로테이션, 시프트 명령 종류들

동작분류	명령기호	심볼	처리내용	실행조건
우측 로테이션	ROR(P)	─┤ROR(P) │ D │ n ├┤	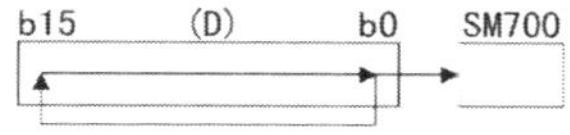	(↑)
	DROR(P)	─┤DROR(P) │ D │ n ├┤	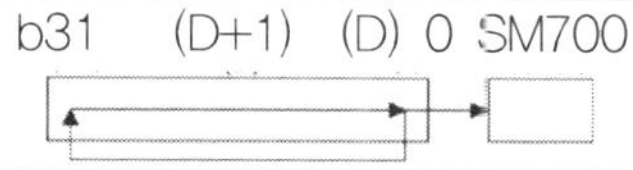	
	RCR(P)	─┤RCR(P) │ D │ n ├┤	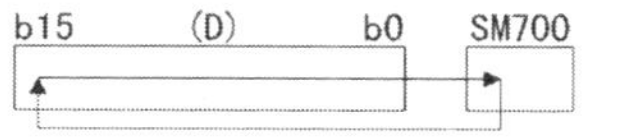	(↑)
	DRCR(P)	─┤DRCR(P) │ D │ n ├┤	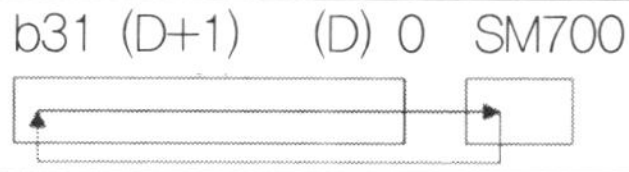	
좌측 로테이션	ROL(P)	─┤ROL(P) │ D │ n ├┤	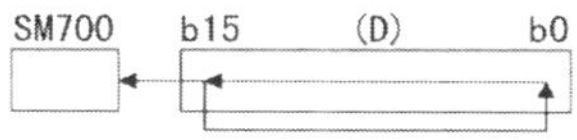	(↑)
	DROL(P)	─┤DROL(P) │ D │ n ├┤	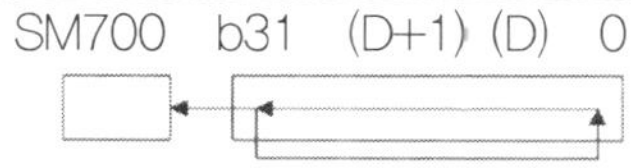	
	RCL(P)	─┤RCL(P) │ D │ n ├┤		(↑)
	DRCL(P)	─┤DRCL(P) │ D │ n ├┤	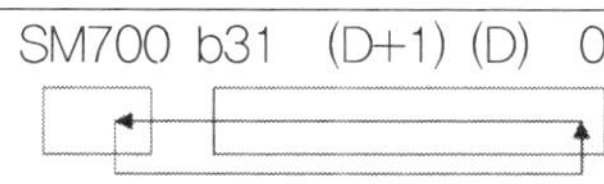	
n비트 시프트	SFR(P)	─┤SFR(P) │ D │ n ├┤	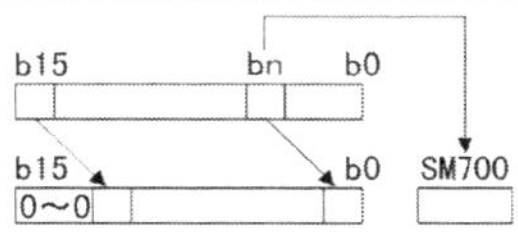	(↑)
	SFL(P)	─┤SFL(P) │ D │ n ├┤	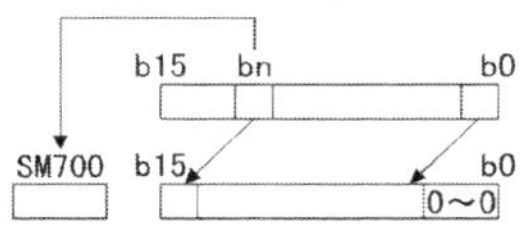	

[EX 4-14] ROR과 ROL 동작 결과

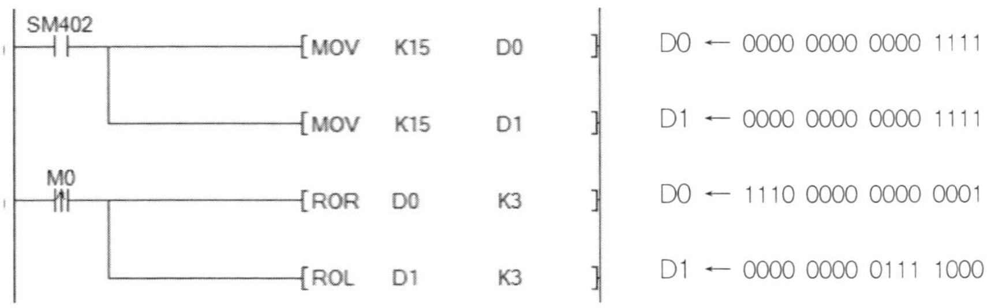

[EX 4-15] 시프트 명령의 동작

❶ SFR과 SFL 동작의 이해

❷ X20이 ON되면 D0의 내용을 D100으로 지정된 비트만큼 오른쪽으로 시프트 한다.

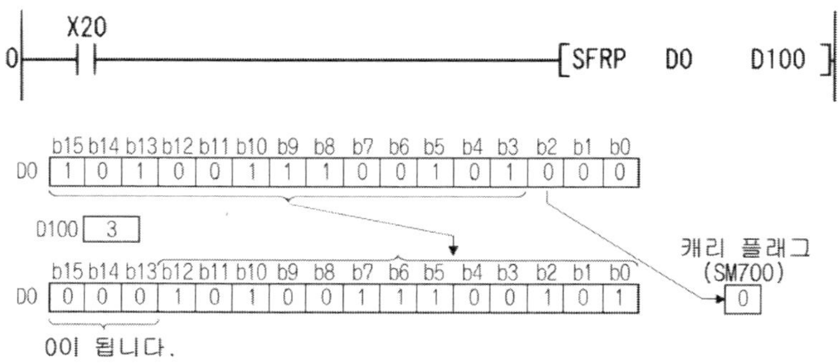

❸ X1C가 ON되면 X10 ~ X17의 내용을 왼쪽으로 3비트만큼 시프트한다.

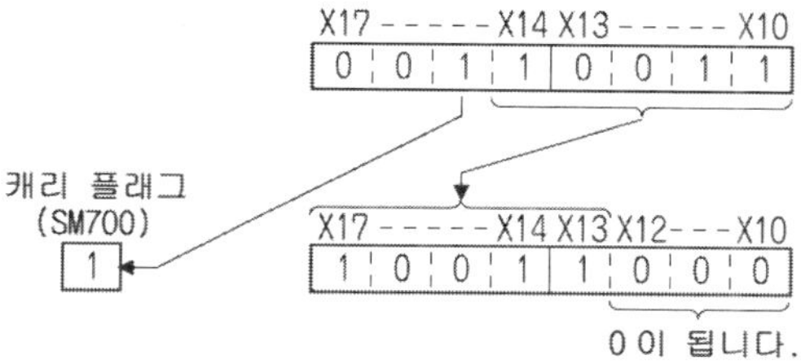

4.11 비트 조작 명령들

[표 4.12] 비트 조작 명령들

동작분류	명령기호	심볼	처리내용	실행조건
비트 셋/리셋	BSET(P)	[BSET(P) | D | n]	(D)의 n번 비트를 '1'로 셋	⎍ (↑)
	BRST(P)	[BRST(P) | D | n]	(D)의 n번 비트를 '0'로 리셋	
비트 테스트	TEST(P)	[TEST(P) | S1 | S2 | D]	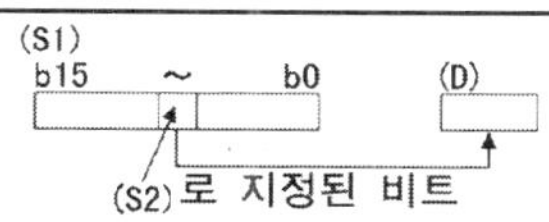	⎍ (↑)
	DTEST(P)	[DTEST(P) | S1 | S2 | D]		
비트 디바이스 일괄리셋	BKRST(P)	[BKRST(P) | S | n]	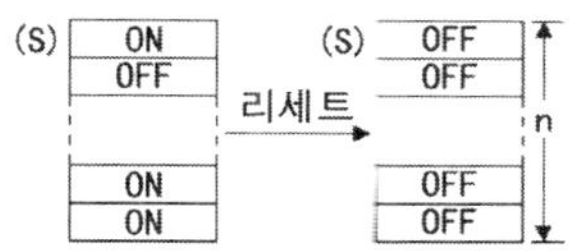	⎍ (↑)

4.12 데이터 처리 명령

[표 4.13] 주요 데이터 처리 명령들

동작분류	명령기호	심볼	처리내용	실행조건
디코드	DECO(P)	[DECO(P) | S | D | n]	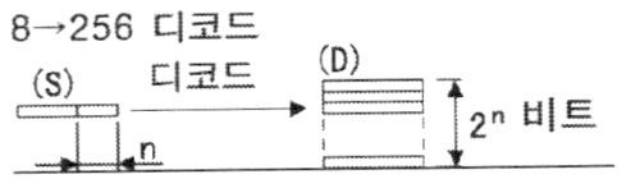	(↑)
엔코드	ENCO(P)	[ENCO(P) | S | D | n]	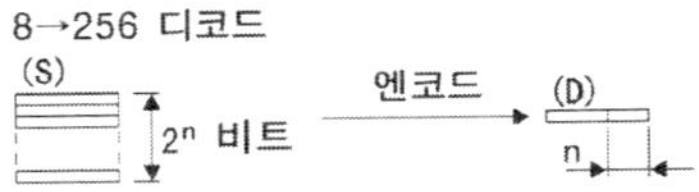	(↑)
7세그멘트 디코더	SEG(P)	[SEG(P) | S | D]	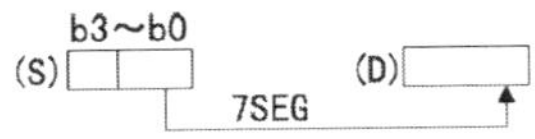	(↑)
검색	MAX(P)	[MAX(P) | S | D | n]	(S)로 지정된 디바이스부터 n점분의 데이터를 16(32)비트 단위로 검색하여 최대값을 (D)로 지정된 디바이스에 저장	(↑)
	DMAX(P)	[DMAX(P) | S | D | n]		
	MIN(P)	[MIN(P) | S | D | n]	(S)로 지정된 디바이스부터 n점분의 데이터를 16(32)비트 단위로 검색하여 최소값을 (D)로 지정된 디바이스에 저장	
	DMIN(P)	[DMIN(P) | S | D | n]		
소트	SORT DSORT	[SORT | S1 | n | S2 | D1 | D2] · S2: 1회에서 실행할 비교 수 · D1: 소트 완료로 ON시킬 디바이스 · D2: 시스템용	(S1)로 지정된 디바이스부터 n점분의 데이터를 16(32)비트 단위로 소트 [n×(n−1)/2 스캔 필요]	(↑)
합 계산	WSUM(P)	[WSUM(P) | S | D | n]	(S)로 지정된 디바이스부터 n점분의 16(32)비트 BIN 데이터를 모두 가산하여 (D)로 지정된 디바이스에 저장	(↑)
	DWSUM(P)	[DWSUM(P) | S | D | n]		

4.13 구조화 명령

[표 4.14] 주요 구조화 명령들

동작분류	명령기호	심볼	처리내용	실행조건
반복제어	FOR	[FOR | n]	FOR~NEXT 간을 n회 반복실헝	
	NEXT	[NEXT]		
	BREAK(P)	[BREAK(P) | D | Pn]	FOR~NEXT 간 실행을 강제 종료하고 포인트 Pn으로 점프 D : 잔여 반복횟수를 저장하는 메모리	⎍ (↑)
서브루틴	CALL(P)	[CALL(P) | Pn] [CALL(P) | Pn | Sn]	입력 조건 성립시 Pn의 서브루튼 프로그램 실행(Sn : S0~S5)	⎍ (↑)
	RET	[RET]	서브루틴 프로그램에서 복귀	

4.14 데이터 테이블 조작 명령

[표 4.15] 주요 데이터 테이블 조작 명령들

동작분류	명령기호	심볼	처리내용	실행조건
데이터 읽기	FROM(P) DFRO(P)	[FROM(P) | n1 | n2 | D | n3] [DFRO(P) | n1 | n2 | D | n3]	특수기능 모듈에서 데이터 READ. : n1특수모듈 내의 n2 지정 어드레스부터 n3개의 메모리를 읽어 CPU 내의 D에 n3개를 저장 n1: 특수기능모듈 선두 입출력 번호 n2: 읽은 데이터의 선두 어드레스 D: 읽은 데이터를 저장하는 디바이스 선드번호 n3: 읽기 데이터 수(1~6144)	⎍ (↑)
데이터 쓰기	TO(P) DTO(P)	[TO(P) | n1 | n2 | S | n3] [DTO(P) | n1 | n2 | S | n3]	특수기능 모듈에 데이터 WRITE. : S로 지정된 CPU모듈 디바이스 n3점 → 인텔리전트 특수도듈 n3점에 씀 n1: 특수기능모듈 선두 입출력번호 n2: 데이터 쓰기 위한 선두 어드레스 S: 쓰기 데이터 저장하는 디바이스 선무번호 n3: 쓰기 데이터 수 (1~6144)	⎍ (↑)

[EX 4-16] FOR-NEXT 명령의 동작

D0이 30이 되었을 때(FOR ~ NEXT를 30회 실행하였을 때) FOR ~ NEXT 사이를 강제 종료한다.

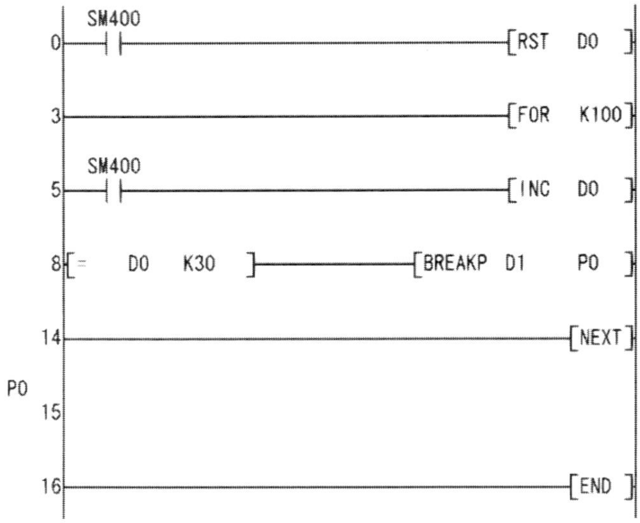

[EX 4-17] CALL 명령의 흐름

M20이 ON 되면 서브루틴 P0가 실행되고 RET 명령에 의해 메인으로 복귀된다.
출력 Y31은 M20이 OFF상태에서 M1이 ON되어야 출력이 ON된다.

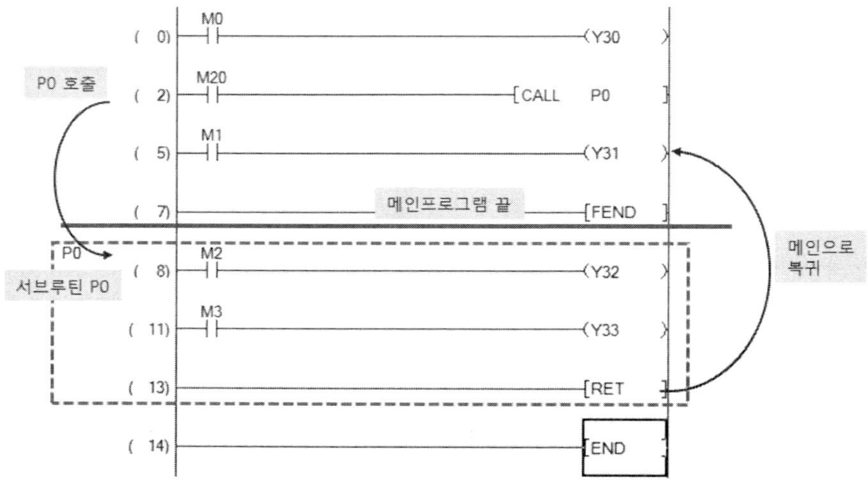

4.15 수학 함수 명령

[표 4.16] 주요 수학 함수 명령어 종류들

동작분류	명령기호	심볼	처리내용	실행조건
삼각함수 (부동 소수점 데이터)	SIN(P)	SIN(P) | S | D	Sin(S+1, S) → (D+1, D)	⎍ (↑)
	COS(P)	COS(P) | S | D	Cos(S+1, S) → (D+1, D)	⎍ (↑)
	TAN(P)	TAN(P) | S | D	Tan(S+1, S) → (D+1, D)	⎍ (↑)
	ASIN(P)	ASIN(P) | S | D	Sin−1(S+1, S) → (D+1, D)	⎍ (↑)
	ACOS(P)	ACOS(P) | S | D	Cos−1(S+1, S) → (D+1, D)	⎍ (↑)
	ATAN(P)	ATAN(P) | S | D	Tan−1(S+1, S) → (D+1, D)	⎍ (↑)
도 ↔ 라디안 변환	RAD(P)	RAD(P) | S | D	도(S+1, S) → 라디안(D+1, D)	⎍ (↑)
	DEG(P)	DEG(P) | S | D	라디안(S+1, S) → 도(D+1, D)	
평방근	SQR(P)	SQR(P) | S | D	$\sqrt{(S+1, S)}$ → (D+1, D)	⎍ (↑)
지수	EXP(P)	EXP(P) | S | D	$e^{(S+1, S)}$ → (D+1, D)	⎍ (↑)
자연대수	LOG(P)	LOG(P) | S | D	Log e(s+1, s) → (D+1, D)	⎍ (↑)
난수 발생	RND(P)	RND(P) | D	0~32767 미만의 난수를 발생하여 D로 지정된 디바이스에 저장	⎍ (↑)
평방근	BSQR(P) BDSQR(P)	BSQR(P) | S | D BDSQR(P) | S | D	$\sqrt{(S)}$ → (D)+0 정수부 +1 소수부	⎍ (↑)

4.16 시계용 명령

[표 4.17] 주요 시계용 명령어 종류들

동작분류	명령기호	심볼	처리내용	실행조건
시계 데이터 R/W	DATERD(P)	─[DATERD(P) | D]─	(시계 소자) → (D) +0 년, +1 월, +2 일, +3 시, +4 분, +5 초, +6 요일	⎍ (↑)
	DATEWR(P)	─[DATEWR(P) | S]─	(D) +0 년, +1 월, +2 일, +3 시, +4 분, +5 초, +6 요일 → (시계 소자)	⎍ (↑)

4.17 프로그램 제어용 명령

[표 4.18] 주요 프로그램 제어용 명령들

동작분류	명령기호	심볼	처리내용	실행조건
프로그램 제어명령	PSTOP(P)	─[PSTOP(P) | S]─	(s)로 지정된 디바이스에 저장되어 있는 파일명의 프로그램을 대기 상태로 한다.	⎍ (↑)
	POFF(P)	─[POFF(P) | S]─	(S)지정한 프로그램의 OUT 명령의 코일을 OFF하고 대기 상태로 한다.	⎍ (↑)
	PSCAN(P)	─[PSCAN(P) | S]─	(S)로 지정된 디바이스의 프로그램을 스캔 실행 상태로 등록한다.	⎍ (↑)
	PLOW(P)	─[PLOW(P) | S]─	(S)로 지정된 디바이스에 저장되어 있는 파일명의 프로그램을 저속 실행 상태로 한다.	⎍ (↑)

4.18 기타 편리한 명령

[표 4.19] 기타 주요 편리한 명령들 종류들

동작분류	명령기호	심볼	처리내용	실행조건
업/다운 카운터	UDCNT1	UDCNT1 | S | D | n	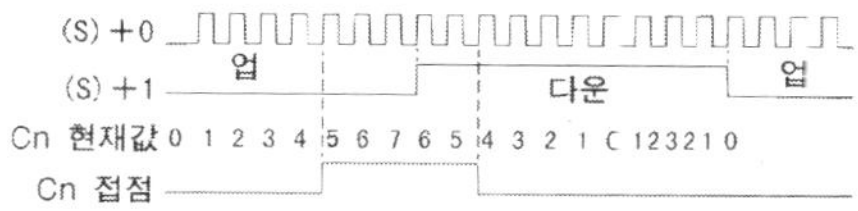	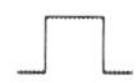
	UDCNT2	UDCNT2 | S | D | n	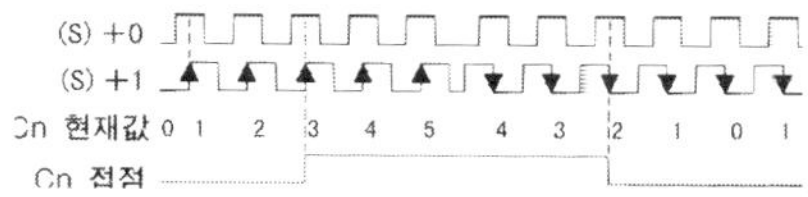	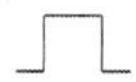
특수 타이머	STMR	STMR | S | n | D	STMR 명령의 입력 조건의 ON/OFF에 따라 (D)로 지정된 비트 디바이스에서 4점이 다음과 같이 동작한다. • (D)+0 : 오프 딜레이 타이머 출력 • (D)+1 : 오프 후 완쇼트 타이머 출력 • (D)+2 : 온 후 완쇼트 타이머 출력 • (D)+3 : 온 딜레이 타이머	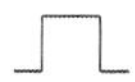
펄스폭 변조	PWM	PWM | n1 | n2 | D	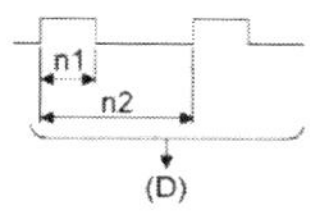	

4.19 명령어 활용 실습

실습 4-1 FF 명령을 이용한 스위치 누를 때마다 램프의 반전 동작

[문 제]

PB1을 누를 때마다 PL1이 점등-소등을 반복하는 반전 동작을 하도록 한다.

○ Time Chart

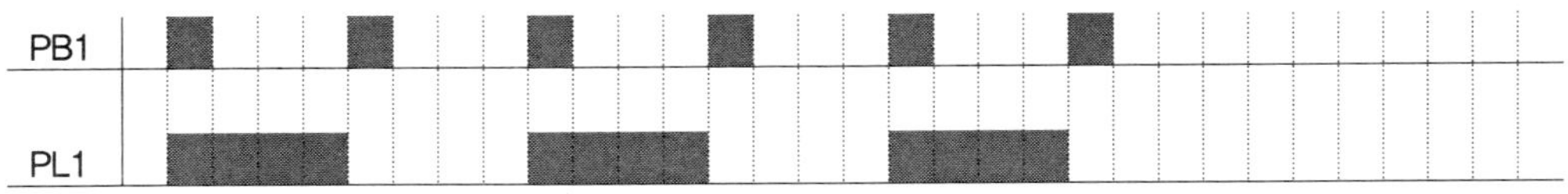

○ "FF" 명령

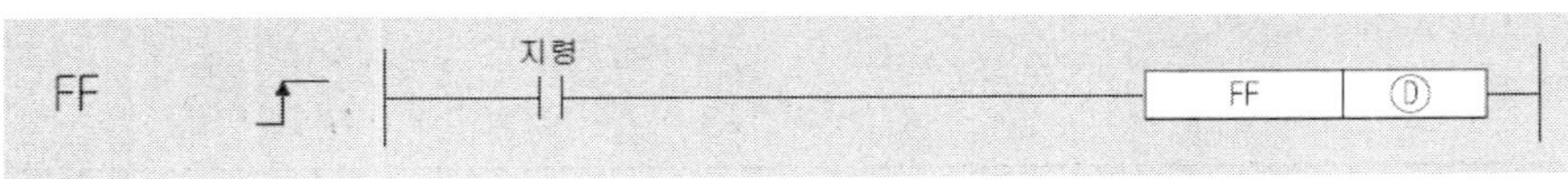

FF(Flip Flop) 명령은 실행 지령의 OFF → ON 시에 D로 지정된 디바이스 상태를 반전한다.

○ Ladder

실습 4-2 SFT 명령을 이용한 출력 접점의 시프트

○ 문 제

X0를 눌러 초기값으로 Y20 출력을 세트한다.

X1을 누를 때마다 세트된 값이 Y21 → Y22 → Y23 → Y24로 시프트 되도록 한다.

○ Ladder

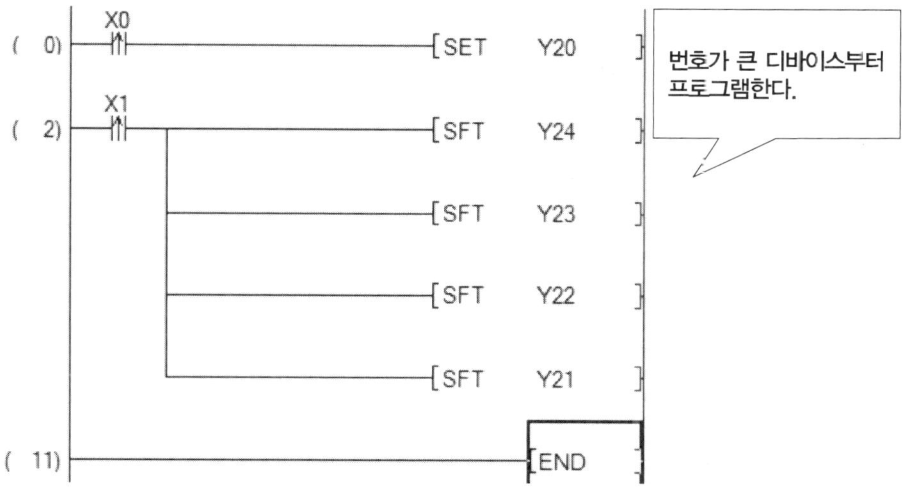

입력	출력				
	Y24	Y23	Y22	Y21	Y20
X0 ↑	0	0	0	0	1
X1 ↑	0	0	0	1	0
X1 ↑	0	0	1	0	0
X1 ↑	0	1	0	0	0
X1 ↑	1	0	0	0	0
X1 ↑	0	0	0	0	0

실습 4-3 SFT 명령을 이용한 출력의 무한반복

○ 문 제

[실습 4-1]을 수정하여 스위치 X1을 누를 때마다 출력이 무한반복하도록 한다.
즉 X1을 누를 때마다 : Y21 → Y22 → Y23 → Y24 → Y21 → ...

○ Ladder

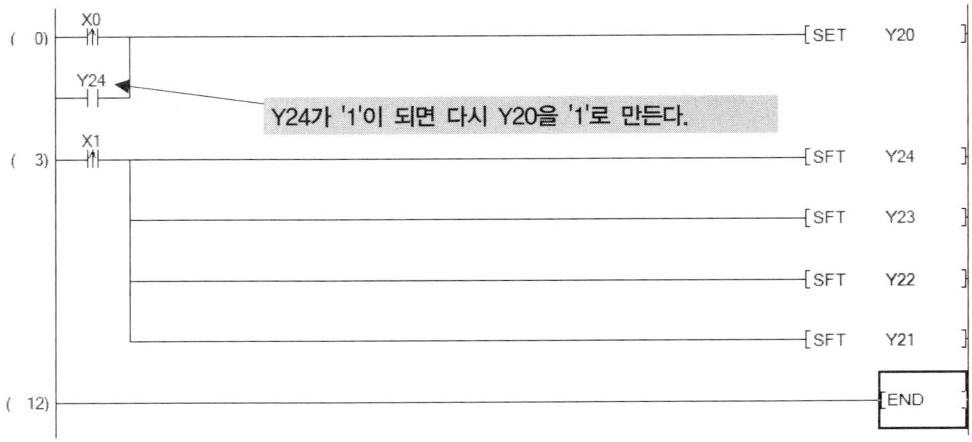

입력	출력				
	Y24	Y23	Y22	Y21	Y20
X0 ↑	0	0	0	0	**1**
X1 ↑	0	0	0	**1**	0
X1 ↑	0	0	**1**	0	0
X1 ↑	0	**1**	0	0	0
X1 ↑	**1**	0	0	0	0
X1 ↑	0	0	0	0	**1**
X1 ↑	0	0	0	**1**	0
:	:	:	:	:	:

실습 4-4 비교 명령을 이용한 타이머 응용 1

○ 문 제

PB1을 누르면 3초 후 PL1이 ON 되고 10초 뒤에 OFF 되도록 1개의 타이머를 사용하여 프로그램 하시오.

〈입출력 접점 할당〉

구분	입 력	출 력
장치명	스위치	램프
라벨	PB1	PL1
디바이스	X00	Y20

○ Ladder

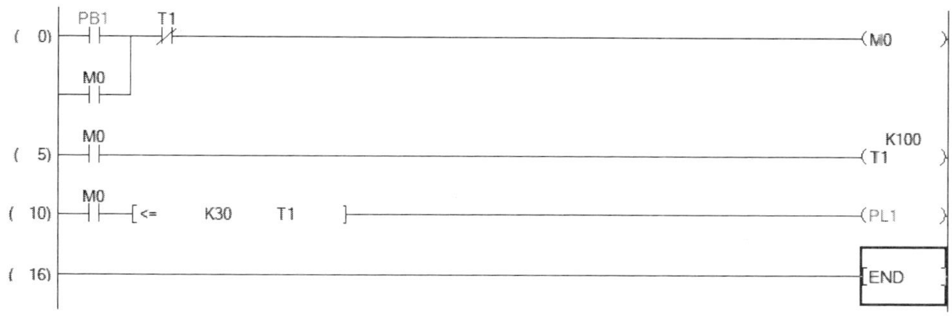

비교 명령에 의해 타이머값이 K30(3초) 이상이 되면 PL1이 점등된다. 타이머 값이 설정값 K100(10초)이 되면 첫 행의 T1의 b접점에 의해 리셋이 된다.

실습 4-5 비교 명령을 이용한 타이머 응용 2

○ 문 제

한 개의 타이머를 이용하여 아래 Time Chart처럼 동작하도록 프로그램을 작성하시오.

〈입출력 접점 할당〉

구분	입 력		출 력			
장치명	스위치	스위치	램프	램프	램프	램프
기호	PB1	PB2	L1	L2	L3	L4
할당	X00	X01	Y20	Y21	Y22	Y23

○ Time Chart

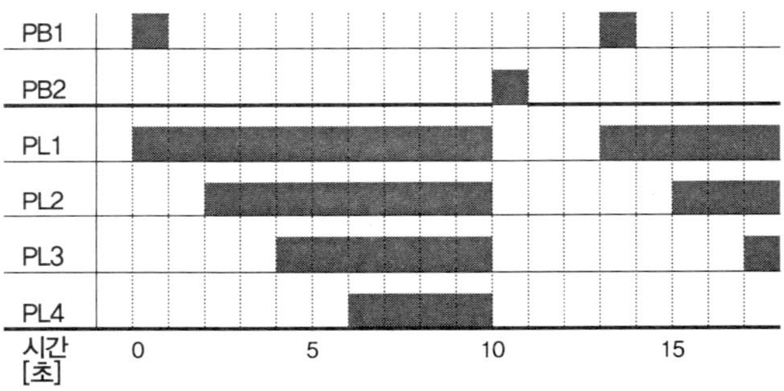

○ Ladder

실습 4-6 비교 명령을 이용한 카운터 응용

○ 문 제

한 개의 카운터를 이용하여 아래 Time Chart처럼 동작하도록 프로그램을 작성하시오.

〈입출력 접점 할당〉

구분	입 력		출 력			
장치명	스위치	스위치	램프	램프	램프	램프
기호	PB1	PB2	L1	L2	L3	L4
할당	X00	X01	Y20	Y21	Y22	Y23

○ Time Chart

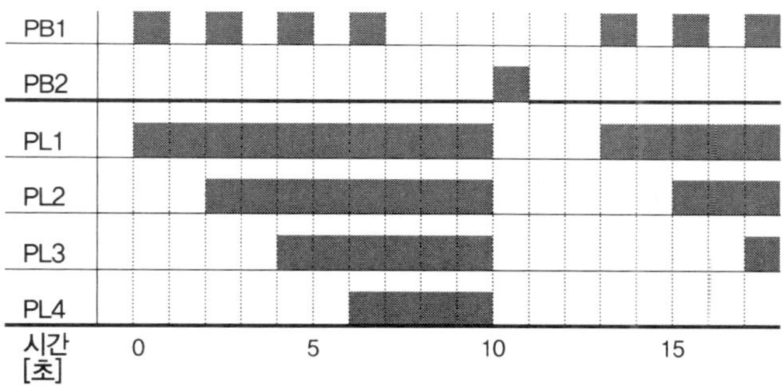

○ Ladder

활용과제 4.1 비교 명령을 이용한 타이머 응용

○ 문 제

다음 래더도를 보고 PL1, PL2, PL3가 ON 되는 시간을 아래 타임차트에 나타내시오.

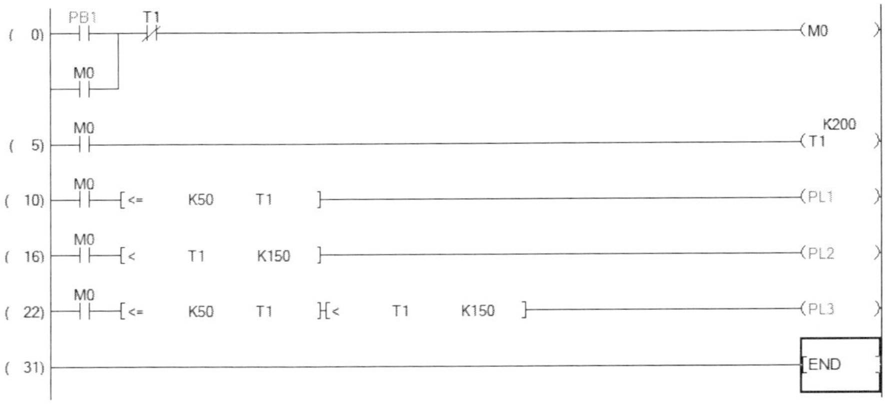

〈입출력 접점 할당〉

구분	입 력	출 력		
장치명	스위치	램프	램프	램프
기호	PB1	L1	L2	L3
할당	X00	Y20	Y21	Y22

○ Time Chart

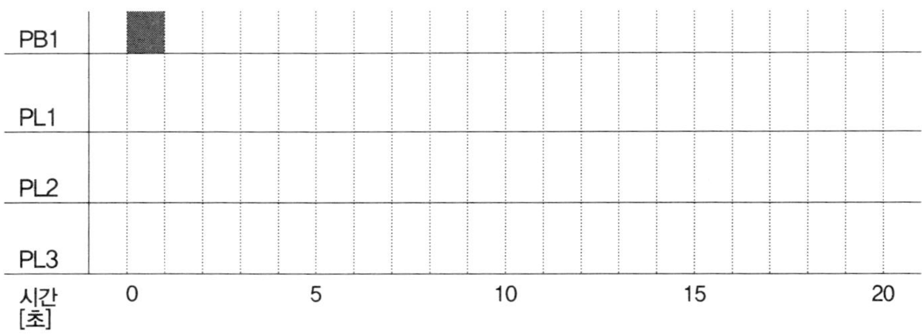

실습 4-7 16비트 산술 연산 명령 실습

○ 문 제

다음 래더도를 작성하여 시뮬레이션 모드로 실행해보고 결과를 관찰하시오. 그리고 그 결과를 아래 표에 기입하시오.

○ Ladder

○ 최종 결과표

레지스트	저장된 값
D0	
D1	
D10	
D11	
D12	
D13	

실습 4-8 데이터 변환 실습

○ 문 제

PB1을 누를 때 X10~X1B의 디지털 스위치의 BCD값을 BIN 변환하여 D0에 저장하고, 이 D0값을 타이머 T0의 설정값으로 한다.

이와 동시에 타이머 T0가 작동하며 T0의 값을 실시간으로 FND표시기로 출력하는 프로그램을 작성한다.

PB2를 누를 때 타이머를 리셋되도록 한다.

〈입출력 접점 할당〉

구분	입 력			출 력		
장치명	스위치	스위치	디지털스위치	FND1	FND2	FND3
기호	PB1	PB2				
할당	X00	X01	X10~X1B	Y20~Y23	Y24~Y27	Y28~Y2B

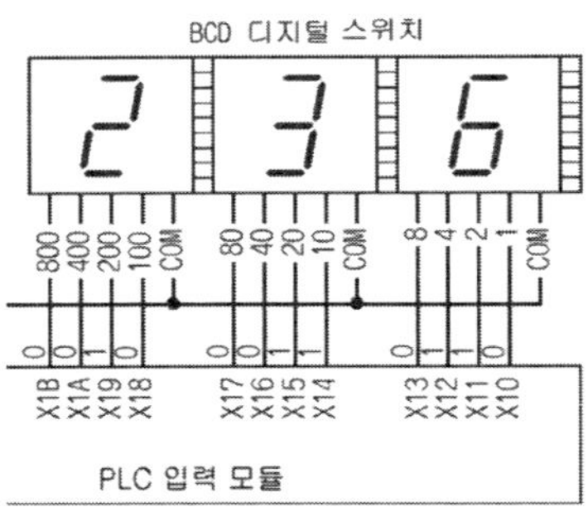

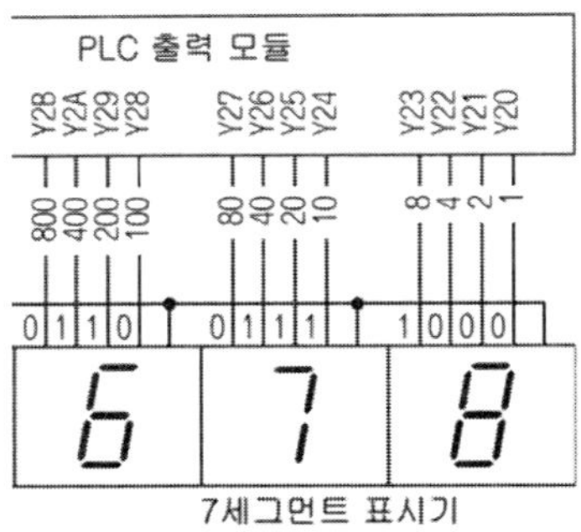

○ Ladder

실습 4-9 데이터 전송 실습

○ 문 제

PB1을 누를 때마다 1씩 증가된 값을 Y20~Y23 4비트에 출력하고 PB2를 누를 때마다 1씩 증가된 값을 Y24~Y27 4비트에 출력한다.

- PB1 ON/OFF 시 : 카운터 C0(설정 값 : 9)가 +1 증가 → Y20~Y23
- PB2 ON/OFF 시 : 카운터 C1(설정 값 : 9)가 증가 → Y24~Y27
- PB3 ON/OFF 시 : 카운터 C0, C1 리셋

〈입출력 접점 할당〉

구분	입 력			출 력							
장치명	스위치	스위치	스위치	램프	램프	램프	램프	램프	램프	램프	램프
기호	PB1	PB2	PB3	L1	L2	L3	L4	L5	L6	L7	L8
할당	X00	X01	X02	Y20	Y21	Y22	Y23	Y24	Y25	Y26	Y27

○ Ladder

[표] 자주 사용하는 특수 릴레이

번호	명 칭	번호	명 칭
SM400	항상 ON	SM410	0.1초 클록
SM401	항상 OFF	SM411	0.2초 클록
SM402	RUN 후 1스캔만 ON	SM412	1초 클록
SM403	RUN 후 1스캔만 OFF	SM413	2초 클록

실습 4-10 카운터 응용 : 스톱워치

○ 문 제

0.1초, 1초 단위 2자리로 표시되는 스톱워치 프로그램을 만든다. PB1을 누를 때마다 Start/Stop 기능으로 동작하도록 한다. PB2를 누르면 시간값은 모두 0으로 초기화한다.

○ Ladder

실습 4-11 데이터 블록 전송 실습

○ 문제 ① BMOV 명령

앞의 실습 4-9를 BMOV 명령을 이용하여 Y20~Y27으로 출력한다.

○ Ladder

○ 문제 ② FMOV 명령을 이용한 카운터들의 리셋

위의 문제 ①에서 카운터 C0, C1 리셋을 RST 명령 대신 FMOV를 이용하도록 한다.

○ Ladder

실습 4-12 PWM 명령을 이용한 램프(Y20)의 밝기 조절

○ 문 제

PB1(X0) : 램프는 20% 밝기
PB2(X1) : 램프는 50% 밝기
PB3(X2) : 램프는 70% 밝기
PB4(X4) : 램프는 100% 밝기
램프 : Y20에 접속
단, 1주기 시간은 100mSec로 한다.

○ Ladder

펄스의 듀티비에 따라 부하에 공급되는 평균 전력이 달라진다.

실습 4-13 시프트 명령의 응용

○ 문 제

D0 레지스터 0번 비트부터 1이 7번 비트까지 1비트씩 왼쪽으로 무한반복 시프트 동작이 되도록 하시오.

STEP	D0							
	7	6	5	4	3	2	1	0
1	0	0	0	0	0	0	0	1
2	0	0	0	0	0	0	1	0
3	0	0	0	0	0	1	0	0
:				:				
7	1	0	0	0	0	0	0	0
1	0	0	0	0	0	0	0	1
:				:				

○ Ladder

활용과제 4.2 오른쪽 무한반복 시프트

○ 문 제

앞의 실습 문제를 수정하여 D0 레지스터 7번 비트부터 1이 0번 비트까지 1비트씩 오른쪽으로 무한반복 시프트 동작이 되도록 하시오.

STEP	D0							
	7	6	5	4	3	2	1	0
1	1	0	0	0	0	0	0	0
2	0	1	0	0	0	0	0	0
3	0	0	1	0	0	0	0	0
:				:				
7	0	0	0	0	0	0	0	1
1	1	0	0	0	0	0	0	0
:				:				

V
HMI 실습

5.1 GOT와 GT Designer3

(1) 용어 정리

① HMI(Human Machine Interface)

시각이나 청각과 관련된 인간의 아날로그적인 인지의 세계와 컴퓨터나 통신의 디지털을 처리하는 기계의 세계를 연결하는 인터페이스이다.

PLC 자동화시스템에서는 주로 터치스크린을 이용하여 사용자 인터페이스를 직관적으로 쉽게 판단하고 조작되도록 하는 것을 말한다. 즉, 터치스크린 시스템을 HMI라고 부른다.

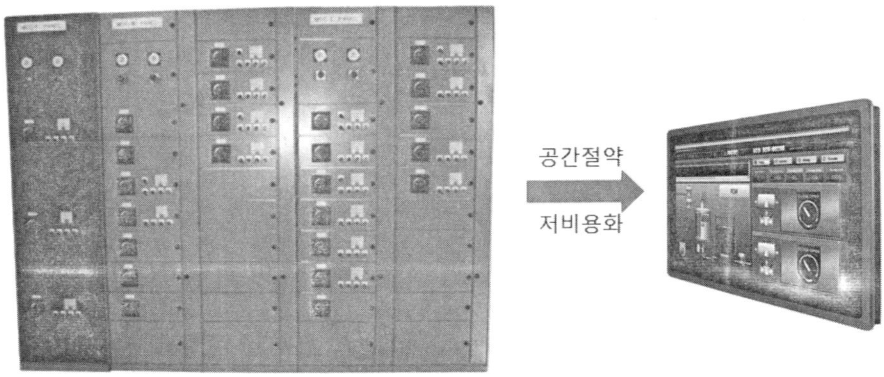

[그림 5.1] 터치패널로 컴팩트화

위 [그림 5.1]처럼 덩치가 큰 전기 수동 아날로그 조작식 제어반을 컴팩트한 터치스크린으로 대치하면 인터페이스가 간단하고 조작이 쉬우며, 그래픽이 직관적으로 알기 쉽게 구현되고 또한 무엇보다도 공간이 크게 절약되고 예산도 절감할 수 있다.

② GOT(Graphic Operation Terminal)

미쓰비시 HMI의 애칭이다. 기존에는 조작반에서만 가능하던 스위치 조작, 램프 표시 · 데이터 표시 · 메시지 표시 등을 모니터 화면에서 실행할 수 있는 터치패널식 표시기이다.

③ 작화

터치스크린을 디자인하는 소프트웨어를 이용하여 HMI 화면을 설계하고 PLC와 연동하도록 하는 작업을 말한다.

(2) 미쯔비시사의 HMI 개요

① GOT 시리즈 종류

[표 5.1]에 나타낸 것처럼 미쯔비시사의 GOT 시리즈는 보급형인 GOT1000과 고급형인 GOT2000 시리즈가 있으며 각 시리즈마다 몇 개의 모델들로 판매되고 있다.

[표 5.1] 미쯔비시 주요 GOT 시리즈 종류

시리즈	종류	특 징
GOT1000 	GT16	• 사용자 메모리 용량 15MB(GT16□□-VNB□는 11MB) • USB 호스트"USB 디바이스 탑재 • Ethernet · RS-422/485 · RS-232 인터페이스 표준 탑재 • 멀티미디어 모듈 · 비디오/RGB 모듈에 대응 * • 아날로그 터치 패널 채택
	GT15	• 사용자 메모리 용량 9MB(GT15□□-VNB□는 5MB) • USB 디바이스 탑재 • RS-232 인터페이스 표준 탑재 • 비디오/RGB 모듈에 대응 *
	GT14	• 사용자 메모리 용량 9MB • USB 호스트"USB 디바이스 탑재 • Ethernet · RS-422/485 · RS-232 인터페이스 표준 탑재 * • SD 메모리 카드 인터페이스 표준 탑재(SDHC, SD)
GOT2000 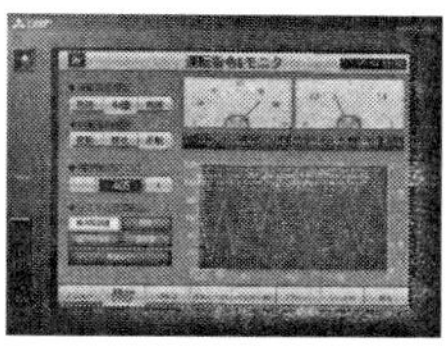	GT27	• 멀티 터치 · 제스처 기능 탑재 모델 • 21인치, 800X600 지원 • 사용자 메모리 용량 • 저장용 메모리(ROM) : 57MB*1 • 동작용 메모리(RAM) : 128MB*2 • USB 호스트&USB 디바이스 탑재
	GT25	• 고성능과 저렴한 가격을 모두 갖춘 미들 레인지 고델 • 사용자 메모리 용량 21인치, 800X300 지원 • 저장용 메모리(ROM) : 32MB • 동작용 메모리(RAM) : 80MB • USB 호스트&USB 디바이스 탑재

② I/O 인터페이스

GOT에 표시되는 화면 데이터는 PC에서 전용 작화 소프트웨어(GT Designer3)에서 작성하여 GOT로 전송한다. GT Designer3을 사용하면 PC에서 작성한 화면을 GOT에서 그대로 재현할 수 있다.

GOT2000 시리즈의 I/O 인터페이스는 다음 [그림 5.2]에 나타낸 것처럼 다양한 I/O가 있으며, 특히 이더넷이 지원되므로 다수의 장치를 연결할 때 매우 효율적으로 사용할 수 있다.

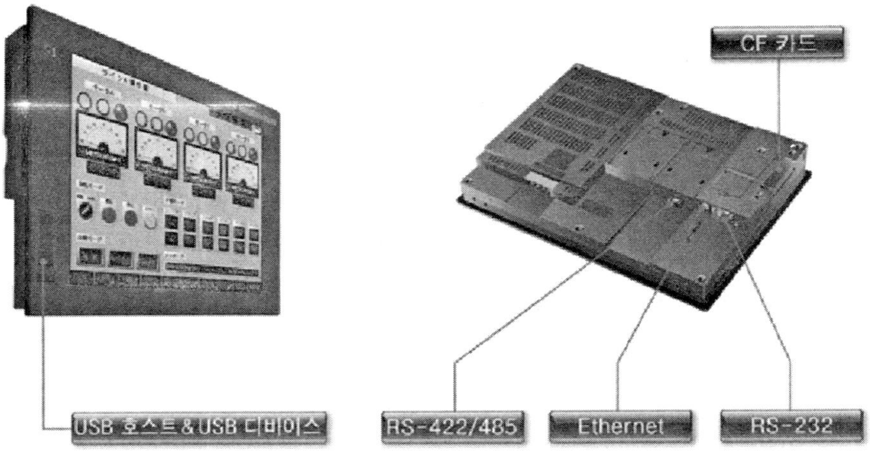

[그림 5.2] GOT2000의 I/O 포트 구성

③ 이더넷 기반 시스템 구성

본 장비에서는 다음과 같은 기기 구성도를 나타낸다. [그림 5.3]처럼 GOT2000은 이더넷 기반 통신을 한다. PC와 PLC가 이더넷을 통해 접속되어 PC에서 작화도구(GT Designer3)를 이용하여 화면 작화를 하고 이더넷으로 이를 GOT로 전송한다. 스크린에 있는 장치를 터치하여 PLC를 작동시키게 된다.

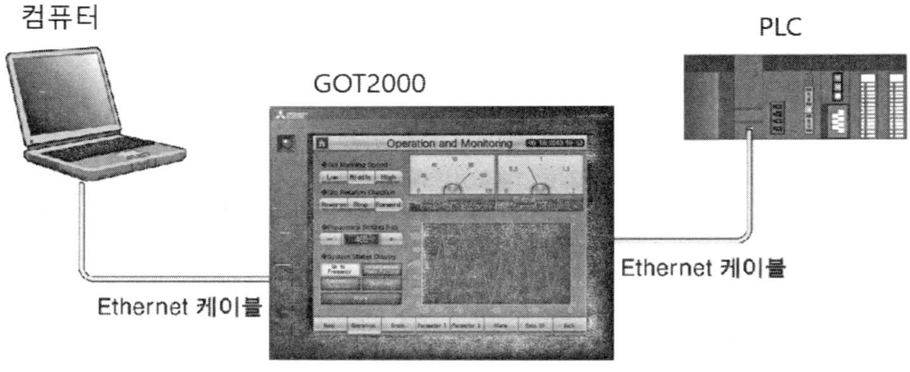

[그림 5.3] GOT2000과의 접속

(3) HMI 동작 예(출처 : 미쯔비시 그래픽 오퍼레이션 터미널 교육교재)

HMI 작화시 디바이스 그림(스위치, 램프 등)을 PLC 디바이스 번호를 부여하여 PLC와 연동되도록 한다. 그리고 PLC의 래더 프로그램 작성시 HMI에 부여된 디바이스 번호의 장치로 래더 프로그램이 구동되도록 작성한다.

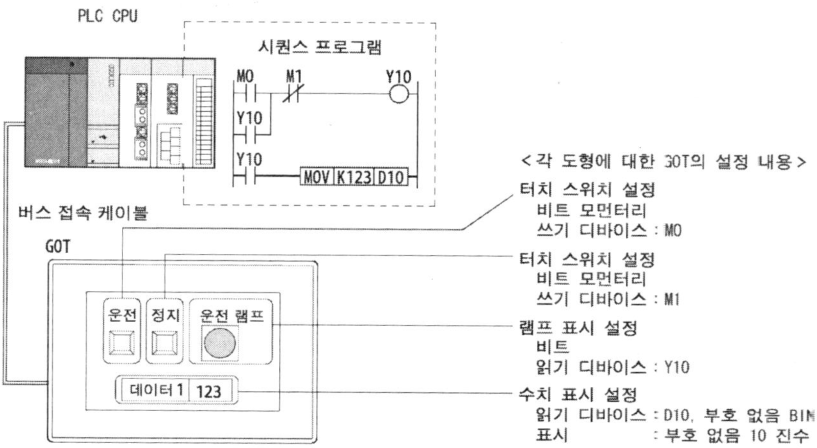

[그림 5.4] 동작 구성 예

① 운전 스위치 터치시 동작

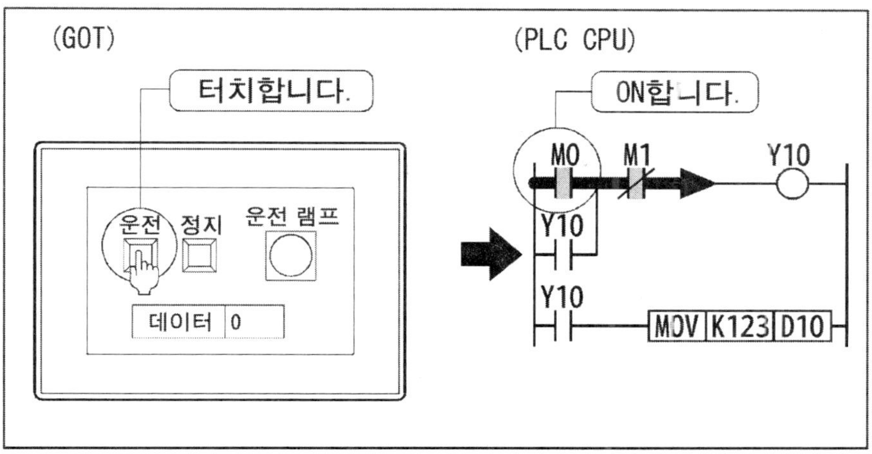

[그림 5.5] 운전 스위치 터치시의 동작 흐름

② 램프 점등 표시 동작

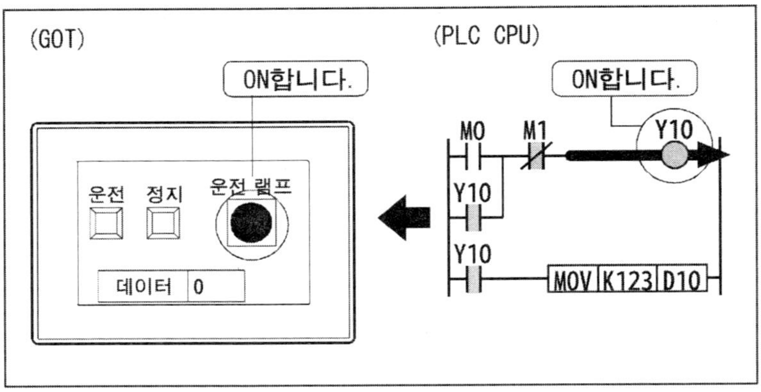

[그림 5.6] HMI의 램프 점등 동작의 흐름

[그림 5.5]에서 HMI의 운전스위치(M0)를 터치하면 PLC 래더에서 M0가 ON이 되어 [그림 5.6]의 출력 디바이스 Y10이 ON 된다. HMI의 램프가 PLC Y10 디바이스로 설정하였으므로 운전 램프가 점등하게 된다.

③ 데이터 표시 동작

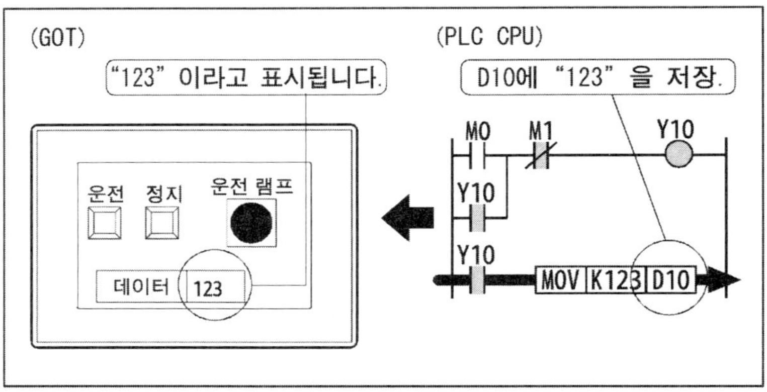

[그림 5.7] HMI의 데이터 표시 동작의 흐름

HMI의 숫자 표시기의 연결 디바이스는 D10이고, PLC 래더에서 Y10이 ON 되어 숫자 123이 PLC 데이터메모리 D10에 저장되므로 D10의 값이 HMI 숫자 표시기에 나타난다.

④ 정지 스위치 클릭시 동작

HMI에서 정지 스위치(M1)을 터치하면 PLC 내부 장치 M1이 작동하므로 래더상에서 b접점의 M1디바이스가 동작함에 따라 접속이 끊어지므로 출력 Y10이 OFF되고 Y10은 HMI의 램프에 할당되어 있으므로 램프가 소등하게 된다.

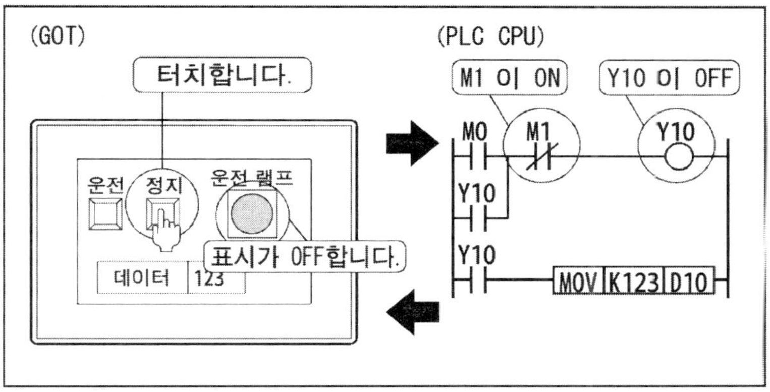

[그림 5.8] HMI의 정지 스위치 터치시의 동작 흐름

(4) HMI의 화면

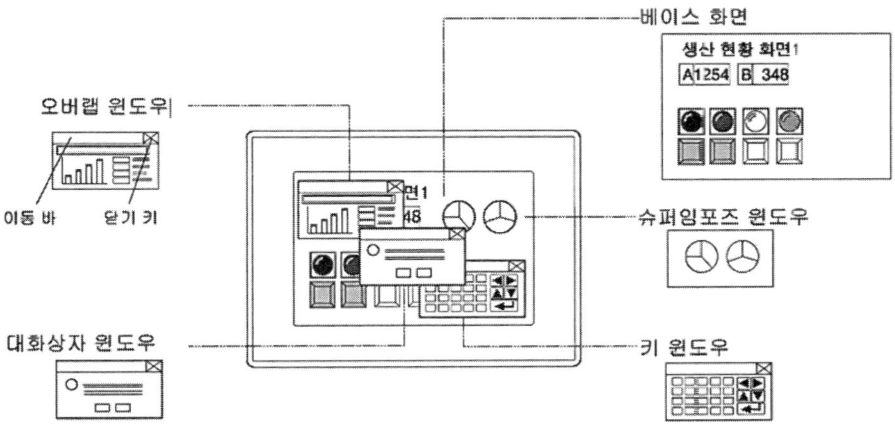

[그림 5.9] GOT시리즈에서 지원되는 화면 종류

[표 5.2] 화면의 종류와 내용

<table>
<tr><th>화면의 종류</th><th colspan="2">내용</th></tr>
<tr><td>베이스 화면</td><td colspan="2">GOT의 화면 표시의 바탕이 되는 화면</td></tr>
<tr><td rowspan="5">윈도우 화면</td><td colspan="2">베이스 화면에 계단식으로 표시되는 화면</td></tr>
<tr><td>오버랩
윈도우</td><td>베이스 화면에 팝업하는 윈도우</td></tr>
<tr><td>슈퍼임포즈
윈도우</td><td>베이스 화면에 합성 표시되는 윈도우</td></tr>
<tr><td>키 윈도우</td><td>수치 입력 등으로 입력하는 경우, 베이스 화면에 팝업하는 윈도우.
종류 : GOT의 표준 키 윈도우, 사용자 작성 키 윈도우</td></tr>
<tr><td>대화상자
윈도우</td><td>시스템에서의 에러나 경고 등을 표시하는 윈도우.
GOT가 표시되는 시스템 메시지 대신에 표시하는 것도 가능함</td></tr>
</table>

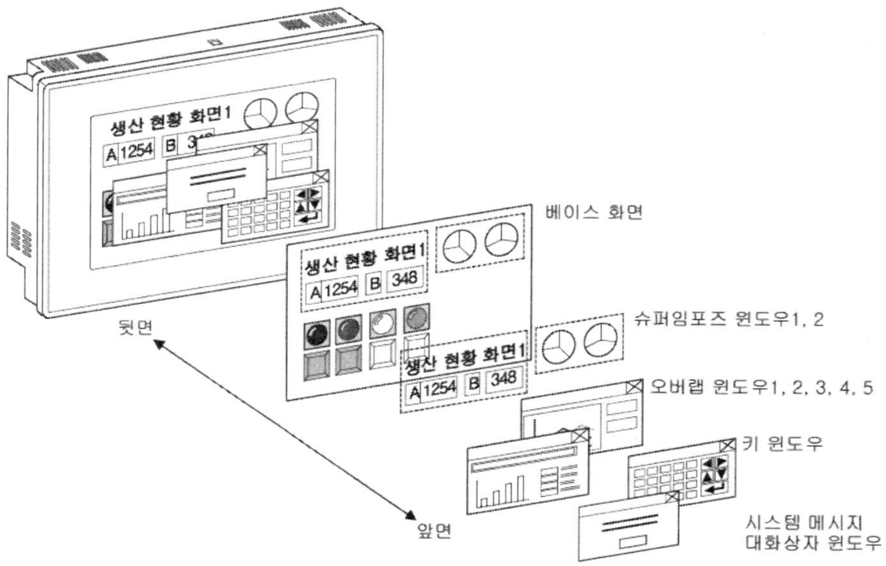

[그림 5.10] 베이스 화면과 윈도우와의 관계

5.2 GT Designer3 시작하기

(1) GT Designer3 실행과 프로젝트 생성하기

■ GT Designer3 프로젝트의 파일 구성과 주의할 점

- GT Designer3 프로젝트는 복수의 파일로 구성되어 있다.
- GT Designer3 프로젝트의 파일/폴더 조작(이동, 이름 변경, 복사, 삭제)은 GT Designer3에서 실행해야 한다.
- 탐색기 등의 PC의 툴에서 GT Designer3 프로젝트의 파일/폴더를 조작하면, GT Designer3에서 GT Designer3의 프로젝트가 열리지 않게 된다.

① GT Designer3을 클릭하여 실행한다.

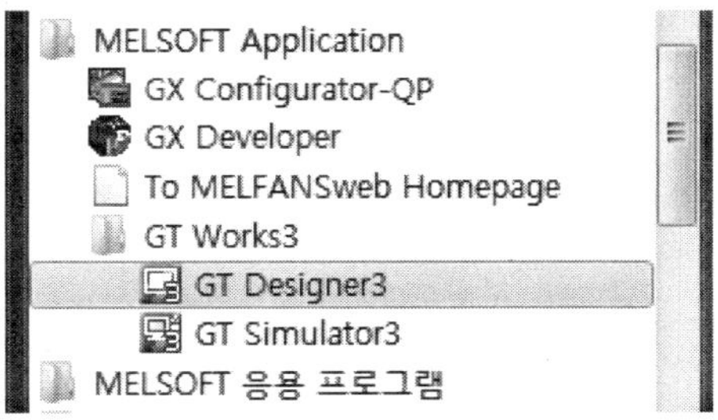

② [New...]를 클릭한다.

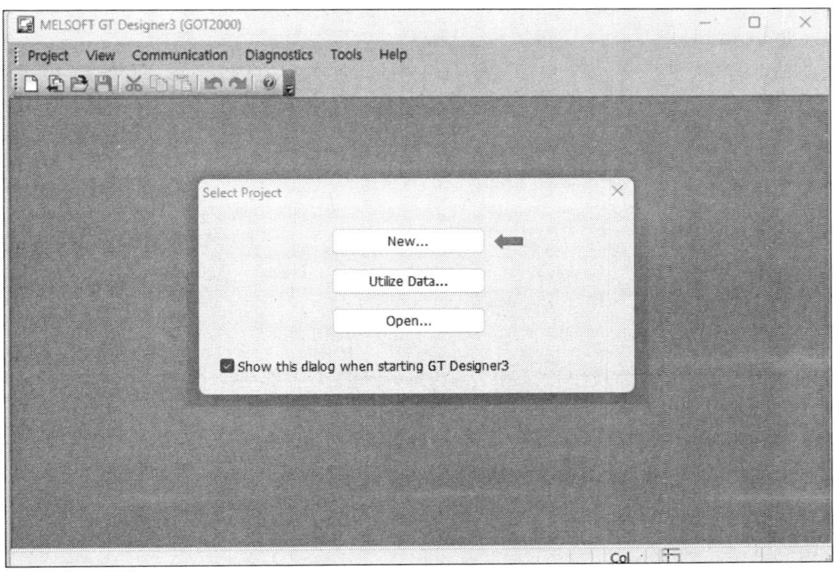

③ [Next]를 클릭한다.

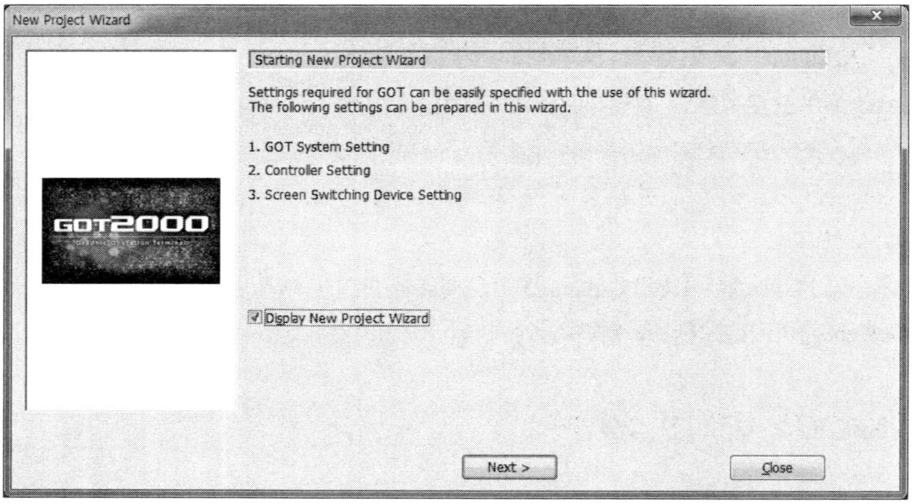

④ System Setting

GOT Type : GT27**_S(800x600)을 선택하고 [Next]를 클릭한다.

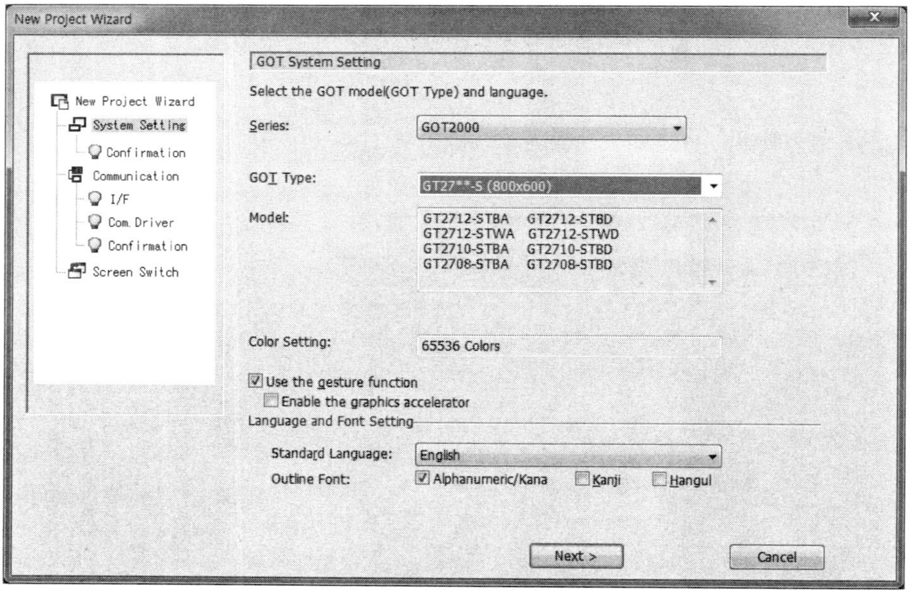

⑤ [Next]를 클릭한다.

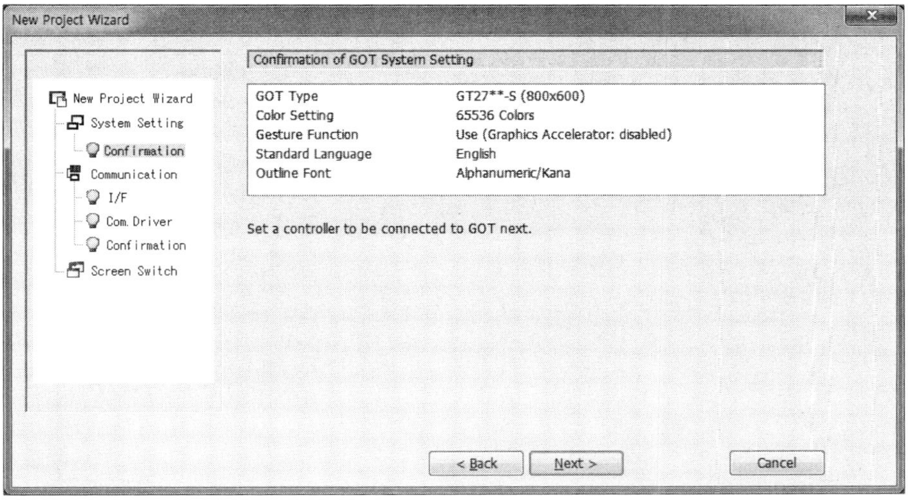

⑥ [Next]를 클릭한다.

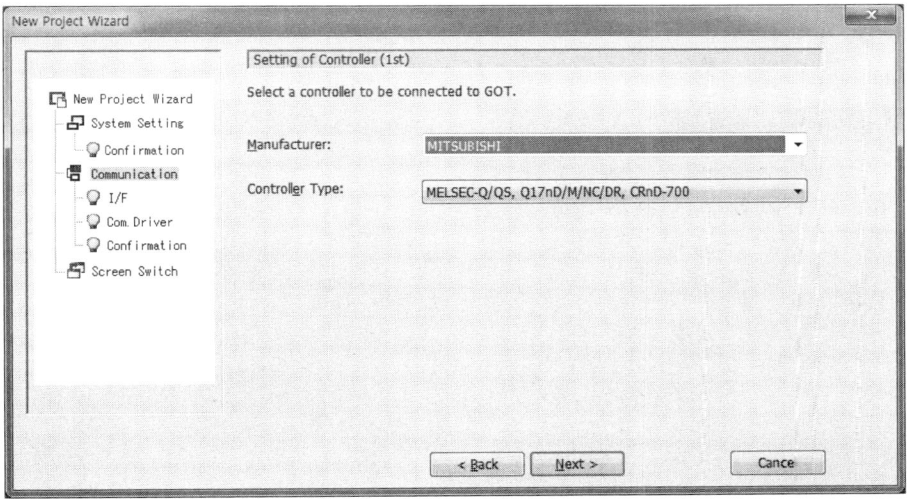

⑦ I/F 설정

I/F : Standard I/F(Ethernet):Multi를 선택하고 [Next]를 클릭한다.

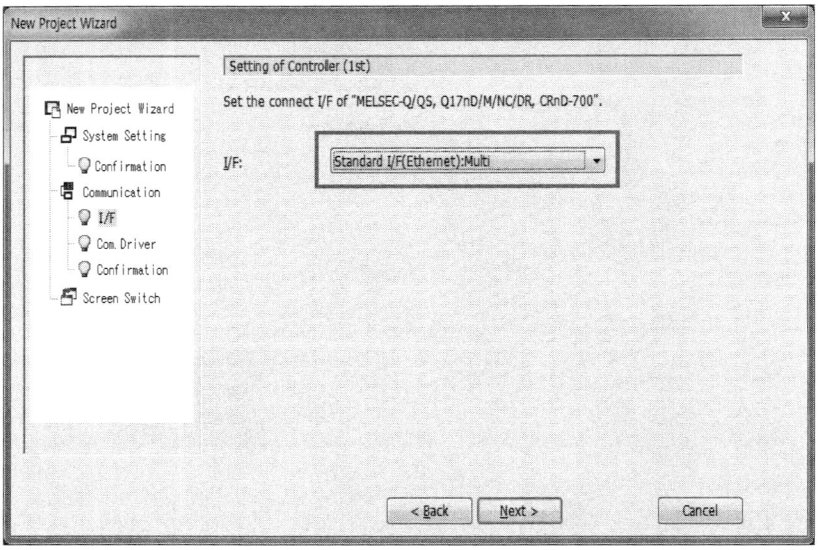

⑧ [Next]를 클릭한다.

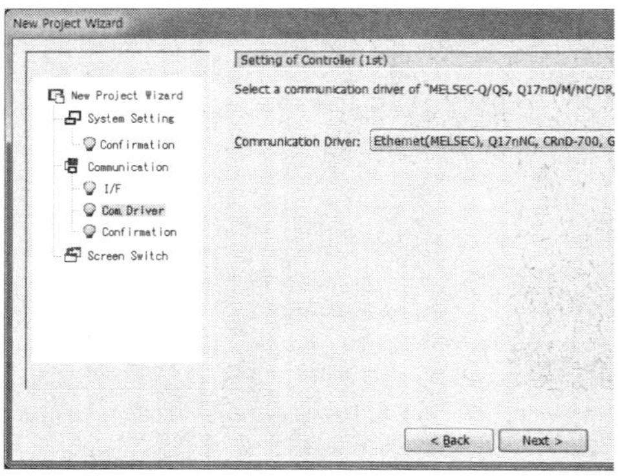

⑨ [Next]를 클릭한다.

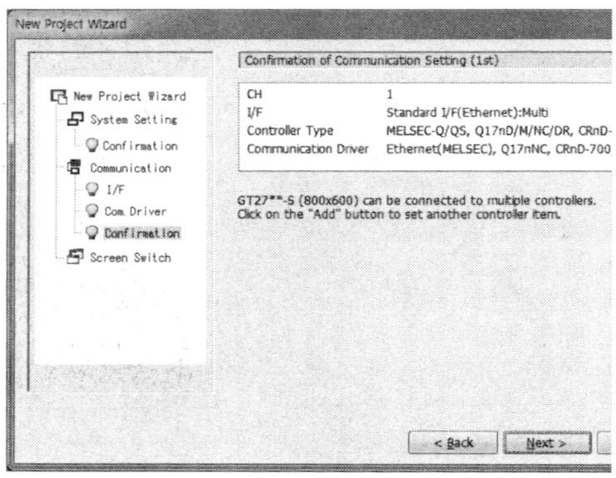

⑩ Next를 클릭한다.

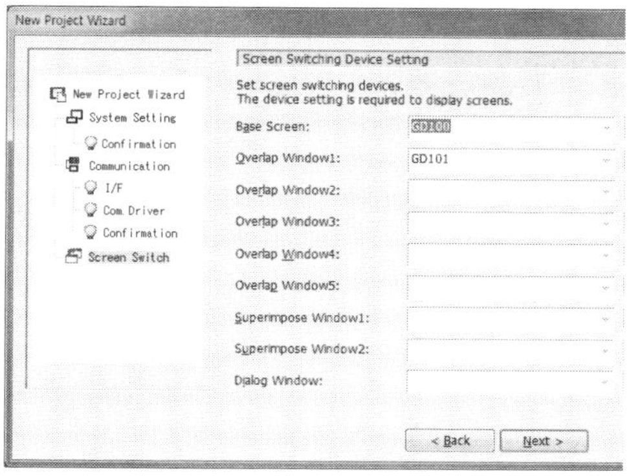

⑪ Finish를 클릭한다.

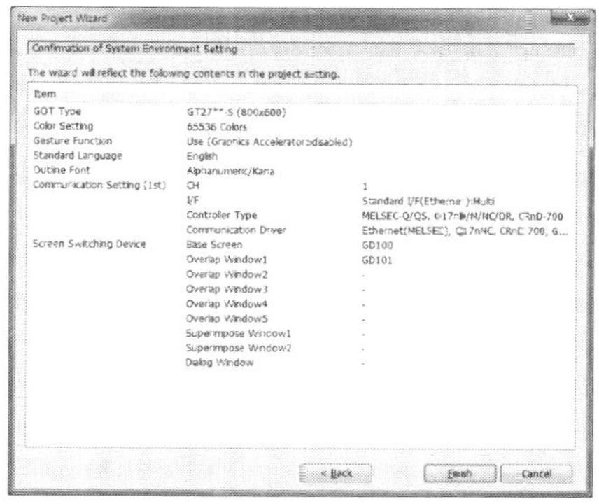

(2) 화면의 구성

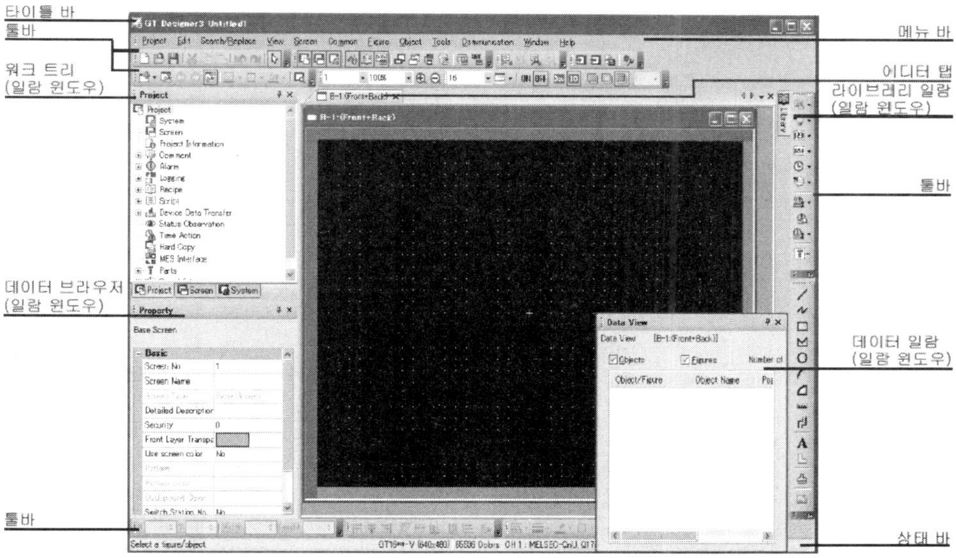

5.3 HMI 기초 실습

실습 5-1 따라하기 : 스위치를 이용한 램프 점등

○ 문 제

2개의 비트 스위치와 램프를 그림과 같이 작화하여 스위치 누르면 해당 램프가 점등되도록 한다.

[작화 화면]

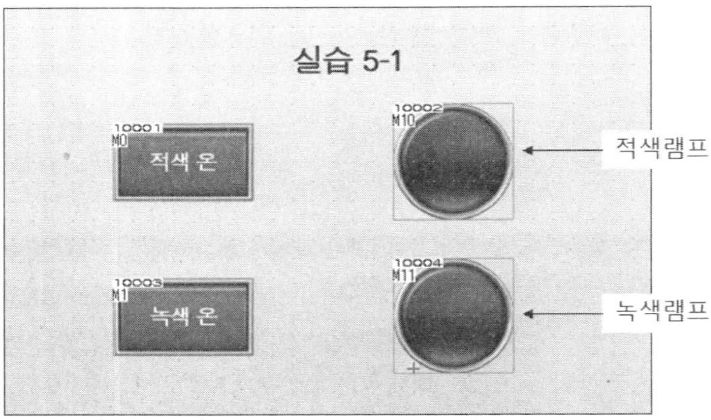

○ Ladder

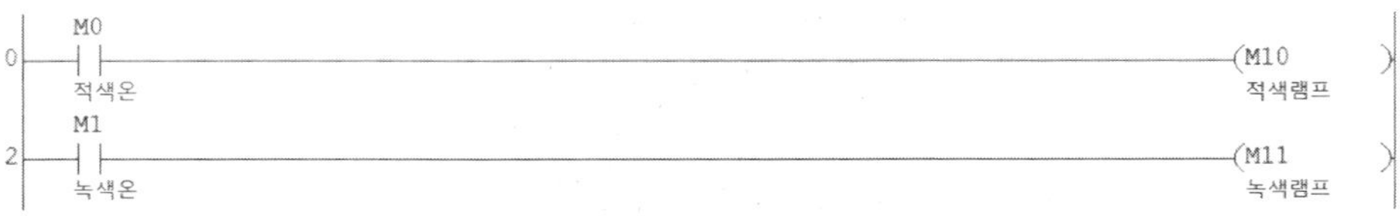

○ 따라하기

① 제목 텍스트(실습 5-1) 설정

텍스트 아이콘 **[A]**을 클릭한 다음, 화면상에 배치할 곳에 마우스로 클릭한 후 속성창에서 텍스트를 입력한다. 폰트 SIZE는 제목이므로 좀 크게 설정하고 **진하게[B]** 옵션을 지정한다.

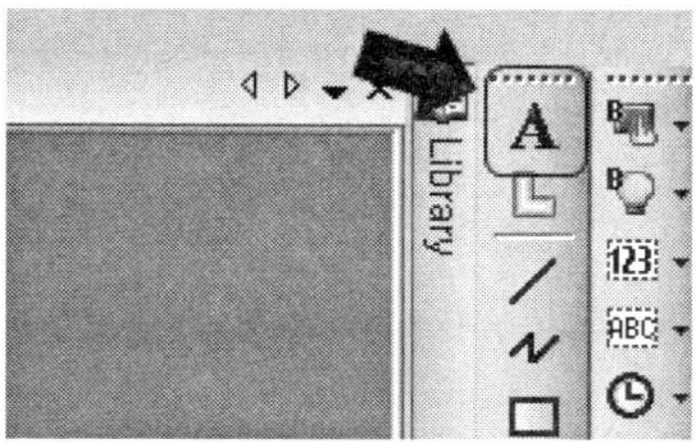

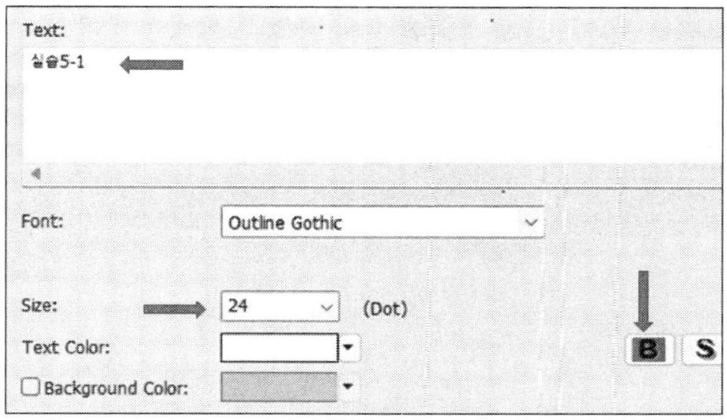

② 스위치 메뉴 아이콘(▼)을 클릭하여 **Bit Switch**를 선택한 후 화면에 드래그하여 스위치를 적당한 크기로 그린다. 문제에 제시된 작화화면처럼 2개를 배치한다.

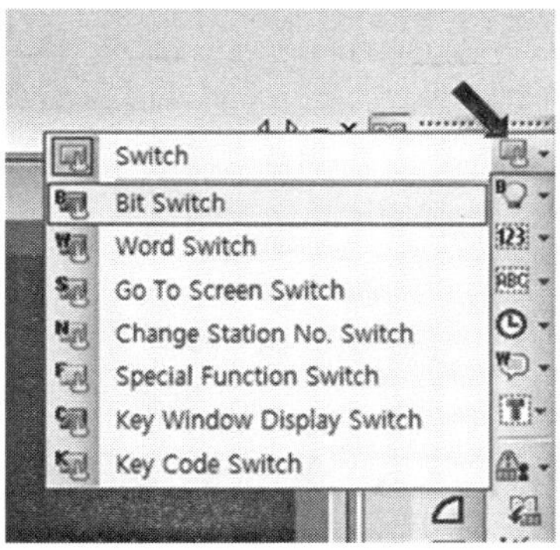

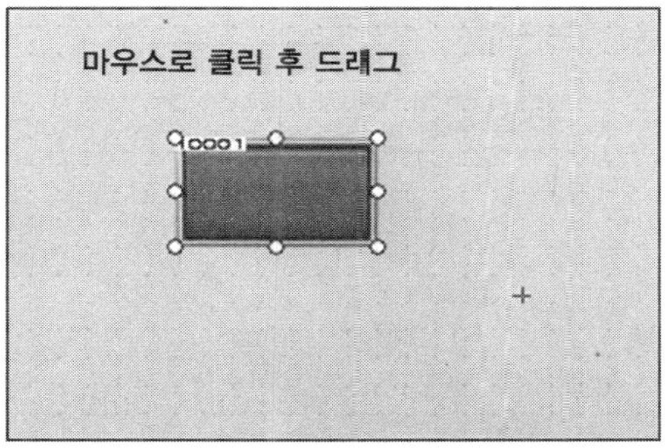

③ 램프의 **Bit Lamp**를 선택한 후 화면에 드래그하여 스위치를 적당한 크기로 그린다. 문제의 화면처럼 2개를 배치한다.

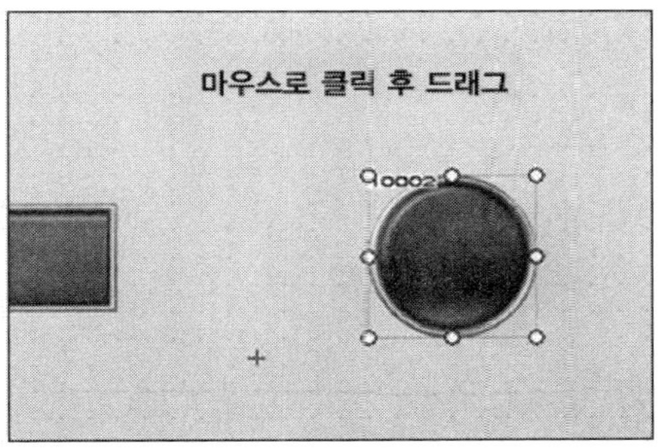

④ 버튼 속성 설정 : 연결 디바이스와 텍스트 설정

- 첫 번째 버튼은 **M0**로, 두 번째 버튼은 **M1**으로 연결 디바이스를 설정한다.

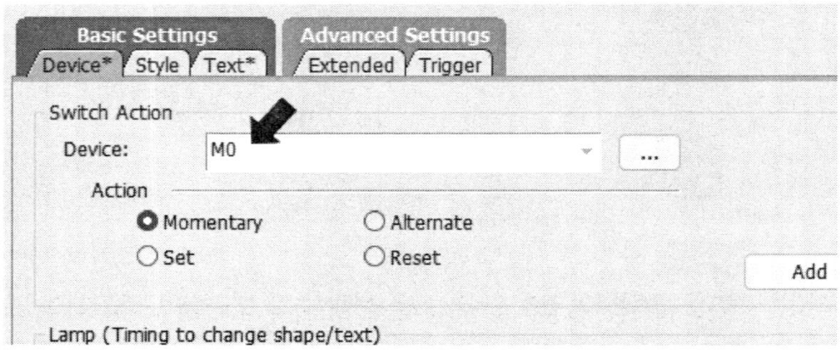

- **Text** 탭을 선택하여 입력란에 **적색 온**이라고 입력한다.

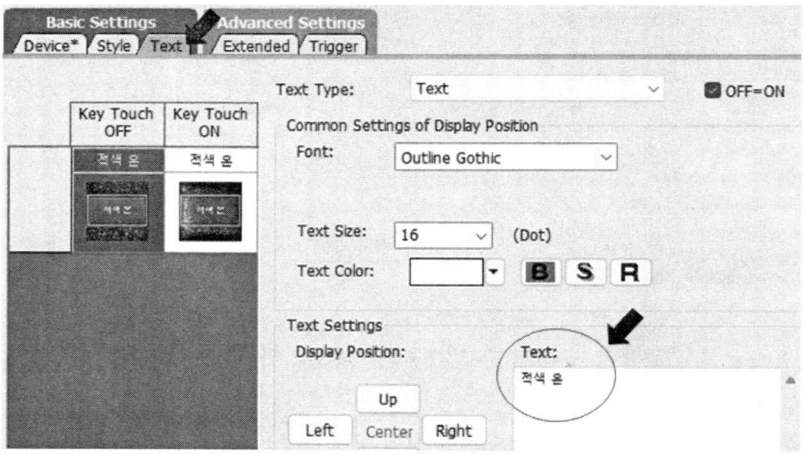

⑤ 램프의 속성 설정

- 연결 디바이스 : 화면의 램프를 클릭하여 첫 번째 램프는 **M10**, 두 번째 램프는 **M11**로 설정한다.

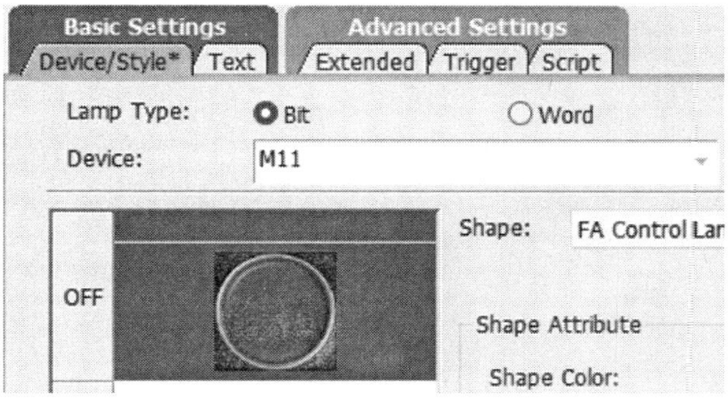

- M11 램프의 색상을 **녹색**으로 변경한다. OFF 상태와 ON 상태 색상 2군데 모두 **녹색**으로 설정한다.

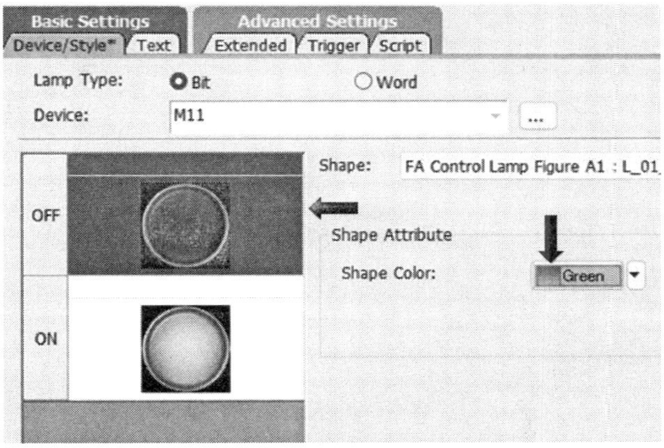

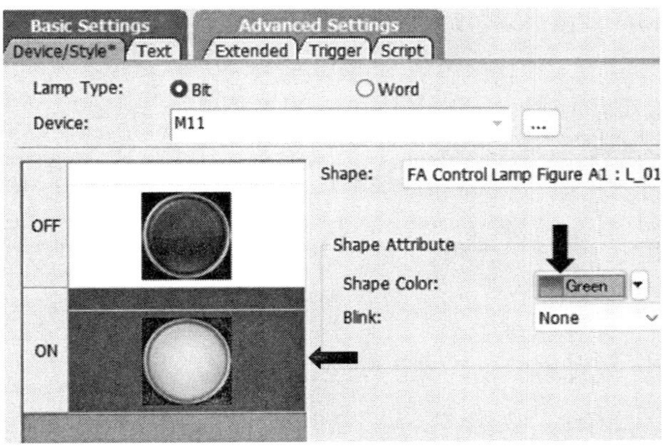

⑥ HMI 화면에 쓰기 : **Write to GOT** 아이콘을 클릭하고 통신환경을 **Ethernet**으로 선택하여 **[OK]** 버튼을 클릭한 후 그 다음 Write 창에서 **[GOT Write]**를 클릭한다.

Write to GOT

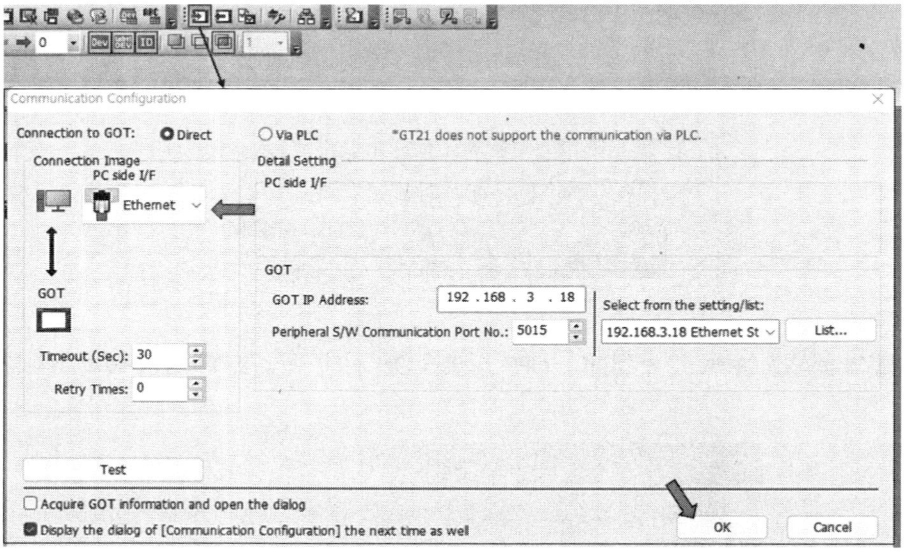

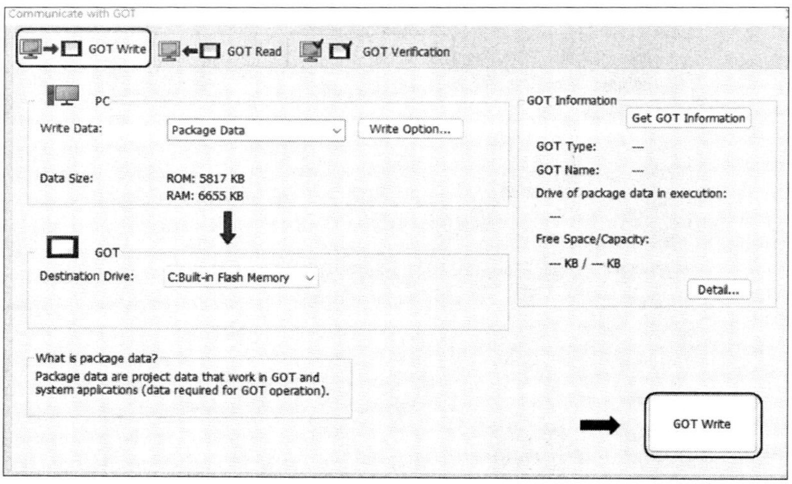

⑦ PLC 래더 작성과 실행

문제에 제시된 래더를 GX-WORKS2에서 작성하여 PLC로 전송한 후, HMI 화면의 버튼을 클릭하여 실행해 보자.

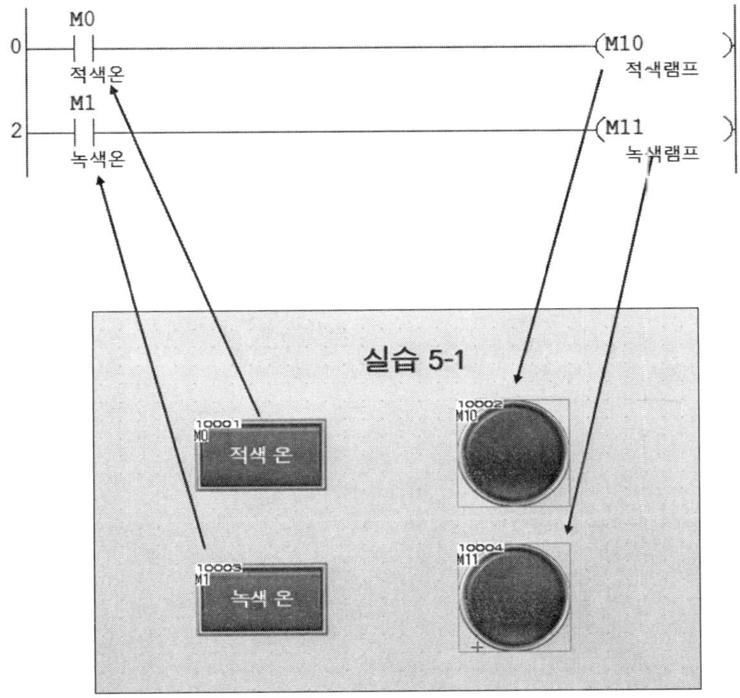

실습 5-2 따라하기 : 유지형 스위치를 이용한 램프 점등

○ 문 제

앞의 실습 5-1에서 스위치를 작화 화면처럼 유지형 스위치인 토글 스위치와 셀렉터 스위치로 수정하여 실행해 보자.

〈작화 화면〉

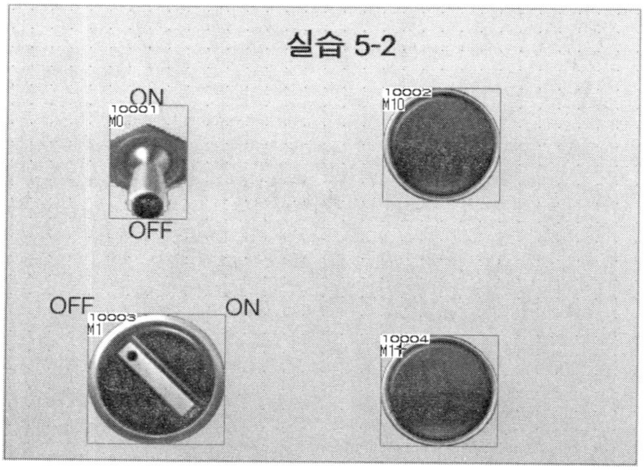

○ 따라하기

① M0, M1 스위치를 각각 더블 클릭하여 속성창에서 디바이스 속성을 유지형으로 바꾼다.
: **Alternate**, **Bit-ON/OFF**를 선택한다.

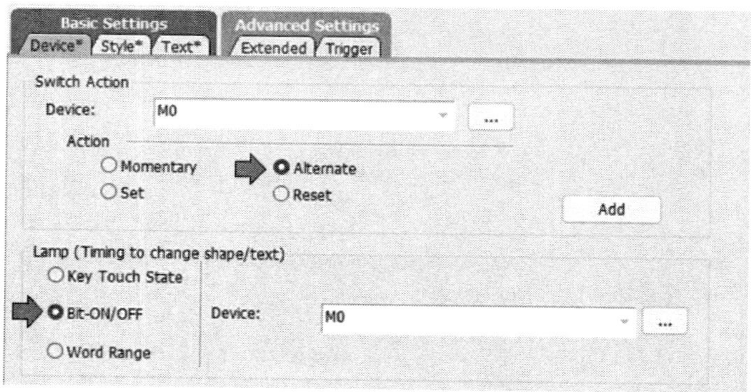

② M0 스위치를 토글 스위치로 바꾼다.

- 속성 창 Style 탭에서 **[Shape]** 버튼을 클릭하여 스크롤바를 맨 위에서부터 찾아 내려가서 **[Real Toggle Figure]**를 선택한다.

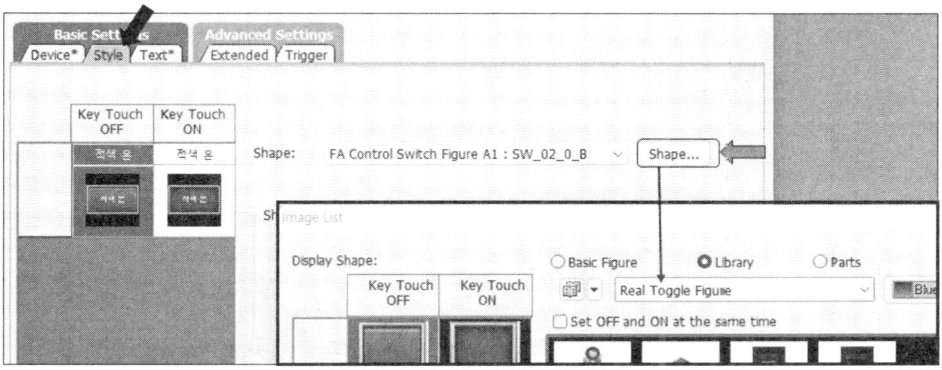

- OFF일 때와 ON일 때 모양을 선택한다.

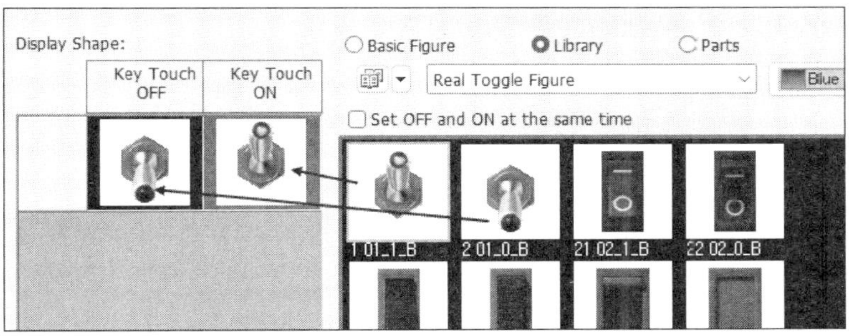

③ M1 스위치를 셀렉터 스위치로 바꾼다.

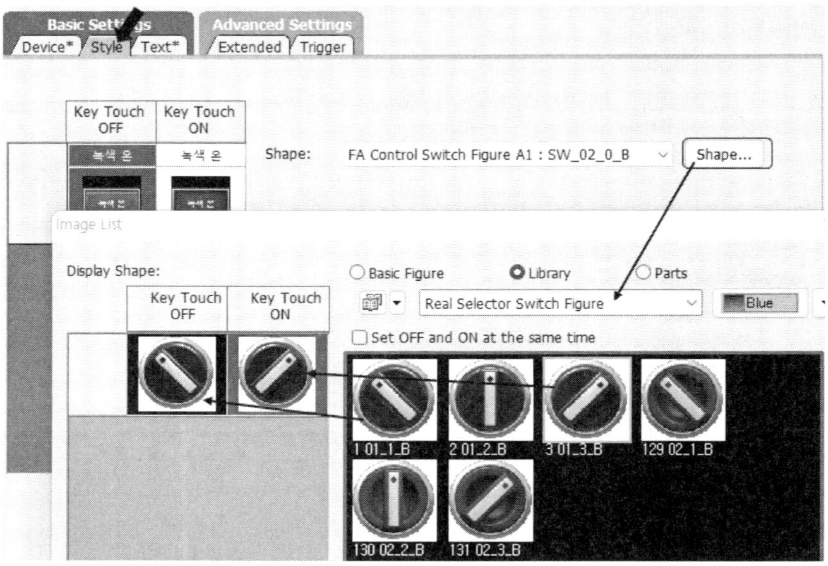

④ HMI 화면에 전송 후 스위치를 터치하여 실행해 보자.

실습 5-3 따라하기 : 디스플레이 제어용 버튼 작화

○ 문 제

HMI를 다음과 같이 작화하고, 조작 버튼에 의해 메모리 값이 변하는 것을 숫자표시기에 디스플레이한다.

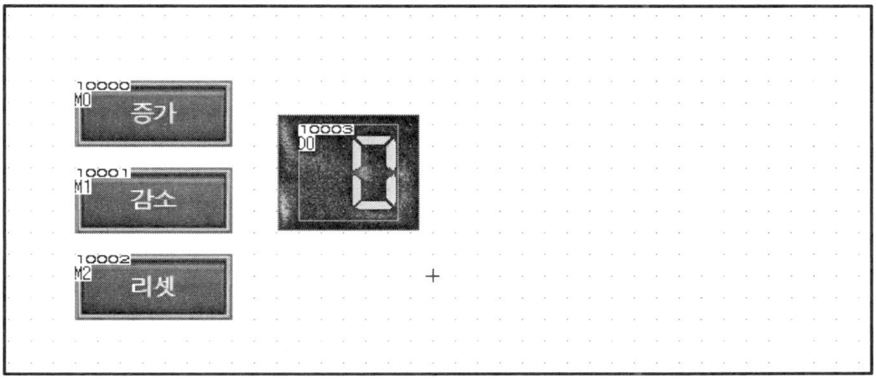

- 버튼 [증가] : D0 값을 +1씩 증가
- 버튼 [감소] : D0 값을 –1씩 감소
- 버튼 [리셋] : D0 값을 0으로 한다.

[PLC 프로그램]

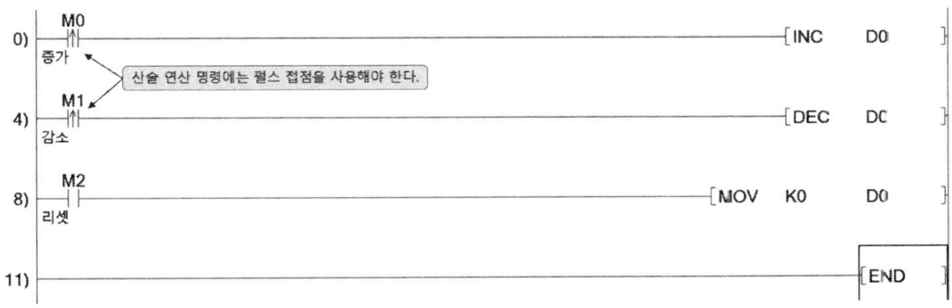

○ 따라하기

① 증가, 감소, 리셋 버튼을 각각 만들어 M0~M2까지 디바이스 설정을 한다.

② 숫자표시기 표시 :

상단 탭에서 Object – Numerical Display/Input 아이콘에서 **Numerical Display**를 선택하여 드래그 앤 드롭한다.

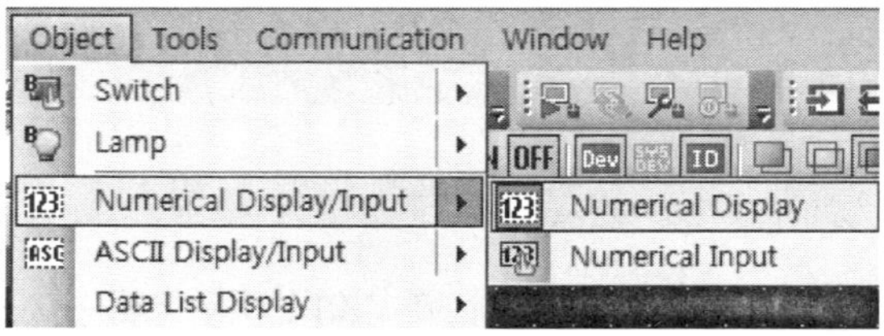

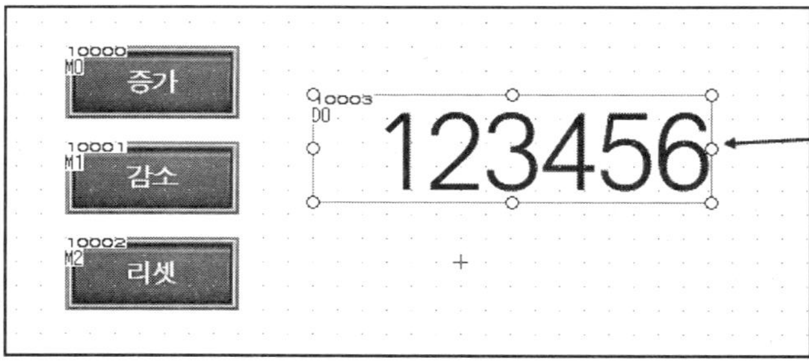

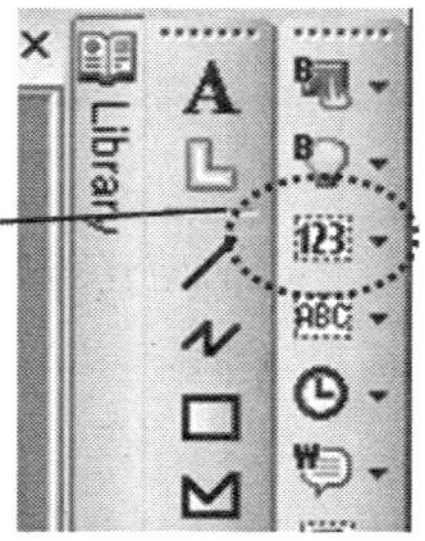

③ **<u>숫자표시기</u>**를 더블 클릭하여 설정창을 오픈한다.

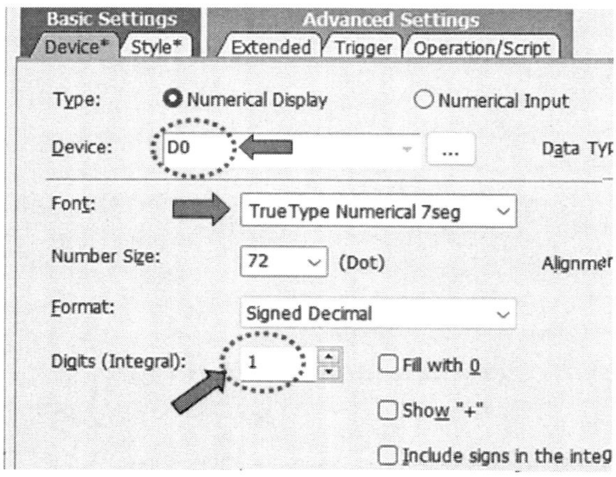

- Device란에 **<u>D0</u>** 입력
- Font는 **<u>TrueType Numerical 7seg</u>** 선택
- Digit 란에는 **<u>1</u>** 설정

④ Style 설정

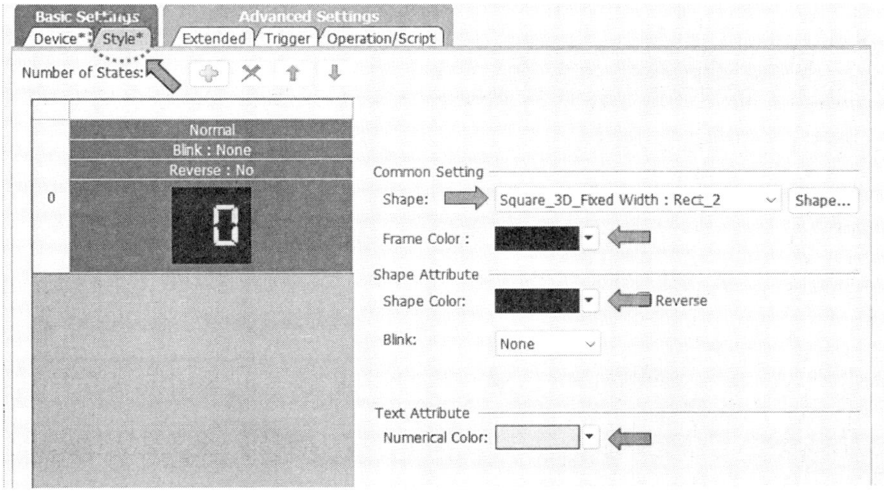

상단 **Style** 탭을 클릭한 후 Shape를 적절한 디자인을 선택한다.

Frame Color, Shape Color, Numerical Color을 이용하여 디자인 상 보기에 편한 적절한 색상을 선택한다.

활용과제 5.1

위 프로그램을 다음과 같이 수정하시오.

숫자표시기 자릿수를 2자리로 수정한다.

- [증가] 버튼이 눌릴 때마다 2씩 증가한다.
- [감소] 버튼이 눌리면 –2씩 감소한다.

실습 5-4 따라하기 : 3개의 화면 생성과 화면 간의 전환

○ 문 제

스크린을 임의로 3개를 추가로 생성 후 각 페이지에 각각의 스크린을 오픈할 수 있는 버튼을 만들어 버튼으로 화면을 전환하도록 한다.

○ 따라하기

① 새프로젝트 생성 후, 상단 탭에서 **스크린**을 클릭 후 New에서 **Base Screen**을 클릭한다.

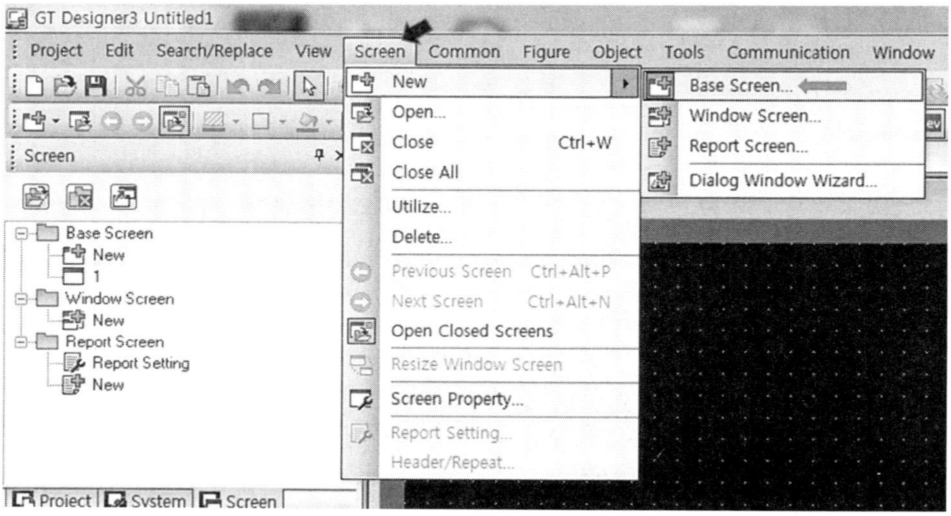

② Screen No.에서 **2**를 선택한 후 하단의 **OK** 버튼을 클릭한다.

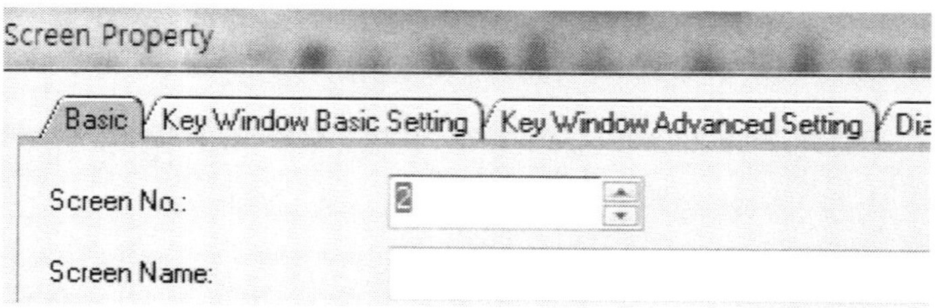

③ 추가된 스크린을 좌측시트의 Screen에서 확인할 수 있다.

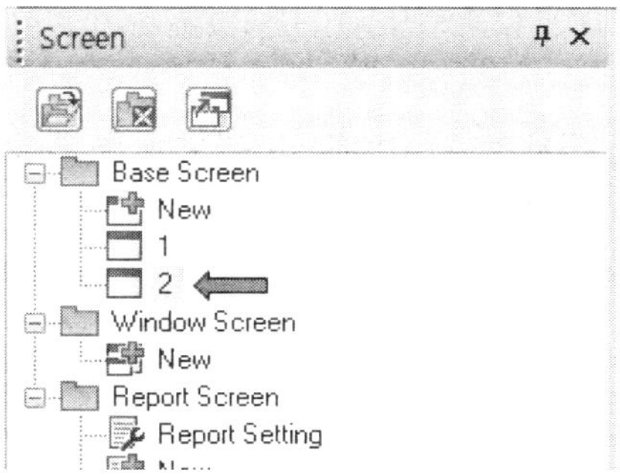

④ 같은 방법으로 3번째 Screen도 생성한다.

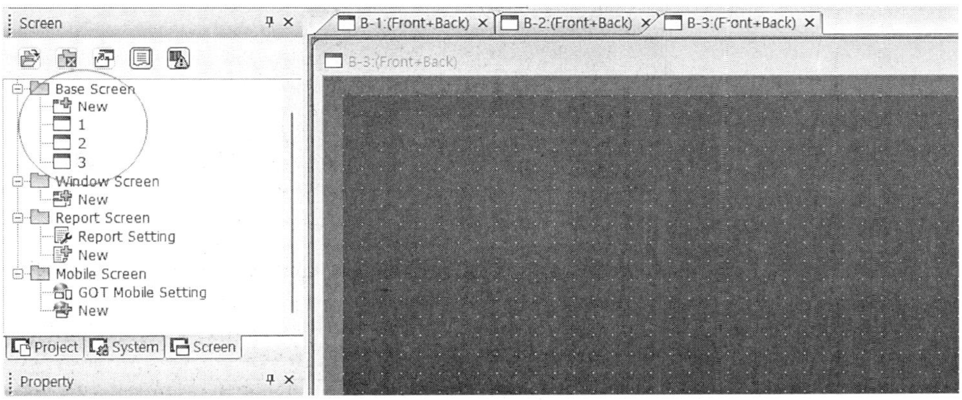

⑤ 각각의 페이지를 구분하기 위한 페이지 번호를 상단에 텍스트로 작성한다.

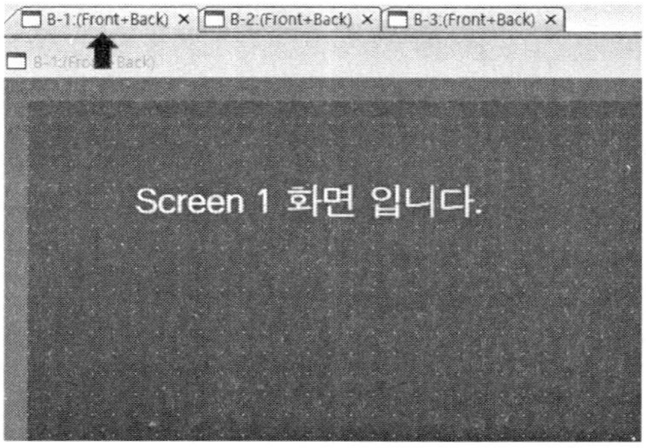

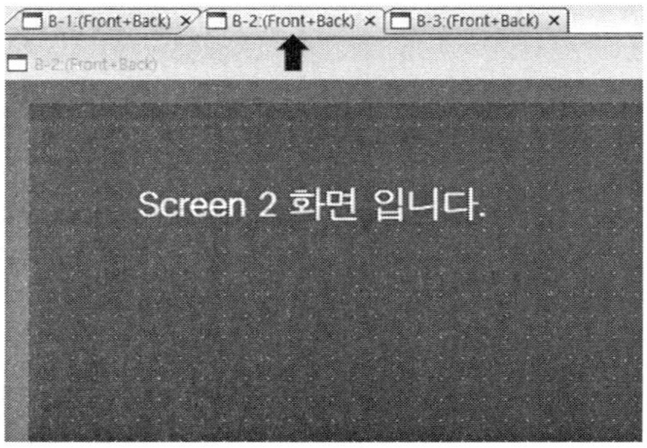

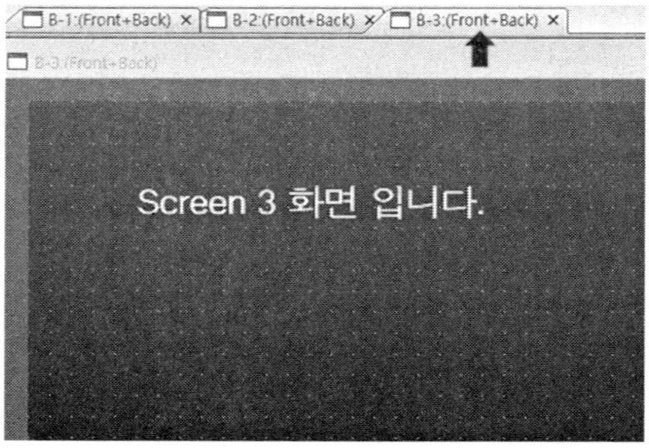

⑥ 1번 Screen으로 전환하여 Object – Switch – **Go To Screen Switch**를 선택한다.

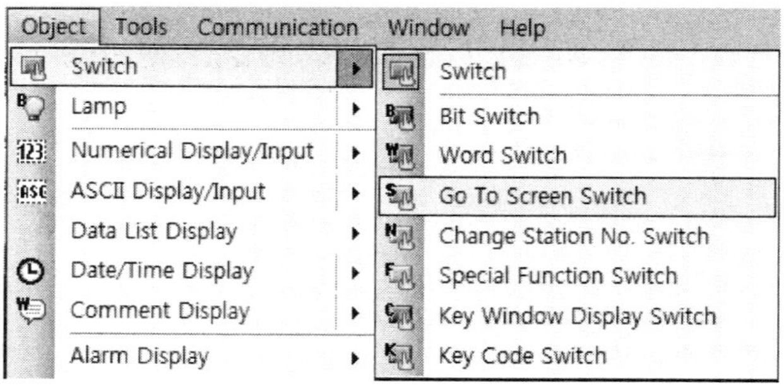

⑦ 드래그 앤 드롭하여 아래와 같이 3개를 생성한다.

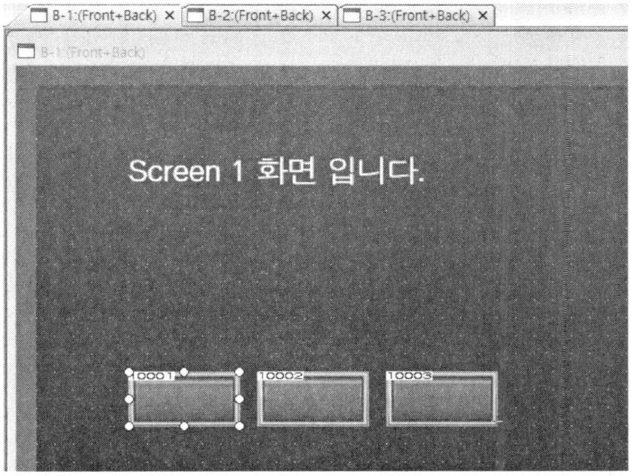

⑧ 버튼의 Text 속성에서 버튼을 **화면1**, **화면2**, **화면3**으로 설정한다.
Next Screen 속성에서 각 **Screen No.**.를 연결시켜 준다.

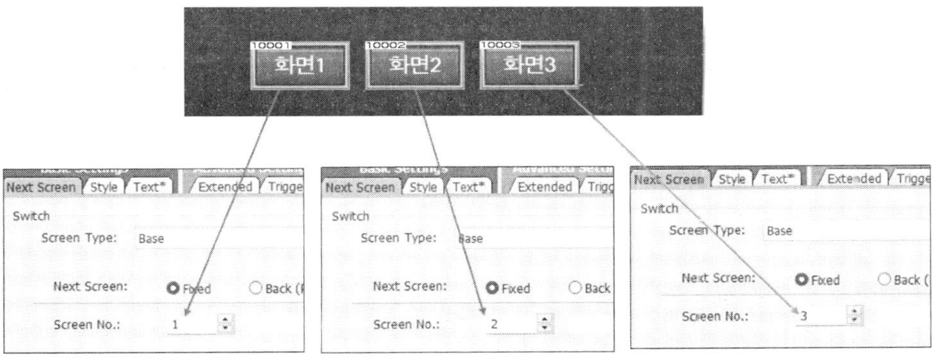

⑨ 화면 전환 버튼 3개를 복사하여 Screen 2와 Screen 3에 붙여넣기 한다.

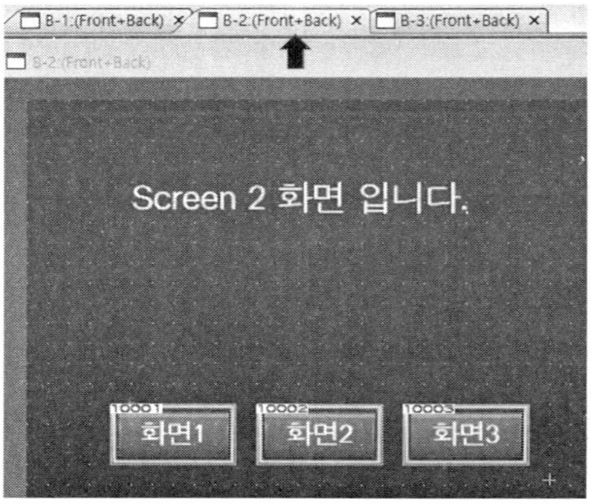

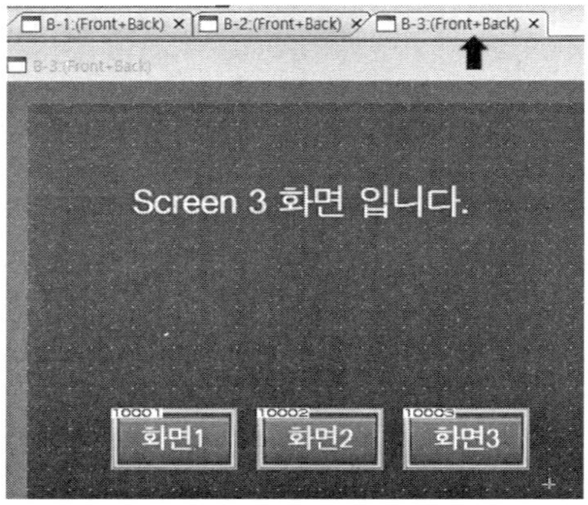

⑩ 프로젝트를 HMI로 전송하여 화면 전환을 테스트한다.

실습 5-5 따라하기 : 이력 알람 작화

○ 문 제

특정 디바이스에 대한 이력 알람을 생성해 보자.

○ 따라하기

① 이력 알람 오브젝트를 추가하기 전 먼저 코멘트를 작성한다. Comment – **New Comment Group...**을 선택한다.

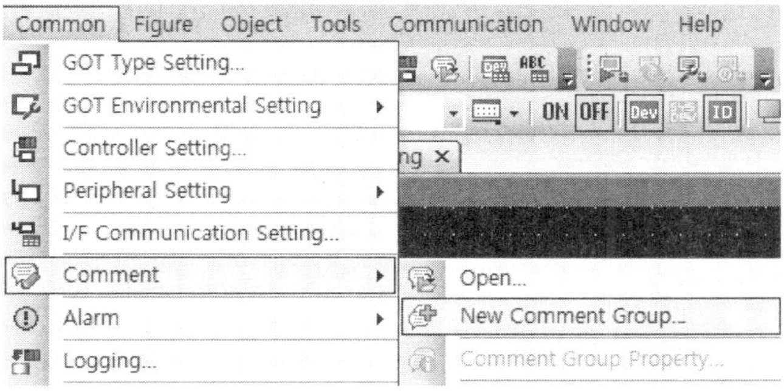

② 타이틀에 **Alarm**을 작성 후 **OK** 버튼을 클릭한다.

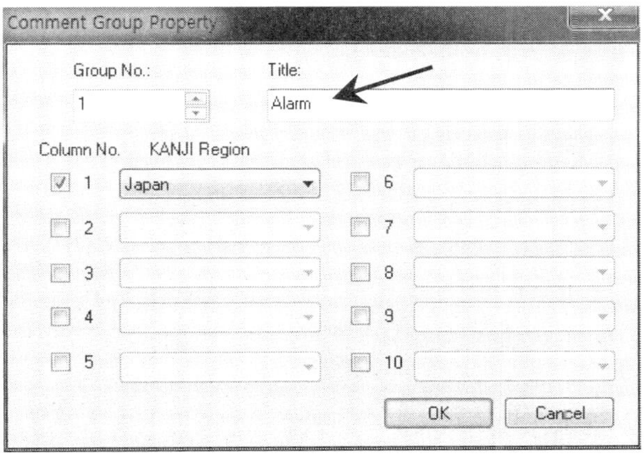

③ 아래와 같이 나타나면 도구모음에서 첫 번째 아이콘을 클릭하여 코멘트의 개수를 늘린다.

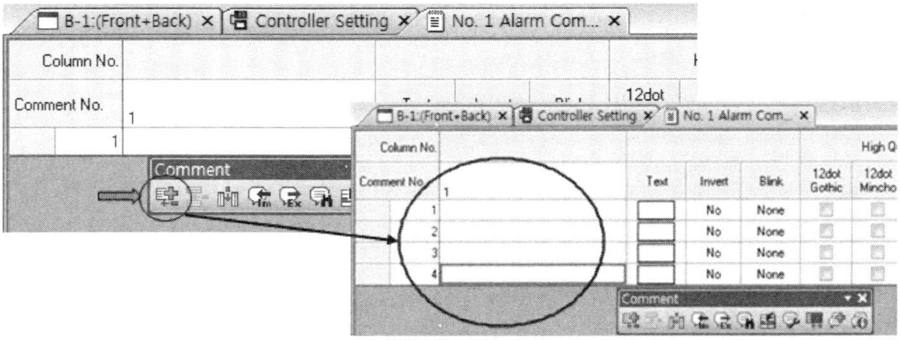

④ 각 코멘트에 아래와 같이 작성한다.

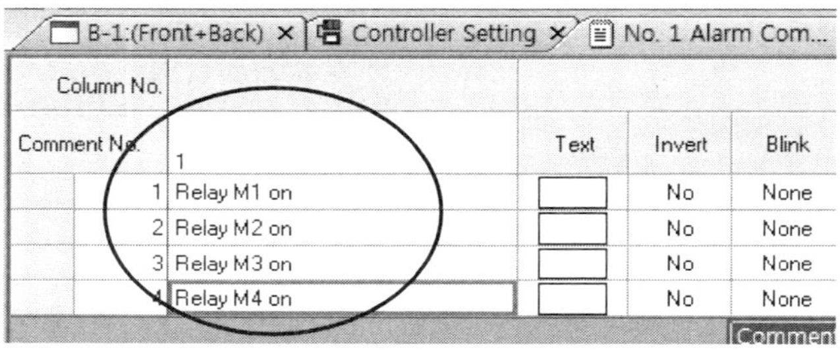

⑤ Base 스크린에서 주메뉴 Object – Alarm Display – **Alarm Display(User)**를 선택하여 화면의 임의의 위치에서 마우스 클릭한다.

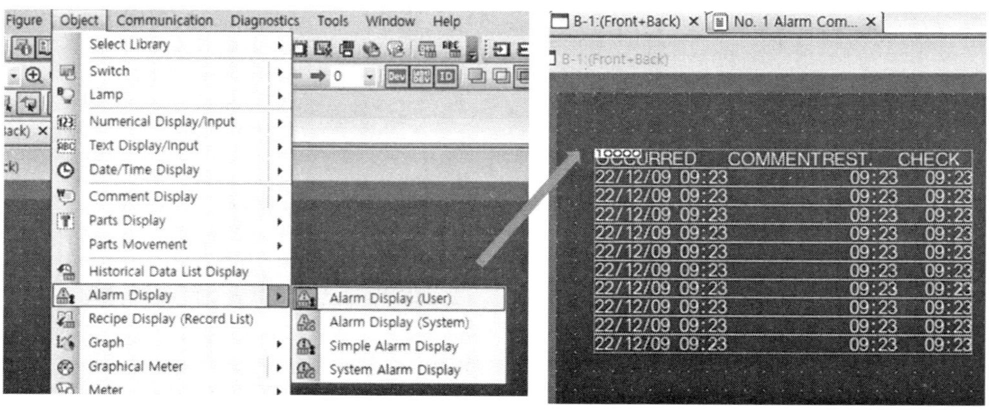

⑥ 생성된 오브젝트를 더블 클릭하여 셋팅 창으로 들어간다.

⑦ 셋팅 창에서 **[Edit...]**을 선택한다.

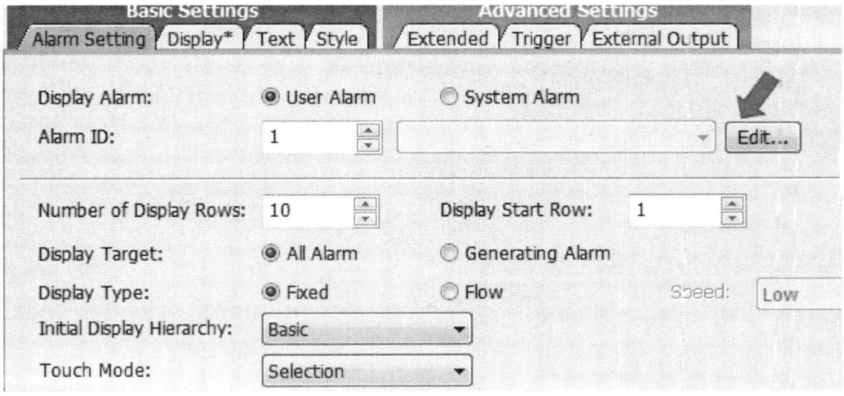

⑧ 아래와 같은 알림창이 뜨면 **예(Y)**를 클릭한다.

⑨ Advanced User Alarm Observation 창이 나타난다. Device 탭에서 아래와 같이 설정하고 **OK** 버튼을 클릭한다.

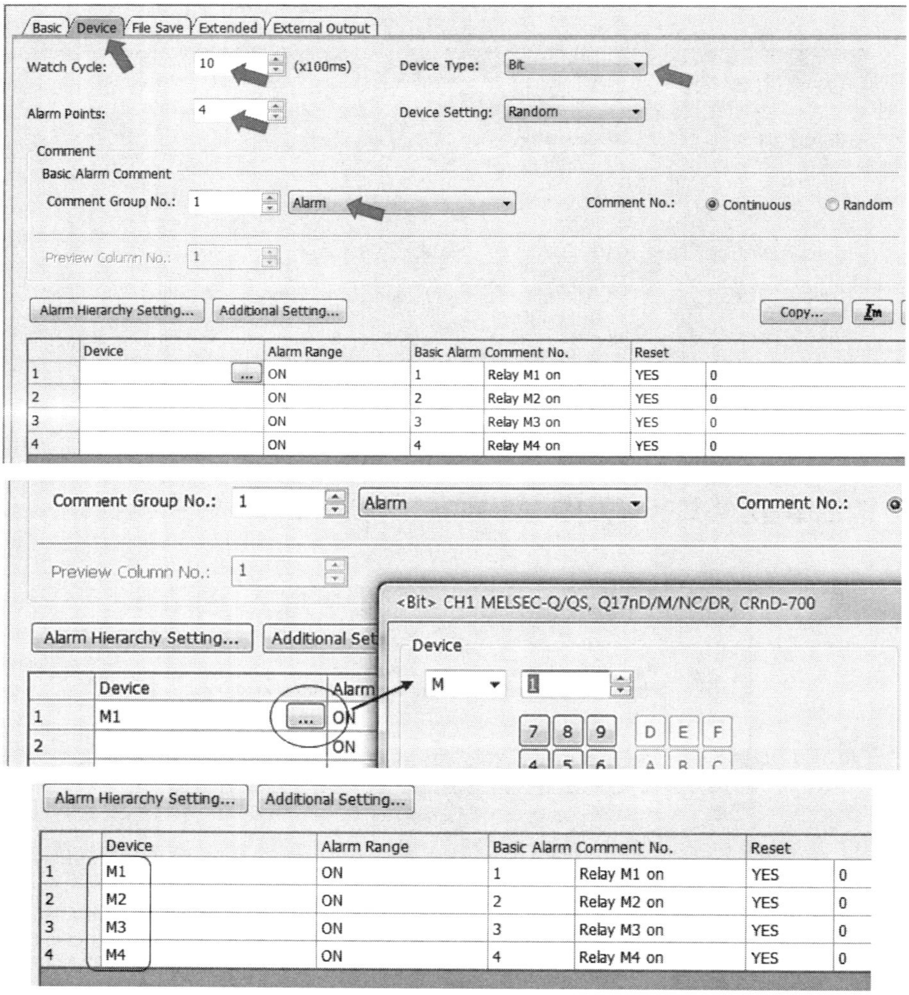

⑩ Display 탭에서 아래와 같이 설정 후 **OK** 버튼을 클릭한다.

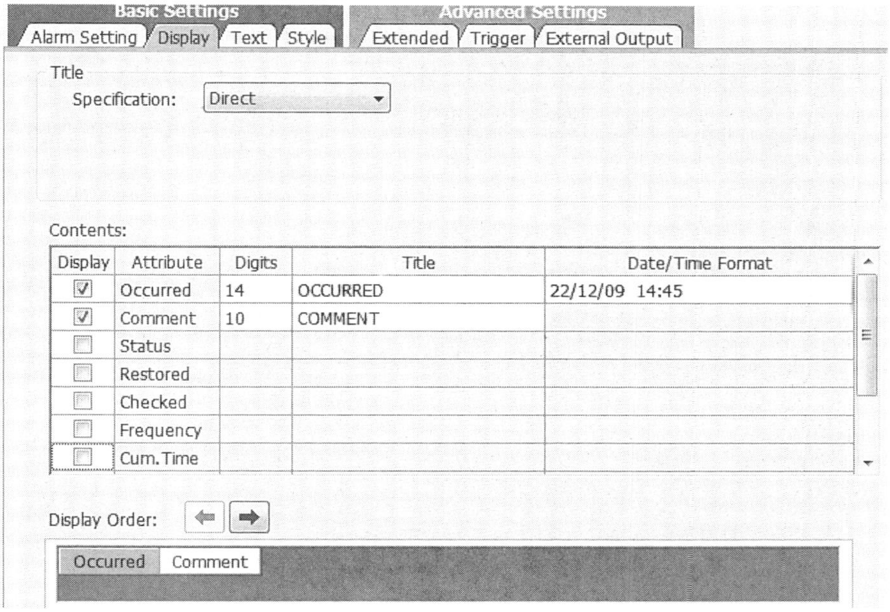

⑪ 각각의 항목에 대한 내용은 다음과 같다.

「발생 일시」 「코멘트」 「알람 상태」 「복구 일시」 「확인 일시」 「발생 횟수」 「누적 시간」 「Down time」 「레벨」 「그룹」

Occurred	Comment	Status	Restored	Checked	OccurFreq	Cum.Time	Down Time	Level	Group
04/06/01 20:00	Oil pressure error	Chk.	–	–	1	–	–	1	2
04/06/01 18:30	Temp. error	Chk.	–	18:50	2	–	–	1	1
04/06/01 16:10	Oil pressure error	Rstr.	16:30	16:20	2	00:40	00:20	2	1

⑫ 아래와 같이 작화하여 각 버튼을 눌러 알람 이력 오브젝트를 테스트한다.
(※ 주의 : 버튼을 약간 길게 눌러야 한다.)

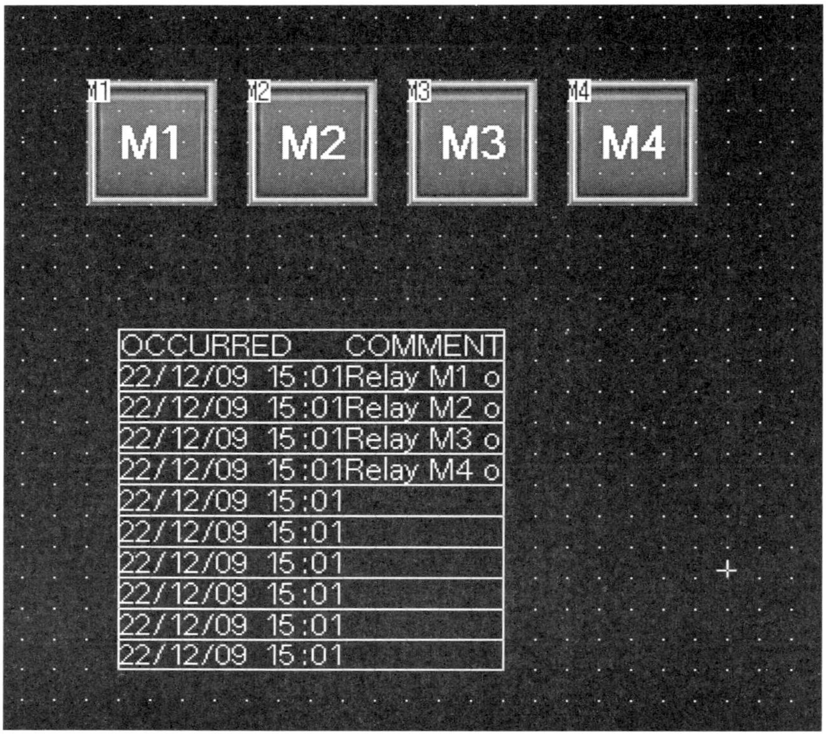

실습 5-6 따라하기 : 이력 알람 제어용 버튼 작화

○ 문 제

버튼을 추가하여 알람 디스플레이에 커서를 만들고 UP 또는 DOWN 버튼으로 선택한 알람을 삭제하는 기능을 추가한다.

○ 따라하기

① 앞의 [실습 5-6]에서 만든 알람 디스플레이를 이용한다. 툴바 **Switch** - **Key Code Switch**를 선택하여 4개의 버튼을 빈 공간에 드래그 앤 드롭하여 작화한다.
각 스위치의 텍스트를 아래 그림처럼 Show cursor, Cursor Up, cursor Down, Clear로 설정한다.

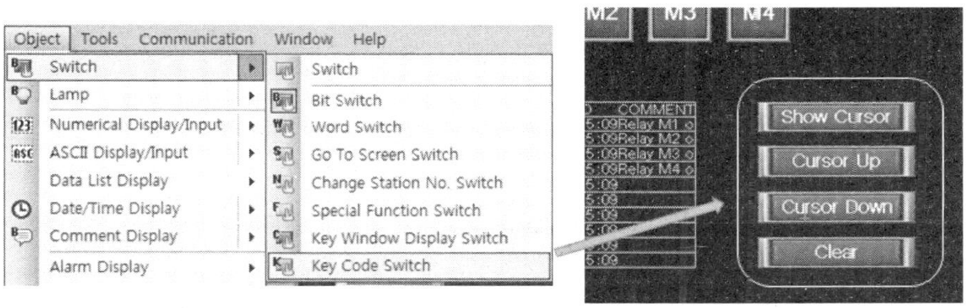

② 셋팅 창에서 **Key Code type : Alarm**를 선택, Action에서 **Show cursor**을 선택한다.

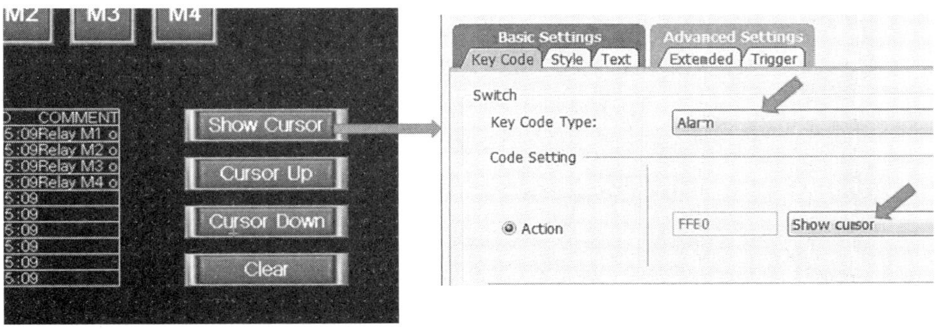

③ 위 항과 같은 방법으로 나머지 3개의 버튼 속성도 설정한다.

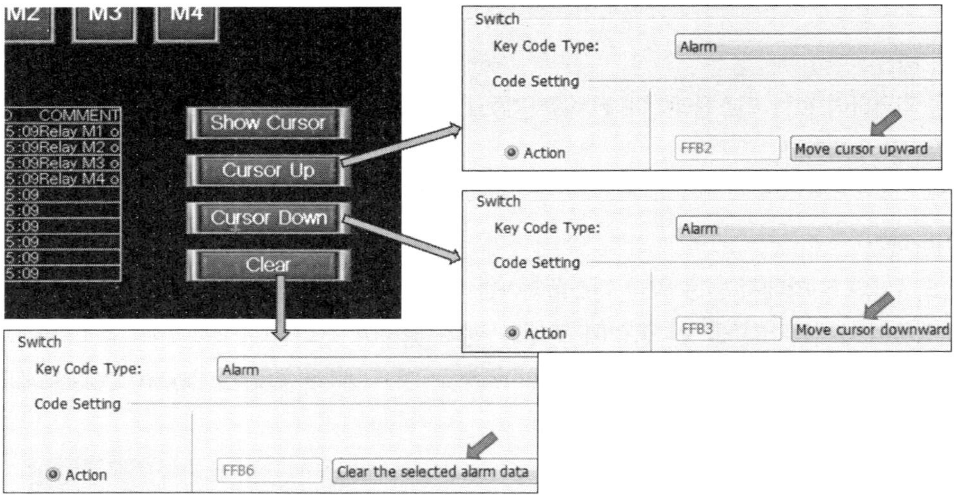

④ 알람을 생성 후 생성된 제어 버튼을 눌러 편집해 보자. 먼저 **Show Cursor** 버튼을 누른다.

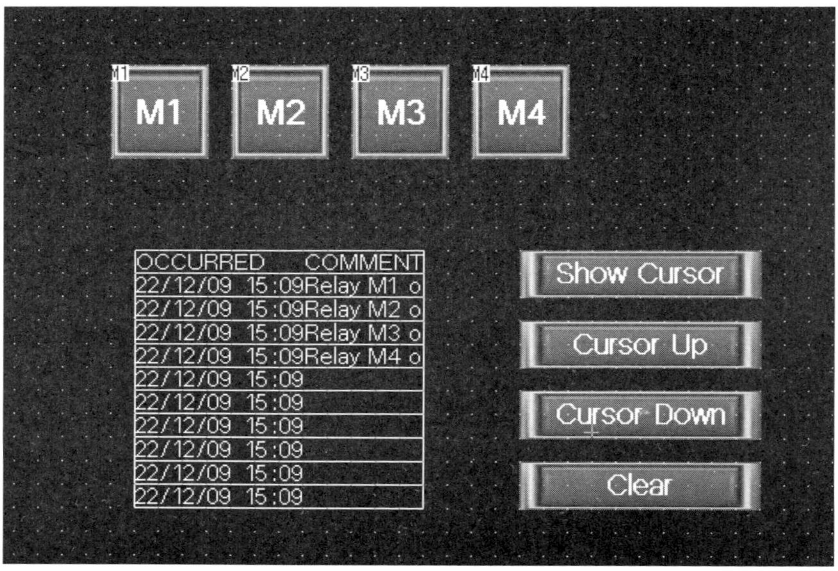

5.4 HMI 활용 실습

실습 5-7 램프 순차 점등제어 1

○ 화면 작화와 디바이스 배정

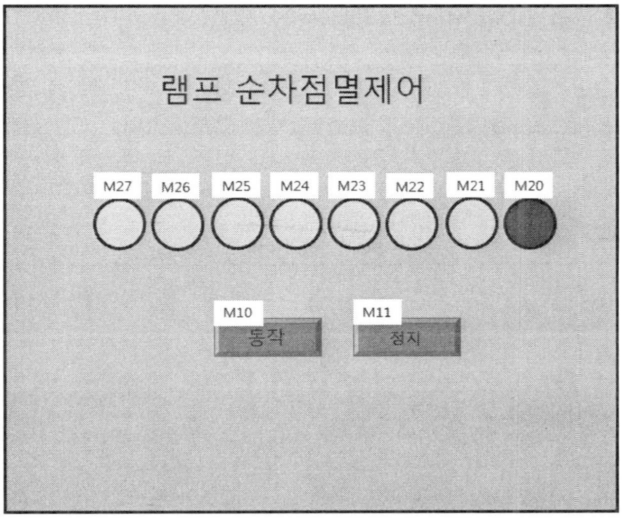

○ 문제 ▶

다음과 같이 8개 램프를 0.2초 간격으로 순차적으로 한 개씩 시프트 점등시키도록 한다.

- **[동작]** 버튼을 클릭하면 다음과 같은 순차로 무한반복 되도록 한다.
- **[정지]** 버튼을 클릭하면 램프는 시프트 동작을 중지한다. 다시 **[동작]** 버튼을 누르면 현 점등 위치에서 다시 시프트 동작을 개시한다.

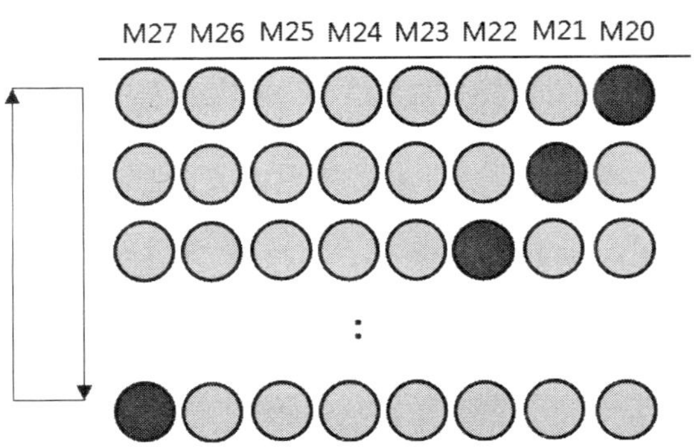

○ Ladder 방법 1 - 로테이트 명령 이용

① 초기값 16진수 워드데이터 H0101(2진수 : 00000001 00000001)을 D0에 저장

② 시작 버튼(M10)을 터치하면 0.2초클록(SM411)을 이용하여 0.2초마다 1비트씩 왼쪽 로테이션 수행. 정지 버튼(M11)을 터치하면 로테이션 동작 정지

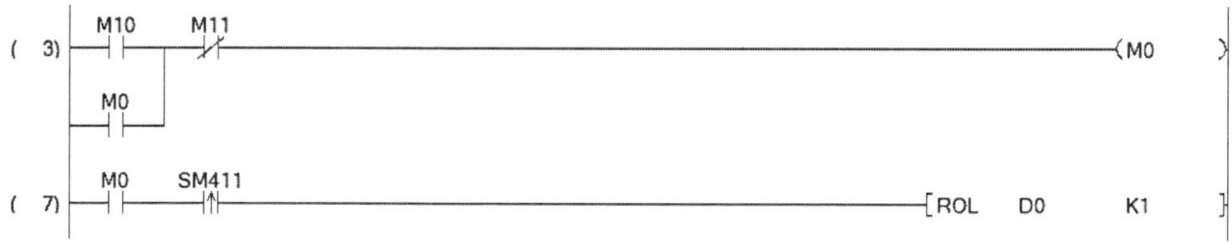

③ 램프 8비트 출력
[D0.0 ~ D0.7] → [M20 ~ M27]

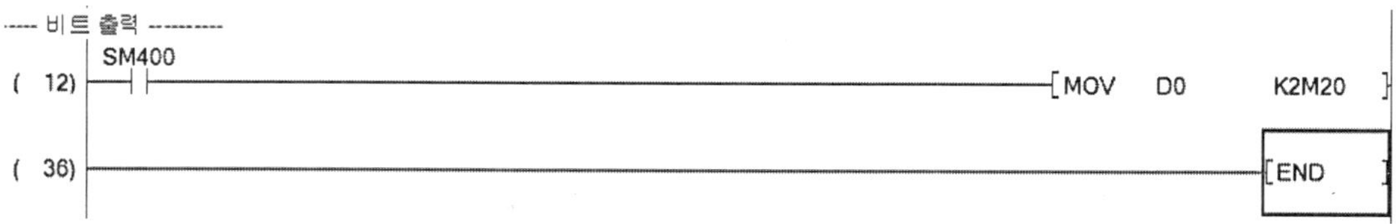

시프트와 로테이트 명령어 사용법은 4.10절을 참고하기 바란다.

○ Ladder 방법 2 - 시프트 명령 이용

① 초기값 D0에 2진수 워드(0000 0000 0000 0001) 저장

시작 버튼(M10)을 터치하면 0.2초 클록(SM411)을 이용하여 0.2초마다 1비트씩 왼쪽 시프트 수행

② D0 값이 H0101(2진 워드 : 0000 0001 0000 0000)이면 다시 초기값 저장

③ 램프 8비트 출력

[D0.0 ~ D0.7] → [M20 ~ M27]

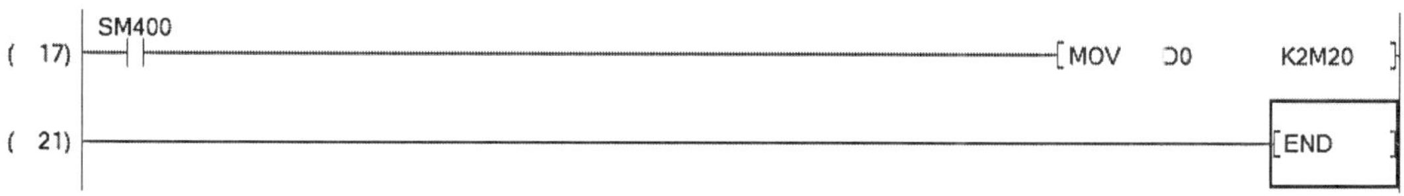

활용과제 5.2

램프가 M27부터 M20으로 오른쪽 방향으로 무한반복 순차 점등하도록 프로그램을 수정하시오.

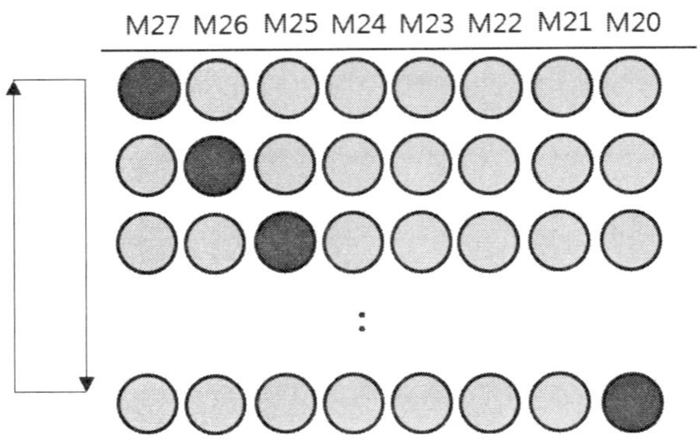

실습 5-8 램프 순차 점등제어 2

○ 문 제

앞의 실습에서 램프가 M27부터 M20으로 오른쪽 방향으로 무한반복 순차 점등하도록 프로그램을 수정하시오.

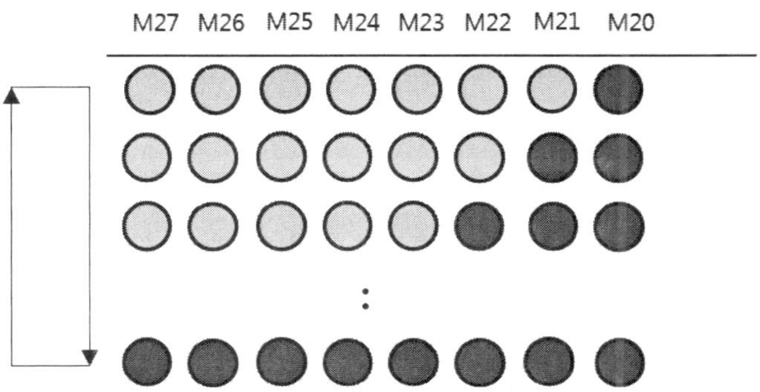

○ Ladder

① 초기값(2진수 : 00000001) 저장 및 동작 제어신호(M0) 생성

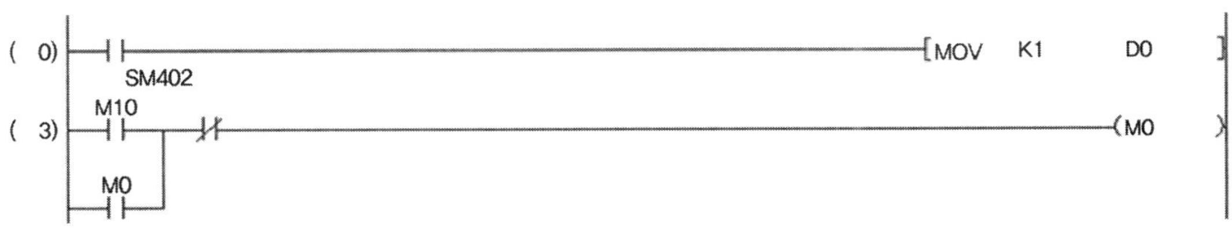

② 연산 처리 : 시프트 후 하위비트 D0.0 (M20) 비트를 1로 처리하기 위해 SET 명령을 이용한다.
[SET D0.0] : D0 메모리의 0번 비트를 1로 만든다.

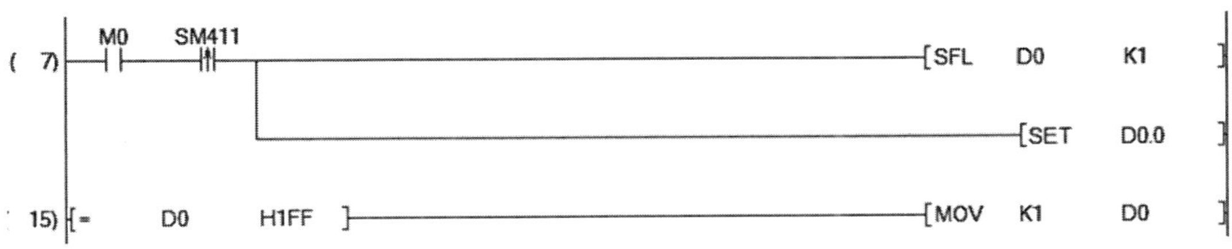

③ 비트 출력

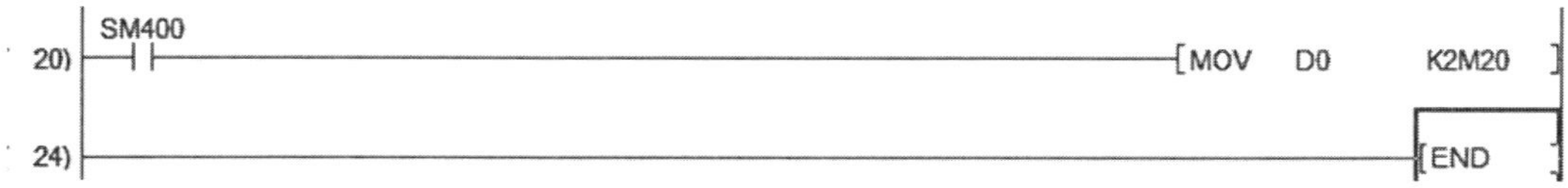

활용과제 5.3

램프가 M27부터 M20으로 오른쪽 방향으로 무한반복 순차 점등하도록 프로그램을 수정하시오.

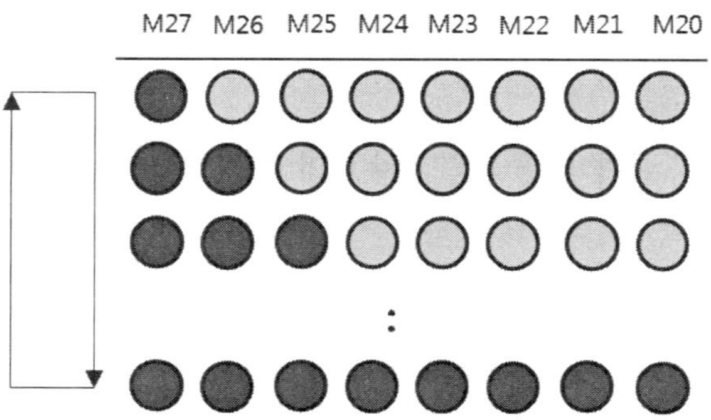

실습 5-9 램프 순차 점등제어 3

○ 화면 작화와 디바이스 배정

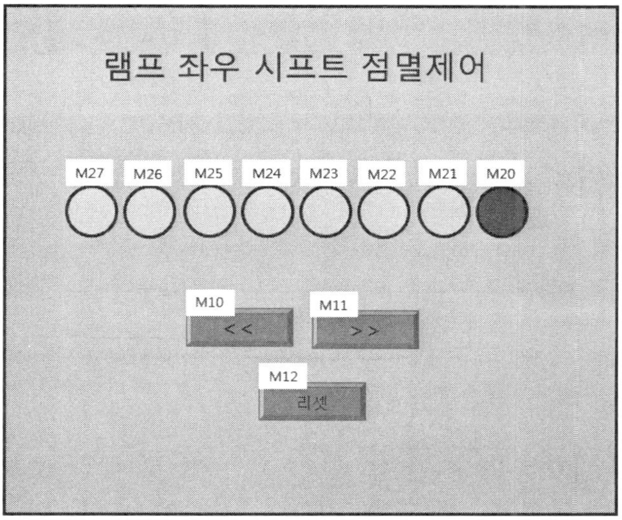

○ 문제

다음과 같이 버튼이 눌릴 때마다 오른쪽 또는 왼쪽으로 한 개씩 램프를 순차적으로 점등시키도록 한다.

: 램프가 한 개씩 왼쪽으로 시프트

: 램프가 한 개씩 오른쪽으로 시프트

: 램프 초기 위치(M20 ON)

○ Ladder

① 초기값(2진수 : 00000001) 저장

② 왼쪽 1비트 시프트 동작

D0 : 1 0000 0000이면 D0에 0000 0001 저장

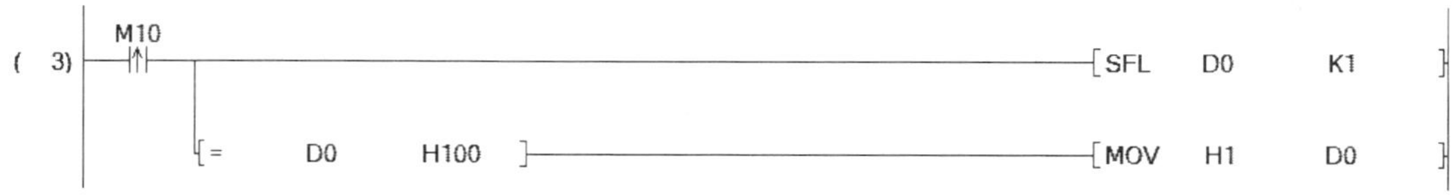

③ 오른쪽 1비트 시프트 동작

D0 : 0000 0000이면 D0에 1000 0000 저장

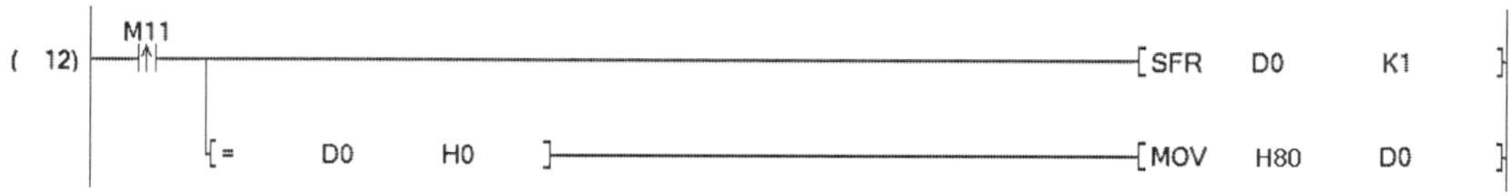

④ 리셋 입력시 D0에 초기값(0000 0001) 저장

⑤ 비트 출력

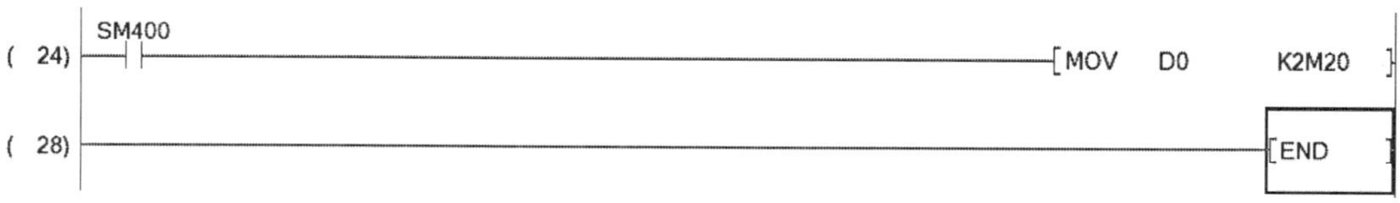

실습 5-10 레지스터 값의 표시

○ 화면 작화와 디바이스 배정

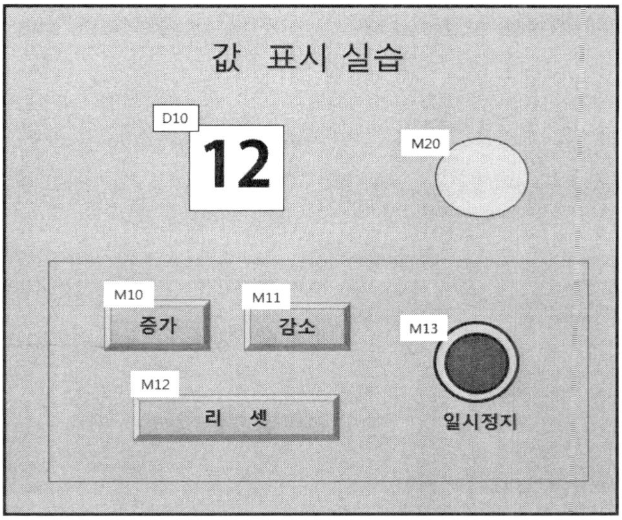

○ 문제

숫자 표시기를 터치하면 입력창이 나와서 숫자를 입력하여 레지스터(D10)에 저장되며 숫자표시기에 시작값을 표시한다.

숫자 표시 범위는 0 ~ 99로 제한한다.

입력 장치	동 작
[증 가]	현재 표시 숫자에서 0.2초 간격으로 1씩 계속 증가하고, 99가 되면 정지한다.
[감 소]	현재 표시 숫자에서 0.2초 간격으로 1씩 계속 감소하고, 0이 되면 정지한다.
[일시정지]	증가/감소 동작이 정지하며 다시 버튼이 눌러지면 현 표시 숫자에서 다시 증가/감소 동작을 수행한다. 일시정지 시에는 램프가 1초 간격으로 점멸한다.
[리 셋]	숫자표시기에 0으로 표시되도록 한다.

※ 숫자 아이콘을 선택하여 **Numerical Input**을 선택하여 편집화면에 표시한다. 설정창에서 Digit는 **2**, Font는 **True Type Numerical**을 선택한다.

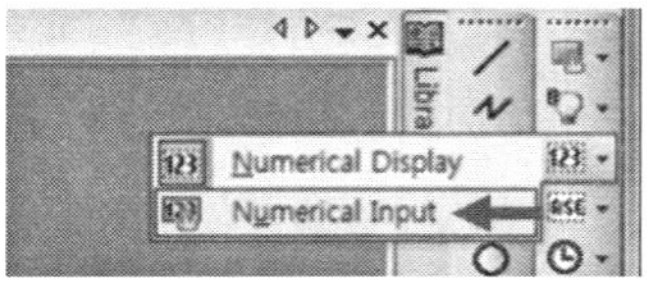

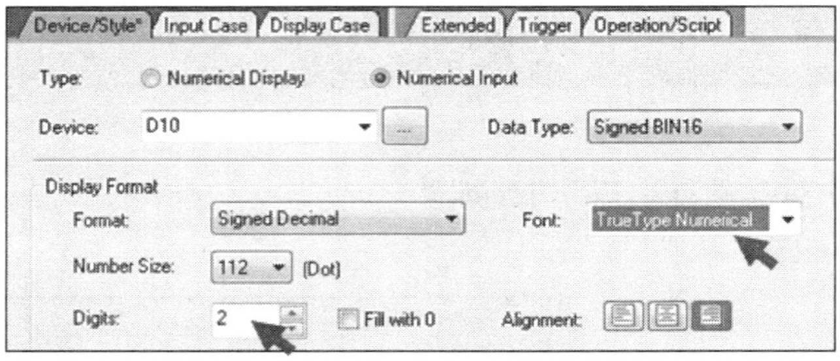

○ Ladder

① 초기화

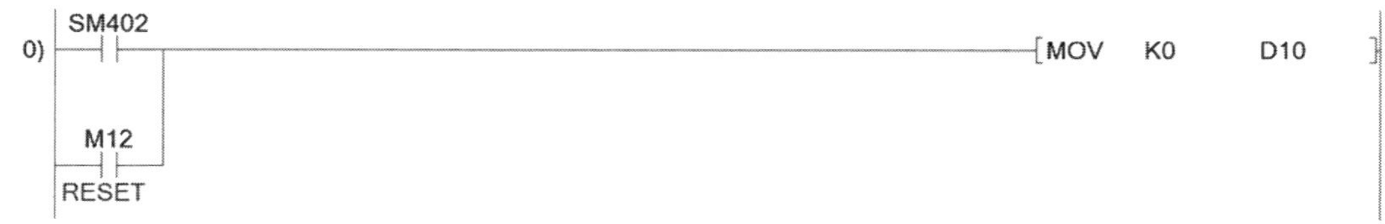

② 일시정지 버튼의 제어신호(M5) 생성

FF(Flip Flop) 명령은 실행될 때마다 M5를 ON/OFF 토글 동작을 한다.

③ 증가/감소 버튼의 제어신호 생성

리셋 버튼시 제어신호 해제, 다른 버튼 입력시 현재 제어신호를 해제한다.

④ 출력 처리

일시정지(M5) 동작 시 램프(M20) 점멸, 증/감 동작 정지

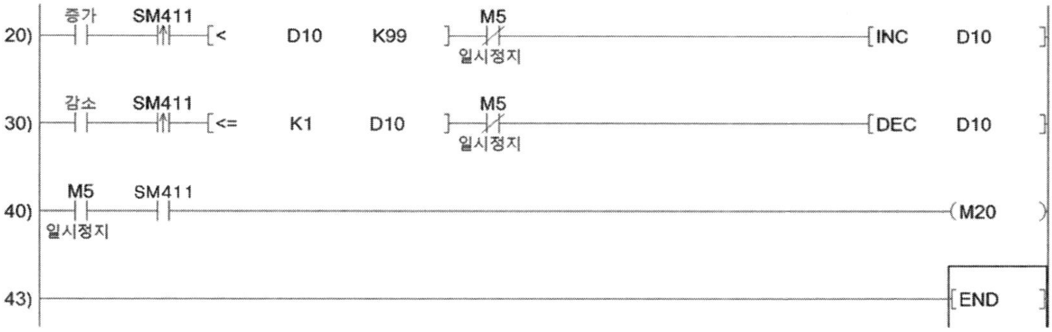

실습 5-11 센서의 입력과 표시

○ 화면 작화와 디바이스 배정

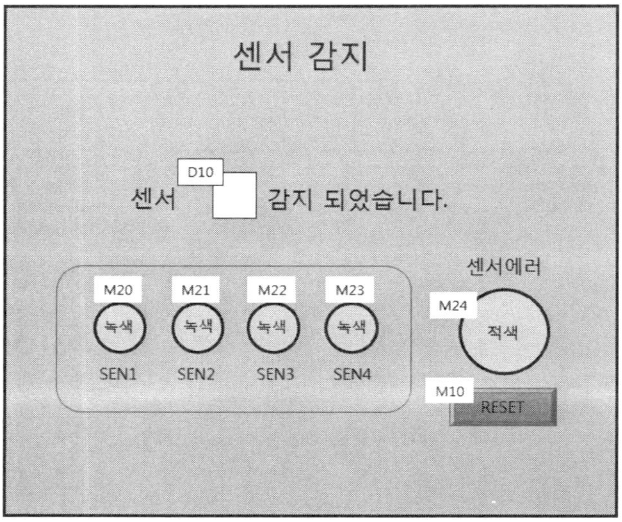

■ 사각형 선 곡면 처리방법 : 작화 화면에 사각형을 그리고 더블클릭하여 속성창에서 아래와 같이 지정한다.

Type : Rounded, Radius : 10

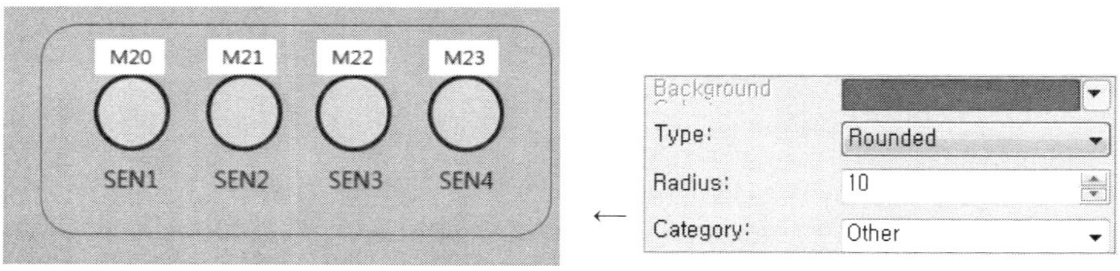

○ 문제

다음과 같이 센서가 입력에 연결되어 있다. 아래처럼 작화를 하고 입력된 센서 신호에 따라 센서 출력 문구에 센서 번호가 출력되고 해당 램프가 점등되도록 하시오. 단, 센서는 4개 중 1개만 감지된다고 가정한다.

■ 센서2와 센서3이 동시에 감지되면 센서에러 램프(적색)가 1초 간격으로 계속 점멸한다.

■ <u>RESET</u> 버튼을 클릭하면 센서에러 램프는 OFF 되고 센서 문구의 숫자는 <u>0</u>이 되도록 한다.

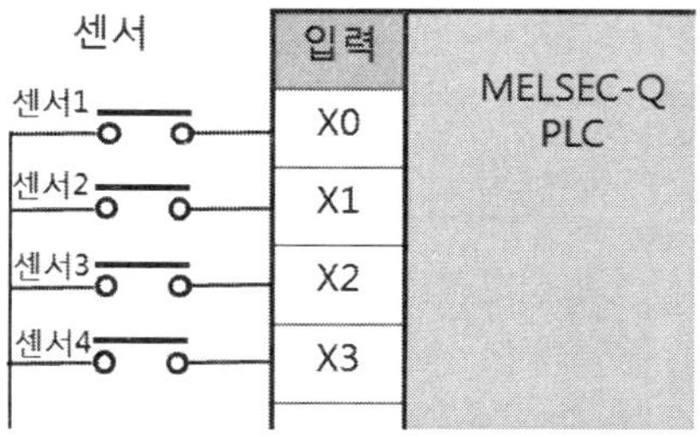

센서 입력	문구 숫자 출력	SEN1 SEN2 SEN3 SEN4
센서1	센서 [1] 감지되었습니다	ON OFF OFF OFF
센서2	센서 [2] 감지되었습니다	OFF ON OFF OFF
센서3	센서 [3] 감지되었습니다	OFF OFF ON OFF
센서4	센서 [4] 감지되었습니다	OFF OFF OFF ON

○ Ladder

① 센서값 저장과 표시 및 램프 온

② 센서2, 센서3 동시감지 처리

실습 5-12 동작의 선택

○ 화면 작화와 디바이스 배정

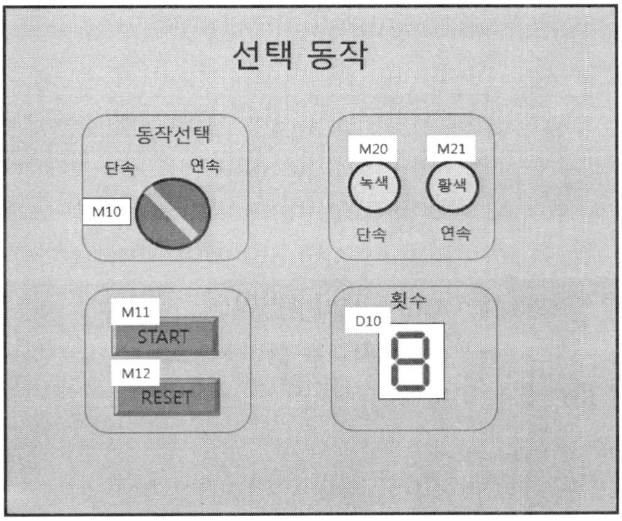

○ 문제

다음과 같이 작화를 하고 동작선택 스위치의 선택은 사용자가 하여 그 위치에 따라 다음과 같이 동작되도록 한다.

■ 초기상태 : 단속모드, 단속램프(녹색) 점등, FND : 0 표시

동작선택 스위치	램프		횟수 동작
	단속	연속	
단속	ON	OFF	START 스위치를 누를 때마다 0부터 9까지 1씩 증가
연속	OFF	ON	START 스위치를 누르면 1초 간격으로 0부터 9까지 1씩 증가

■ 횟수가 9일 때 **[START]** 버튼을 누르더라도 값은 더 이상 변화가 없다.
■ **[리셋]** 버튼을 누르면 횟수표시는 0이 되고 이때 다시 **[START]** 버튼을 누르면 처음부터 동작이 다시 시작된다.

○ Ladder

① 초기값 **0** 저장과 리셋 버튼(M12) 터치시 **0** 저장

② 단속모드 : 셀렉터 스위치(M10) OFF 위치

• START 버튼(M11) 터치 시마다 0~9까지 1씩 증가
• -[+ K1 D10] 대신 INC 명령 사용 가능

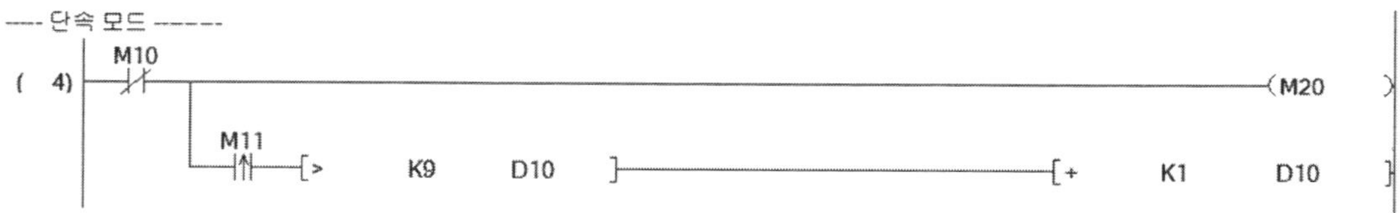

③ 연속모드 : 셀렉터 스위치(M10) ON 위치

• **START** 버튼 터치시 동작 제어신호 M0 활성화
• M0 ON 되면 1초 클럭(SM412)에 의해 1초 간격으로 자동 증가
• 리셋 버튼(M12) 터치시 동작 중지 및 초기화

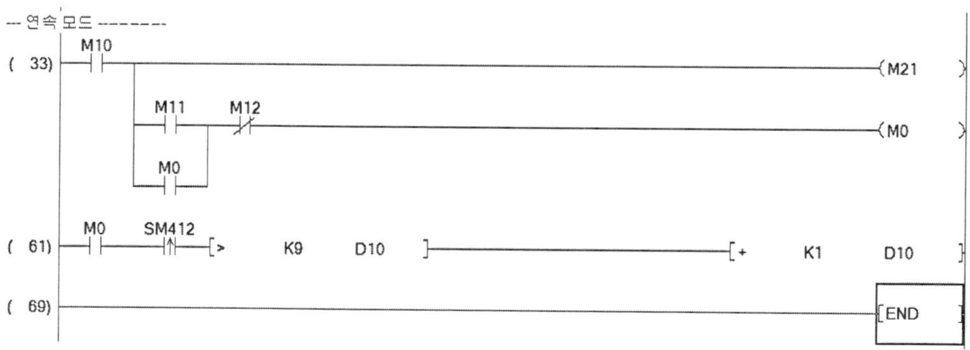

실습 5-13 동작의 선택과 횟수지정 제어

○ 화면 작화와 디바이스 배정

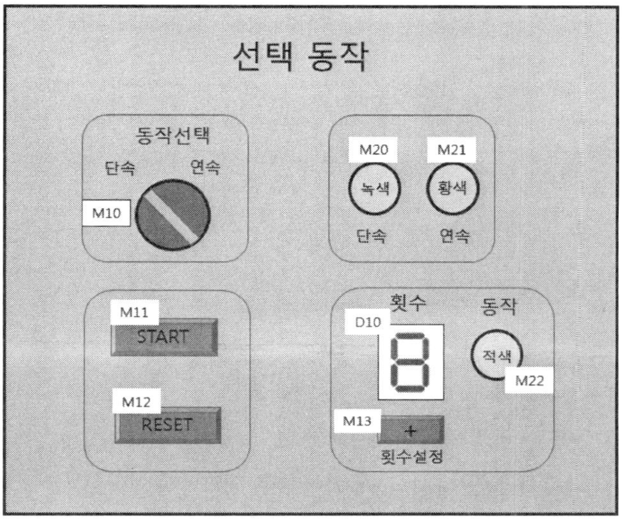

○ 문제

다음과 같이 작화를 하고 동작선택 스위치의 선택은 사용자가 하여 그 위치에 따라 다음과 같이 동작되도록 한다.

- 초기상태 : 단속모드, 단속램프(녹색) 점등, 동작램프 OFF, FND : 0 표시
- 횟수설정 버튼 [+]을 클릭할 때마다 FND는 +1씩 증가하고 9에서 + 버튼을 누르면 다시 0으로 표시한다.

동작선택 스위치	램 프		횟 수 동 작
	단속	연속	
단속	ON	OFF	START 버튼을 누를 때마다 동작램프는 1초간 ON-OFF한 후, FND 표시 숫자는 현재 값에서 -1 감소한다.
연속	OFF	ON	START 버튼을 누르면 동작램프는 1초간 ON-OFF 한 후, FND 표시 숫자는 현재 값에서 -1씩 감소하는 동작을 FND 표시가 0이 될 때까지 반복한다.

■ FND 횟수 표시가 **0**이면 **[START]** 버튼을 누르더라도 값은 아무 변화가 없다.
■ **[리셋]** 버튼을 누르면 초기상태로 된다.

○ Ladder

① 초기값 및 횟수 설정(M13) 처리

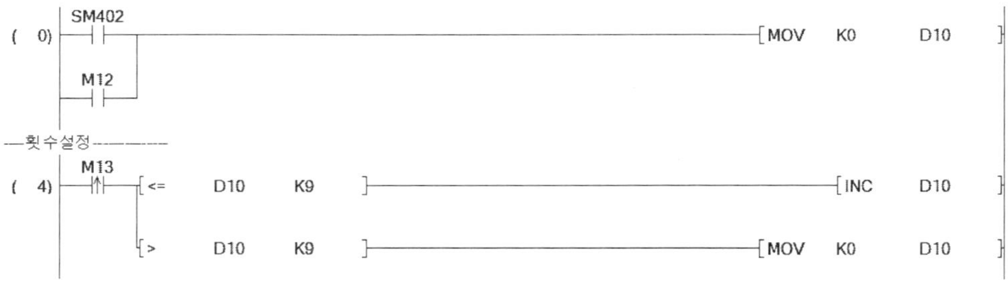

② 단속 동작 모드 :

- 셀렉터 스위치(M10) OFF 위치
- **START** 버튼(M11) 터치시 M단속시작 제어신호로 제어
- **START** 버튼 터치시 단속동작램프(M22) 1초 점등 후 FND(D10) 1감소 표시
- 리셋 버튼(M12) 터치시 동작 중지 및 초기화

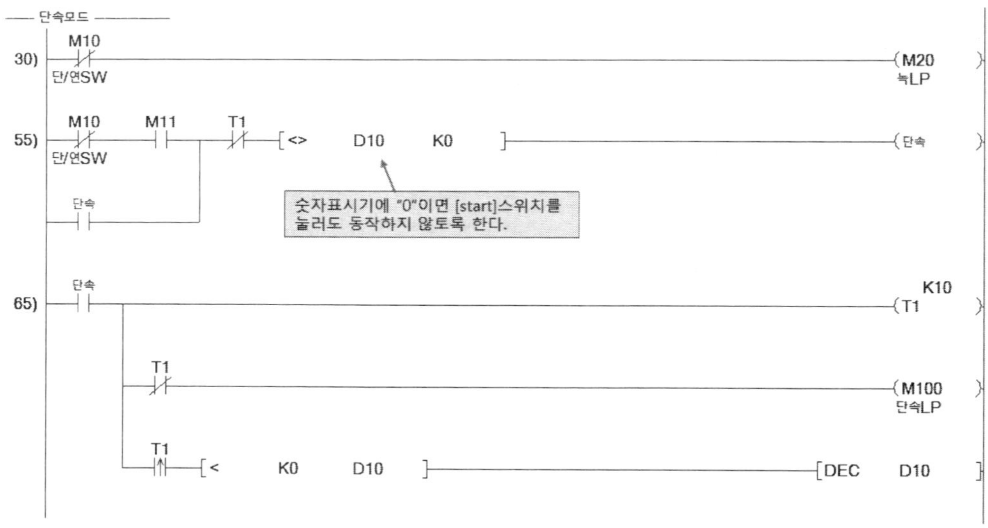

③ 연속 동작 모드

- 셀렉터 스위치(M10) ON 위치
- **START** 버튼(M11) 터치시 **M연속시작** 활성화로 제어
- 활성화되면 1초 타이머(T2), 1.5초 타이머(T3) 동시동작
- 활성화되면 1초 동안 동작램프(M22) 점등. 점등 후 FND(D10) 1 감소
- 1.5초마다 타이머 리셋
- 리셋 버튼(M12) 터치시 동작 중지 및 초기화

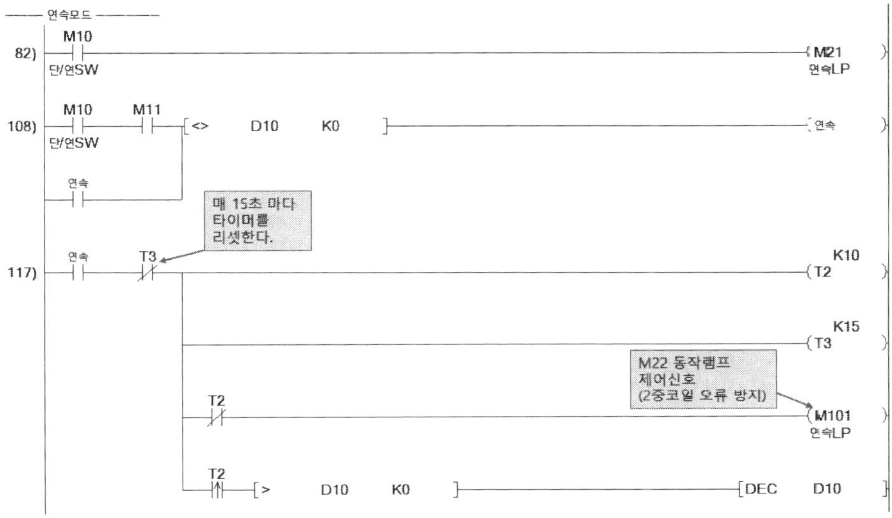

④ 램프 점멸 동작

• 단속 동작 모드와 연속 동작 모드에서 각각 점멸램프(M22) 동시 사용시 이중코일 에러가 발생한다. 이를 방지하기 위하여 각 모드별로 램프 출력을 내부 접점을 사용하고, 두 개의 내부 접점을 병렬(OR) 연결하여 M22 램프로 출력한다.

실습 5-14 FND 설정 동작 제어 1

○ 화면 작화와 디바이스 배정

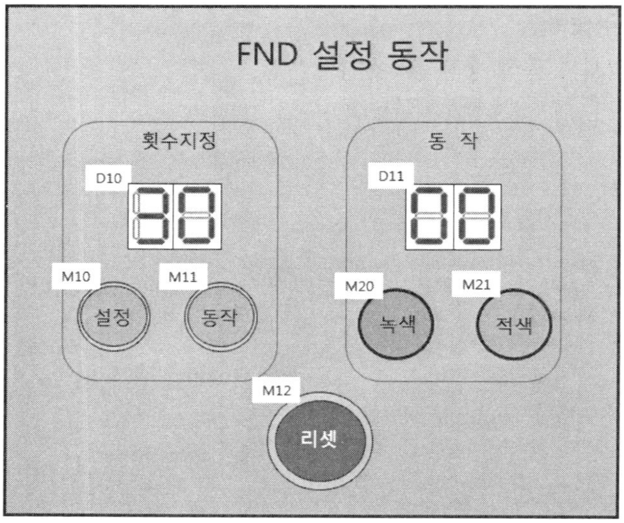

○ 문제

다음과 같이 동작이 되도록 작화를 하고 프로그램을 작성하시오.

■ 초기상태표시 : 횟수지정 FND : **30** 표시. 동작 FND : **00**, 램프 모두 OFF

스위치	조 작	동 작
설정 (M10)	ON → OFF 시	• 횟수지정 FND : FND : −1 감소, 00일 때 누르면 30 표시
	1초 이상 누름	• 횟수지정 FND : 0.2초 간격 -1씩 감소. 00 → 30 표시
동작 (M11)	ON 시	• 녹색 램프 1초 간격 점멸(마다 0.5초 ON − 0.5초 OFF) • 동작 FND : 램프 1회 점멸 시마다 +1씩 증가. • 횟수지정 FND값 = 동작 FND값 : 녹색 램프 OFF, 적색 램프 ON, 증가 동작 중지.
리셋 (M12)	ON 시	초기상태 표시로

○ Ladder

① 초기화

② 설정부분

- 설정버튼(M10)을 눌렀다 뗄 때 1씩 감소하는 부분. FND **00** → **30**을 표시
- 버튼을 1초 이상 누르고 있을 때 동작 : 타이머를 이용 1초 후부터 0.2초 간격 감소 동작

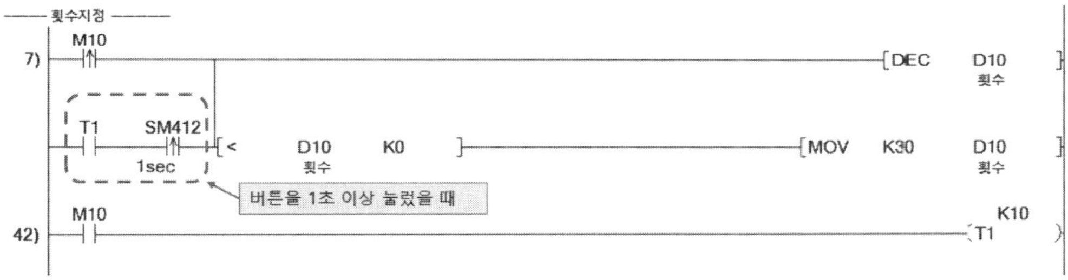

③ 동작부분

- 동작 버튼(M11)을 누르면 1초 간격 녹색 램프(M20)은 점멸, FND(D11)는 1씩 증가

▪ 설정 FND(D10)과 동작 FND(D11)이 같을 때 처리 : 적색 램프(M21) 온

활용과제 5.4

위의 실습을 수정하여 녹색 램프가 ON → OFF 되는 순간, 동작 표시 숫자가 1씩 감소하도록 하시오.

실습 5-15 FND 설정 동작 제어 2

○ 화면 작화와 디바이스 배정

2개의 스크린에 다음과 같이 디바이스를 배치한다.

각 스크린 오른쪽 하단에 스크린 전환 버튼을 둔다.

■ Screen1(설정 화면)

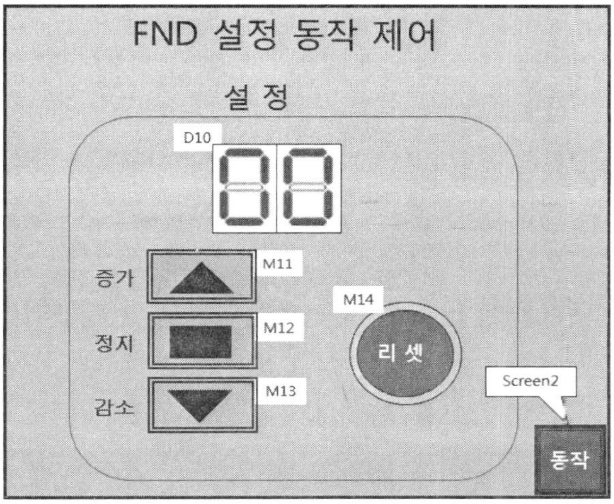

■ Screen2(동작 화면)

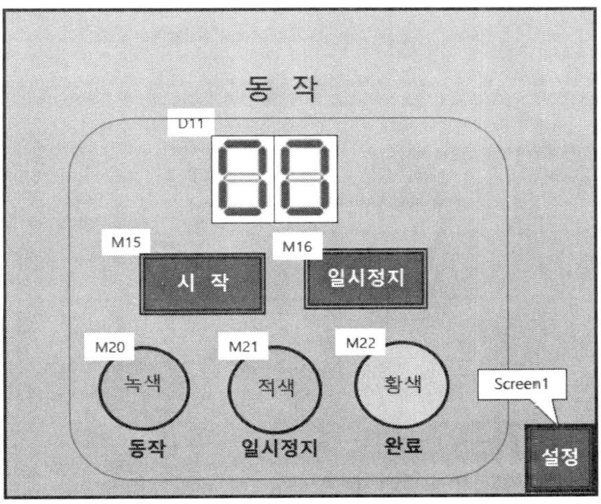

○ 문제

다음과 같이 동작이 되도록 작화를 하고 프로그램을 작성하시오.

- 초기상태표시 : 횟수지정 FND : 00, 동작 FND : 00 램프 OFF

■ Screen1

- 횟수지정 FND는 수치입력기를 이용하여 설정한다. (20~30 임의의 값)

스위치	조 작	동 작
증가	터치시	현재 표시 숫자에서부터 0.2초 간격으로 +1씩 계속 증가. 40이 되면 증가 동작 정지
감소	터치시	현재 표시 숫자에서부터 0.2초 간격으로 -1씩 계속 감소. (00이 되면 감소 동작 정지)
정지	터치시	증가, 감소 동작 정지
리셋	터치시	초기상태 표시로
동작	터치시	SCREEN2(동작화면) 화면 전환

- 수치를 증가 중 감소시키거나 감소 중 증가시킬 경우 반드시 **정지** 버튼을 터치 후 증가, 감소시켜야 한다.

■ Screen2

스위치	조 작	동 작
시작	터치시	동작 FND는 00부터 1초 간격으로 1씩 증가. 녹색 램프는 1초 간격으로 점멸
일시정지	터치시	FND 증가동작 및 점멸 동작 정지. 다시 터치하여 현재 일시정지 직전의 동작을 재실행. 녹색 램프는 1초 간격으로 점멸
설정	터치시	SCREEN1(설정화면) 화면 전환

- 설정화면 FND 숫자와 동작 FND 숫자가 일치할 때 동작 FND의 숫자 증가와 램프의 점멸 동작은 중지한다. 이때 황색 램프(M22)는 1초 간격으로 점멸한다.

○ Ladder

① 초기화

리셋 버튼(M14)이 눌려도 숫자표시기 D10, D11이 초기화되어야 하고 각 제어신호들도 초기화되도록 한다.

② 설정화면 부분

- 증가 버튼(M11) 처리부분

 1초 단위 40까지 증가 동작 중에 정지 버튼(M12)가 눌리면 동작정지

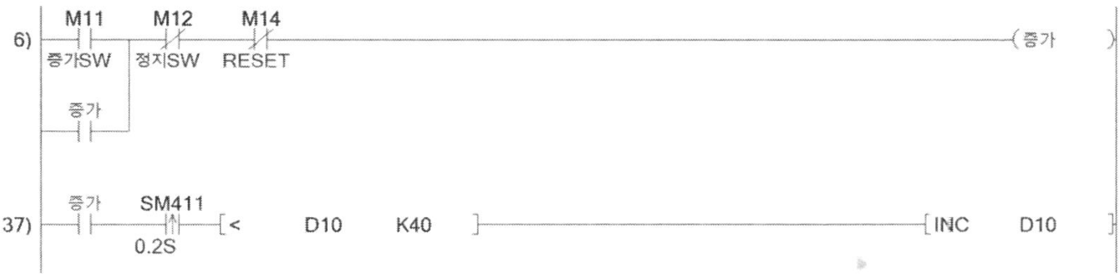

- 감소 버튼(M13) 처리부분

 1초 단위 00까지 감소 동작 중에 정지 버튼(M12)가 눌리면 동작 정지

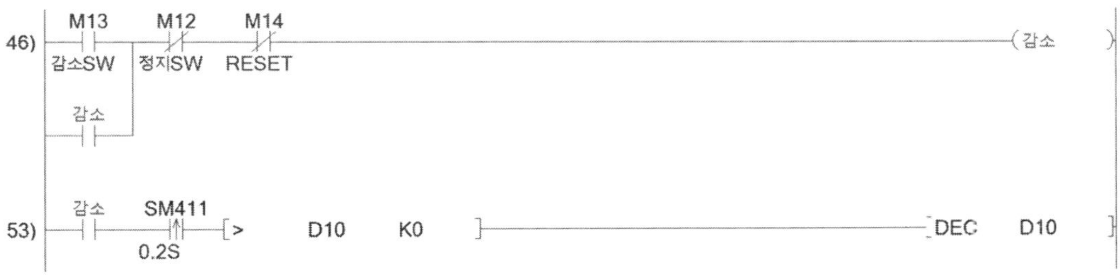

③ 동작 화면 부분

- 시작 버튼(M15)에 의해 FND의 증가 동작 부분
  D11 = D12이면 완료 신호에 의해 증가 동작 정지

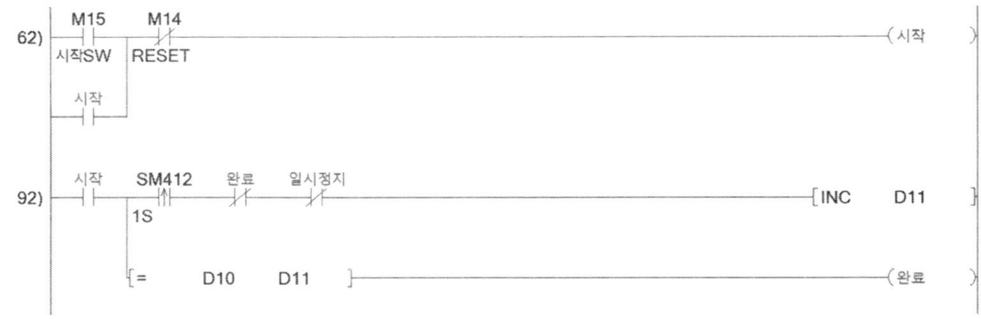

- 일시정지 버튼(M16) 처리

- 램프의 점멸

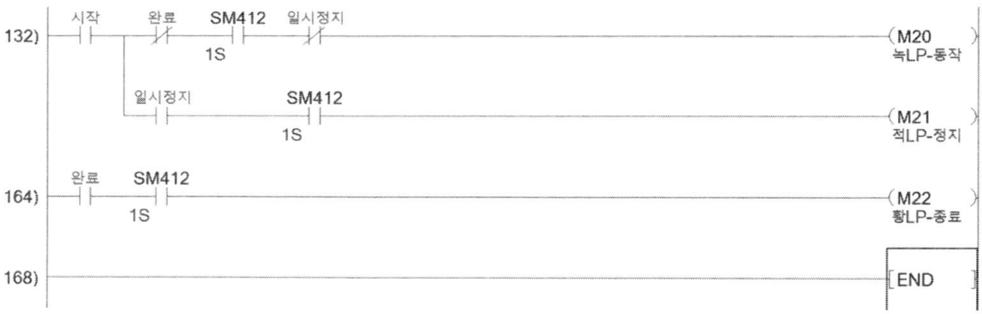

활용과제 5.5

위의 실습에서 일시정지 버튼을 유지형 스위치로 변경하여 수정하시오.

Ⅵ
HMI 공압실린더 제어

6.1 공압 부품 기초 요약 정리

(1) 공압 방향 밸브(솔레노이드 밸브)

공압의 흐름 방향을 제어함으로서 공압실린더의 전진 및 후진동작을 하도록 한다.

[그림 6.1] 여러 가지 공압용 솔레노이드 밸브들

① 공압 밸브의 표시방법 예

연결구의 수(포트) / 제어위치의 수 – way 밸브(부가사항)
: 3/2 – way 밸브

■ 밸브를 표시할 때 부가적으로 붙는 것

- 초기상태 : N/O, N/C
- 밸브 전환 및 귀환 방법

(예)

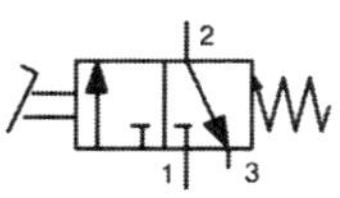

: 3/2-way 밸브 N/C 풋-페달 작동, 스프링 복귀형 밸브

② **종류와 기호**

[표 6.1] 공압 밸브의 종류

명칭	기호	기능
2/2-way 밸브	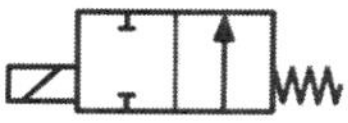	• 두 개 차단 포트, 초기 위치에서 차단 • 단일 유량 경로, 기 위치에서 공급
3/2-way 밸브	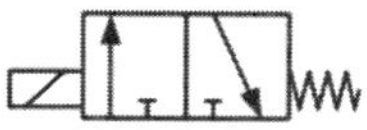	• 초기 위치에서 차단, 공급 • 단동실린더, 진공발생기에 사용
4/2-way 밸브	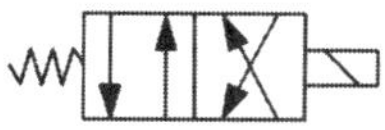	• 자동복귀(편솔), 복동실린더용
5/2-way 밸브	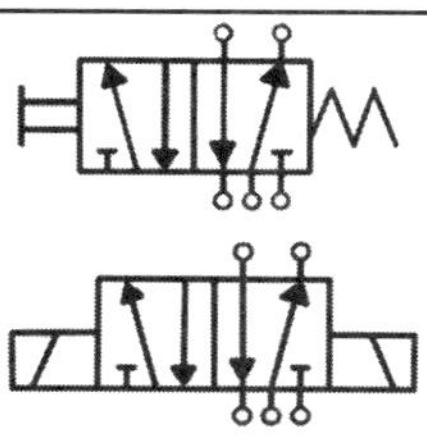	• 두 개의 공기 통로 포함 • 복동실린더용
5/3-way 밸브	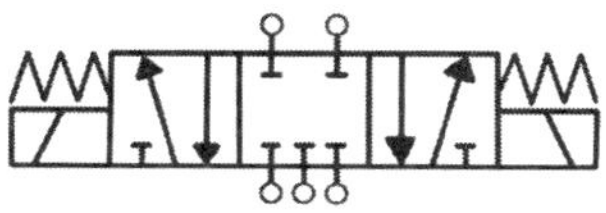	• 밸브 차단, 공급, 배기 중립 위치 및 두 개의 공기 통로 포함 • 액추에이터 임의의 위치에서 정지 가능

(2) 공압실린더와 서비스 유니트

① 단동실린더와 복동실린더

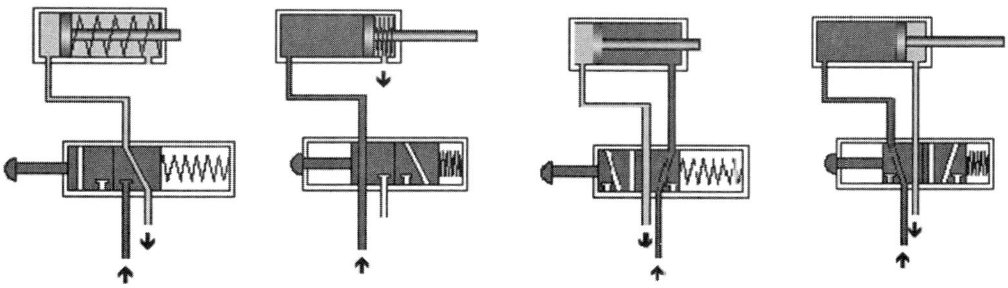

(a) 단동실린더 (b) 복동실린더

[그림 6.2] 단동실린더와 복동실린더 동작

- 단동실린더 : 실린더의 어느 한쪽에 압축유체를 주입하면 피스톤이 움직이고 복귀는 내장된 스프링에 의해 이루어진다.
- 복동실린더 : 실린더 속에 스프링이 없다. 반대로 움직이게 반대쪽에도 압축유체를 넣었다 뺐다 하면서 움직인다.

② 주요 유량 조절 밸브

[표 6.2] 주요 유량 조절 밸브 종류와 기호

종류	구조	모양	기호
셔틀밸브(OR밸브)	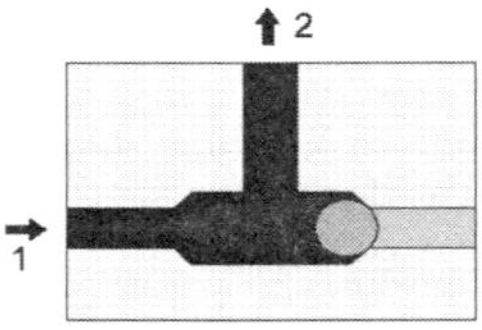		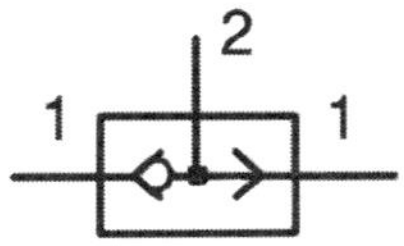
Non-Return 밸브			
파일럿 체크밸브	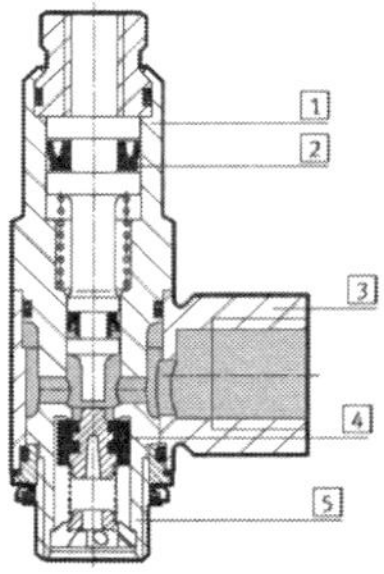	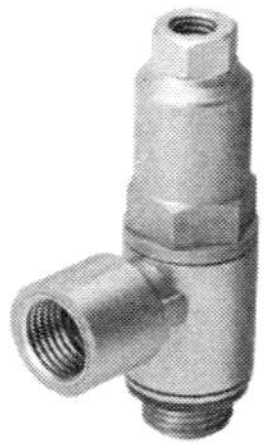	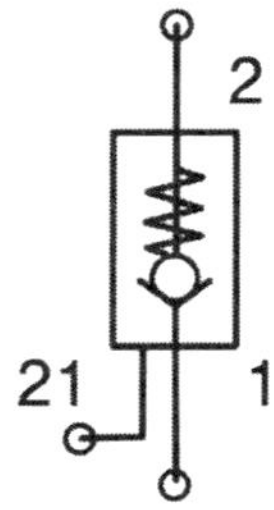
급속 배기밸브	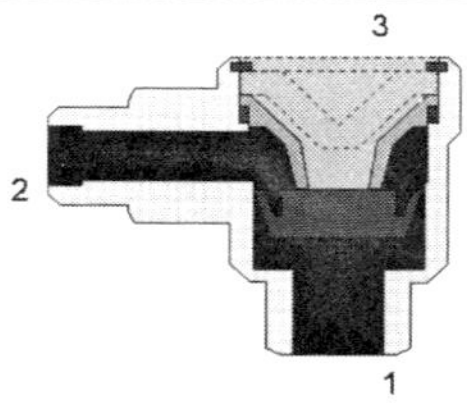	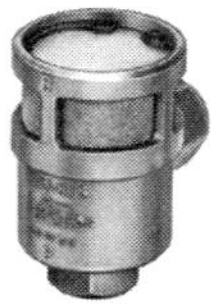	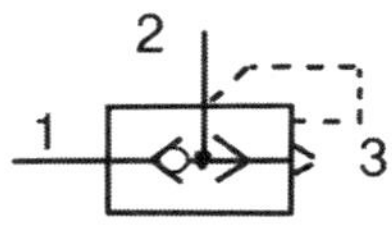
일방향 유량 조절 밸브	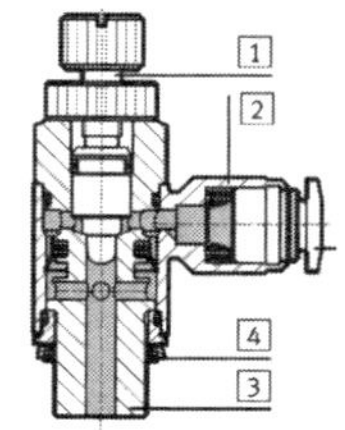		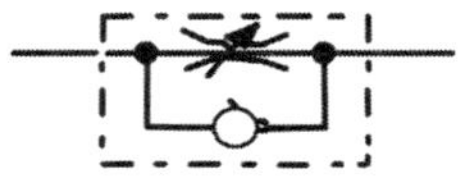
양방향 유량 조절 밸브	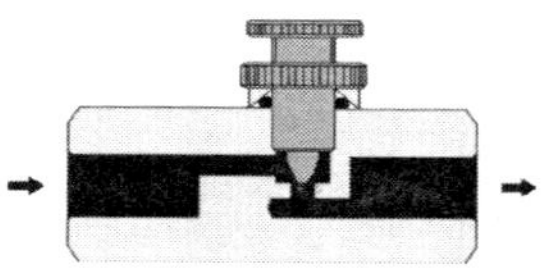		

③ 기타 서비스 유니트

[표 6.3] 주요 서비스 유니트 종류와 기호

종류	구조	모양	기호
압력 스위치	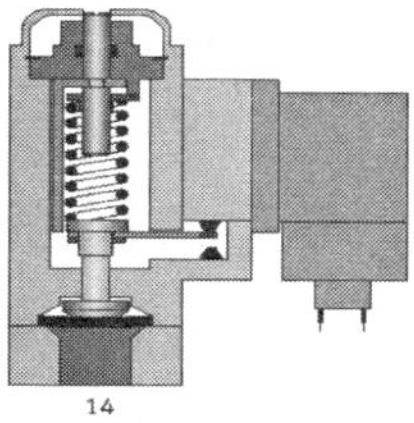		
에어필터 (압축 공기필터)	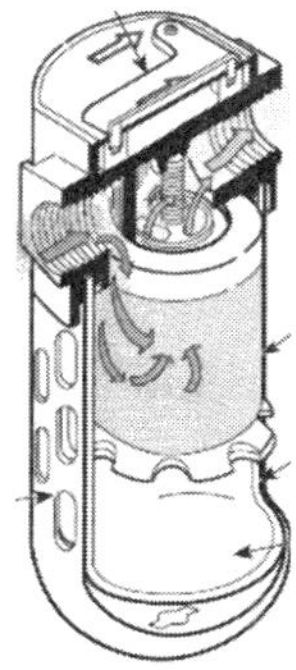	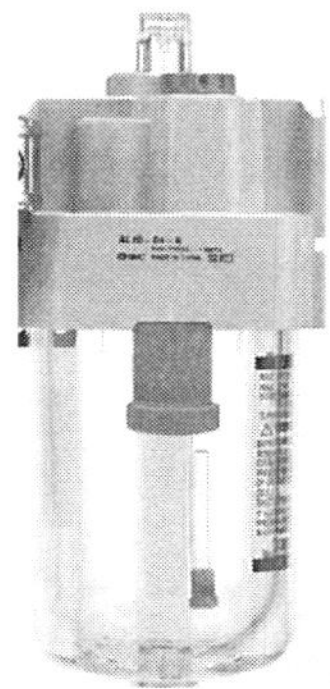	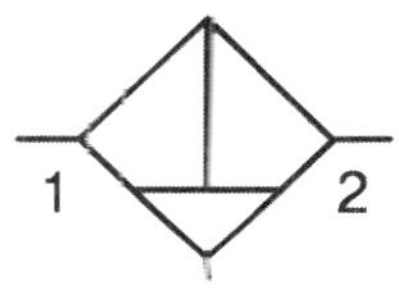
공기 윤활기 (루부리게이트)	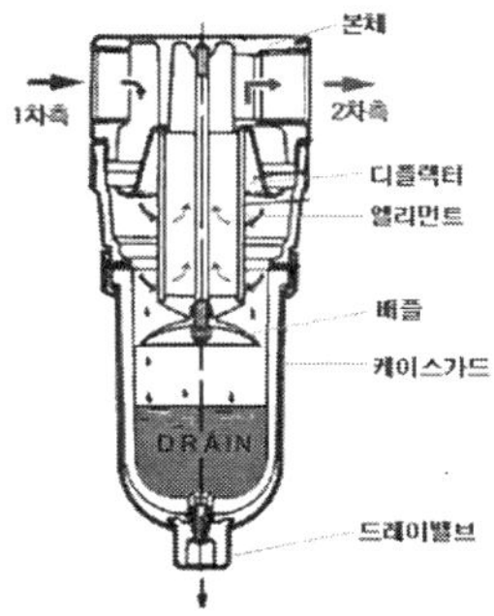		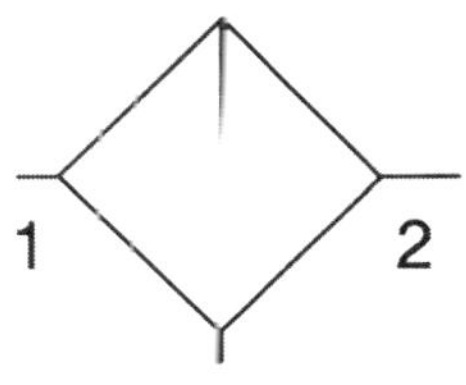
압력 조절기 (레귤레이터)	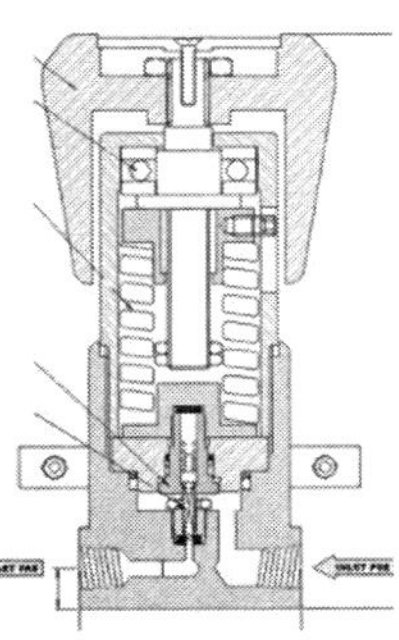		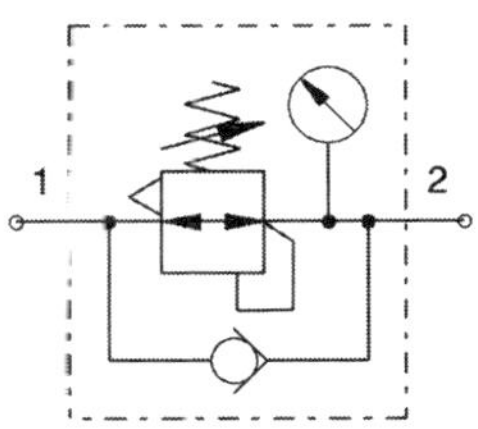

6.2 자동화용 센서 개요

자동화기구에서 제어 대상의 정확한 위치검출은 매우 중요한 요소이다. 기계에 눈 역할을 하는 장치를 부가함으로써 더 정확하고 쉽게 제어할 수 있다.

(1) 센서의 배선 방법

① 무접점 3선식 NPN 타입

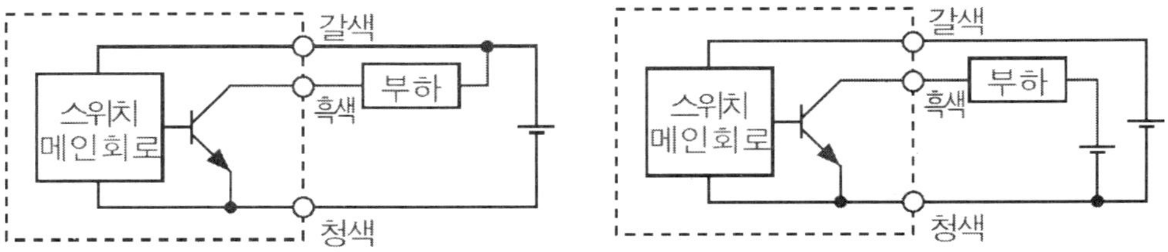

(a) 센서 전원과 부하 전원이 동일한 경우　　(b) 센서 전원과 부하 전원이 별개인 경우

[그림 6.3] 무접점 3선식 NPN 타입 센서의 배선 방법

② 무접점 3선식 PNP 타입

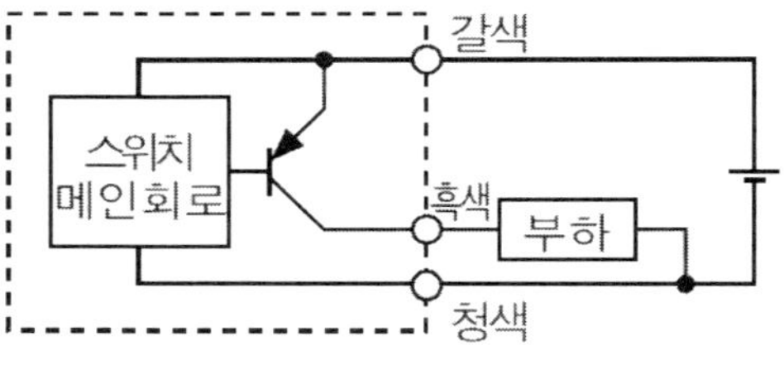

[그림 6.4] 무접점 3선식 PNP 타입 센서의 배선 방법

③ 무접점 2선식 NPN 타입

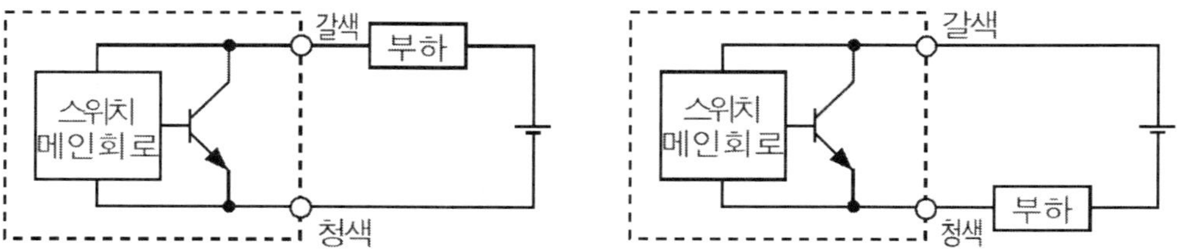

(a) +COM 부하인 경우　　(b) −COM 부하인 경우

[그림 6.5] 무접점 2선식 NPN 타입 센서의 배선 방법

(2) 센서와 PLC 간의 배선 방법

① 3선식 NPN 타입

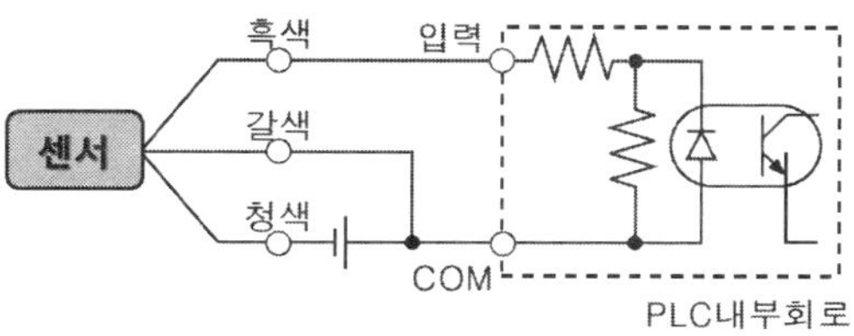

(a) +COM 경우

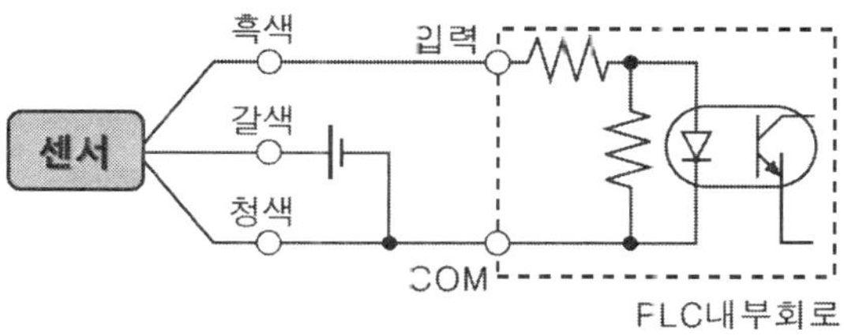

(b) −COM 경우

[그림 6.6] 3선식 NPN 타입의 연결

② 3선식 PNP 타입 소스 입력

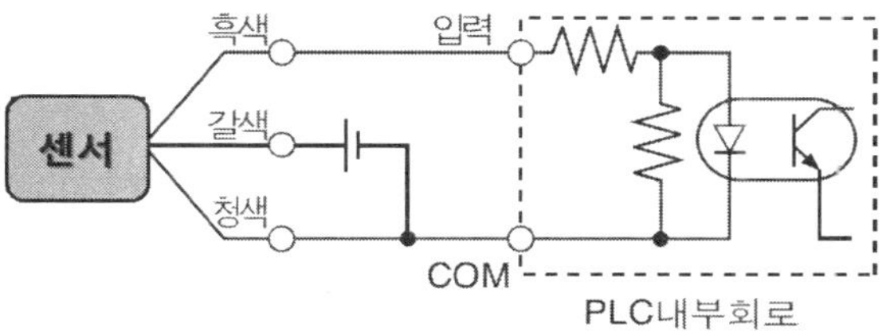

[그림 6.8] 3선식 PNP 타입의 연결

③ 2선식 타입

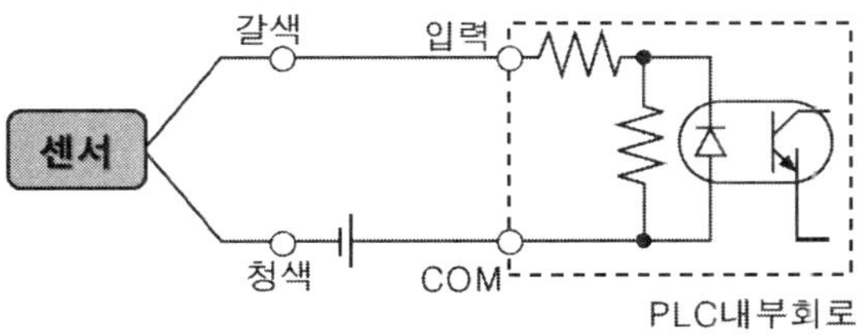

(a) +COM 경우

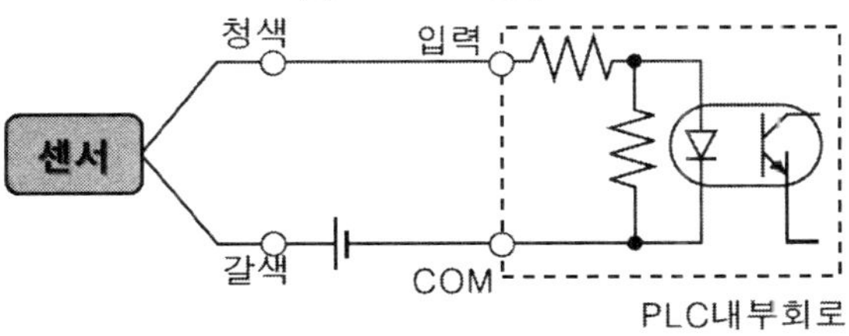

(b) −COM 경우

[그림 6.8] 2선식 타입의 연결

(3) 실린더 오토 스위치(= 리드 스위치, 리드센서, 오토센서)

오토 스위치는 유공압실린더 내부에 피스톤과 함께 움직이는 자석을 감지하는 위치검출센서이며 실린더 피스톤의 위치를 알 수 있다.

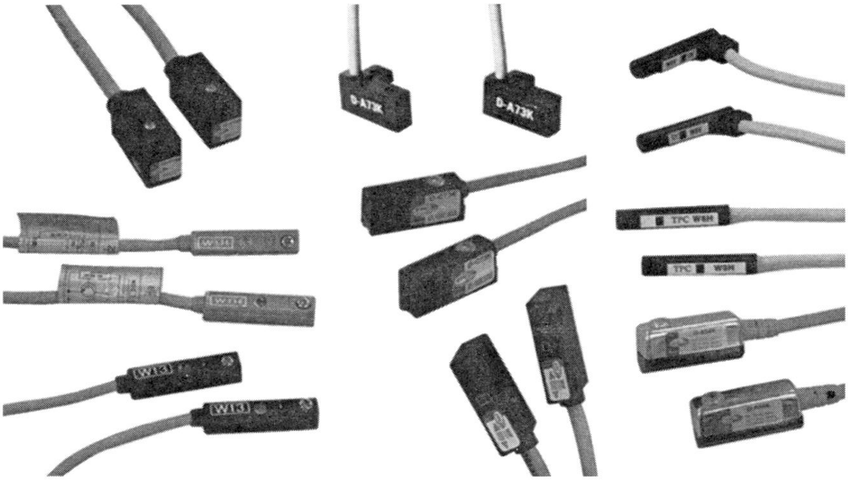

[그림 6.9] 여러 가지 실린더용 오토 스위치 모습

① 유접점 방식

센싱 소자가 접점으로 되어 있어 센싱(감지방법)을 기계적으로 동작한다. 유리관(진공) 속의 2개 금속판(접점)에 자석이 가까이 오면 붙고 자석이 멀어지면 떨어지게 되는, 자력에 의하여 ON, OFF 되는 기계적 스위치이다.

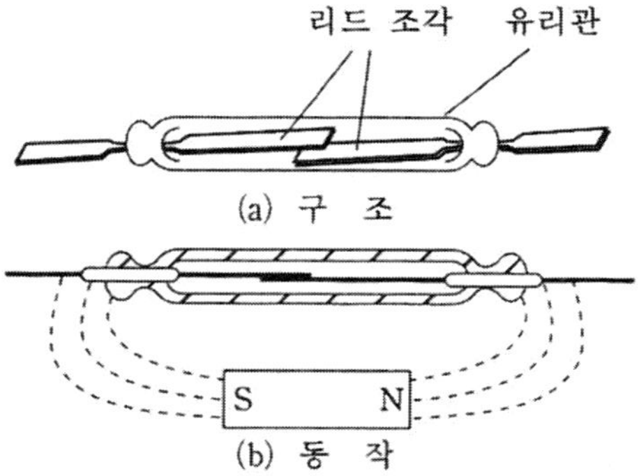

[그림 6.10] 유접점 오토 스위치 동작 원리

② 무접점 방식

접점 없이 반도체(MR소자)소자가 전자적으로 감응하여 ON, OFF하므로 동작 수명이 영구적이다.

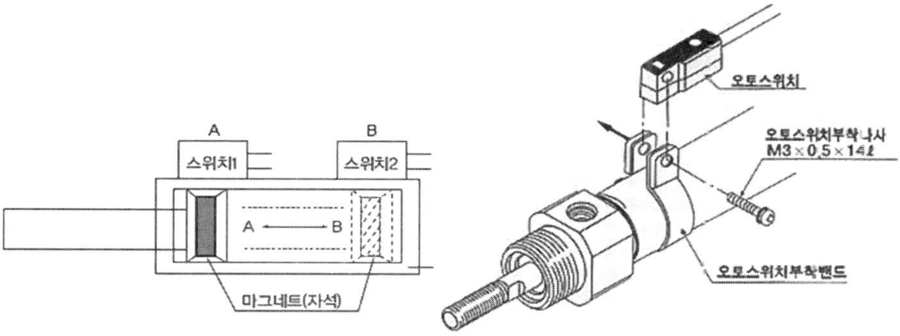

[그림 6.11] 오토 스위치의 실린더 배치와 부착방법(밴드 고정형)

[표 6.4] 유접점과 무접점 방식 리드 스위치 특징

종 류	특 징
유접점 형	• 리드 스위치를 사용하며, 2선식이다. • 가격이 저렴하여 가장 많이 사용된다. • 소형 실린더에는 부적합하다. • 감지거리가 짧다. • 기계적 접점 때문에 동작 횟수에 제한이 있다.
무접점 형	• 반도체 MR소자에 의한 ON-OFF 동작 • 동작범위가 좁으나 응답속도가 빠르다. • 감지거리가 멀다. • 가격이 비싸다. • 2선식과 3선식(NPN형, PNP형)이 있다.

(4) 광센서(광전센서)

가시광선, 적외선 등과 같은 빛을 투광부에서 신호광으로 발사하고, 검출물체에 반사되는 빛을 수광부에서 검출(반사형)하거나 차광되는 광량의 변화를 수광부에서 검출(투과형 · 회귀반사형)하여 출력신호를 얻는 센서이다.

① 광전센서 종류

- 투과형
- 반사형
- 마크센서
- 거리설정형

[그림 6.12] 여러 가지 광전센서들

② 광화이버 센서

광화이버 센서란 광전센서와 광화이버(광 · 섬유 코드)를 조합시킨 것으로 광학적인 변환부와 수광부 또는 투광부 사이를 공간적으로 제약 받지 않게 띄워 놓아 광학적으로 검출하는 센서이다.

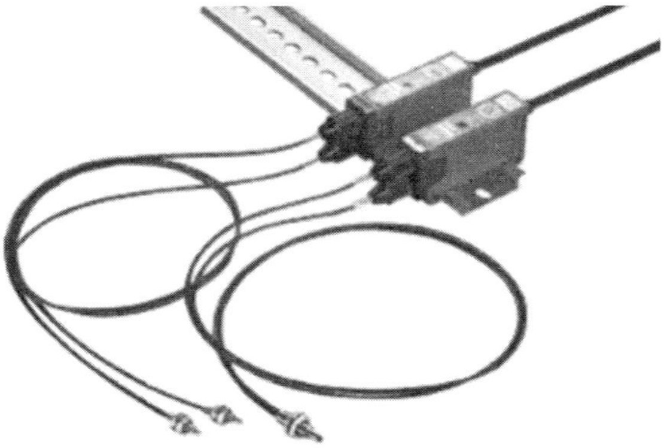

[그림 6.13] 광화이버 센서

(5) 근접센서

[그림 6.14] 여러 가지 근접센서들

근접센서란 종래의 마이크로 스위치 및 리미트 스위치의 기계적인 스위치를 무 접촉화하여 검출대상물의 유무를 무 접촉으로 검출하는 검출기(스위치)이다.

동작원리는 고주파 발진형, 정전 용량형 등의 종류로 분류되어 많은 종류의 근접스위치가 사용 용도에 알맞게 선택할 수 있다.

① 고주파 발진형 근접센서

아래와 같이 근접센서 선단의 검출 코일에서 고주파 자계가 발생하고 있다. 이 자계에 검출물체를 접근시키면 전자유도현상에 의해 금속중에 유도 자계가 흘러 손실이 발생하고 발진이 감쇠 또는 정지한다. 이 상태의 변화를 검출 회로로 검출하여 출력회로를 동작시킨다.

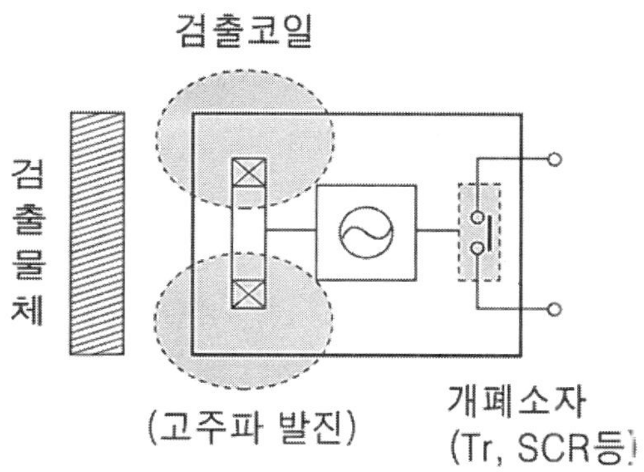

[그림 6.15] 고주파 발진형 근접센서의 원리

② 정전용량형 근접센서

검출부에 유도 전극을 가지고 있으며 전극에 물체가 접근하였을 때는 검출부의 유도 전극과 대지 간의 정전용량이 크게 변화하며 그 변화량을 검출하여 출력신호를 발생시킨다.

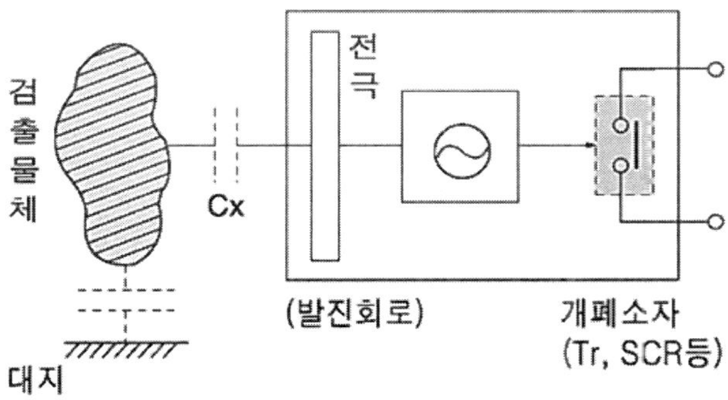

[그림 6.16] 정전용량형 근접센서의 원리

6.3 공압실린더 제어 실습

여기에서는 실습장치에 부착된 공압실린더의 전 · 후진을 제어하는 방법을 배운다.

(1) 실습장치의 구성

이 장의 실습을 위한 공압실린더의 배치도와 공압 솔레노이드와 리밋센서의 I/O 배치를 [그림 6.17]과 [그림 6.18]에 나타내었다.

공급실린더와 송출실린더는 복동이고 가공실린더는 단동실린더이다. 각 실린더에는 전진과 후진위치를 검출하는 센서가 각각 부착되어 있고, 가공실린더는 단동실린더이기 때문에 편솔을 사용한다.

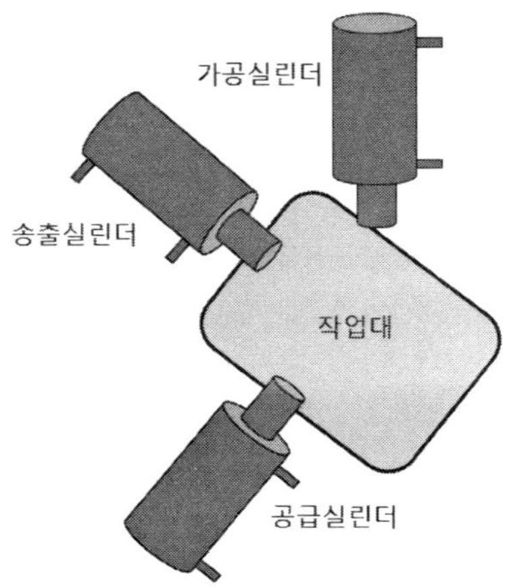

[그림 6.17] 실습을 위한 실린더의 배치

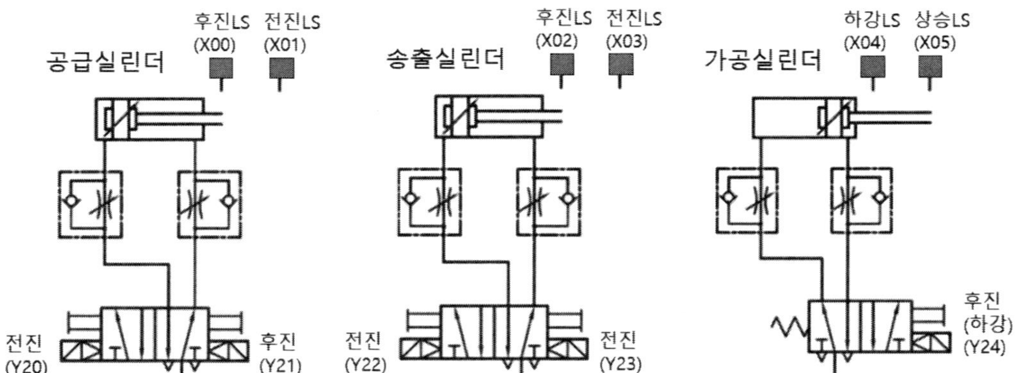

[그림 6.18] 실습을 위한 공압실린더 회로와 PLC I/O 할당

각 실린더에 부착된 리밋 센서를 이용하여 공정의 순서대로 진행하도록 한다. 실린더를 움직이는 솔레노이드 밸브는 양솔과 편솔이 있는데, 양솔의 경우 솔레노이드 1개당 2개의 PLC 출력에 의해 전진, 후진이 제어되는데 전진, 후진신호가 동시에 활성화되지 않도록 주의하여 프로그램해야 한다.

(2) I/O 할당

각 장치의 PLC I/O 할당을 [표 6.6]에 나타내었다. 래더 프로그램에서 장치 주소를 직접 지정할 경우 디바이스가 많아지면 혼란스러워져서 오류가 발생할 가능성이 매우 커진다.

우리는 앞선 실습에서 내부 디바이스 대신 로컬 라벨을 자주 사용했는데, 라벨을 사용하는 이유는 디바이스 주소를 직접 사용하는 것보다는 우리가 알기 쉬운 기호로 표현하는 것이 혼동할 우려가 적기 때문이다.

멜섹 PLC에서는 로컬 라벨과 글로벌 라벨 두 가지를 제공하고 있다. 글로벌 라벨은 프로젝트 내의 모든 래더 프로그램 모듈에서 공통으로 사용 가능하다. 따라서 글로벌 라벨은 주로 I/O 디바이스의 입출력 할당 주소를 기호로 표현하여 글로벌 라벨로 바꾸어 래더에서 장치 주소 대신 이 글로벌 라벨을 사용하여 프로그램할 수 있다.

다음 [표 6.5]에 I/O 디바이스 주소를 글로벌 라벨로 표현하였으며 래더 프로그램에서 이 라벨을 사용하여 프로그래밍을 한다.

[표 6.5] PLC I/O할당 표

입 력			출 력		
PLC 할당	기 능	글로벌 라벨	PLC 할당	기 능	글로벌 라벨
X00	공급후진 리밋센서	SUP_B	Y20	공급전진 SOL	SUP_SOLF
X01	공급전진 리밋센서	SUP_F	Y21	공급후진 SOL	SUP_SOLB
X02	송출후진 리밋센서	OUT_B	Y22	송출전진 SOL	OUT_SOLF
X03	송출전진 리밋센서	OUT_F	Y23	송출후진 SOL	OUT_SOLB
X04	가공하강 리밋센서	WORK_B	Y24	가공하강 SOL(편)	WORK_SOL
X05	가공상승 리밋센서	WORK_F			

(3) 공압실린더 제어 요령

① 센서를 이용한 피스톤의 전진과 후진

한 개의 공압실린더를 래더도를 이용하여 자동 왕복 제어하기 위해서는 반드시 전진, 후진 리밋 센서를 이용하여 전진 완료 후에 후진하고, 후진 완료 후에 전진하도록 한다.

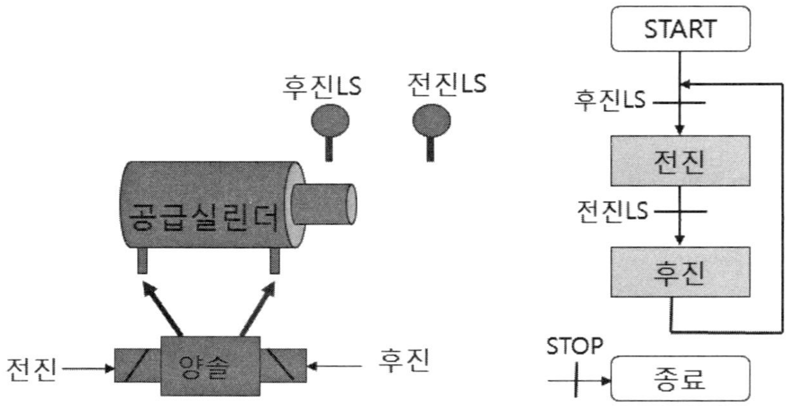

입 력		출 력	
PLC 할당	기 능	PLC 할당	기 능
X00	공급후진 리밋센서	Y20	공급전진 SOL
X01	공급전진 리밋센서	Y21	공급후진 SOL
M11	시작 스위치		
M12	정지(리셋)스위치		

② **래더도 작성 요령**

■ **시작 신호의 생성으로 시퀀스의 시작**

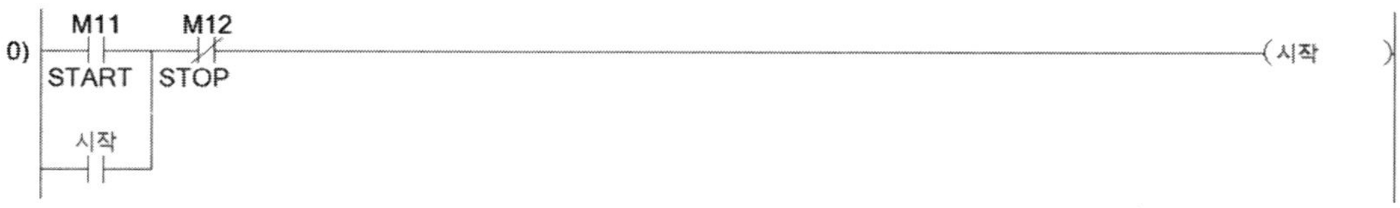

■ **제어로직부** : 공압실린더의 전진, 후진 제어신호를 생성한다.

- 무조건 자기유지회로가 있어야 하며, 아래 시퀀스에 나오는 반대 신호로 끊어준다.
- 아래 시퀀스에 반대신호가 없을 경우 1사이클이 종료되면 자기유지회로를 끊어준다.
- 1사이클이 끝나면 '종료' 신호를 생성하여 모든 제어신호들이 초기화되도록 한다.

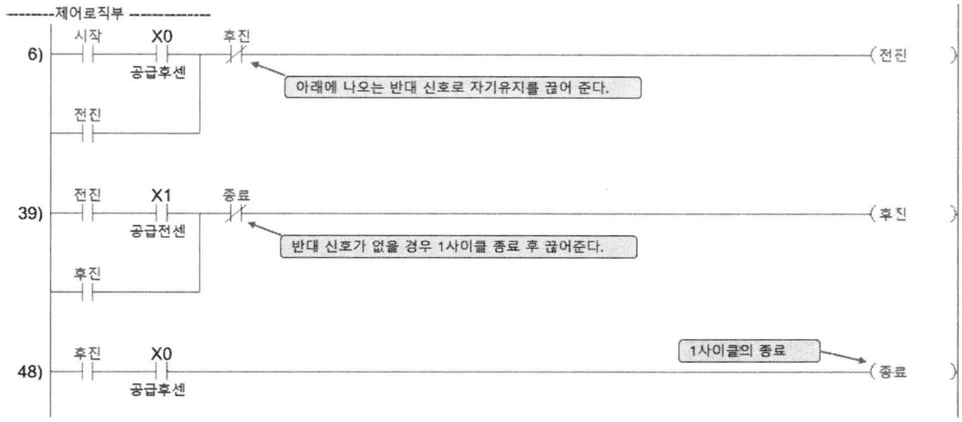

■ **출력부**

- 전진, 후진 제어신호를 공압 솔레노이드로 연결하여 공압실린더를 동작한다.
- 프로그램의 오류 등으로 인해 실린더가 전진 상태로 멈추는 것을 대비하여 정지스위치나 리셋스위치는 후진 솔레노이드에 연결하여 스위치가 동작되면 강제 후진 되도록 한다.

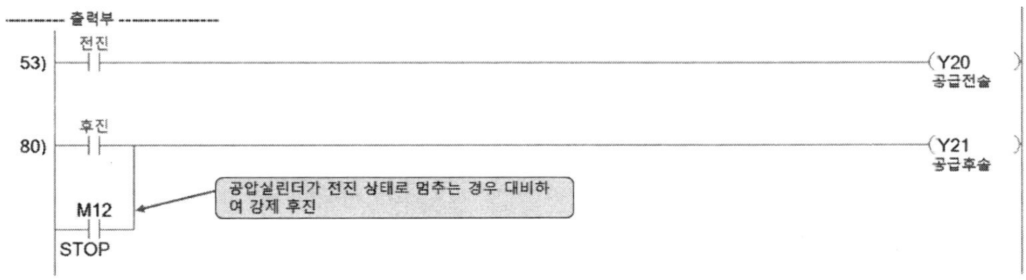

실습 6-1 센서를 이용한 1개의 공압실린더 무한반복 왕복 제어

○ 문제

아래와 같이 HMI 화면을 작화하고 카운터를 이용하여 공급실린더가 5회 왕복 동작 후 종료하도록 프로그램한다.

① **START** 버튼을 누르면 실린더 피스톤이 왕복운동을 시작하고, **STOP** 버튼을 누르면 실린더는 후진상태로 하여 멈춘다.

② 전진 시 황색램프가 점등되고 후진시 녹색램프가 점등되도록 한다.

③ 동작 횟수를 숫자 표시기에 나타나도록 하고, 5회 반복 후 숫자표시기는 **5**가 표시되어있어야 한다.

④ 5회 이내 수행 중이라도 STOP 버튼을 누르면 실린더를 후진하고 종료한다. 이때 숫자표시기는 현재 카운터 값을 표시하고 있도록 한다.

⑤ 동작 중이거나 정지 중일 때 **RESET** 버튼을 누르면 초기상태로 한다.

⑥ 초기상태 : 실린더 후진, 녹색램프 점등, 숫자표시기 "0"

[공정 순서도와 HMI화면]

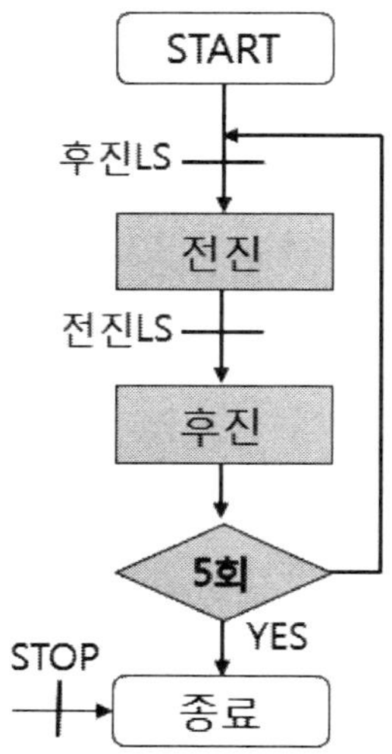

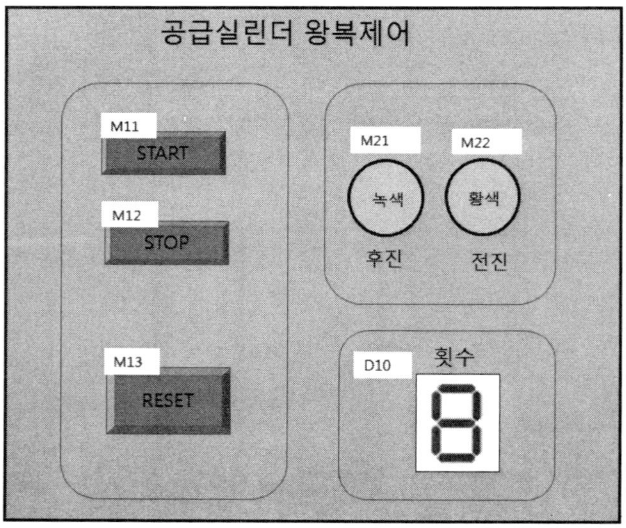

○ I/O 할당표

입 력		출 력	
PLC 할당	기 능	PLC 할당	기 능
X00	공급후진 리밋센서	Y20	공급전진 SOL
X01	공급전진 리밋센서	Y21	공급후진 SOL

○ Ladder

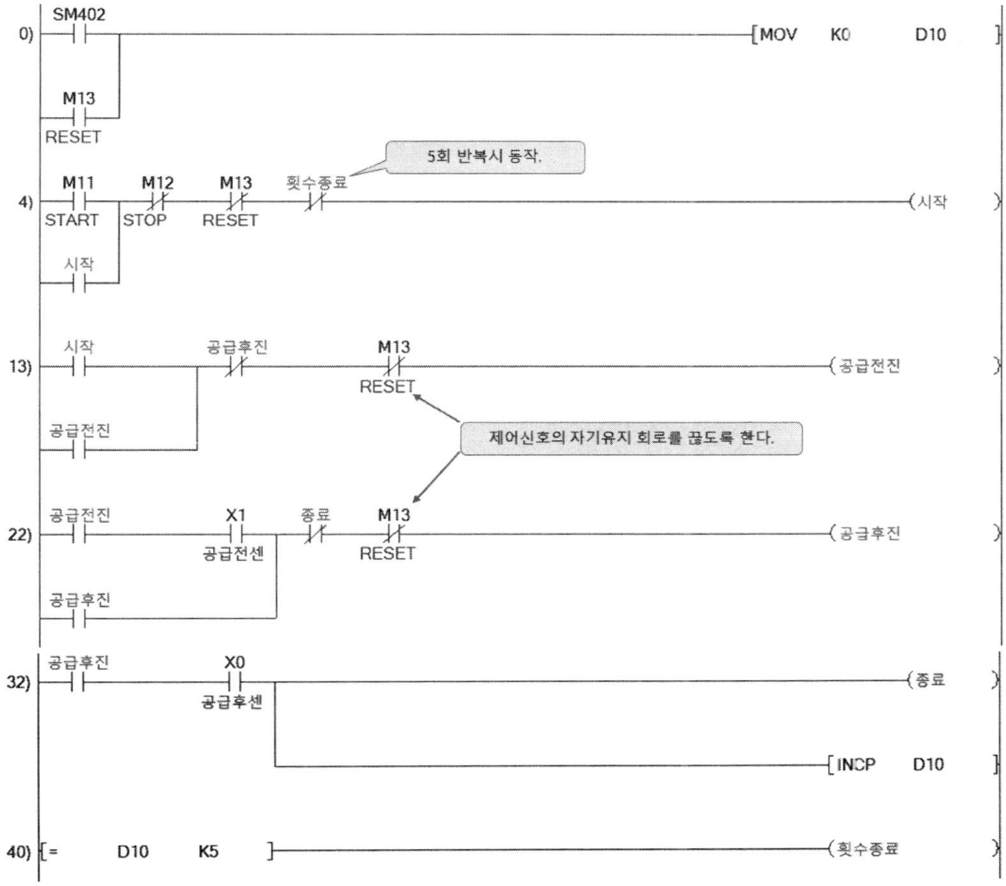

- 출력부

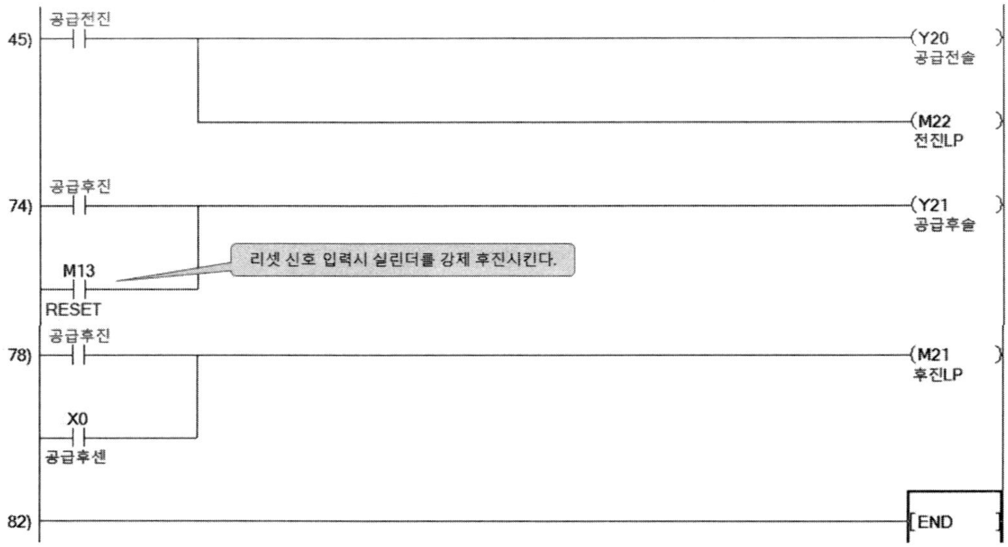

45)
공급전진
Y20
공급전솔
M22
전진LP
74)
공급후진
Y21
공급후솔
M13
RESET
리셋 신호 입력시 실린더를 강제 후진시킨다.
78)
공급후진
M21
후진LP
X0
공급후센
82)
END

실습 6-2 2개의 공압실린더 제어

○ 문제

공압실린더의 작동을 아래의 제어선도로 나타내었다.

아래와 같이 HMI화면 작화를 하고 **동작** 버튼을 터치하면 제어선도처럼 실린더는 1회 동작하도록 한다.

- 초기상태 : 실린더 모두 후진, 동작램프 OFF
- 램프 : **동작** 버튼을 눌러 실린더가 동작 개시(공급실린더 전진)하면 점등하고 동작 종료(송출실린더 전진 후 후진)하면 꺼진다.
- **리셋** 스위치를 조작하면 즉시 초기상태로 된다.

[I/O 할당표]

입 력		출 력	
PLC 할당	기 능	PLC 할당	기 능
X00	공급후진 리밋센서	Y20	공급전진 SOL
X01	공급전진 리밋센서	Y21	공급후진 SOL
X02	송출후진 리밋센서	Y22	송출전진 SOL
X03	송출전진 리밋센서	Y23	송출후진 SOL

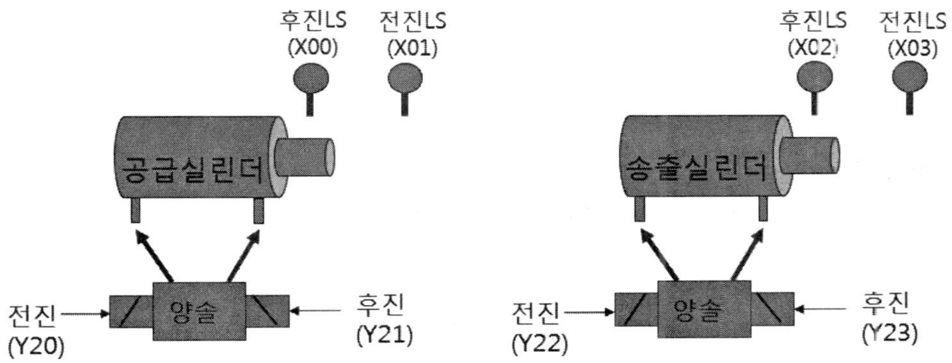

[제어선도]

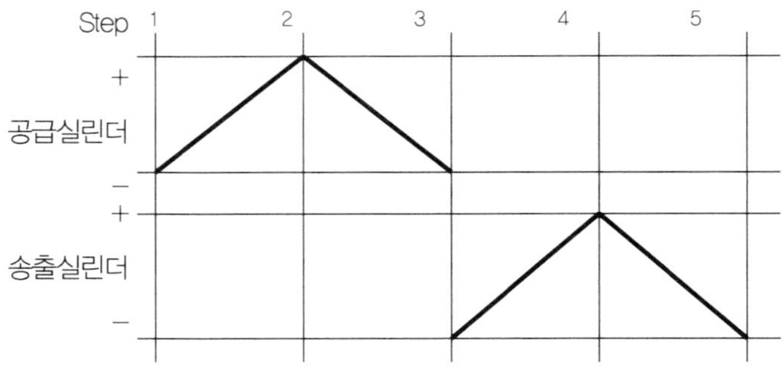

[HMI 화면]

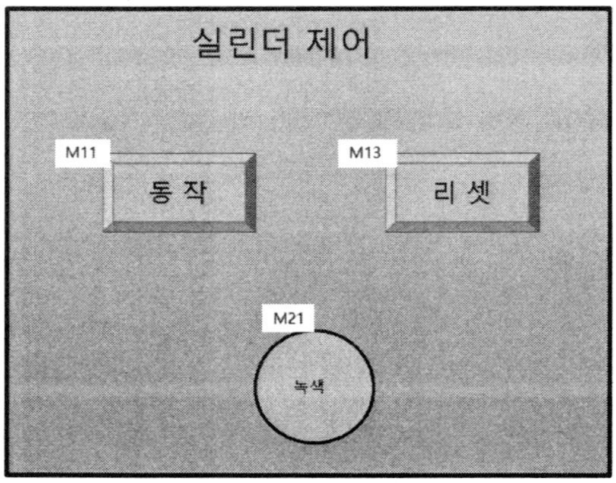

○ LADDER

① 시작신호 생성과 종료

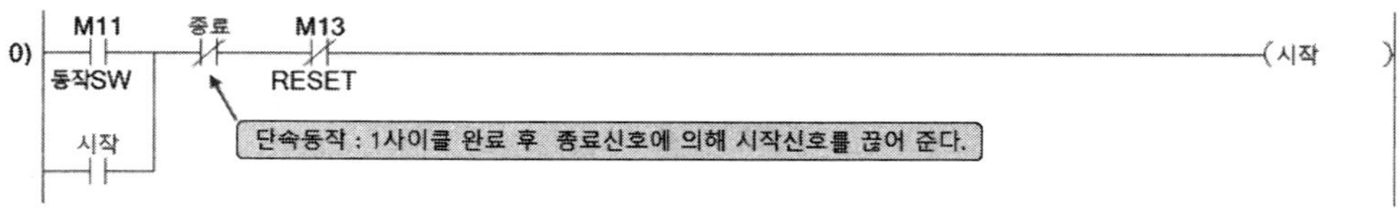

② 제어신호의 생성

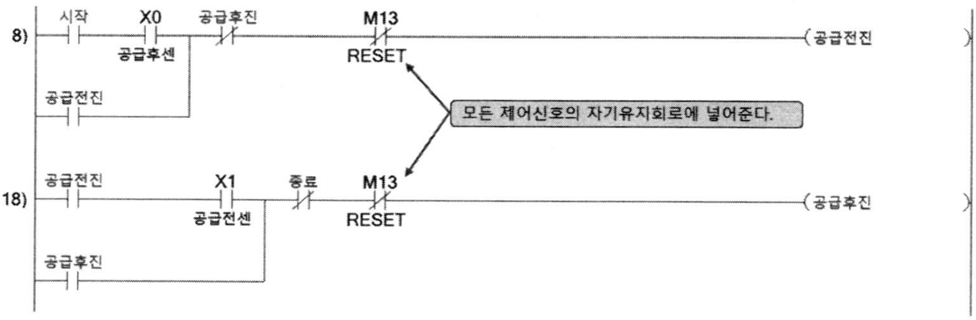

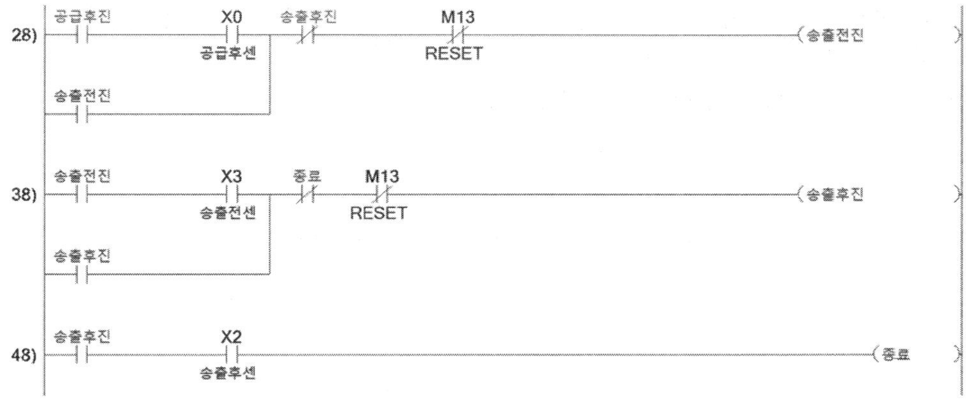
28)
공급후진
X0
공급후센
송출후진
M13
RESET
송출전진
송출전진
38)
송출전진
X3
송출전센
종료
M13
RESET
송출후진
송출후진
48)
송출후진
X2
송출후센
종료

③ 출력부

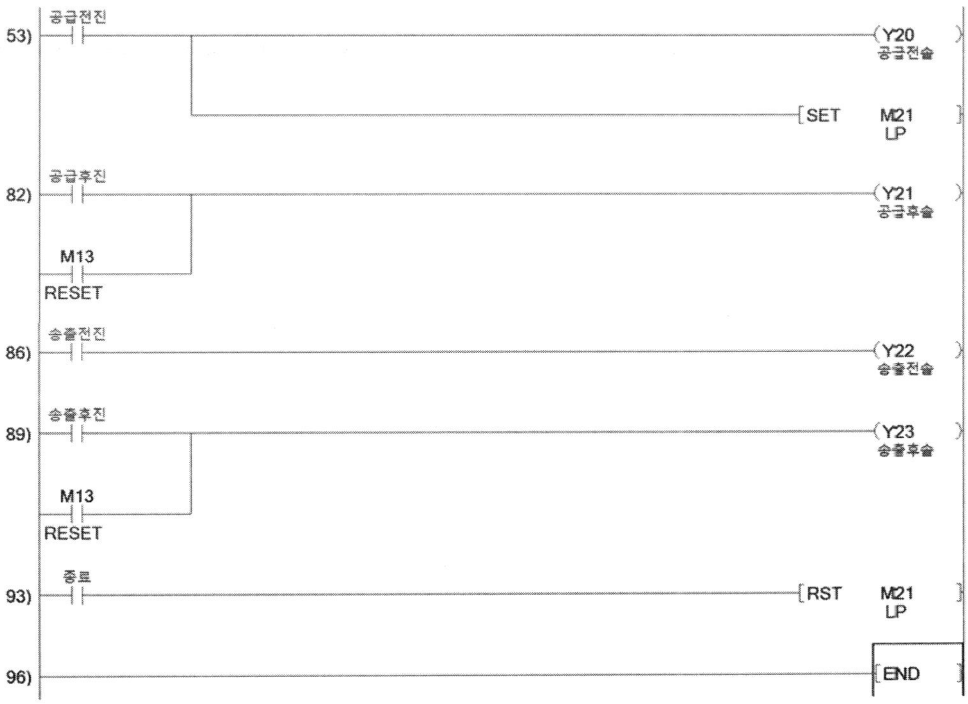
53)
공급전진
Y20
공급전솔
SET
M21
LP
82)
공급후진
Y21
공급후솔
M13
RESET
86)
송출전진
Y22
송출전솔
89)
송출후진
Y23
송출후솔
M13
RESET
93)
종료
RST
M21
LP
96)
END

활용과제 6.1

위 실습에서 다음 제어선도처럼 무한반복 동작하도록 하시오.

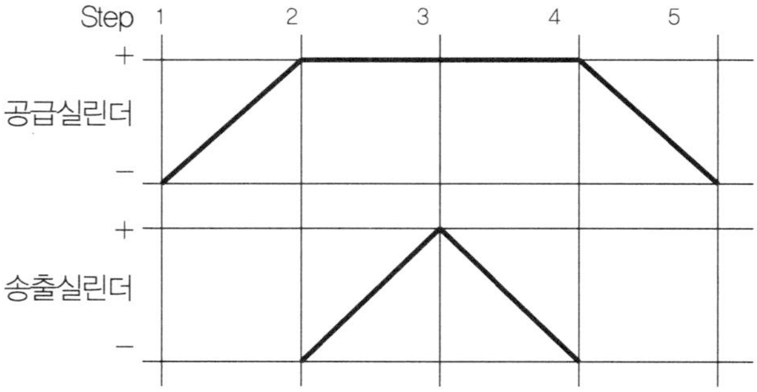

실습 6-3 2개의 공압실린더 무한반복 제어 - Global label의 활용

[글로벌 라벨의 등록과 활용법]

자동화 실습장치의 수많은 디바이스의 I/O 할당 시 일일이 디바이스 주소를 사용하기에는 매우 불편하다. 따라서 디바이스 주소 대신 라벨을 사용하면 편리하게 프로그램 할 수 있으며, 코멘트가 필요 없다.

글로벌 라벨을 사용하기 위해서는 GX-WORKS2에서 등록한 후 사용해야 한다. [표 6.6]에 할당된 I/O의 글로벌 라벨을 등록해보자.

① GX-Works2 프로젝트 실행

② 프로젝트 내비게이션 메뉴에서 **Global1** 선택

프로젝트 내비게이션 메뉴에서 Global label - **Global1**을 클릭하면 그림처럼 [Global Label Setting ...] 탭이 열린다.

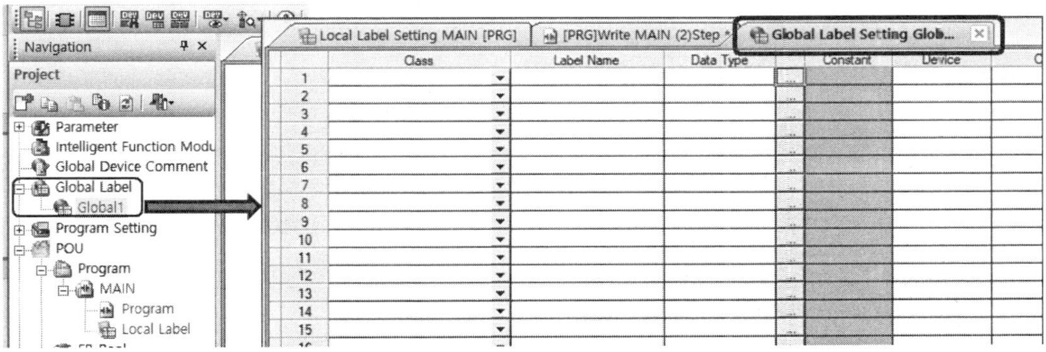

[그림 6.20] Global Label 입력 탭

③ 라벨의 등록

앞 절의 [표 6.6]에 있는 라벨을 등록해 보자.

다음의 [그림 6.21]에서처럼 각 PLC 디바이스에 라벨을 부여하여 입력한다.

탭에서 "Label Name"과 "Device" 영역만 입력하면 "Class", "Data Type"은 자동으로 생성된다. "Comment" 영역은 입력하지 않아도 무방하지만, 알아보기 쉽도록 한글 4자 이내로 입력해두는 것이 좋다.

④ 라벨의 저장과 재사용

프로젝트마다 라벨을 일일이 입력하기는 어렵다. 따라서 한 번 생성한 라벨을 엑셀 파일로 만들어 저장해 두고 사용하면 편리하다. 아래의 [그림 6.22]처럼 라벨을 드래그 선택하여 엑셀에 [복사-붙여넣기]하여 엑셀 파일로 저장해 두고 새프로젝트 실행 시 다시 엑셀부터 [복사-붙여넣기]를 이용하여 사용한다. 또한 엑셀에서 편집하여 사용하는 것이 더 편리하다.

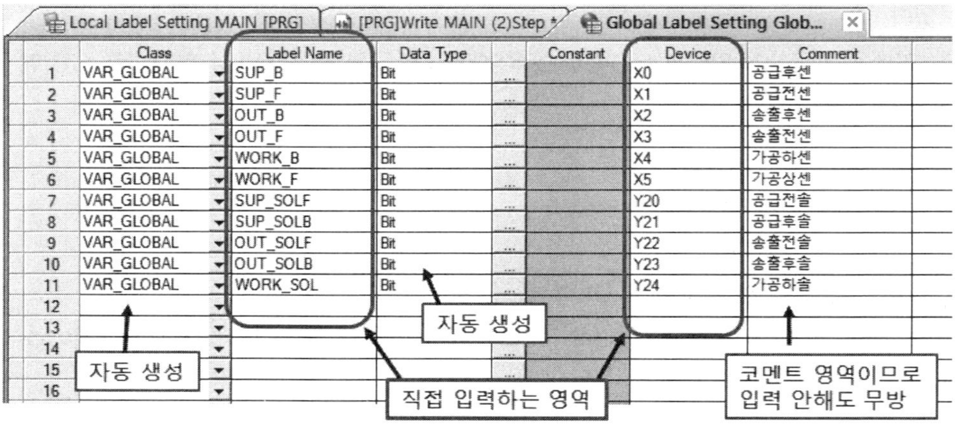

[그림 6.21] Global Label의 입력

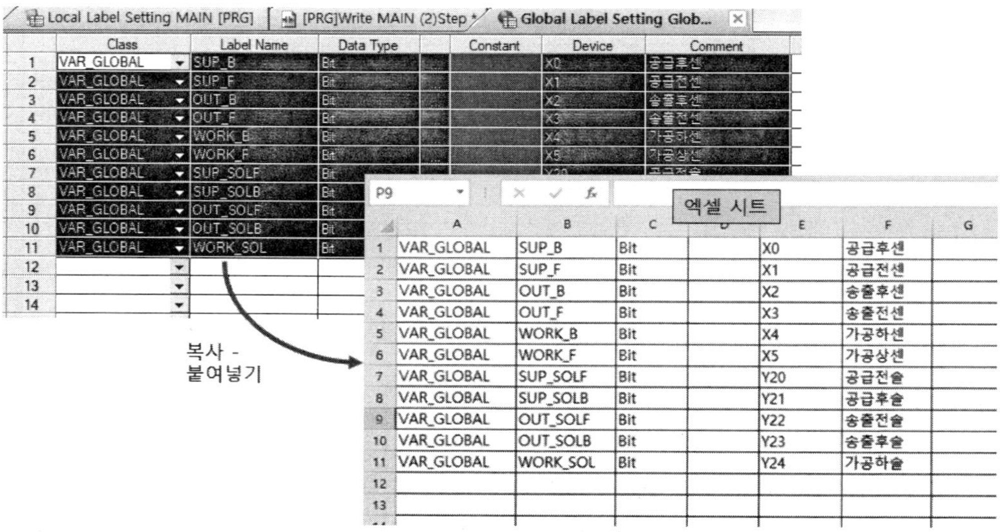

[그림 6.22] Global Label의 엑셀 파일로 복사

⑤ 래더에서 글로벌 라벨의 활용

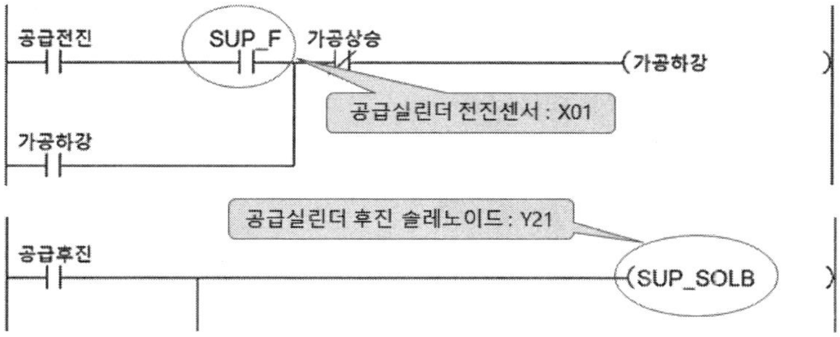

[그림 6.23] 래더에서 Global Label의 사용

○ 문제

공압실린더의 작동을 아래의 제어선도로 나타내었다.

아래와 같이 HMI 화면 작화를 하고 동작선택 스위치의 선택은 사용자가 하여 그 위치에 따라 다음과 같이 동작되도록 한다.

- 초기상태 : 단속모드, 단속램프(녹색) 점등, 실린더 모두 후진, 동작램프 OFF, FND : **0** 표시
- 횟수설정 버튼 [+] 을 클릭할 때마다 FND는 +1씩 증가하고 "9"에서 **+** 버튼을 누르면 다시 **0**으로 표시한다.

동작선택 스위치	램 프		횟 수 동 작
	단속	연속	
단속	ON	OFF	• 'START' 버튼을 누를 때마다 공급실린더, 송출실린더는 1회씩만 작동한다. • 동작램프는 공급실린더 전진시 ON되어 송출실린더가 한 사이클 종료시 OFF되며, 이때 FND 표시 숫자는 현재 값에서 -1 감소한다. • 다시 'START' 버튼을 누르면 위 동작이 반복한다.
연속	OFF	ON	• 'START' 버튼을 누르면 위 단속모드 동작이 연속으로 반복 진행된다. • FND 표시가 '0'이 될 때까지 반복한다.

- FND 횟수 표시가 "0"이면 [START] 스위치를 누르더라도 값은 아무 변화가 없다.
- **[리셋]** 스위치를 누르면 초기상태로 된다.

[I/O 할당표]

입 력			출 력		
PLC 할당	기 능	라 벨	PLC 할당	기 능	라 벨
X00	공급후진 리밋센서	SUP_B	Y20	공급전진 SOL	SUP_SOLF
X01	공급전진 리밋센서	SUP_F	Y21	공급후진 SOL	SUP_SOLB
X02	송출후진 리밋센서	OUT_B	Y22	송출전진 SOL	OUT_SOLF
X03	송출전진 리밋센서	OUT_F	Y23	송출후진 SOL	OUT_SOLB

[제어선도]

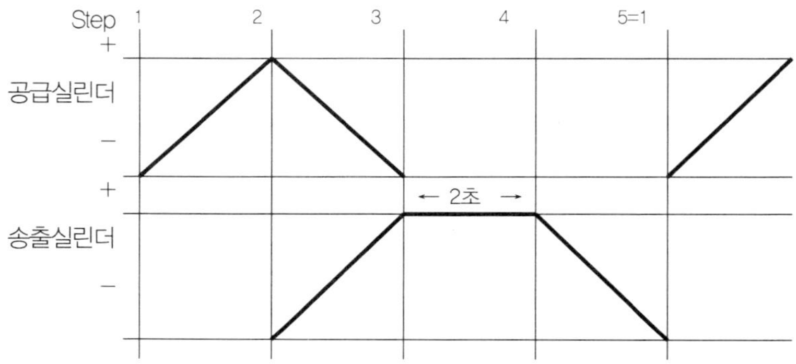

[HMI 화면]

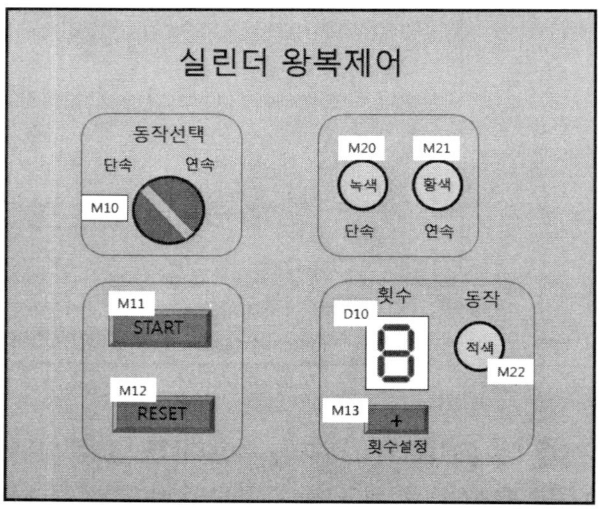

○ LADDER

① 초기화 및 횟수 설정

- 횟수 지정 처리

M13 버튼이 눌릴 때마다 +1씩 증가, D10 > 0이면 다시 0으로 표시

② 단속동작

- "단속" 제어신호 생성

단속/연속 셀렉터 스위치(M10)가 단속 위치는 OFF 모드, 연속위치는 ON 모드이다. 지정 횟수가 "0"보다 클 때 동작이 일어나도록 조건문[> D10, K0]을 둔다.

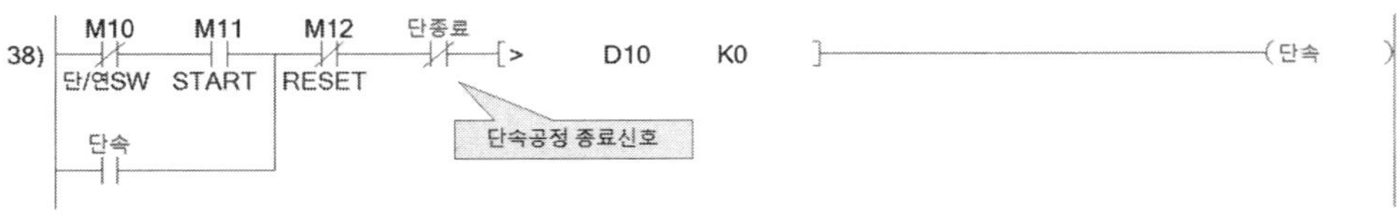

- 공급공정

(★ 단속공정의 제어신호는 연속공정과 구분하기 위해 "단"자를 앞에 붙인다.)

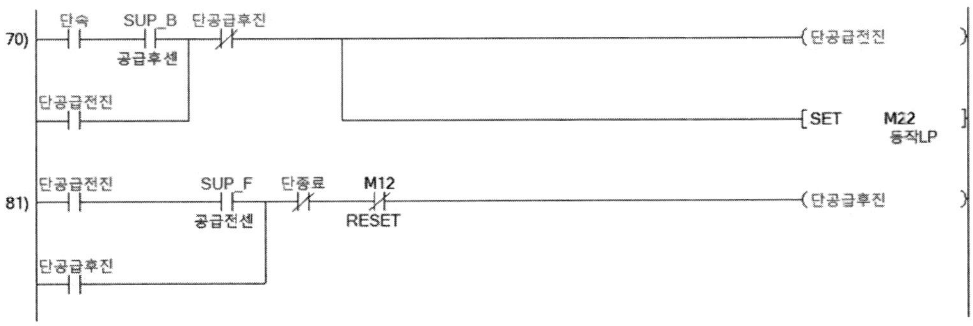

- 송출공정

송출실린더는 2초 후에 후진하도록 한다.

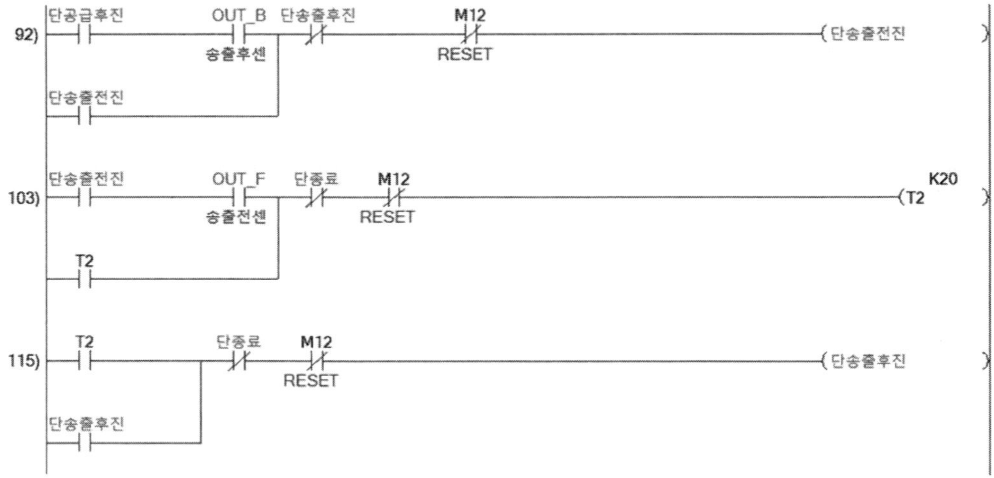

- 단속공정 종료 처리

공정이 종료되면 단속종료 신호("단종료")를 만들고 표시값을 –1 감소한다.

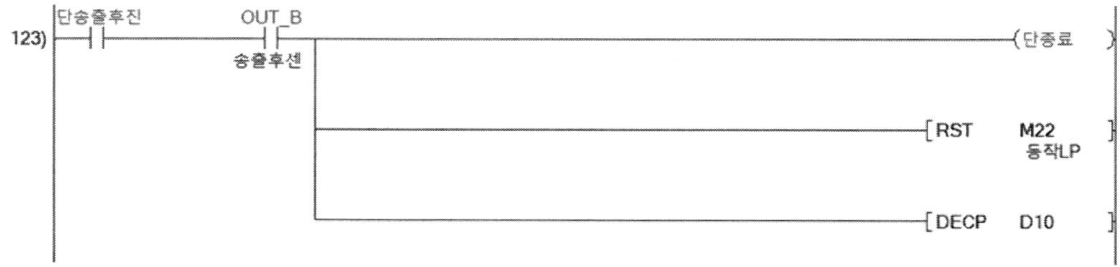

③ 연속동작

- "연속" 제어신호 생성

단속/연속 셀렉터 스위치(M10)가 연속위치에 두면 ON 모드이다.

지정 횟수가 "0"보다 클 때 동작이 일어나도록 조건문 [> D10, K0]을 둔다.

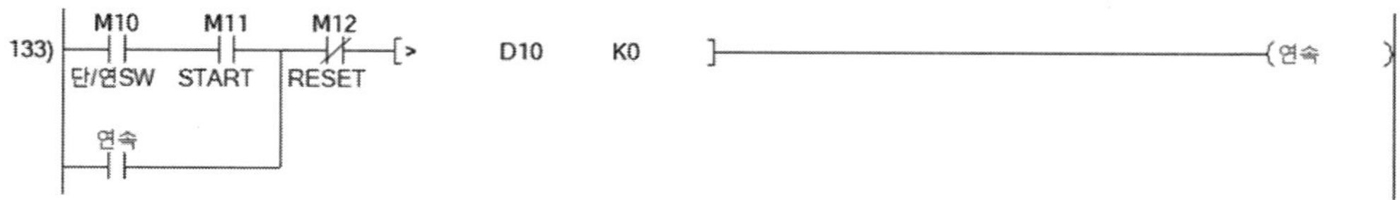

- 공급공정

(★ 연속공정의 제어신호는 단속공정과 구분하기 위해 앞에 **연** 자를 붙인다.)

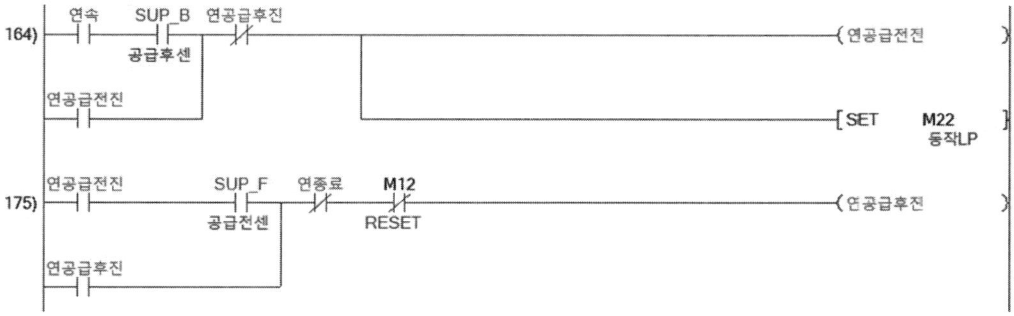

- 송출공정

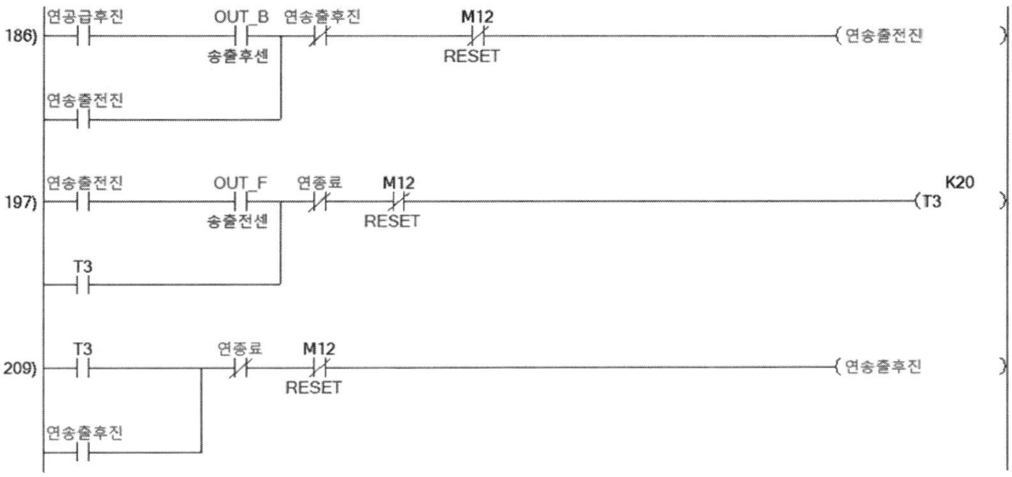

- 연속공정 종료처리

④ 출력부

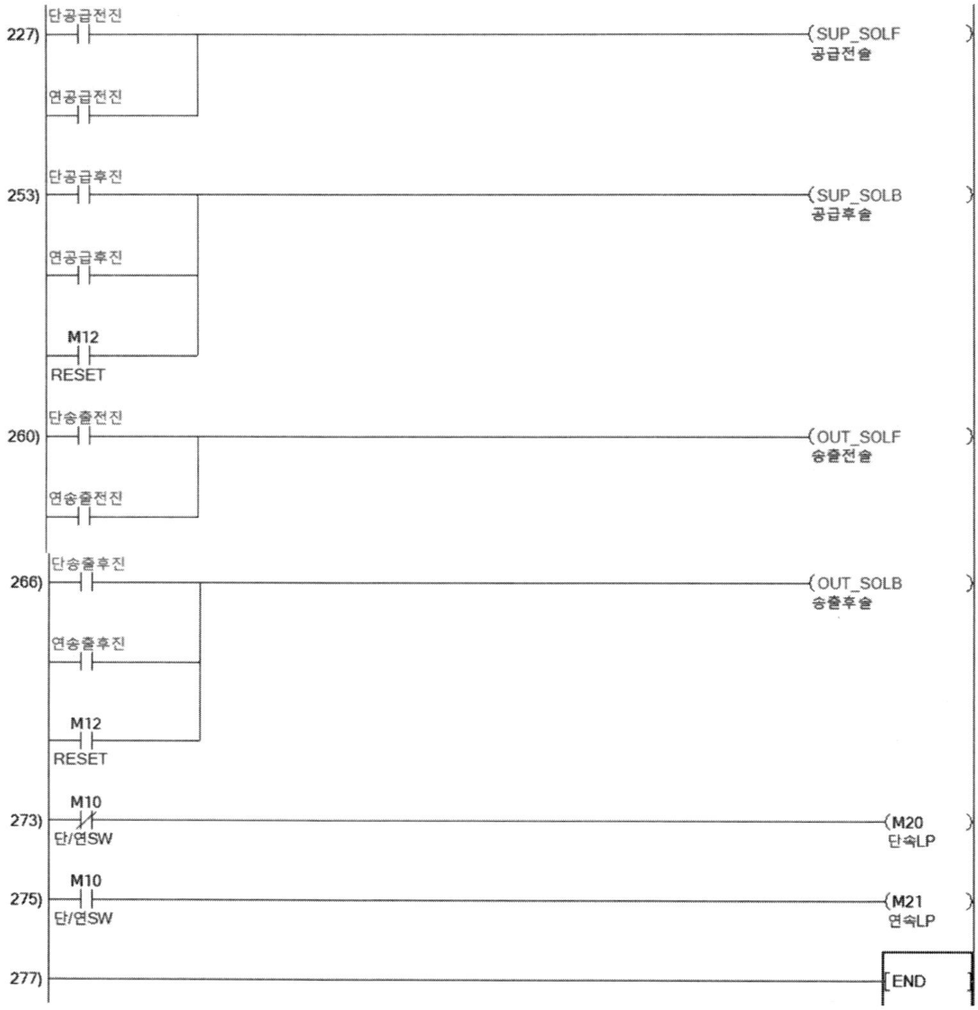

227)
단공급전진
연공급전진
SUP_SOLF
공급전솔
253)
단공급후진
연공급후진
M12
RESET
SUP_SOLB
공급후솔
260)
단송출전진
연송출전진
OUT_SOLF
송출전솔
266)
단송출후진
연송출후진
M12
RESET
OUT_SOLB
송출후솔
273)
M10
단/연SW
M20
단속LP
275)
M10
단/연SW
M21
연속LP
277)
END

◆ 별해 : 서브 프로그램을 이용한 방법

MAIN 프로그램과 단속동작 서브 프로그램, 연속동작 서브 프로그램으로 3부분의 모듈로 분할하여 실행할 수 있다.

```
MAIN 프로그램
        [PSCAN   "SUB1" ]
        [PSTOP   "SUB2" ]

        [PSCAN   "SUB2" ]
        [PSTOP   "SUB1"

SUB1

SUB2
```

- 아래 그림처럼 프로그램을 추가한다. 단속프로그램을 **SING**, 연속프로그램을 **CONT**로 명명한다.

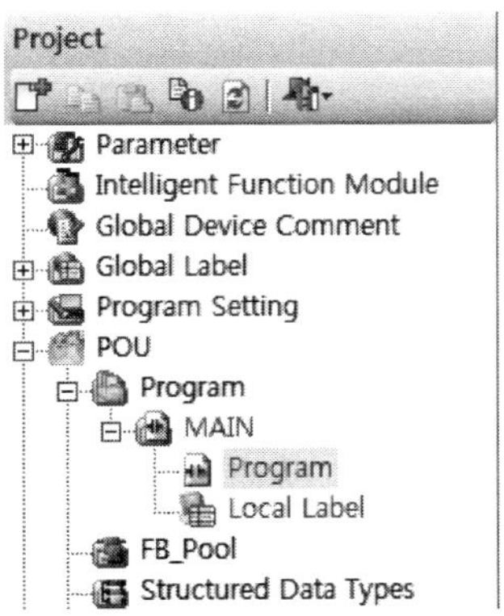

⇒

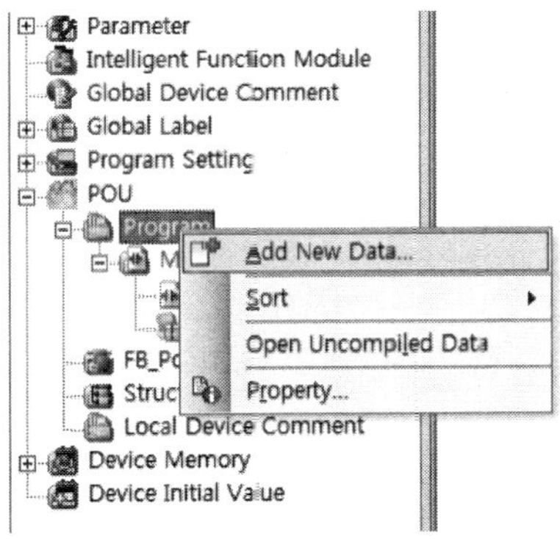

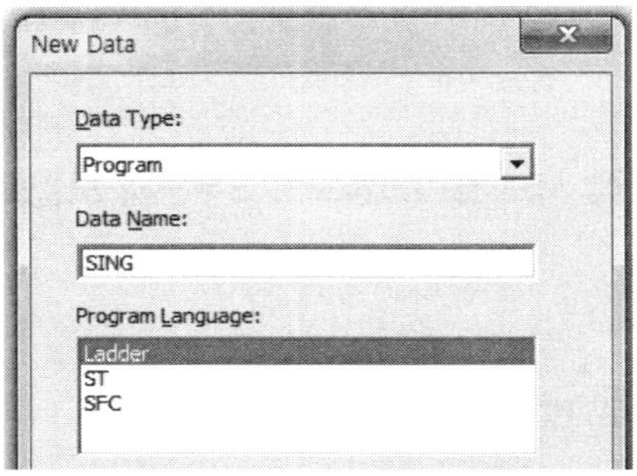

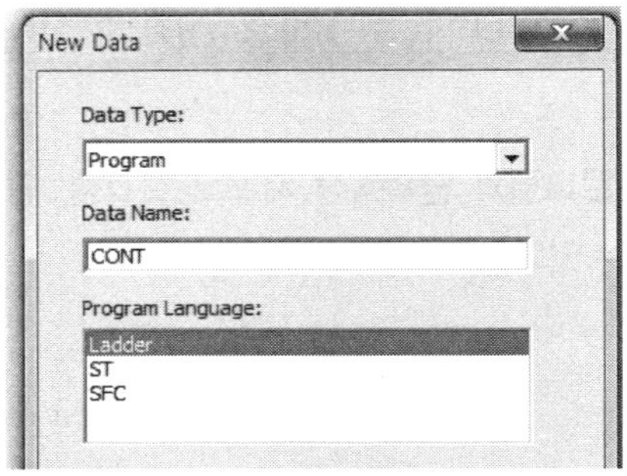

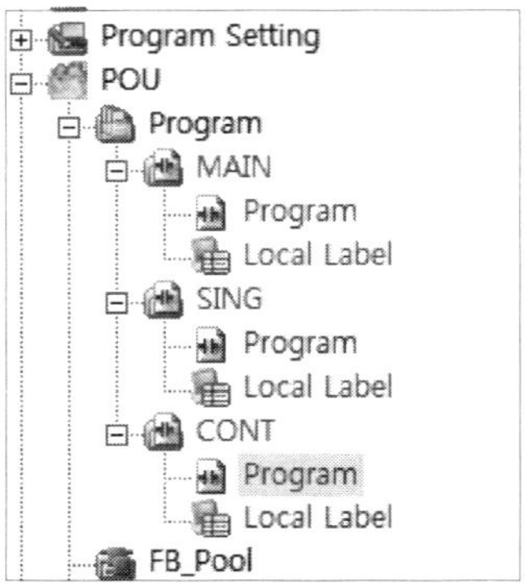

▪ 내비게이션 목록에서 PLC Parameter - **Program** 탭에서 아래 그림처럼 MAIN은 **Scan**으로 설정하고 두 서브 프로그램은 **Wait**로 설정한다.

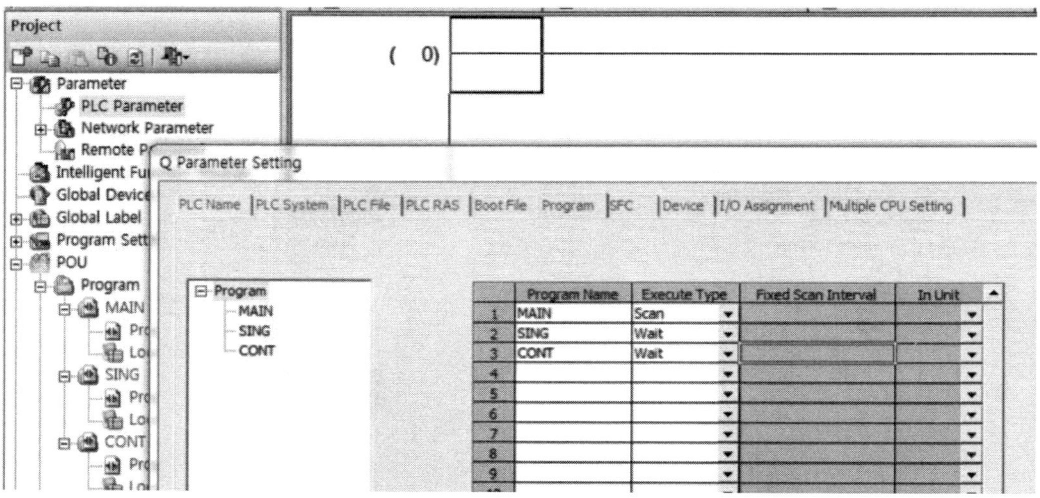

<MAIN 프로그램>

■ 메인은 초기화 부분과 단속, 연속 스위치에 따라 각 서브 프로그램을 “PACAN”, “PSTOP” 명령을 이용하여 실행하도록 한다.

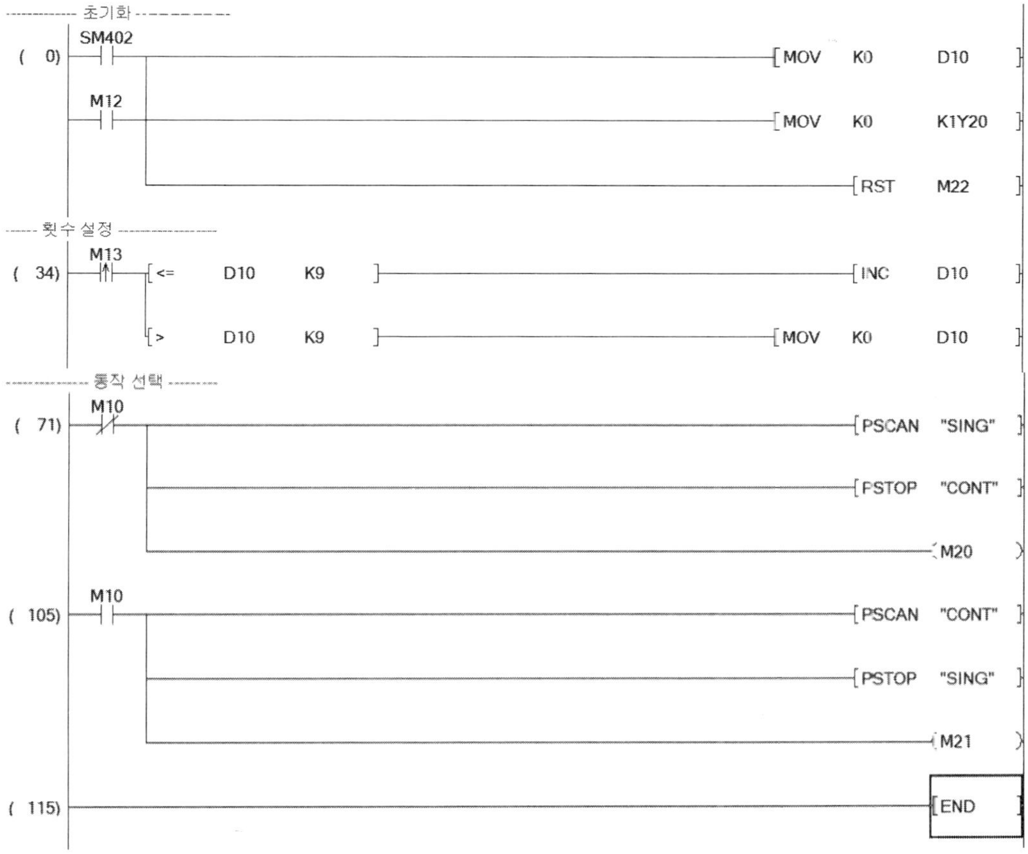

<단속동작 서브 프로그램 - SING>

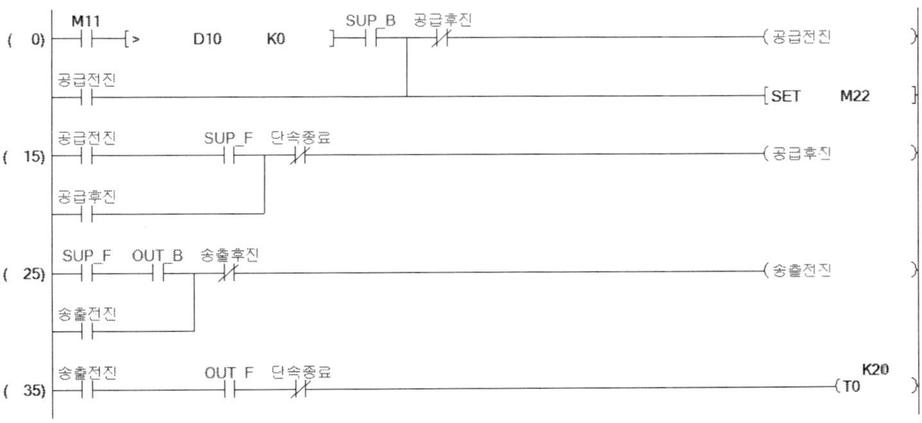

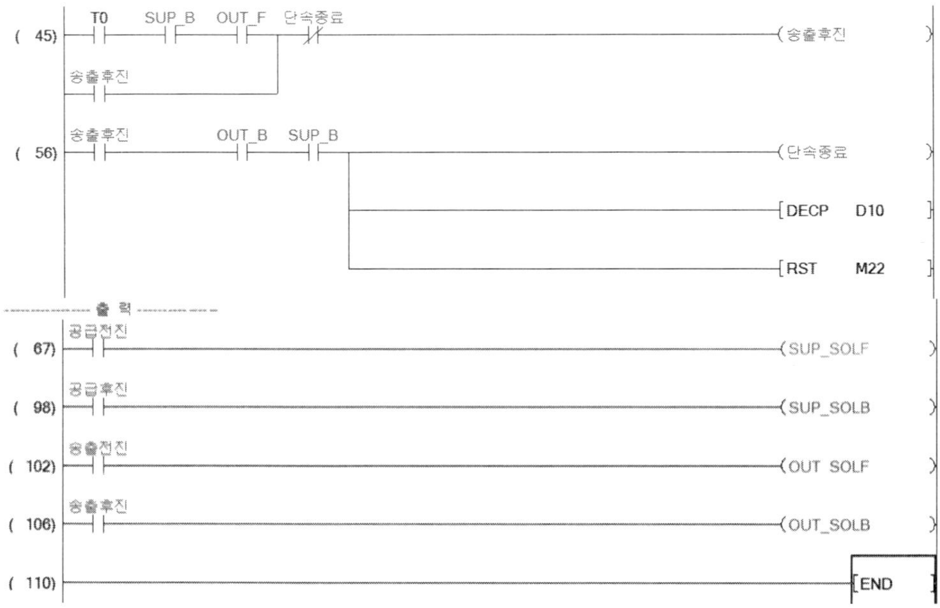

<연속동작 서브 프로그램 - CONT>

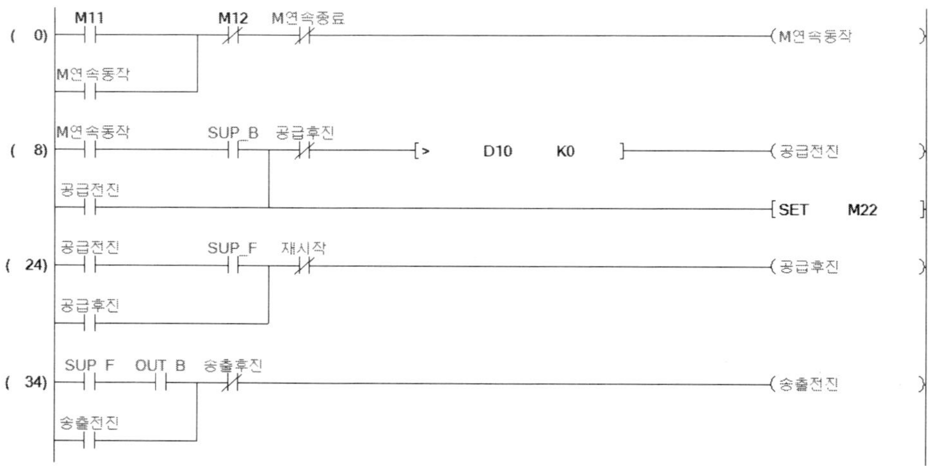

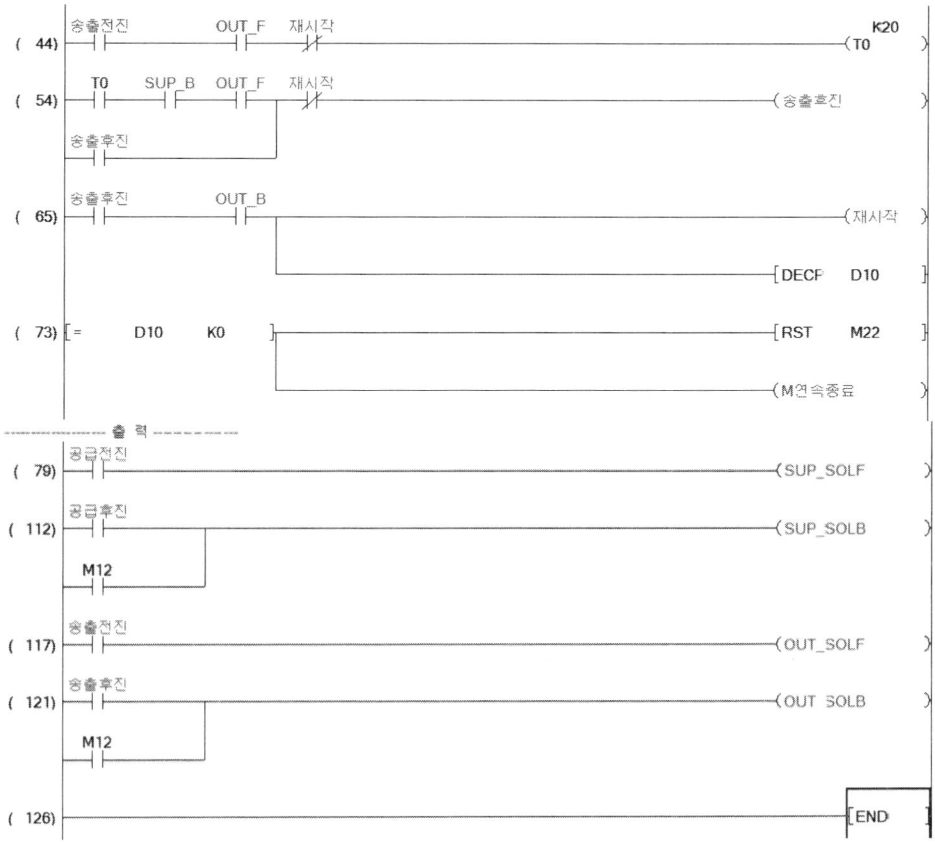

■ 프로그램을 빌드하면 2중코일 경고에러가 발생하지만 무시해도 된다.

Rebuild All

No.	Result	Data Name	Class	Content
1	CheckWar...	SING	Duplicated coil/ladder/consi...	A double-coil error has occurred. 'CONT(T0)'
2	CheckWar...	CONT	Duplicated coil/ladder/consi...	A double-coil error has occurred. 'SING(T0)'
3	CheckWar...	SING	Duplicated coil/ladder/consi...	A double-coil error has occurred. 'CONT(Y20)'

Rebuild All Completed.Error: 0, Warning: 0, CheckWarning: 10

활용과제 6.2

제어선도를 다음과 같이 수정하시오.

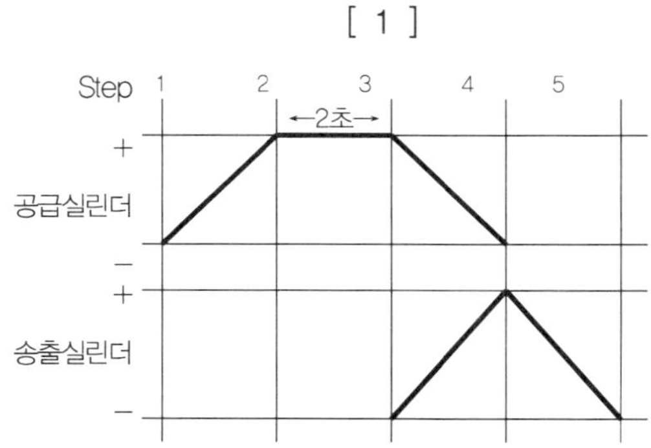

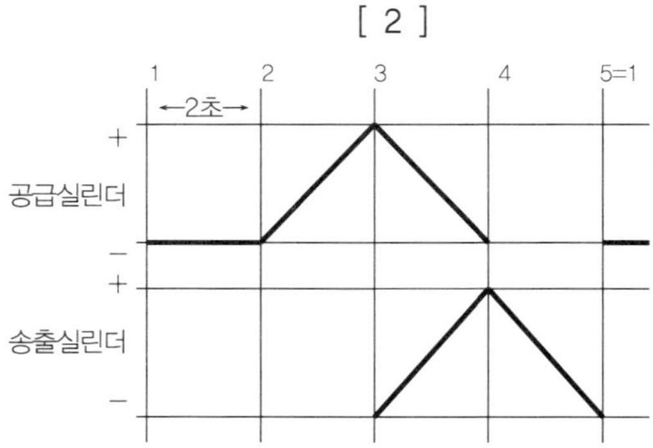

실습 6-4 공작물의 공급과 가공

○ 문제

아래 그림처럼 HMI를 작화하고 <u>**동작**</u> 버튼을 누르면 아래 공정순서대로 동작이 5회단 반복 후 종료하도록 한다.

■ 초기상태 : 램프 오프, 숫자표시 "0", 모든 실린더 후진

■ 정지 버튼 : 현재 수행 중인 작업이 종료되면 정지한다.

■ 동작 버튼 :

- 제어선도에 표시된 공정이 5회 반복 후 종료한다.
- 숫자표시는 "0"부터 시작하며 매 공정 시작시 +1 증가한다.
- 공정이 5회 완료 후 숫자는 "0"으로 표시된다.
- 공정 도중에 정지버튼에 의해 정지되거나 5회 완료 후, 다시 <u>**동작**</u> 버튼을 누르면 공정이 개시되어야 한다.

■ 녹색 램프 : 동작 중 표시등. 공정시작시 점등되고 공정 완료시 소등

■ 공정순서

공급실린더 전진 → 가공모터 구동 → 가공실린더 하강 → 가공실린더 상승 → 가공모터 정지 → 공급실린더 후진 → 송출실린더 전진 → 송출실린더 후진

[HMI 화면]

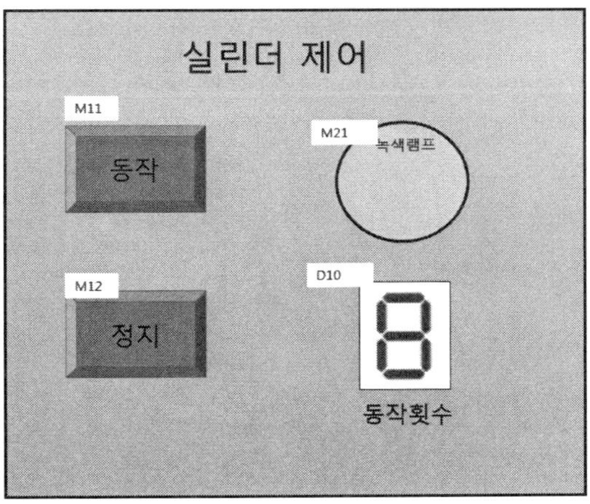

[장치의 구성]

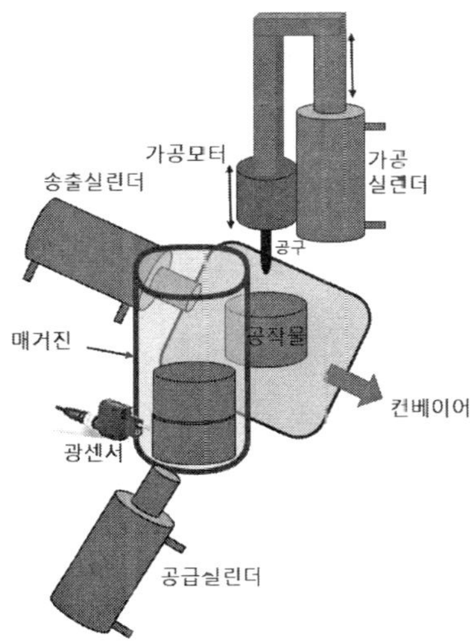

○ LADDER

▪ 동작 횟수 초기화와 공정의 시작

▪ 공작물 공급과 가공 공정

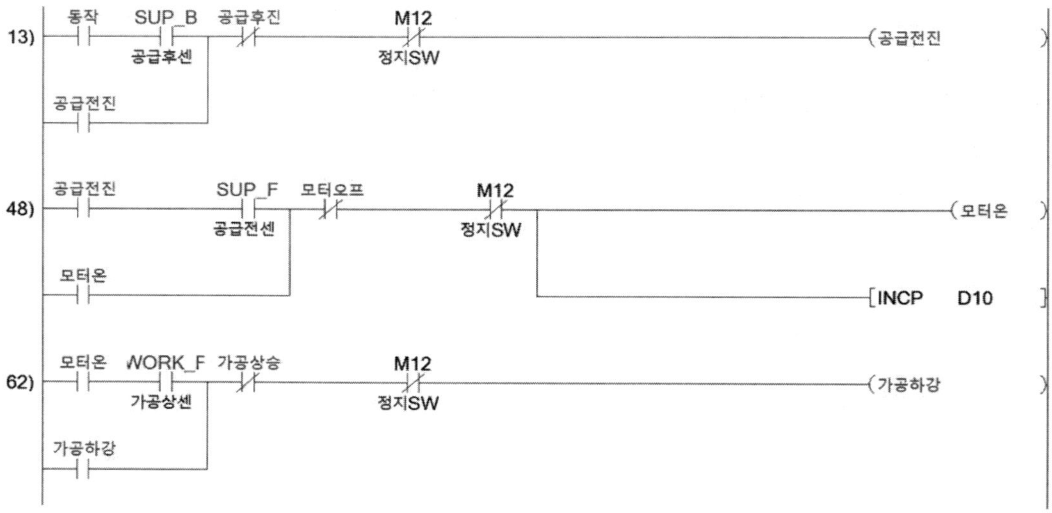

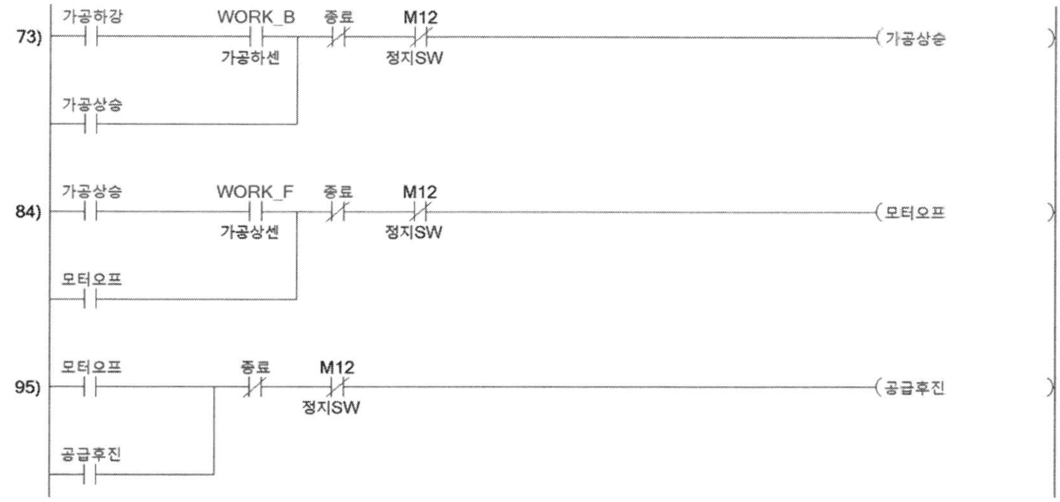
73) 가공하강 WORK_B 가공하센 종료 M12 정지SW 가공상승
가공상승
84) 가공상승 WORK_F 가공상센 종료 M12 정지SW 모터오프
모터오프
95) 모터오프 종료 M12 정지SW 공급후진
공급후진

■ 송출공정

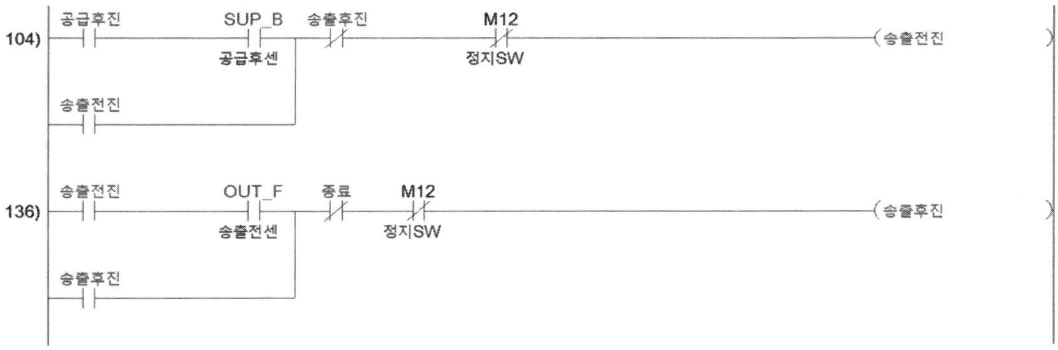
104) 공급후진 SUP_B 공급후센 송출후진 M12 정지SW 송출전진
송출전진
136) 송출전진 OUT_F 송출전센 종료 M12 정지SW 송출후진
송출후진

■ 종료 처리

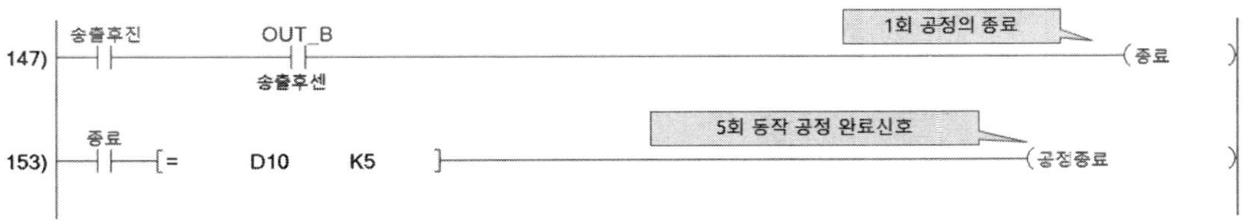
147) 송출후진 OUT_B 송출후센 종료
1회 공정의 종료
153) 종료 [= D10 K5] 공정종료
5회 동작 공정 완료신호

■ 출력부

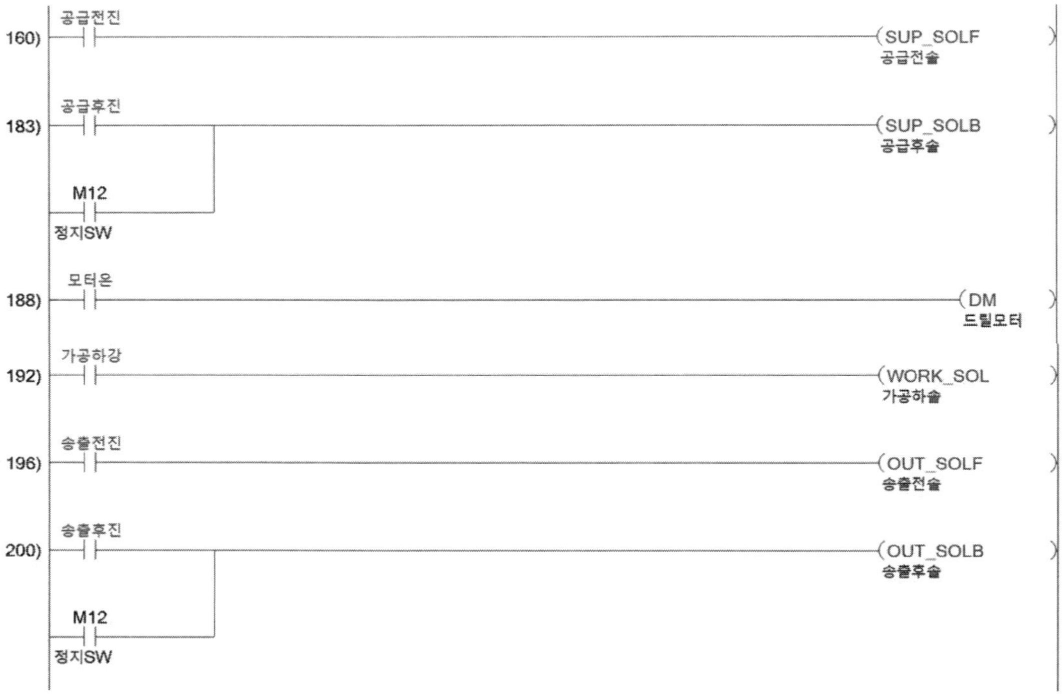
160)
공급전진
SUP_SOLF
공급전솔
183)
공급후진
SUP_SOLB
공급후솔
M12
정지SW
188)
모터온
DM
드릴모터
192)
가공하강
WORK_SOL
가공하솔
196)
송출전진
OUT_SOLF
송출전솔
200)
송출후진
OUT_SOLB
송출후솔
M12
정지SW

- 동작램프

205)
M11
동작SW
SET M21
램프
207)
M12
정지SW
RST M21
램프
공정종료
211)
END

활용과제 6.3

위 예제에서 횟수 표시 숫자가 초기값 "5"부터 시작하여 1회 동작 완료시마다 –1씩 감소하도록 프로그램을 수정하시오.

- 정지 버튼을 누르면 초기화되고 숫자는 "5"로 표시되도록 한다.
- 표시 숫자와 동작

[동작] 버튼 누르면

"5", 1회 동작 → "4", 1회 동작 →"3", 1회 동작 →"2", 1회 동작 → "1", 1회 동작 → "5" 정지

- 공정 완료 혹은 강제 정지에서 다시 "시작" 버튼을 누르면 위 공정이 5회 반복되어야 한다.

Ⅶ
자동화설비기능사 실기연습

7.1 자동화설비기능사 실기 개요

(1) 주요 공통 요구사항

① 테스트동작, 단속동작, 연속동작, 부가조건 1, 부가조건 2, 부가조건 3은 하나의 프로그램에서 구성되도록 프로그램을 작성한다.

② 모든 동작은 시스템을 리셋하지 않은 상태에서 재동작이 가능하도록 한다.

③ 모든 프로그램을 작성 후 시험감독위원에게 동작을 채점 받는다.

④ 부가조건 1, 2, 3은 연속동작이 이상 없이 작동되는 경우에만 채점한다.

⑤ 하드웨어 구성

a. 주어지지 않은 사항(실린더 속도, 실린더 지연시간 등)에 대해서는 수험자가 결정하여 작성한다.

b. 시스템 초기화 상태

모든 실린더 후진, 모든 모터 정지, 모든 램프 소등(단, 부가조건1 조건 반영)

(2) 주요 수험자 유의사항

① 정전 또는 기계고장을 대비하여 수시로 저장한다.

② 부가조건 1, 2, 3에 대한 채점은 연속동작 상에서 채점한다.

③ 채점 대상에서 제외 항목

a. 수험자의 장비조작 미숙으로 파손 및 고장을 일으킨 경우

b. 테스트 동작이 되지 않는 작품

c. 기계요소설계작업, PLC 제어작업 중 하나라도 0점인 과제가 있는 경우

d. 회로의 구성 및 프로그램 잘못으로 동작이 안 되는 작품

e. 시스템을 리셋하지 않은 상태에서 재동작이 되지 않는 작품

(3) 실기를 위한 장비 하드웨어 구성

장비의 하드웨어 구조는 제조 회사에 따라 약간 차이가 있을 수 있다. 본 교재에서는 조작스위치(PB1, PB2, PB3)와 램프(적색, 황색, 녹색)는 HMI에 작화하여 사용하나, 사용자가 푸시버튼과 봉램프를 PLC 입·출력 모듈에 직접 결선하여 I/O를 할당하여 사용할 수 있다.

공압실린더는 공급실린더, 가공실린더, 송출실린더, 배출실린더 4개를 사용하며 가공실린더는 단동 실린더이므로 편솔을 사용한다. 모터는 가공모터와 컨베이어 모터 2개가 있고, 공작물을 검출하는 센서는 공급매거진 내의 공작물 유무를 검출하는 광센서가 있고, 컨베이어 상의 공작물 재질을 검출하는 근접센서로는 모든 물체를 검출하는 용량형 센서와 금속만을 검출하는 유도형 센서가 있다.

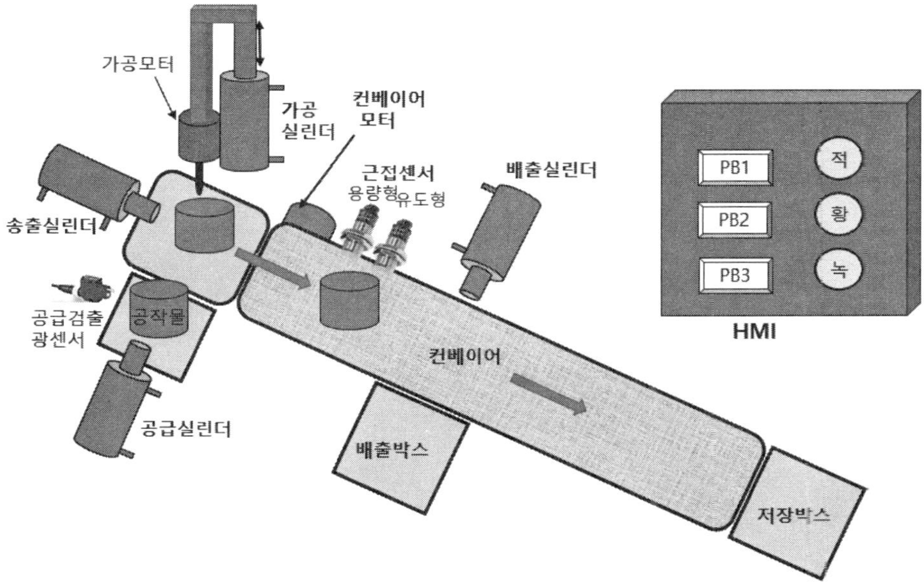

[그림 7-1] 실습장치의 구성

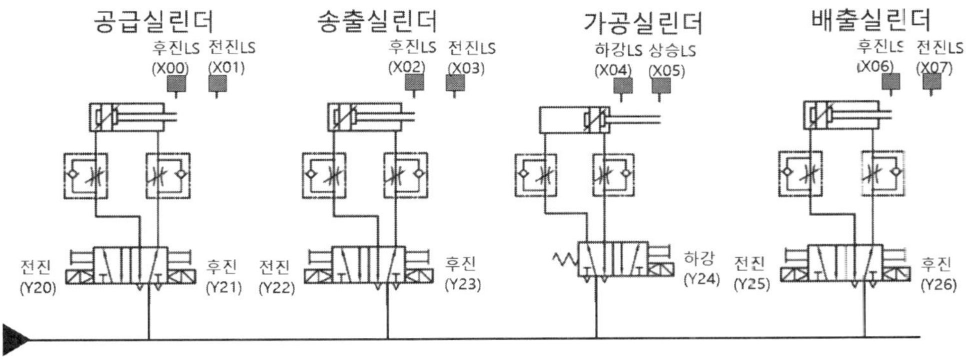

[그림 7-2] 공기압 회로도

(4) 자동화설비기능사 실기 과제의 구성 형태

과제는 먼저 주어진 변위단계선도대로 테스트동작을 수행해야 한다. 테스트동작이 정상 수행되면 단속동작과 연속동작을 수행하고, 이상 없이 수행하면 부가조건을 채점한다. 부가조건은 3개 항목으로 주어진다.

합격점수에 도달하기 위해서는 CAD 작업에서 2/3 정도 점수를 얻었다면 PLC 작업에서 부가조건을 1개 정도는 완성해야 한다.

[표 7-1] 과제의 구성

과제 구분	동작 형태	비고
테스트동작	4개의 실린더와 2개의 램프를 변위단계선도대로 구동	
단속동작	공정순서도대로 1사이클 작동	금속1, 비금속1 적재
연속동작	지정재질의 공작물이 지정 개수만큼 처리될 때까지 연속 작동	공작물 3개 이상 적재
부가조건 1 부가조건 2	① 조건에 따른 램프 점등 및 점멸 ② 지정 실린더 또는 지정 구간의 지정횟수 반복 동작 ③ 스위치로 금속/비금속 공작물 처리	
부가조건 3	비상정지, 일시정지 등	① 해제시 남은 동작 수행 ② 해제시 시스템 초기화

7.2 생산자동화 실습

(1) I/O의 할당

실린더센서 입력과 솔레노이드 출력은 모든 생산자동화 실습장치에서 공통으로 사용하는 부분이다. 본 교재에서는 조작 스위치와 램프는 HMI에 작화하여 사용하므로 아래 표처럼 내부 릴레이(M)에 임의로 할당하여 사용한다. 독자가 직접 푸시버튼과 램프를 PLC 입·출력 I/O에 직접 할당하여 결선해서 사용할 수도 있다.

[표 7-2] I/O 할당표

입력			출력		
PLC 할당	기능	글로벌 라벨	PLC 할당	기능	글로벌 라벨
X00	공급후진 리밋센서	SUP_B	Y20	공급전진 SOL	SUP_SOLF
X01	공급전진 리밋센서	SUP_F	Y21	공급후진 SOL	SUP_SOLB
X02	송출후진 리밋센서	OUT_B	Y22	송출전진 SOL	OUT_SOLF
X03	송출전진 리밋센서	OUT_F	Y23	송출후진 SOL	OUT_SOLB
X04	가공하강 리밋센서	WORK_B	Y24	가공하강 SOL(편)	WORK_SOL
X05	가공상승 리밋센서	WORK_F	Y25	배출전진 SOL	EJECT_SOLF
X06	배출후진 리밋센서	EJECT_B	Y26	배출후진 SOL	EJECT_SOLB
X07	배출전진 리밋센서	EJECT_F	Y2D	드릴가공 모터	DM
X0F	공급매거진 광센서	S_SUP	Y2E	컨베이어 모터	CM
X11	용량형 근접센서(비금속)	S_NOM			
X12	유도형 근접센서(금속)	S_METAL			

[표 7-3] 스위치와 램프의 I/O 할당 예

HMI 사용시				I/O 직접 결선시			
할당	기능	할당	기능	할당	기능	할당	기능
M10	푸시버튼 PB1	M20	적색 램프	X1A	푸시버튼 PB1	Y3A	적색 램프
M11	푸시버튼 PB2	M21	황색 램프	X1B	푸시버튼 PB2	Y3B	황색 램프
M12	푸시버튼 PB3	M22	녹색 램프	X1C	푸시버튼 PB3	Y3C	녹색 램프

푸시버튼과 램프를 PLC 입·출력 I/O에 직접 할당하여 결선하려면, MELSEC PLC의 경우 다음 [그림 7-3]에 나타낸 것처럼 입력의 공통전원은 +24V이므로 스위치를 입력 포트에 결선한 후 다른 쪽은 전원의 0V에 접속하면 된다. 출력의 공통전원은 0V이므로 램프를 출력 포트에 결선한 후 다른 쪽은 전원의 +24V에 접속하여 사용한다.

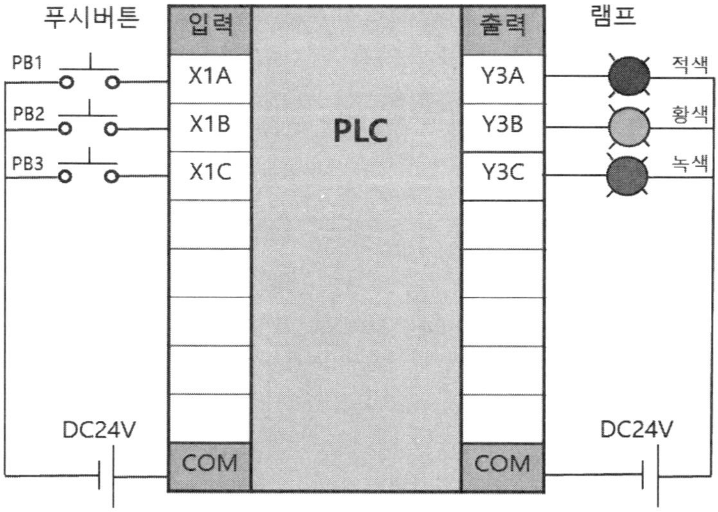

[그림 7-3] 스위치와 램프의 I/O 직접 결선도

(2) 금속과 비금속의 판별

비금속과 금속에 따라 각기 다른 처리를 해야 하므로 두 가지 종류의 신호를 만들어야 한다. 장비의 센서 배치 형태에 따라 프로그램이 차이가 날 수 있다.

① 판별방법

소재를 판별하는 센서는 용량형 근접센서 한 개와 유도형 근접센서 한 개를 이용한다. 용량형 근접센서는 비금속과 금속 모두 검출하며, 유도형 근접센서는 금속만 검출한다.

[그림 7-4] 근접센서의 배치

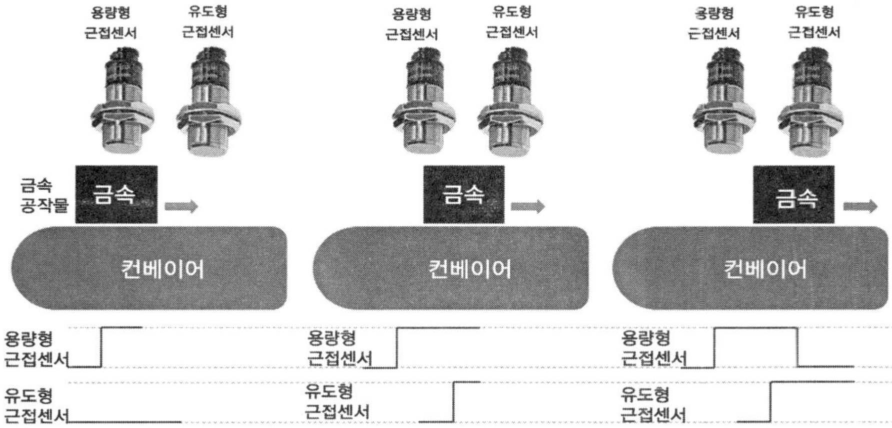

[그림 7-5] 금속 공작물 이송에 따른 센서 출력의 변화

재질의 검출원리는 [그림 7-5]에서 보이듯이 공작물이 용량형 센서를 지나갈 때 용량형 센서의 센서신호가 OFF되는 시점에 유도형 센서가 감지 여부로 재질을 판단한다.

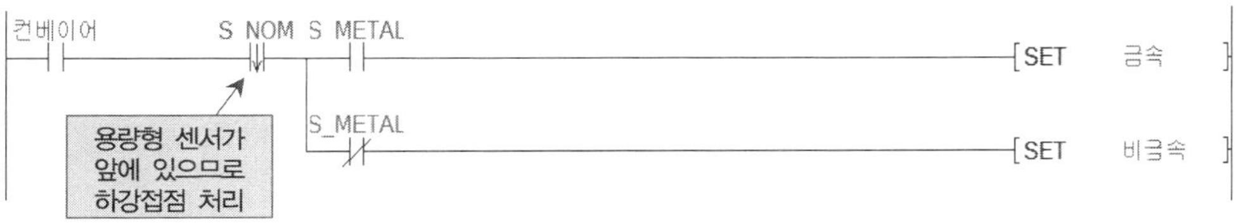

[그림 7-6] 금속과 비금속 판별 래더도

실습 7-1 금속과 비금속 검출 실습

○ 문제

다음과 같이 HMI 화면을 작화하고 **시작** 버튼을 누르면 다음과 같이 동작되도록 하시오. 매거진에는 금속, 비금속 공작물을 2개 이상 적재한다.

- 초기상태 : 모든 실린더 초기위치, 램프 오프, 모터 정지
- 시작버튼 누름 : 아래의 공정순서대로 1회 진행한다. (단속동작)
- 리셋버튼 : 초기상태로 한다.

■ 공정순서

① 공급실린더전진 → 공급실린더후진 → 송출실린더전진 → 송출실린더후진 → 컨베이어 구동

② 컨베이어 구동 → 금속/비금속 판별

③ 비금속(저장박스 이송) : 적색 램프 점등

금 속(저장박스 이송) : 녹색 램프 점등

[HMI 사용시 화면]

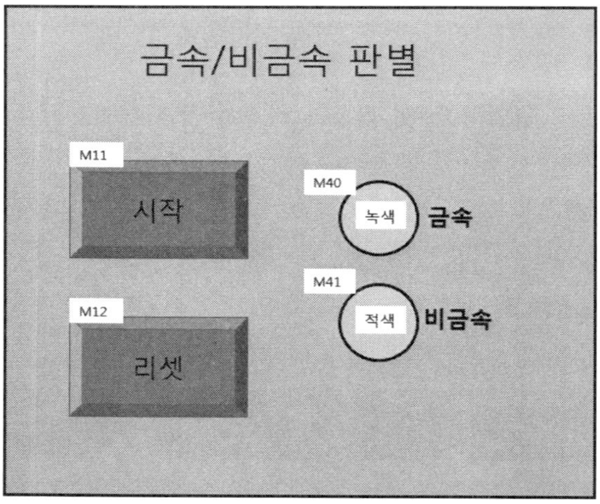

[I/O 직접 결선시]

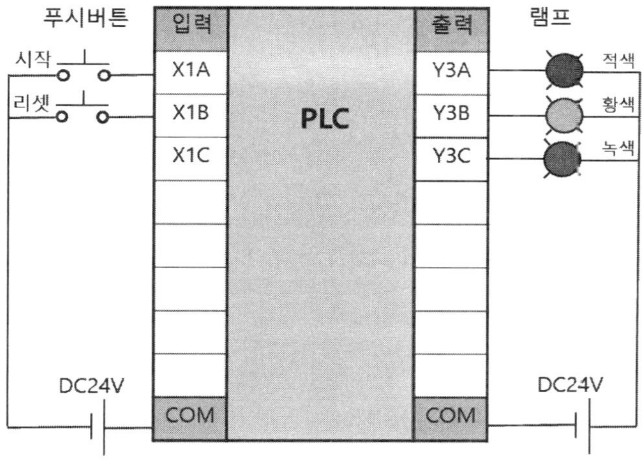

HMI 사용과 I/O 직접 결선시 디바이스 대치표			
입 력		출 력	
HMI 사용	I/O결선 사용	HMI 사용	I/O결선 사용
M11	X1A	M40	Y3C
M12	X1B	M41	Y3A

○ LADDER

- 공정의 시작 : 공급공정과 송출공정

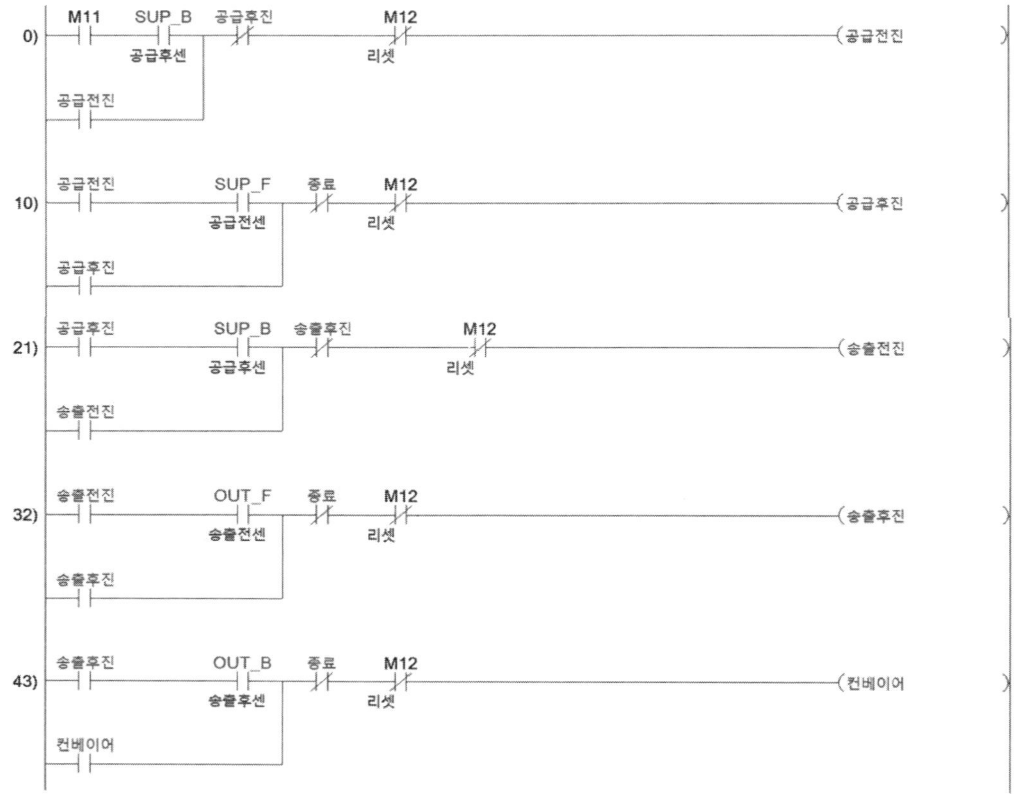

- 검출공정 : 금속과 비금속의 판별신호 발생

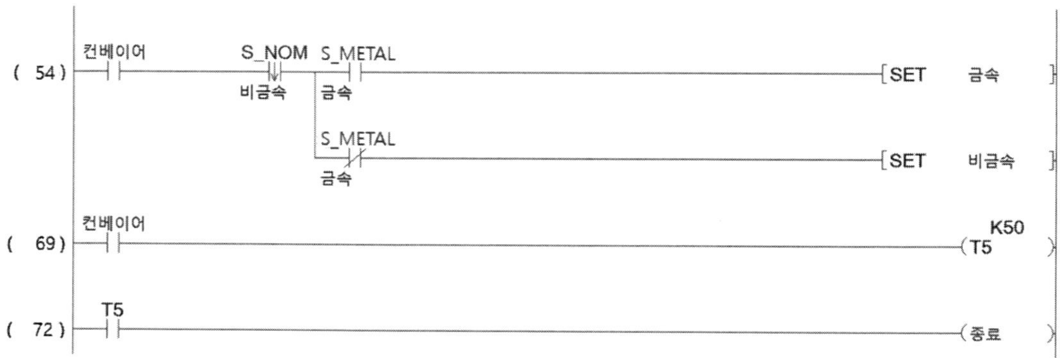

- 종료와 리셋 신호에 의한 판별신호 해제

- 출력

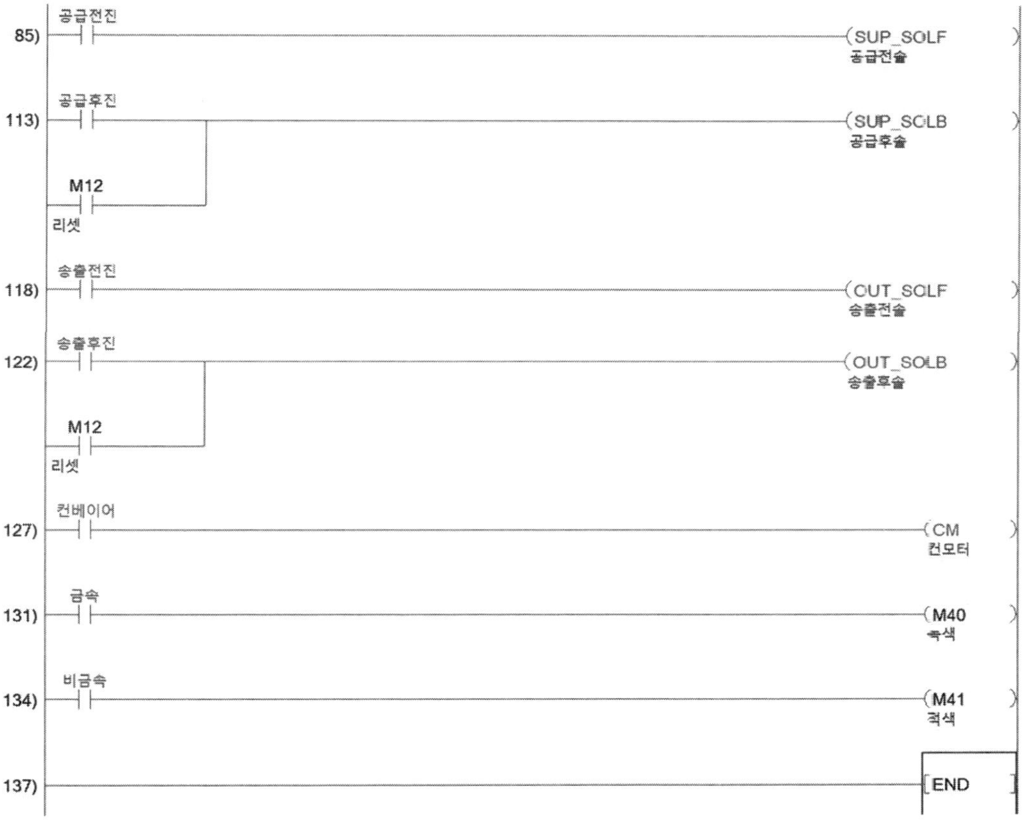

실습 7-2 비상정지

○ 문제

앞의 [실습 7-1]에서 다음과 같이 HMI에 **정지**와 **비상정지** 버튼을 추가하여 아래와 같이 동작을 추가하도록 한다.

[HMI 사용시 화면]

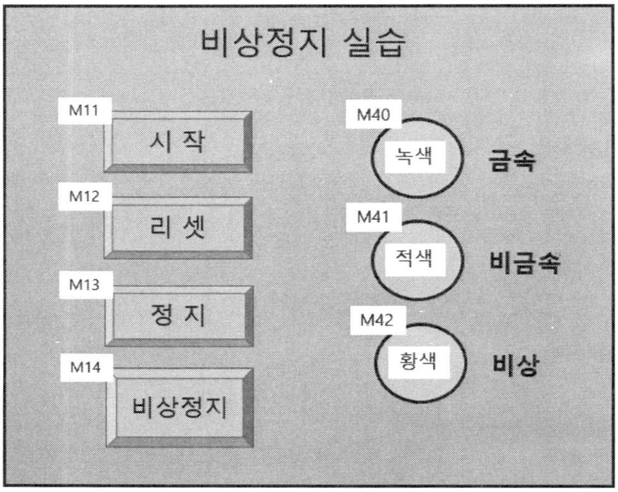

[I/O 직접 결선시]

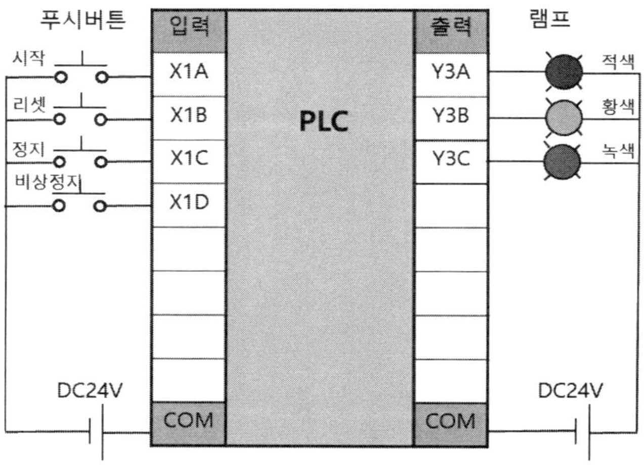

HMI 사용과 I/O 직접 결선시 디바이스 대치표			
입 력		출 력	
HMI 사용	I/O결선 사용	HMI 사용	I/O결선 사용
M11	X1A	M40 (녹)	Y3C
M12	X1B	M41 (적)	Y3A
M13	X1C	M42 (황)	Y3B
M14	X1D		

① 정지 버튼을 누르면 현재 수행중인 공정을 완료하고 정지한다.

② 비상정지 버튼을 누르면 공정은 현재 공정 상태에서 정지한다. (컨베이어 정지)
황색 램프는 1초 간격으로 점멸한다. 한 번 더 누르면 공정이 정지된 시점부터 이어서 수행된다.
황색 램프는 소등한다.

★ TIP : 비상정지(일시정지) 알고리즘

(1) 비상정지(일시정지)의 동작

비상정지 신호가 들어오면 현재 수행하던 작업은 일시정지하게 된다. 이때 일시정지의 의미는 현재 수행하던 위치에서 정지되어야 하며, 모터는 정지한다는 것이다. 해제 시 정지된 시점부터 다시 진행되어야 한다.

(2) 비상정지 시 제어의 흐름

▪ 비상정지 스위치 형태에 따른 래더 구현

스위치 형태	스위치 모습 예	래 더
유지형		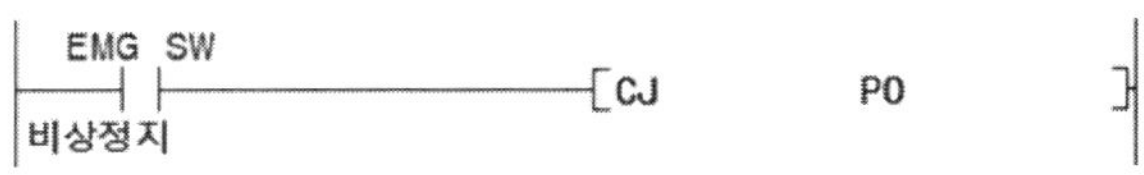
복귀형 (푸시버튼)		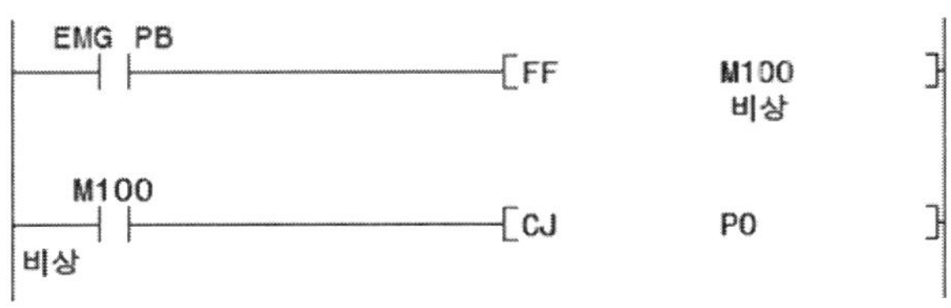

■ 비상정지 알고리즘

CJ 명령을 이용하여 제어로직을 건너 뛰어 출력부로 점프하도록 한다.

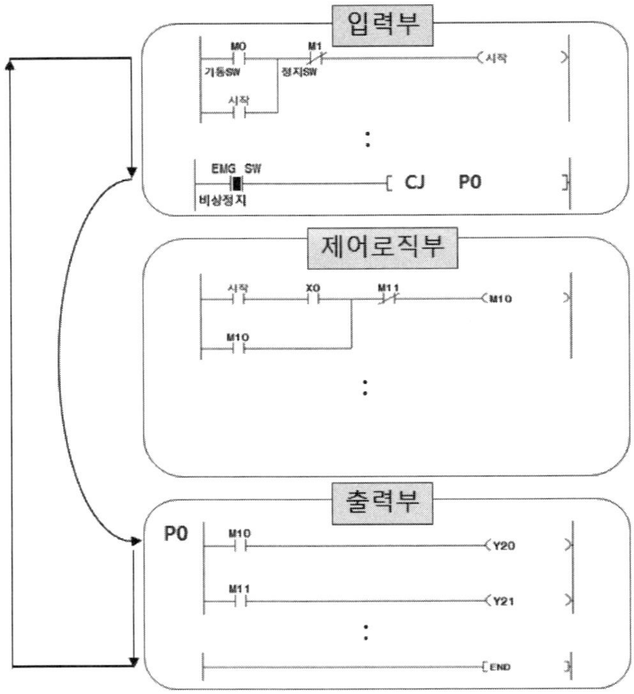

■ CJ Px : 조건 점프 명령. 입력 조건이 ON일 때 바로 지정된 포인트 Px로 이동해 프로그램 실행한다.

■ 비상정지 시 CJ 명령에 의해 제어로직부를 건너뛰어 출력부로 넘어감에 따라 제어 시퀀스가 멈추게 되며, 현재 출력이 그대로 유지된다.

○ LADDER

① 시작과 제어 신호 생성

■ 공정의 시작과 비상정지 처리

▪ 공급 및 송출공정

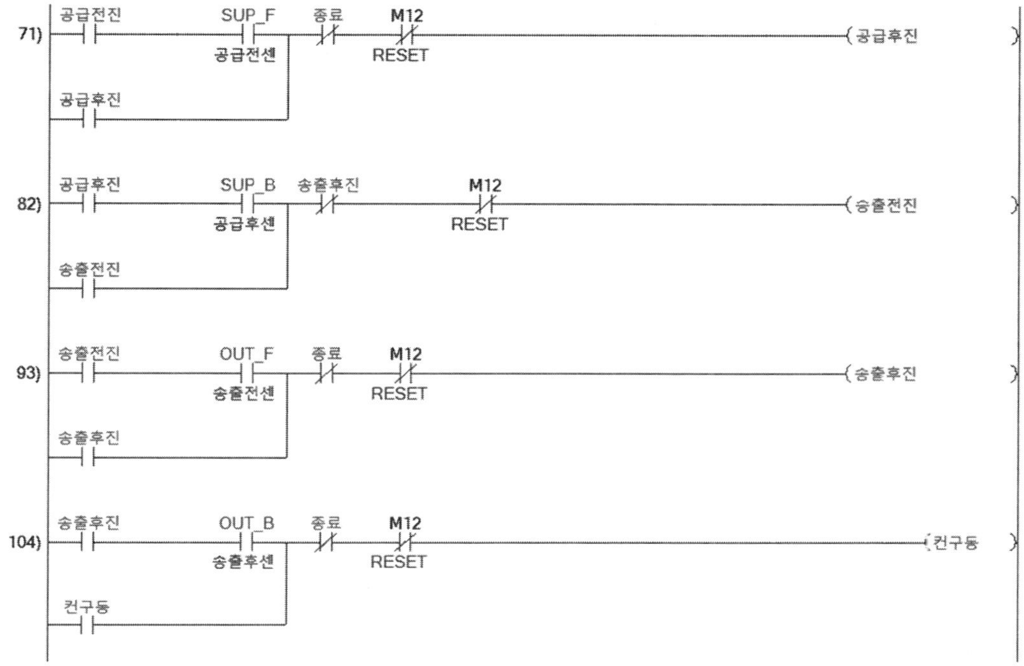

▪ 검사 공정

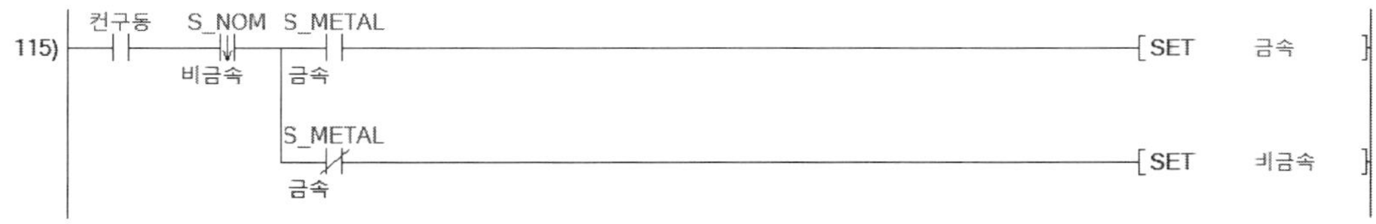

▪ 종료 처리

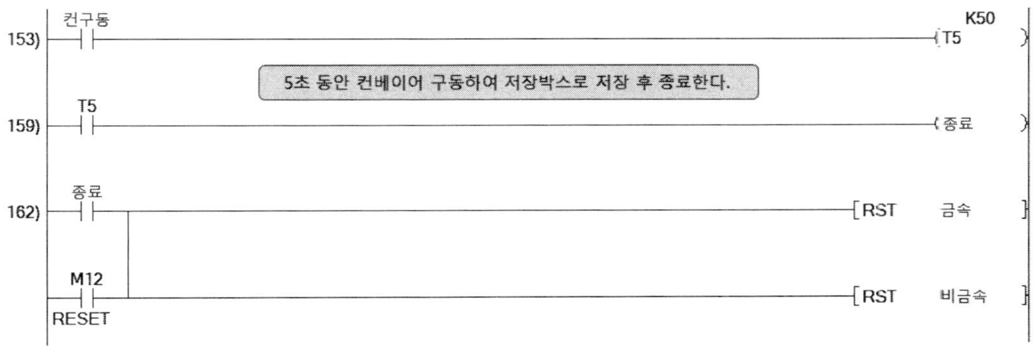

② 출력부

== 출력부 =========
P0
169)
공급전진
SUP_SOLF
공급전솔
190)
공급후진
SUP_SOLB
공급후솔
M12
RESET
195)
송출전진
OUT_SOLF
송출전솔
199)
송출후진
OUT_SOLB
송출후솔
M12
RESET
204)
컨구동
M0
비상정지
CM
컨모터

▪ 램프 처리

209)
금속
M40
녹LP
212)
비금속
M41
적LP
- 비상정지 램프------
215)
M0
비상정지
T1
K5
T0
K10
T1
T0
M42
비상LP
251)
END

실습 7-3 자동화설비기능사 실기 실습 1

○ 문제

다음과 같이 HMI 화면을 작화하여 전송하고 조작에 따라 각 주어진 항목의 동작을 완성하시오.

[HMI 사용시 화면]

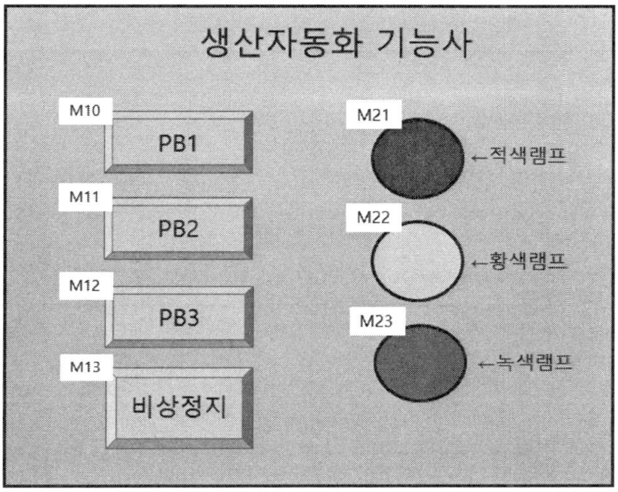

[I/O 직접 결선시]

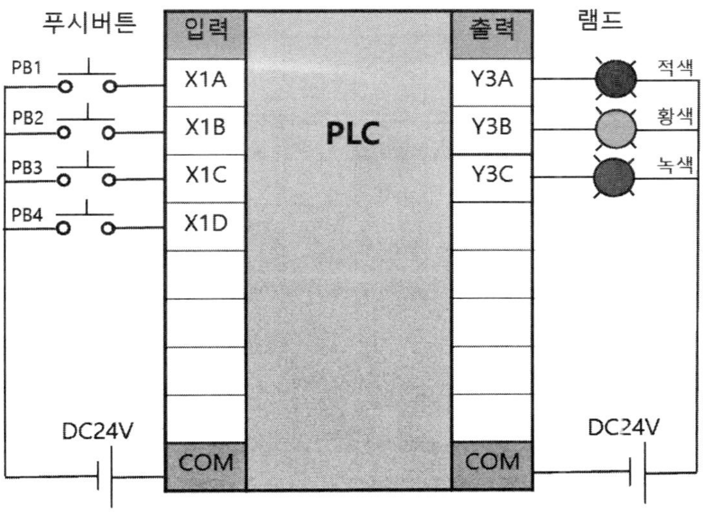

HMI 사용과 I/O 직접 결선시 디바이스 대치표			
입 력		출 력	
HMI 사용	I/O결선 사용	HMI 사용	I/O결선 사용
M11	X1A	M21 (적)	Y3A
M12	X1B	M22 (황)	Y3B
M13	X1C	M23 (녹)	Y3C

1. 테스트 동작

PB1 스위치를 누르면 아래 변위단계선도와 같이 동작을 수행하도록 프로그램을 작성하시오.

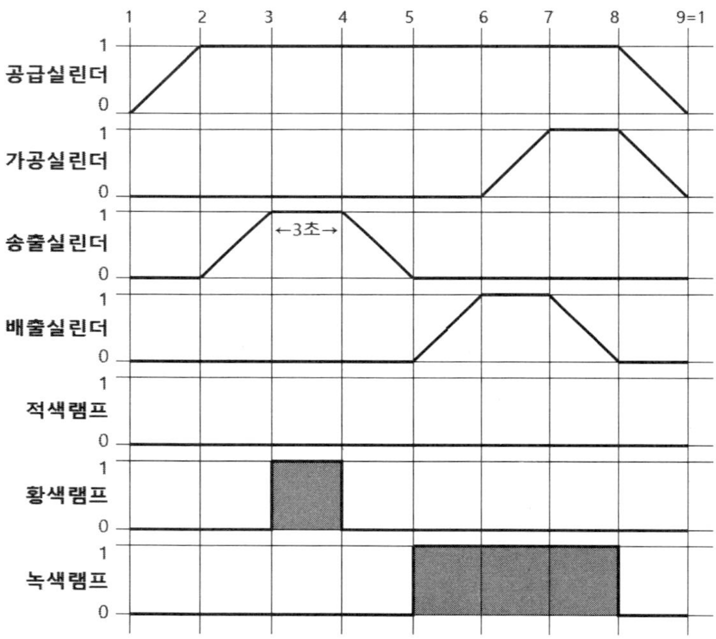

2. 단속동작

① 공정순서도에 맞게 동작시퀀스가 되도록 프로그램을 작성하시오.

② 금속 공작물 1개, 비금속 공작물 1개를 임의의 순서로 적재하고 PB2 스위치를 누르면 1사이클 수행 후 종료한다.

[공정순서도]

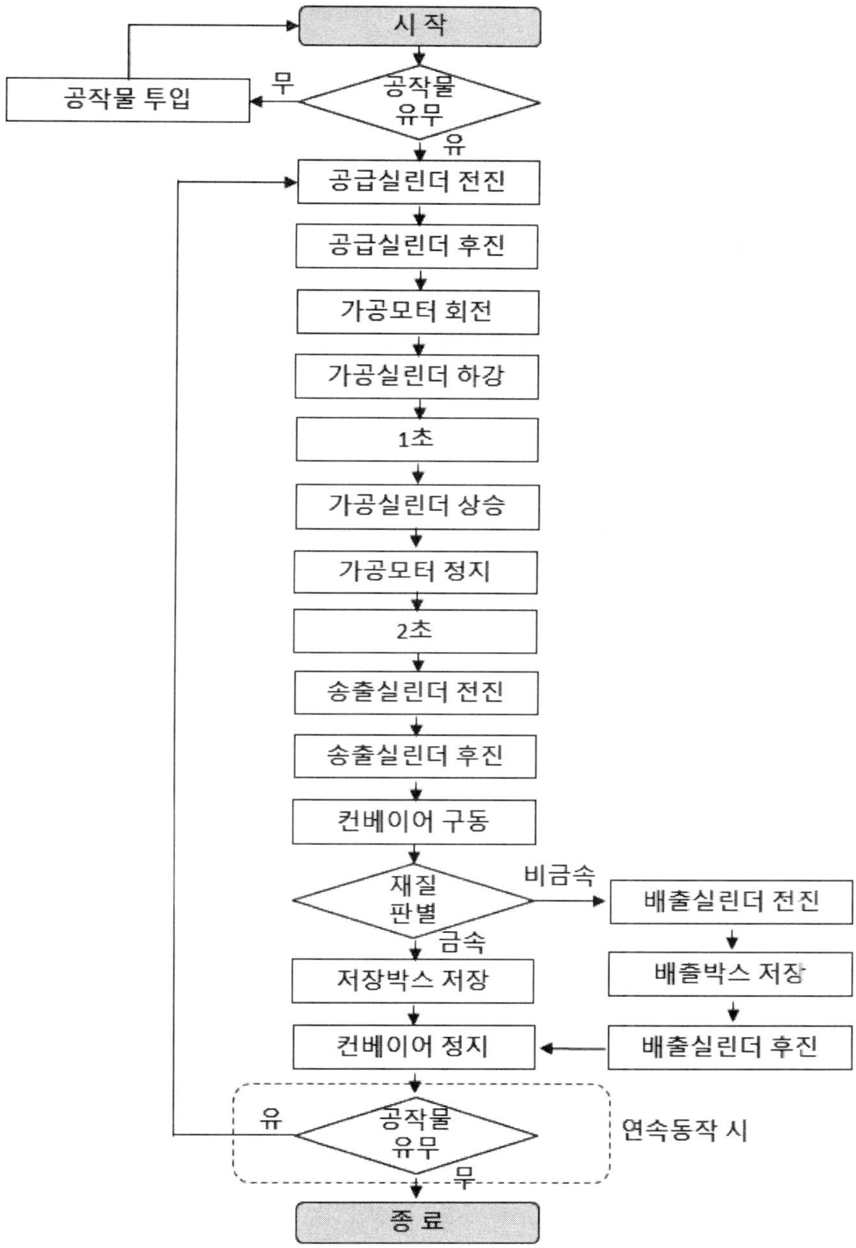

3. 연속동작

① 공정순서도에 맞게 동작시퀀스가 되도록 프로그램을 작성하시오.

② 공작물을 재질구분 없이 3개 이상 적재한다.

③ 공작물이 적재된 상태에서 PB3 스위치를 누르면 공작물이 모두 소진될 때까지 동작한다. (단, 모든 공작물이 소진되면 공정을 종료하며 다시 매거진에 공작물을 투입하고 PB3 스위치를 누르면 공정을 다시 시작한다)

4. 부가조건 1

공작물 재질을 판별하여 금속이면 황색 램프가 점멸(0.5초 ON/0.5초 OFF)하고 비금속이면 황색 램프를 점등한다(단, 해당 사이클이 종료되면 소등).

5. 부가조건 2

공작물 재질을 판별하기 전에 PB3 스위치를 누르면 녹색 램프가 점등하며 금속은 배출박스에, 비금속은 저장박스에 저장한다(단, 해당 사이클에만 적용).

6. 부가조건 3

① 비상정지 스위치를 누르면 시스템은 현재 상태로 정지(실린더는 진행 중인 행정을 마치고 정지, 모터는 모두 정지)하고, 녹색·황색 램프는 소등, 적색 램프는 점멸(0.5초 ON/0.5초 OFF) 한다.

② 비상정지 스위치를 해제하면 적색 램프는 소등하고 남은 동작을 이어서 동작한다.

○ LADDER 프로그램 풀이

1. 테스트 동작

변위단계선도와 공정 시퀀스

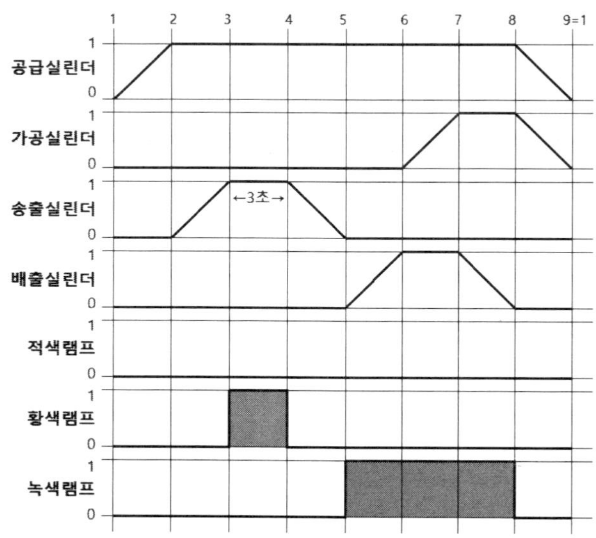

[공정 시퀀스]

시작(PB1) → 공급전진 → 송출전진
→ 황색 ON 〈3초〉
→ 황색 OFF, 송출후진
→ 녹색 ON, 배출전진 → 가공하강
→ 배출후진
→ 녹색 OFF, 가공상승, 공급후진
→ 종료

단속/연속동작 시퀀스와 2중 코일을 방지하기 위해 로컬 라벨에는 첨두어로 "T"를 붙인다.

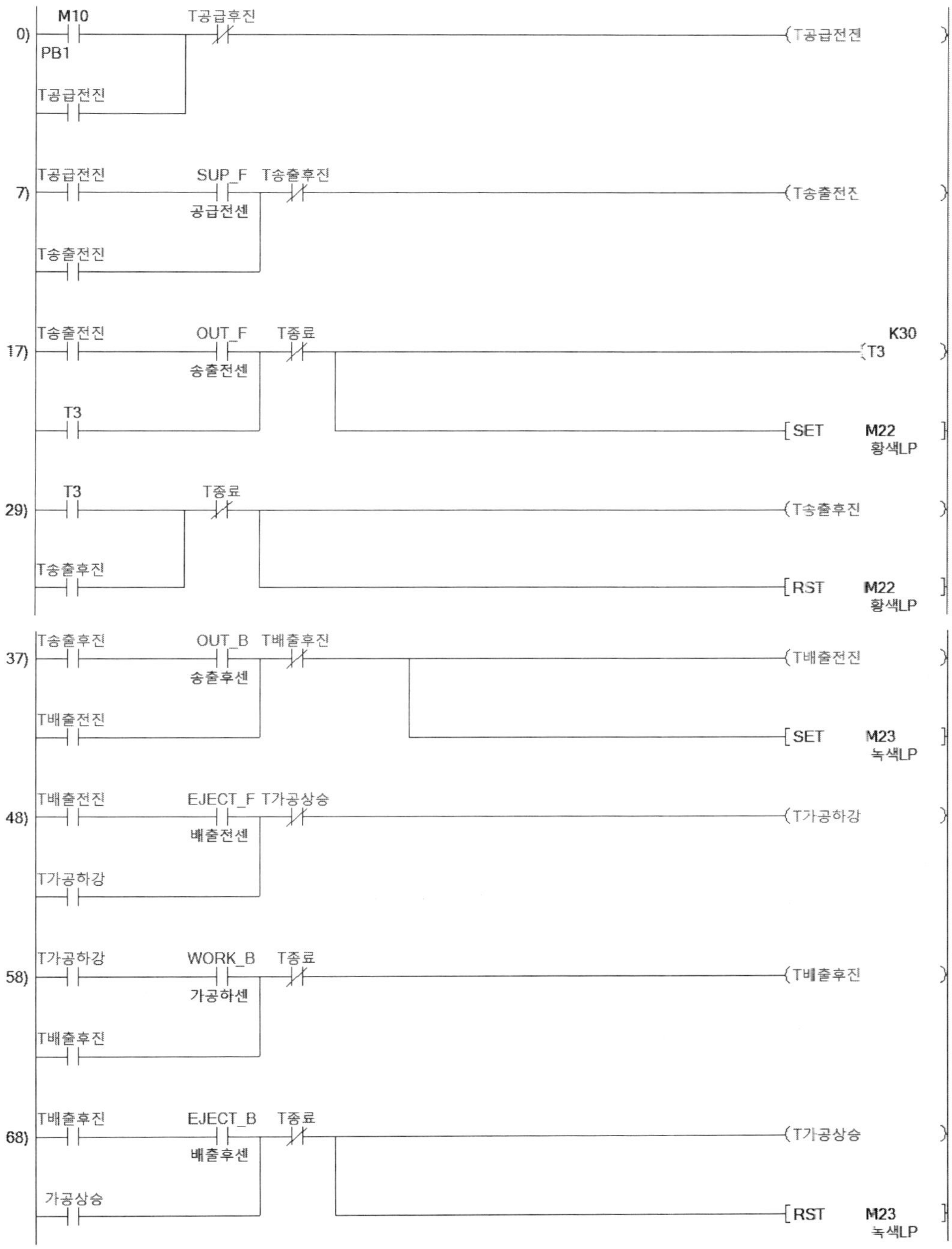

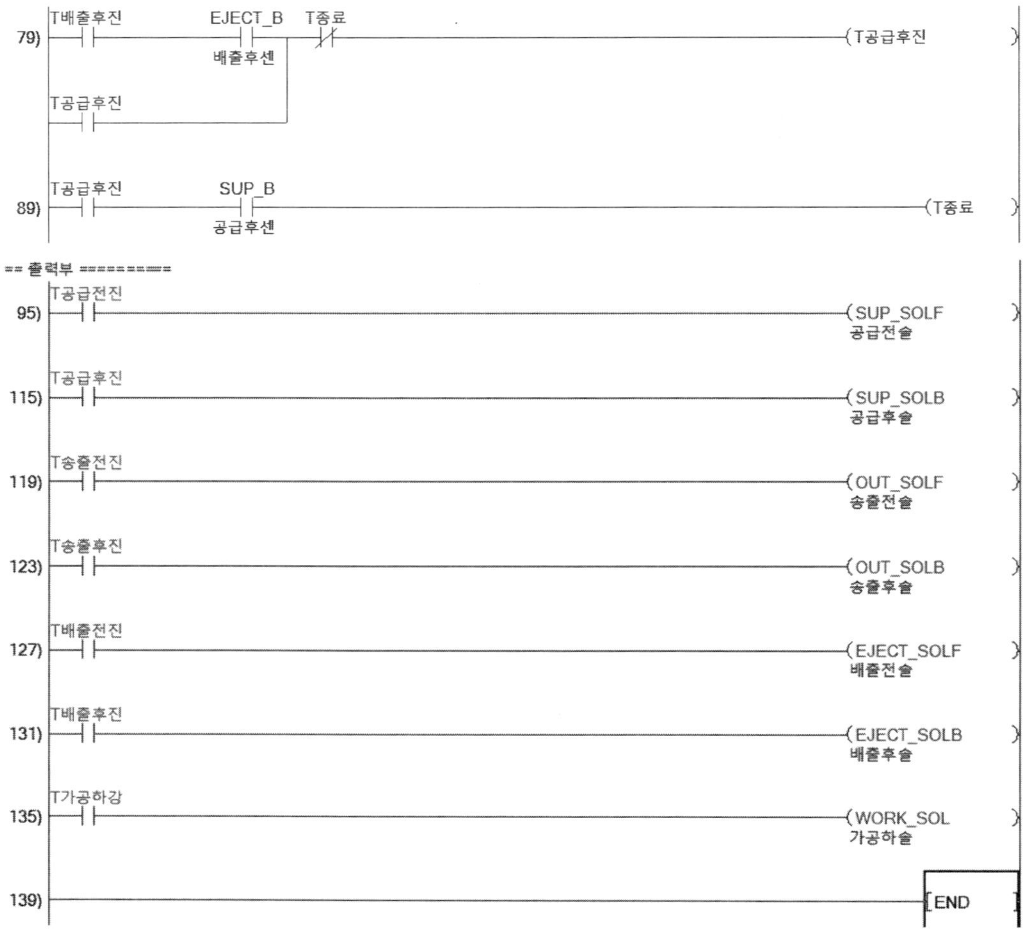

2. 단속동작과 연속동작

- 단속동작 : PB2 스위치를 누르면 1사이클 수행 후 종료한다.
- 연속동작 : 공작물이 적재된 상태에서 PB3 스위치를 누르면 공작물이 모두 소진될 때까지 동작한다. (단, 모든 공작물이 소진되면 공정을 종료하며 다시 매거진에 공작물을 투입하고 PB3 스위치를 누르면 공정을 다시 시작한다)

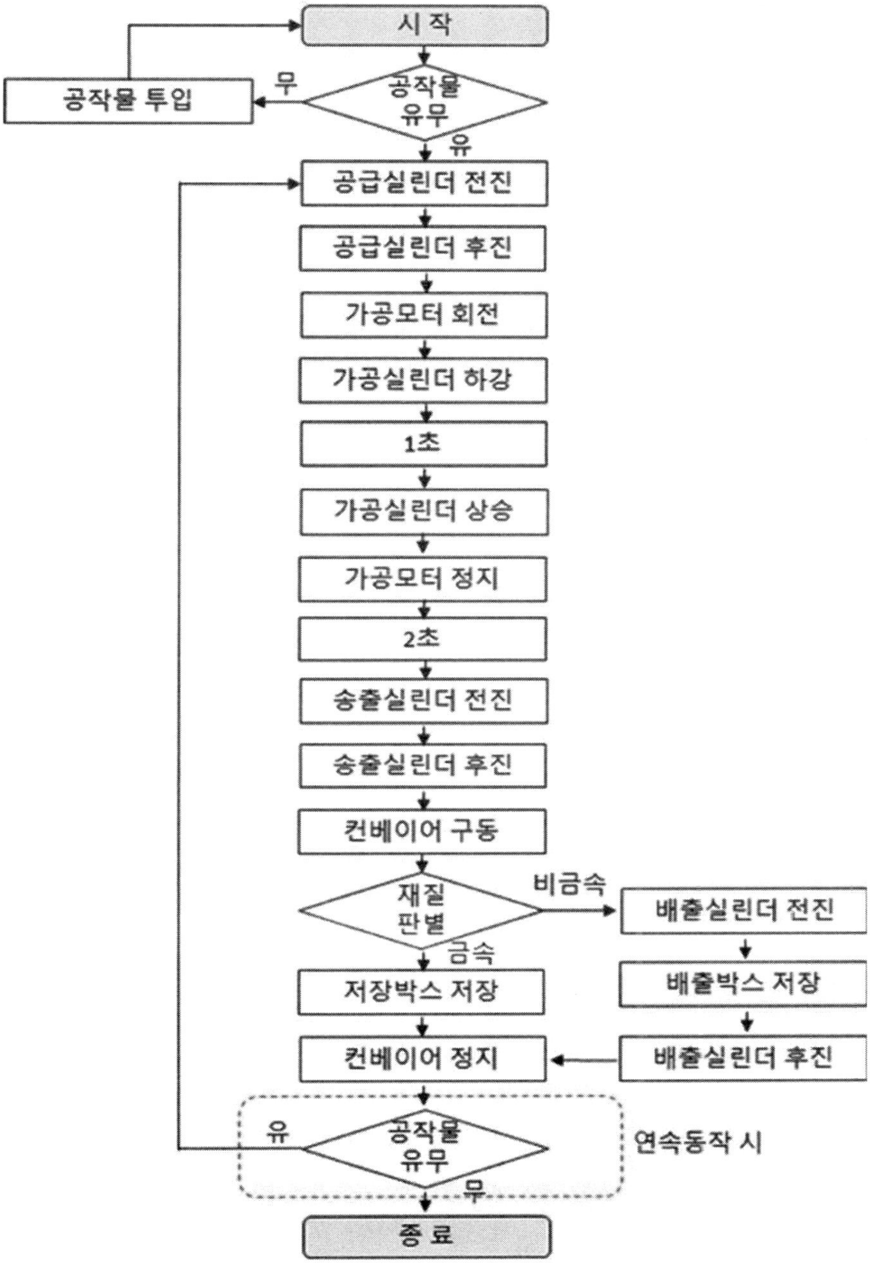

앞의 테스트 동작 래더에 이어서 작성한다.

① 공정시작 제어신호 생성

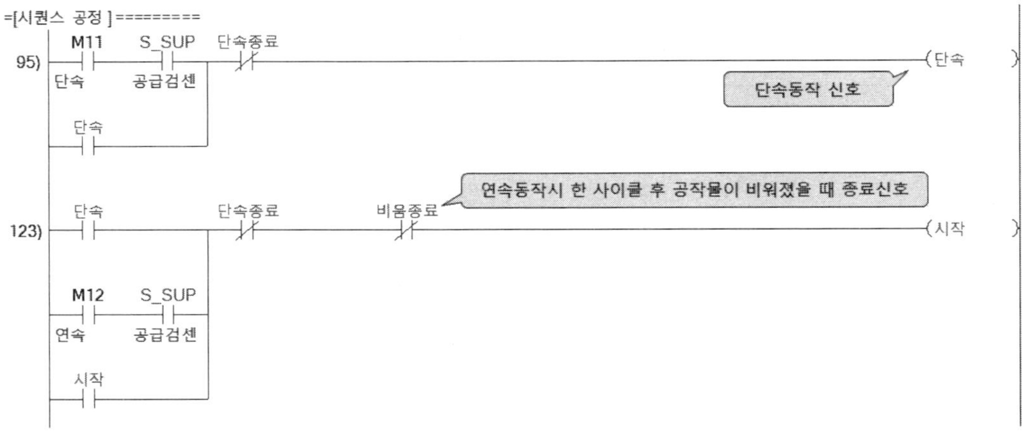

② 공급공정

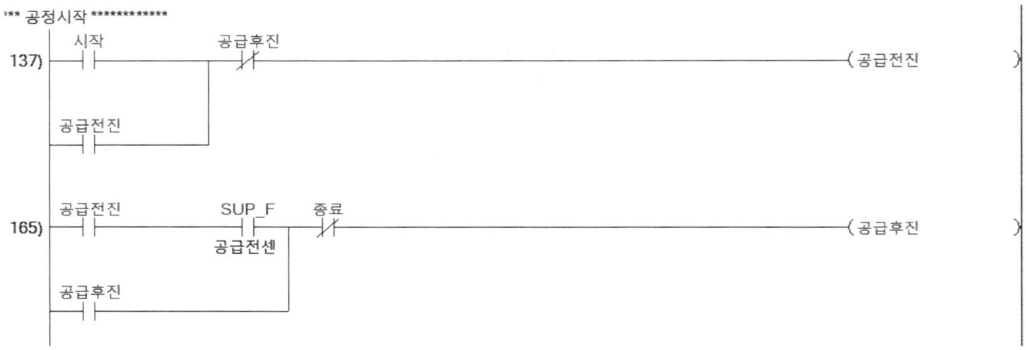

③ 가공공정 : 가공실린더 하강하여 1초 후 상승

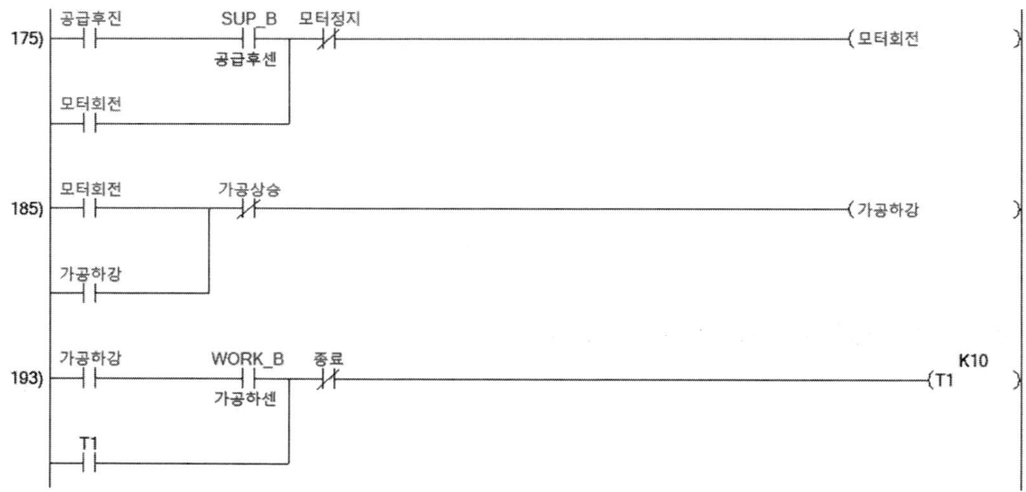

④ 송출 및 이송 : 모터정지 후 2초 후 송출실린더를 전진한다.

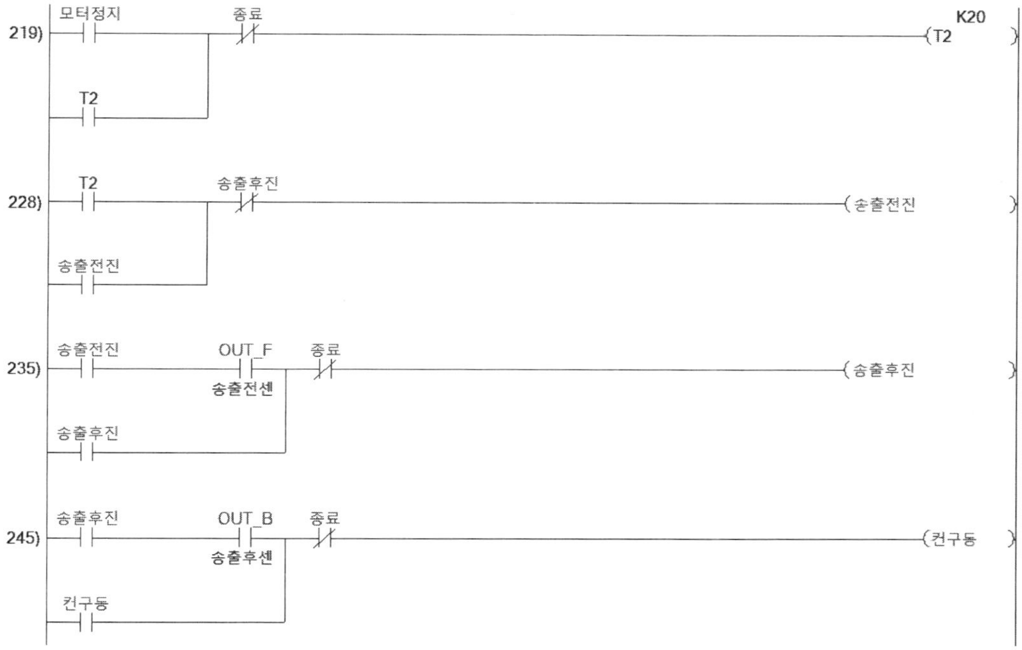

⑤ 소재 검사 공정

⑥ 비금속 처리 : 배출박스 저장

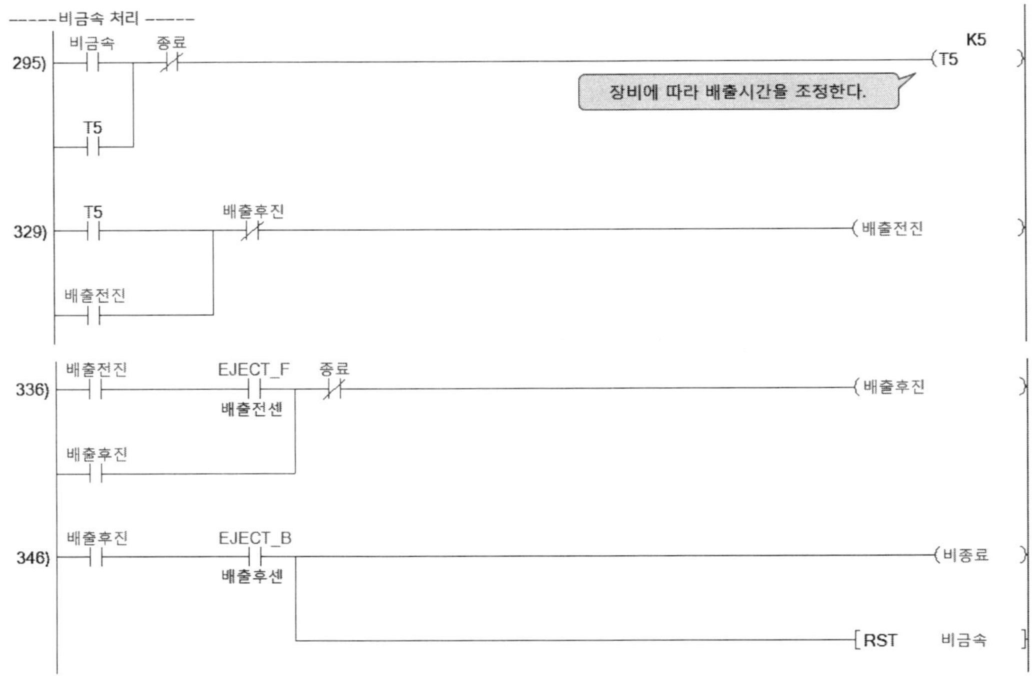

⑦ 금속 처리 : 저장박스 저장

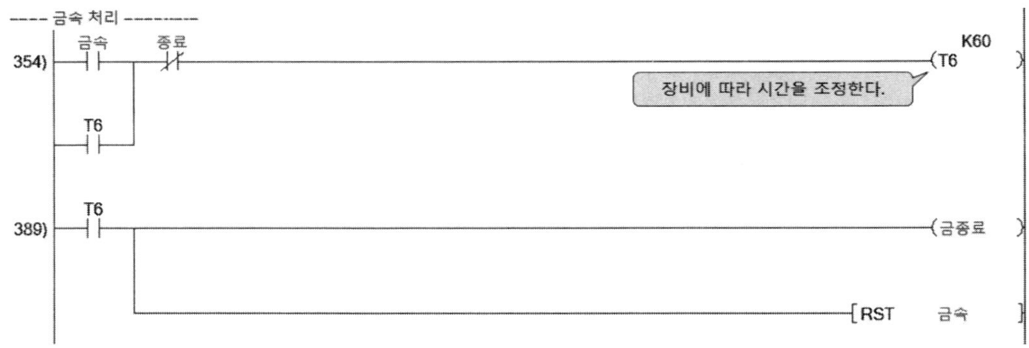

⑧ 종료 처리 : 연속 동작시 1사이클 후 공작물이 비워졌을 때 연속 동작이 종료된다.

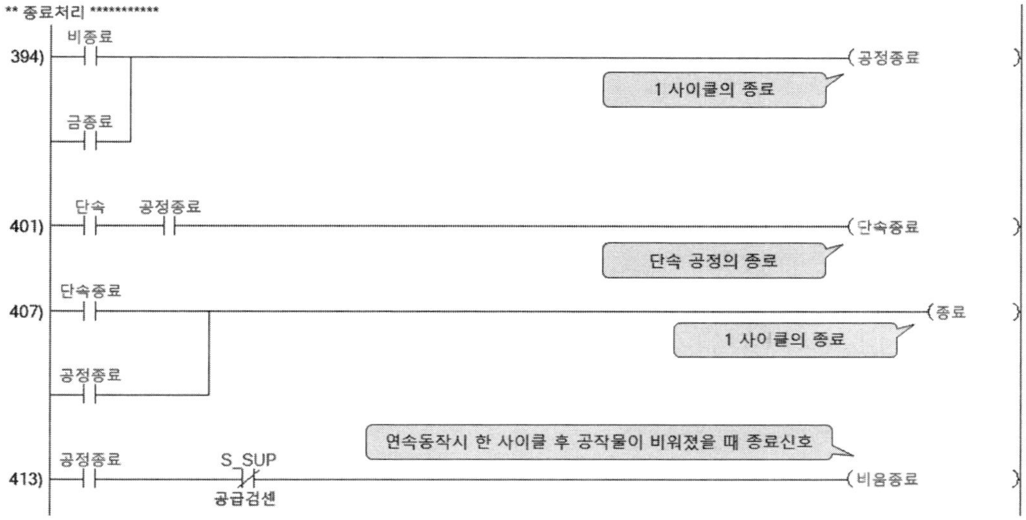

⑨ 출력부

테스트 동작의 출력 제어신호와 병렬 접속하여 액추에이터로 연결한다.

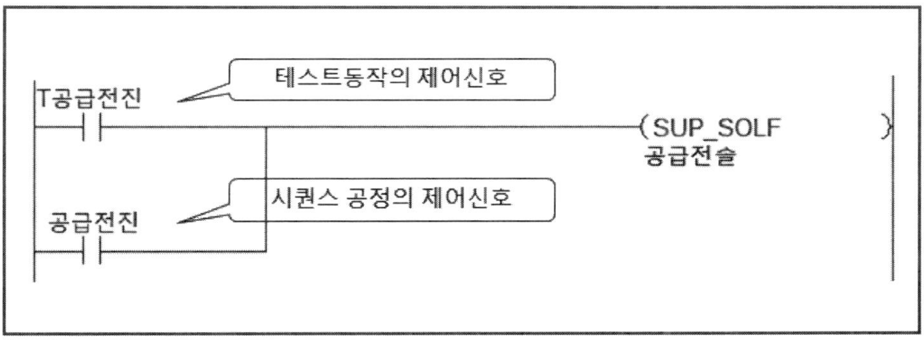

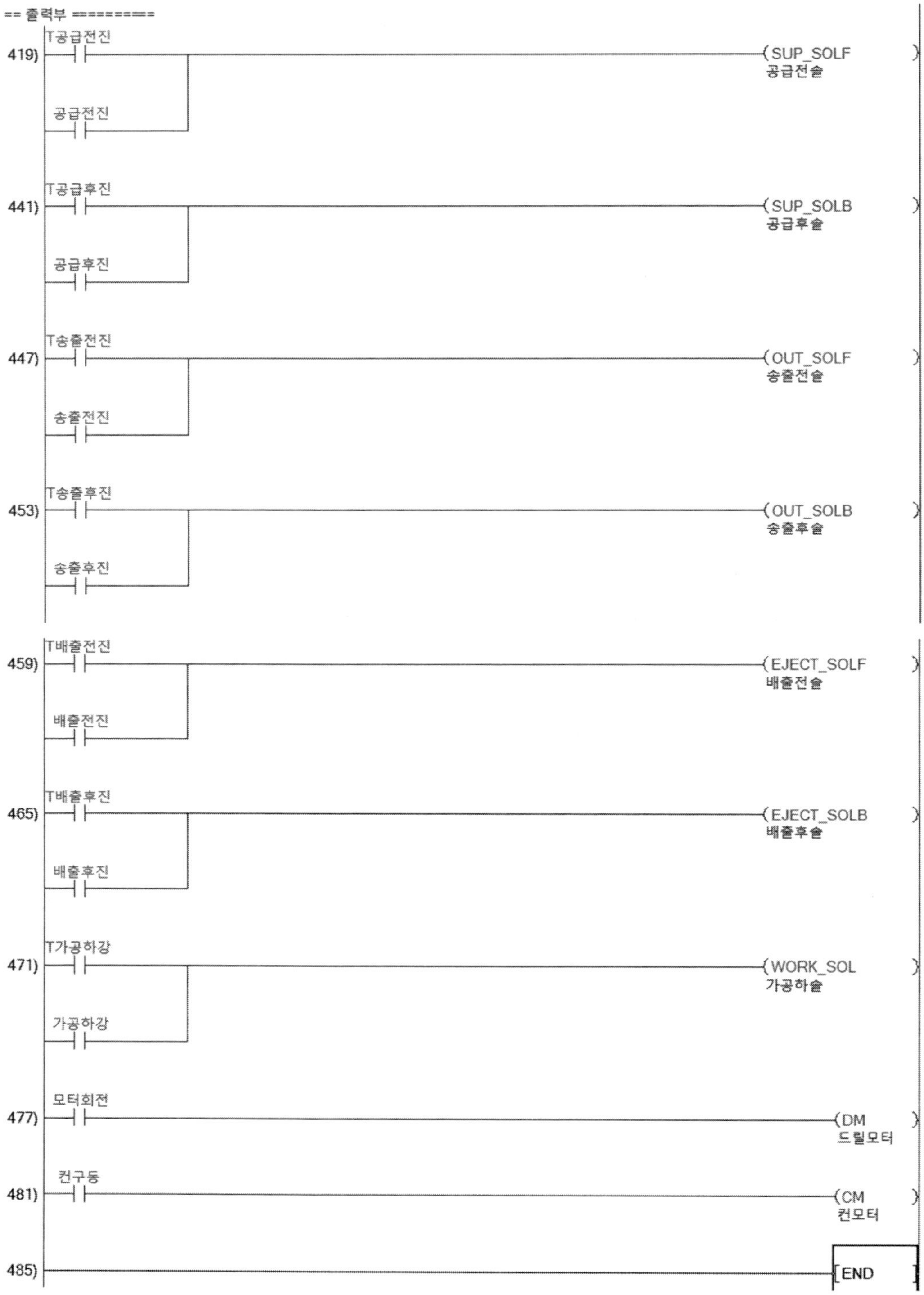

== 출력부 ==========
419)
T공급전진
공급전진
SUP_SOLF
공급전솔
441)
T공급후진
공급후진
SUP_SOLB
공급후솔
447)
T송출전진
송출전진
OUT_SOLF
송출전솔
453)
T송출후진
송출후진
OUT_SOLB
송출후솔
459)
T배출전진
배출전진
EJECT_SOLF
배출전솔
465)
T배출후진
배출후진
EJECT_SOLB
배출후솔
471)
T가공하강
가공하강
WORK_SOL
가공하솔
477)
모터회전
DM
드릴모터
481)
컨구동
CM
컨모터
485)
END

3. 부가조건 1

- 금속 : 황색 램프 점멸(0.5초 ON/0.5초 OFF)
- 비금속 : 황색 램프 점등(단, 해당 사이클이 종료되면 소등)

출력부의 하단에 다음 래더를 추가한다.

4. 부가조건 2

공작물 재질을 판별하기 전에 PB3 스위치를 누르면 녹색 램프가 점등하며 금속은 배출박스에, 비금속은 저장박스에 저장한다(단, 해당 사이클에만 적용). 금속과 비금속이 시퀀스 공정과는 반대로 저장된다.

시퀀스 공정의 소재 판별과 비금속 처리 공정 사이에 래더를 삽입 수정한다.

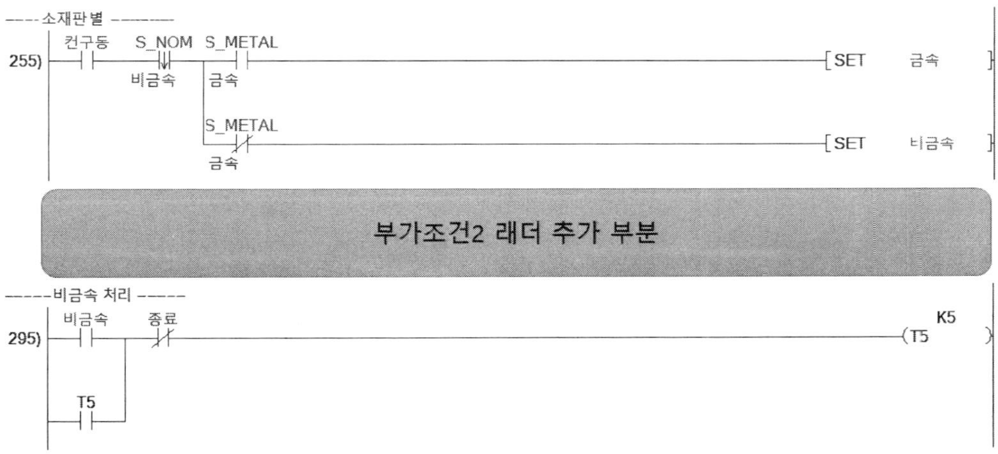

① 금속/비금속 제어신호의 전환 : 센서 판별 전에 PB3가 눌렸을 때 "소재바꿈" 제어신호를 만들어 처리한다.

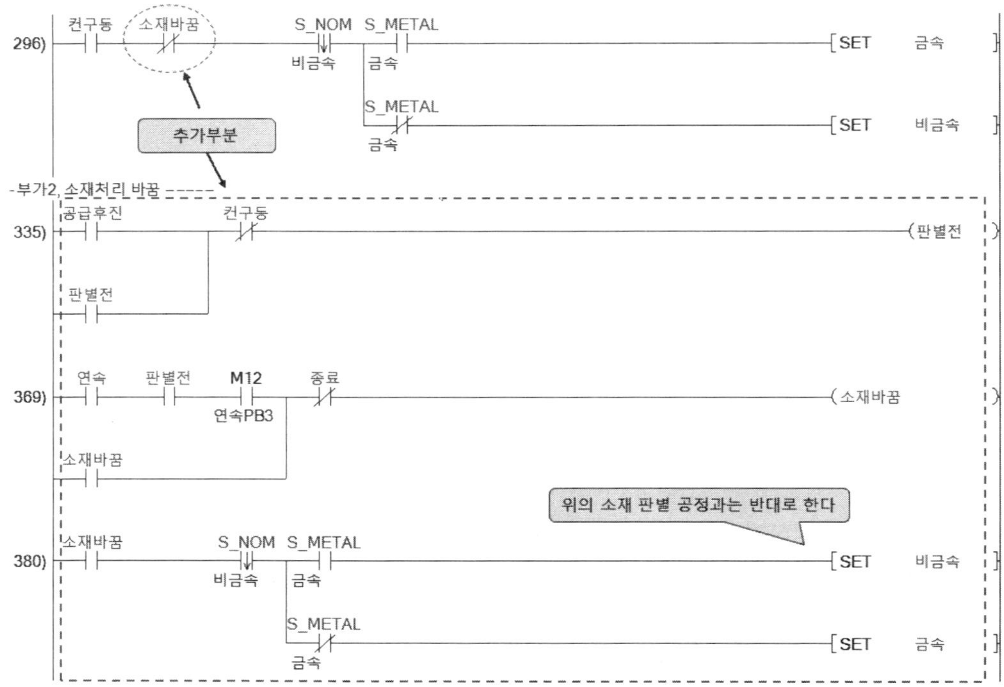

② 녹색 램프 점등 추가 : 출력부 맨 하단에 추가한다.

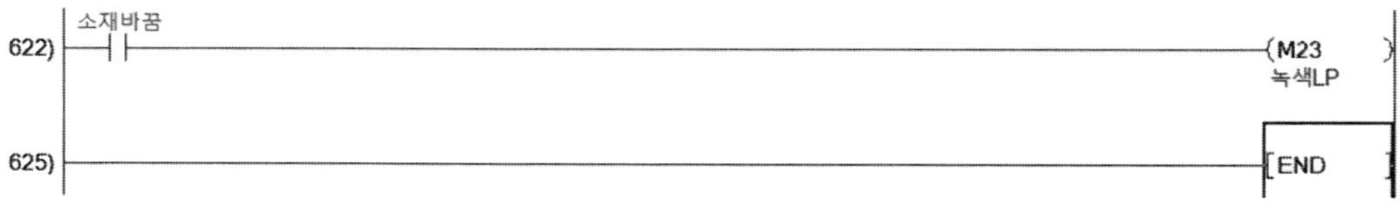

5. 부가조건 3

- 비상정지 스위치를 누르면 시스템은 현재 상태로 정지(실린더는 진행 중인 행정을 마치고 정지, 모터는 모두 정지)하고, 녹색·황색 램프는 소등, 적색 램프는 점멸(0.5초 ON/0.5초 OFF)한다.
- 비상정지 스위치를 해제하면 적색 램프는 소등하고 남은 동작을 이어서 동작한다.

시퀀스 공정 래더의 시작 제어신호(123스텝) 발생 부분과 시퀀스 공정이 시작되는 "공급전진" 제어신호(137스텝) 사이에 FF 명령을 이용하여 비상정지 처리를 삽입한다.

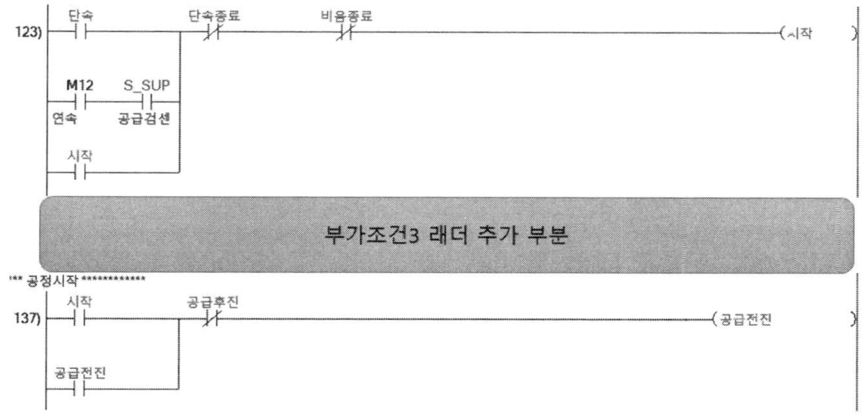

① FF 명령을 이용하여 출력부 선두(P0)로 분기하도록 한다.

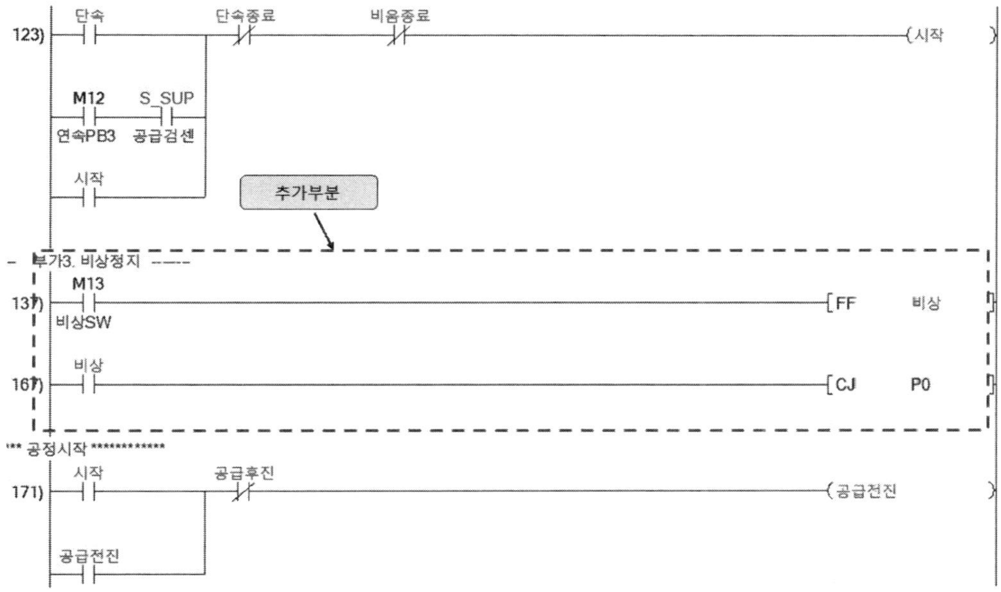

② 출력부 선두에 포인트 P0를 삽입한다.

③ 모터는 정지, 황색·녹색 램프는 소등 → "비상" 제어신로 b 접점으로 막는다. 출력부 맨 하단에 적색 램프 점멸을 추가한다.

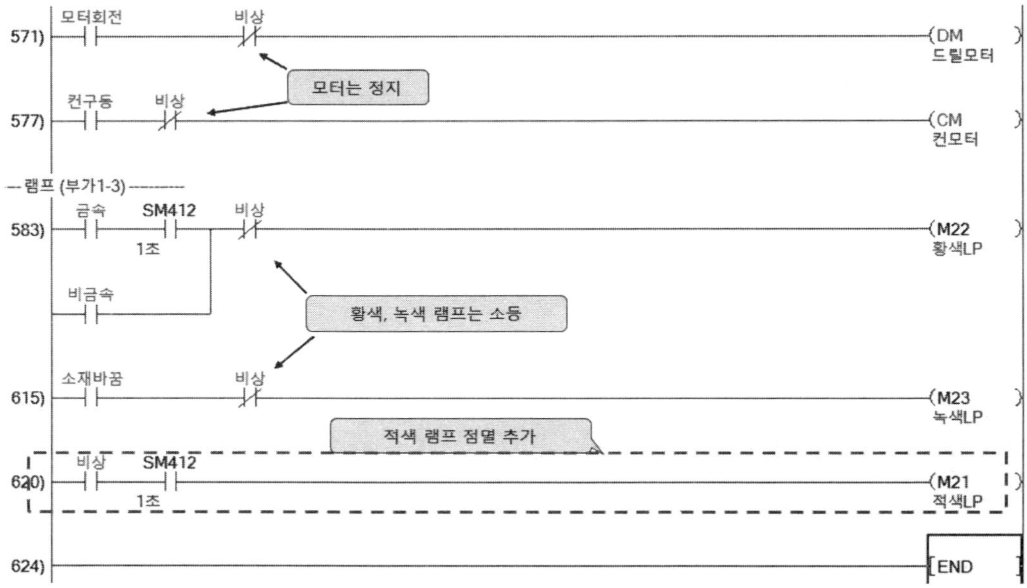

활용과제 7.1

위의 실습을 다음과 같이 동작하도록 수정하시오.

[과제 1]

테스트 동작

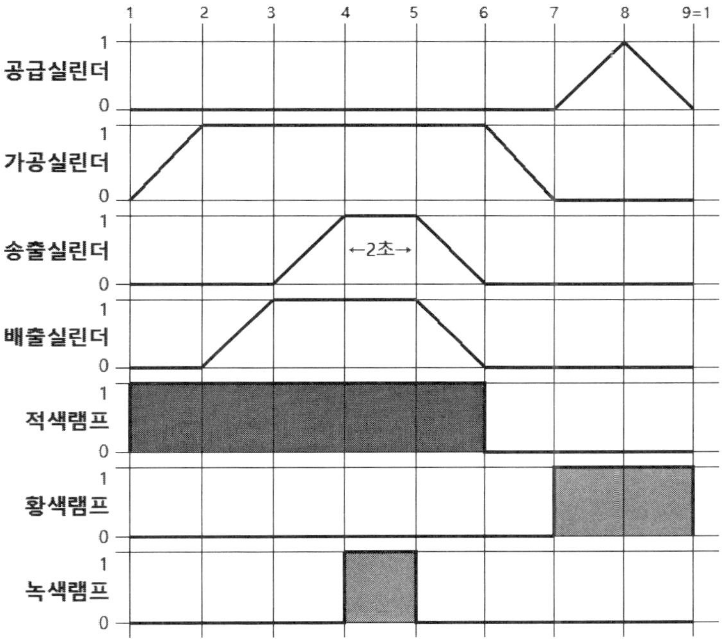

[과제 2]

연속동작에서만 가공실린더 하강부터 가공실린더 상승까지의 동작이 2회 반복된다.

[과제 3]

연속동작 중 저장박스에 저장된 금속이 2개 이상인 경우 녹색 램프가 점멸(1초 ON/1초 OFF)한다.

실습 7-4 자동화설비기능사 실기 실습 2

○ 문제

버튼 조작에 따라 각 주어진 항목의 동작을 완성하시오. HMI 화면은 앞의 실습에서 작성한 것을 이용한다.

[HMI 화면 및 I/O 결선도]

실습 7-3 참조

1. 테스트 동작

PB1 스위치를 누르면 아래 변위단계선도와 같이 동작을 수행하도록 프로그램을 작성하시오.

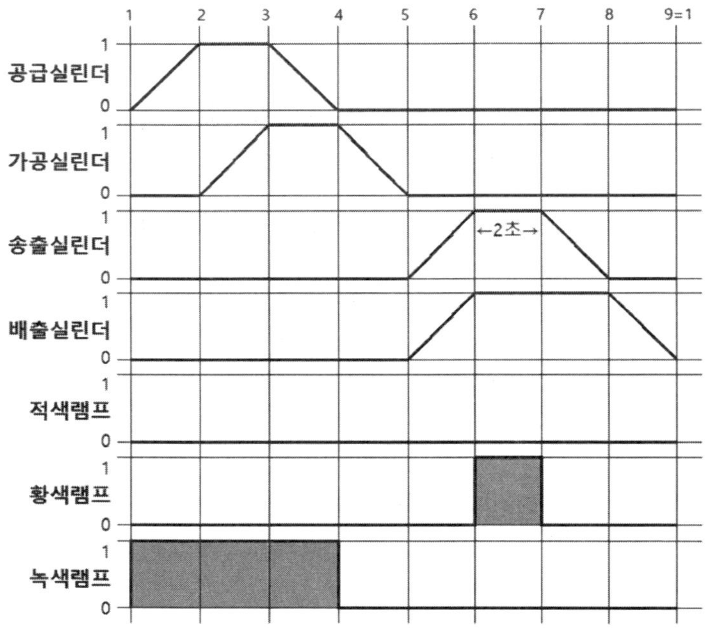

2. 단속동작

① 공정순서도에 맞게 동작시퀀스가 되도록 프로그램을 작성하시오.

② 금속 공작물 1개, 비금속 공작물 1개를 임의의 순서로 적재하고 PB2 스위치를 누르면 1사이클 작동하고 종료한다.

3. 연속동작

① 공정순서도에 맞게 동작시퀀스가 되도록 프로그램을 작성하시오.

② 공작물을 재질구분 없이 3개 이상 적재한다.

③ 공작물이 적재된 상태에서 PB3 스위치를 누르면 공작물이 모두 소진될 때까지 작동한다.
(단, 모든 공작물이 소진되면 공정을 종료하며 다시 공작물을 투입하고 PB3를 눌러야 공정을 시작한다)

[공정순서도]

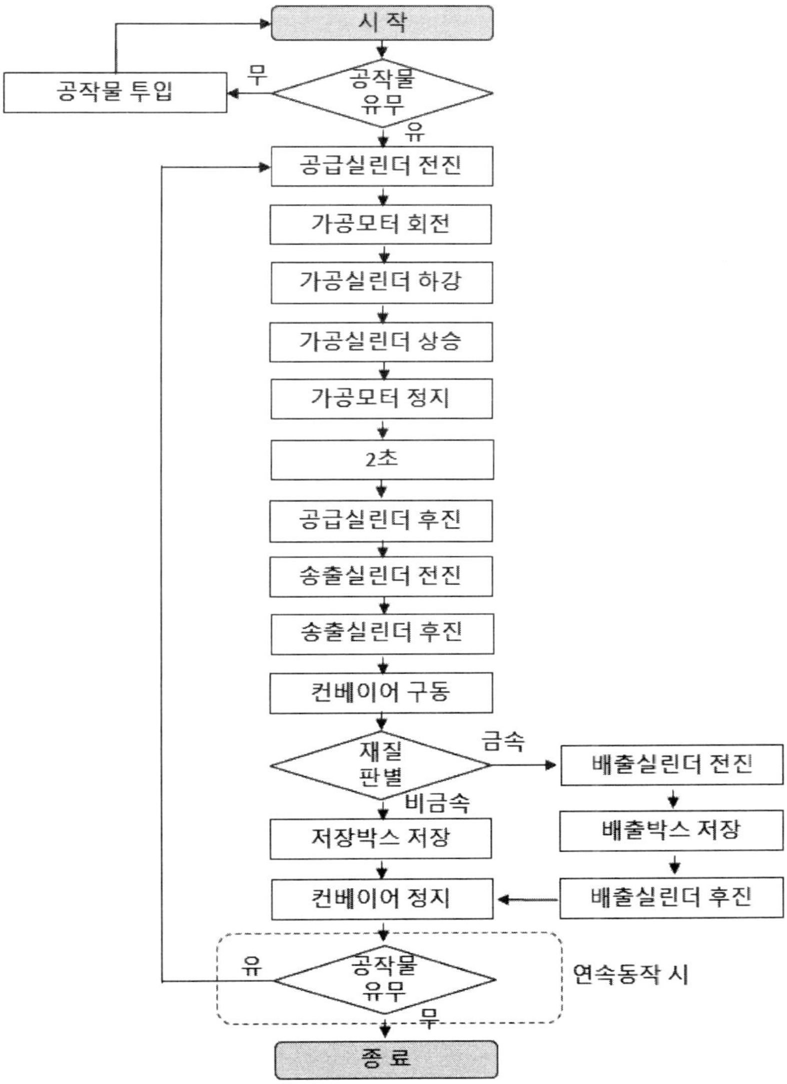

4. 부가조건 1

① 매거진에 공작물이 있을 경우 녹색 램프가 점등하고 없을 경우 소등한다.

② 공작물 재질을 판별하여 비금속이면 황색 램프가 점멸(0.5초 ON/0.5초 OFF)하고 금속이면 황색 램프가 점등한다.(단, 해당 사이클이 종료되면 소등)

5. 부가조건 2

연속동작 중 가공실린더 하강, 상승 동작을 지연시간(2초)을 포함하여 3회 반복한다.

6. 부가조건 3

① 비상정지 스위치를 누르면 시스템은 현재 상태로 정지(실린더는 진행 중인 행정을 마치고 정지, 모터는 모두 정지)하고, 녹색·황색 램프는 소등, 적색 램프는 점멸(1초 ON/1초 OFF)한다.

② 비상정지 스위치를 해제하면 시스템이 된다.

○ LADDER 프로그램 풀이

1. 테스트 동작

변위단계선도와 공정 시퀀스

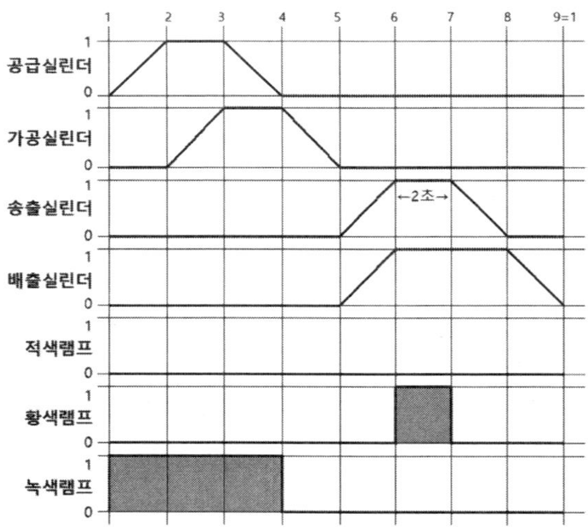

[공정 시퀀스]

시작(PB1) → 공급전진, 녹색 ON
→ 가공하강 → 공급후진
→ 가공상승, 녹색 OFF
→ 송출전진, 배출전진 → 황색 ON 〈2초〉
→ 송출후진, 황색 OFF → 배출후진
→ 종료

단속/연속동작 시퀀스와 2중 코일을 방지하기 위해 로컬 라벨에는 첨두어로 "T"를 붙인다.

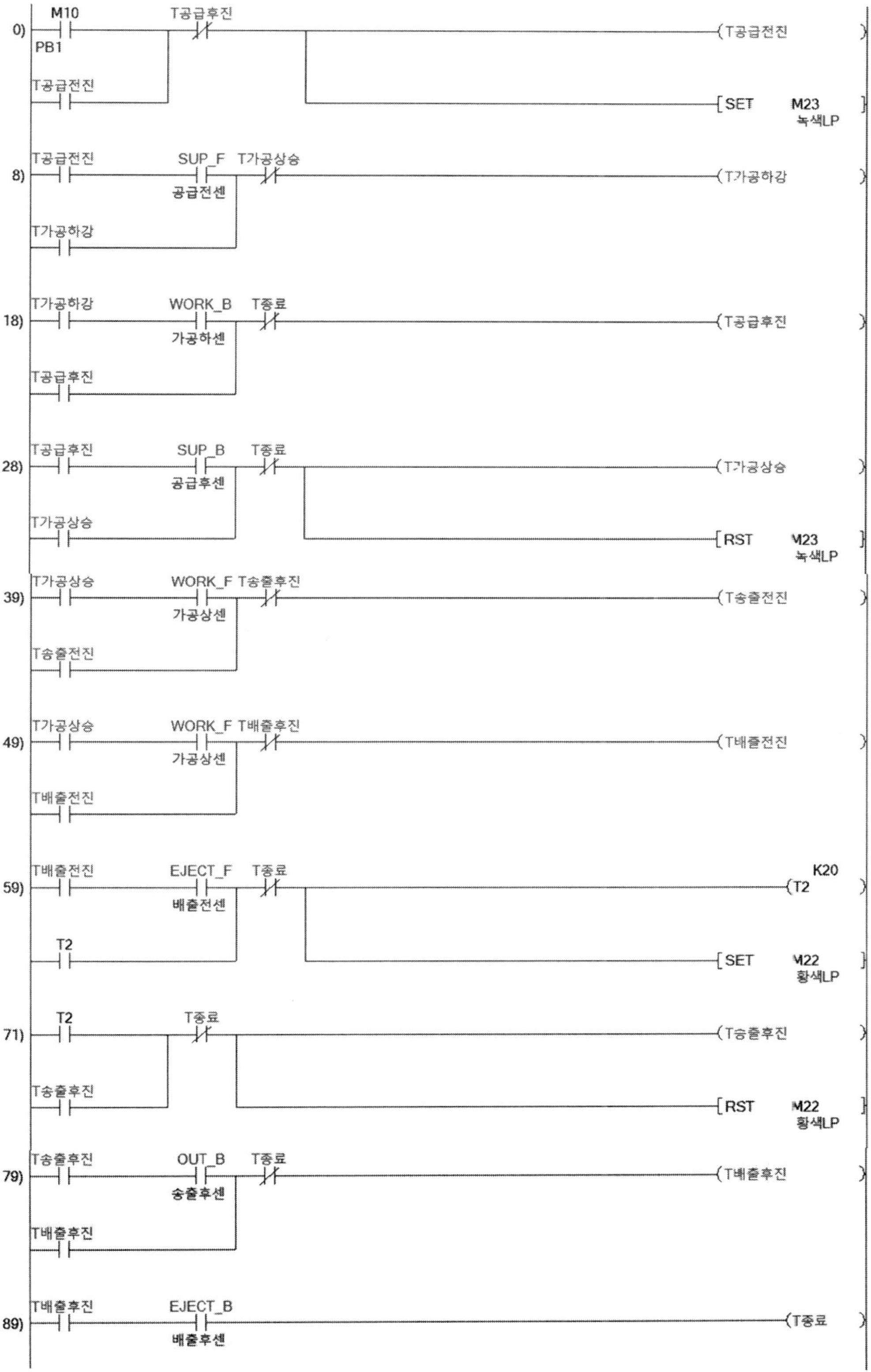
0) M10 PB1 T공급후진 T공급전진
T공급전진
SET M23 녹색LP
8) T공급전진 SUP_F 공급전센 T가공상승 T가공하강
T가공하강
18) T가공하강 WORK_B 가공하센 T종료 T공급후진
T공급후진
28) T공급후진 SUP_B 공급후센 T종료 T가공상승
T가공상승
RST M23 녹색LP
39) T가공상승 WORK_F 가공상센 T송출후진 T송출전진
T송출전진
49) T가공상승 WORK_F 가공상센 T배출후진 T배출전진
T배출전진
59) T배출전진 EJECT_F 배출전센 T종료 T2 K20
T2
SET M22 황색LP
71) T2 T종료 T송출후진
T송출후진
RST M22 황색LP
79) T송출후진 OUT_B 송출후센 T종료 T배출후진
T배출후진
89) T배출후진 EJECT_B 배출후센 T종료

▪ 출력부

2. 단속동작과 연속동작

▪ 단속동작 : PB2 스위치를 누르면 1사이클 수행 후 종료한다.

▪ 연속동작 : 공작물이 적재된 상태에서 PB3 스위치를 누르면 공작물이 모두 소진될 때까지 동작한다. (단, 모든 공작물이 소진되면 공정을 종료하며 다시 매거진에 공작물을 투입하고 PB3 스위치를 누르면 공정을 다시 시작한다.)

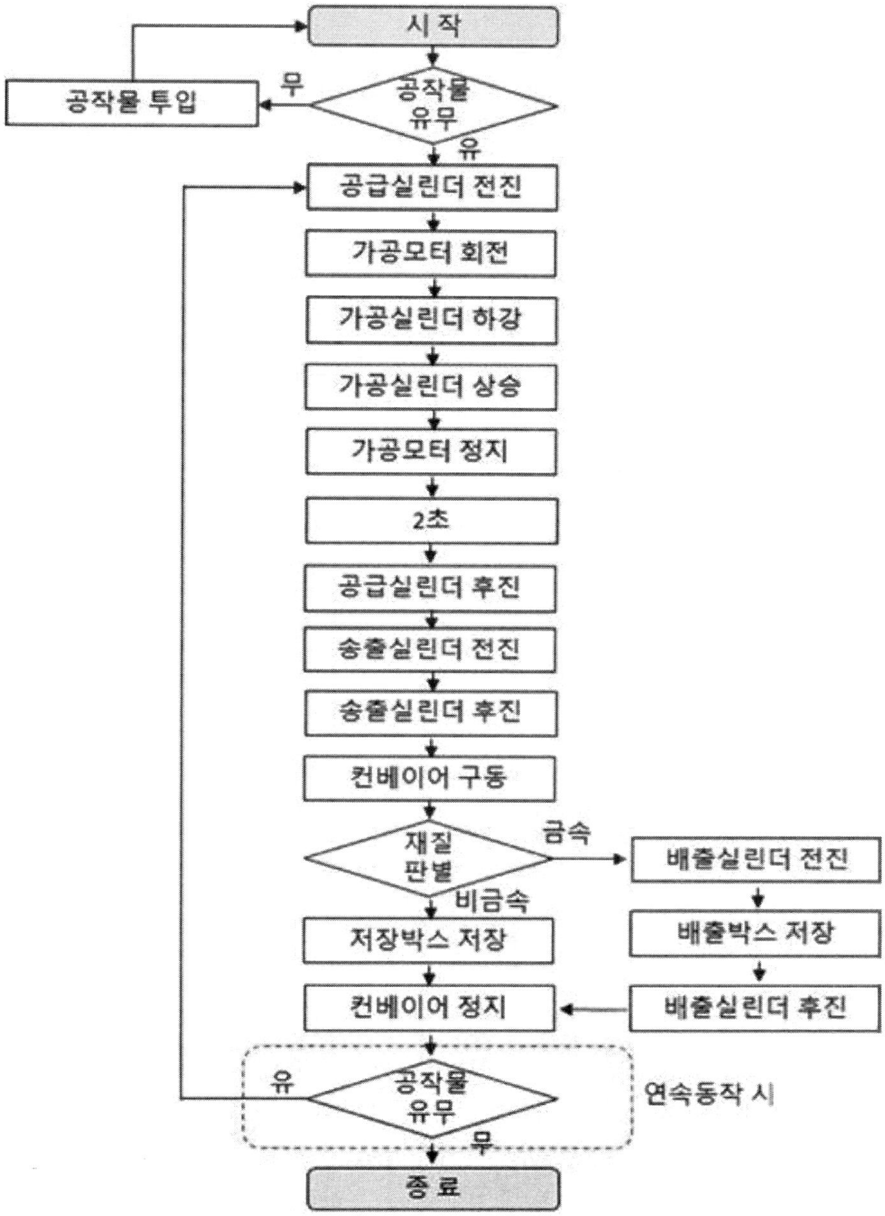
시 작
공작물 투입
무
공작물 유무
유
공급실린더 전진
가공모터 회전
가공실린더 하강
가공실린더 상승
가공모터 정지
2초
공급실린더 후진
송출실린더 전진
송출실린더 후진
컨베이어 구동
재질 판별
금속
배출실린더 전진
비금속
저장박스 저장
배출박스 저장
컨베이어 정지
배출실린더 후진
유
공작물 유무
연속동작 시
무
종 료

앞의 테스트 동작 래더에 이어서 작성한다.

① 공정시작 제어신호 생성

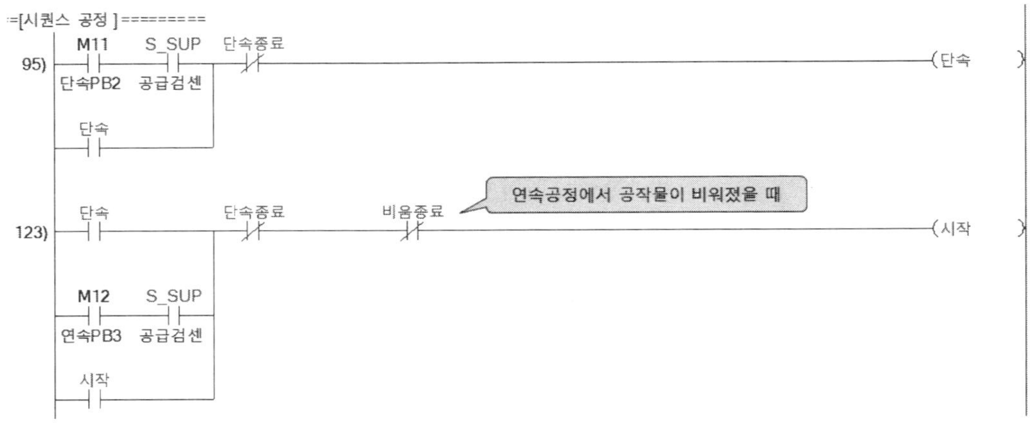

② 공급과 가공공정

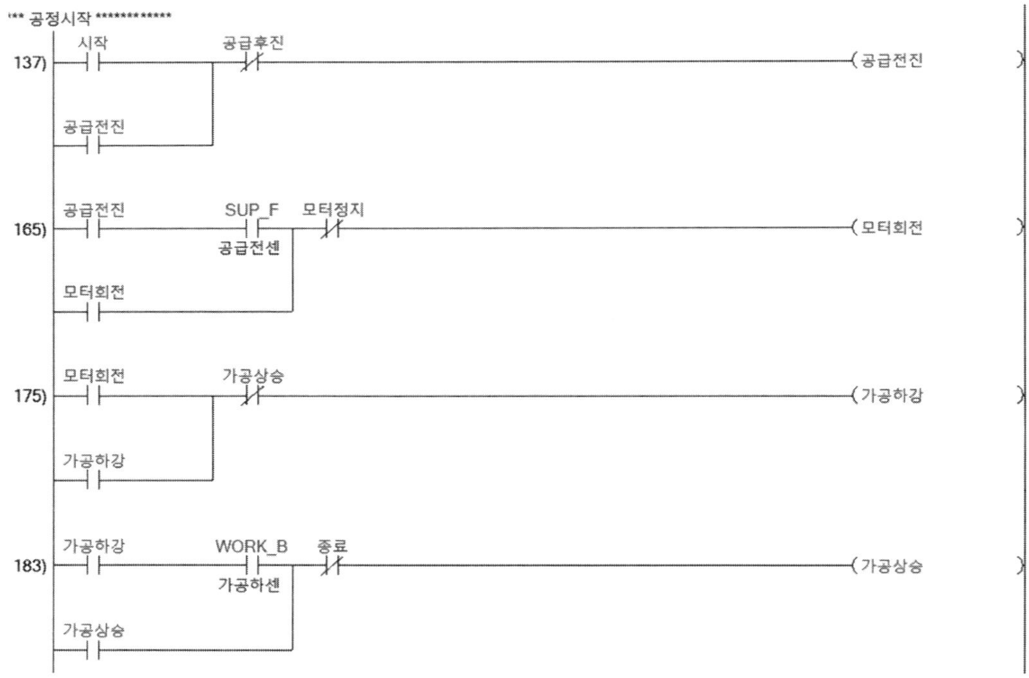

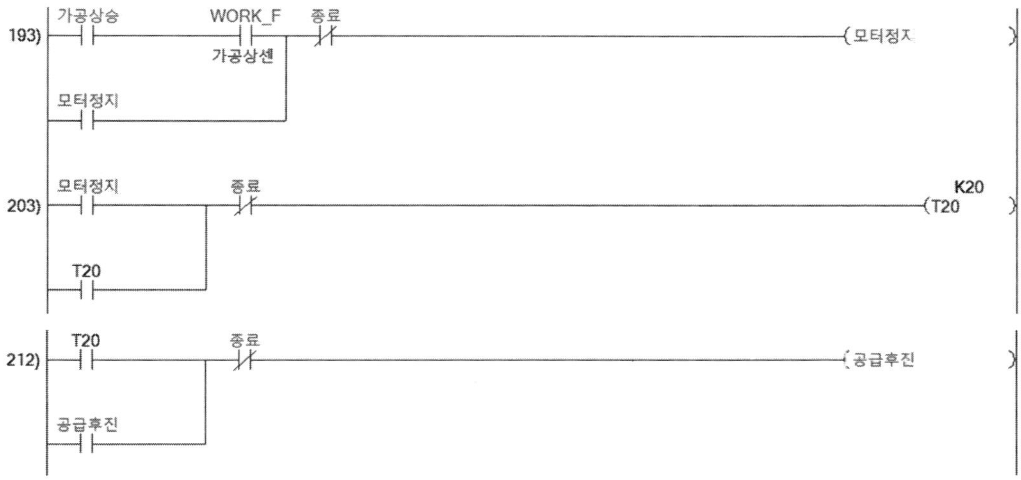

③ 송출과 이송공정

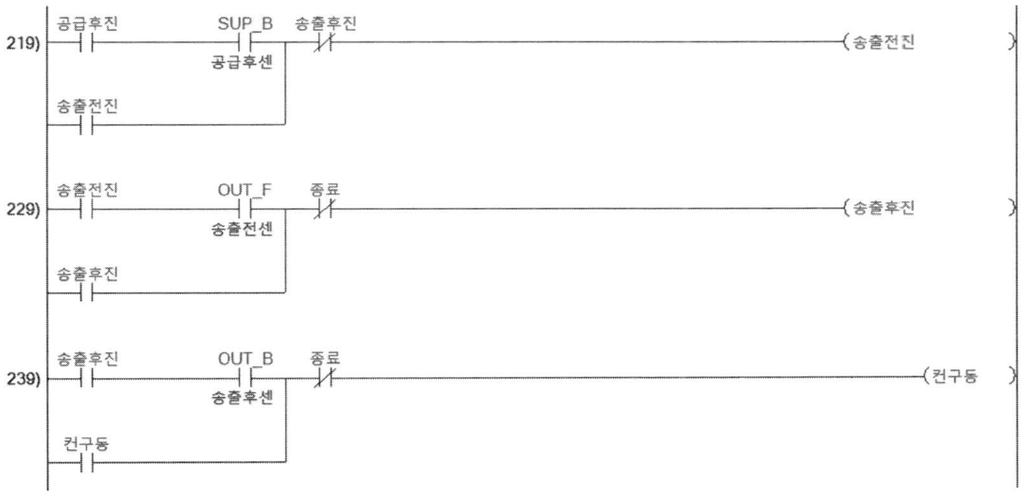

④ 소재 판별

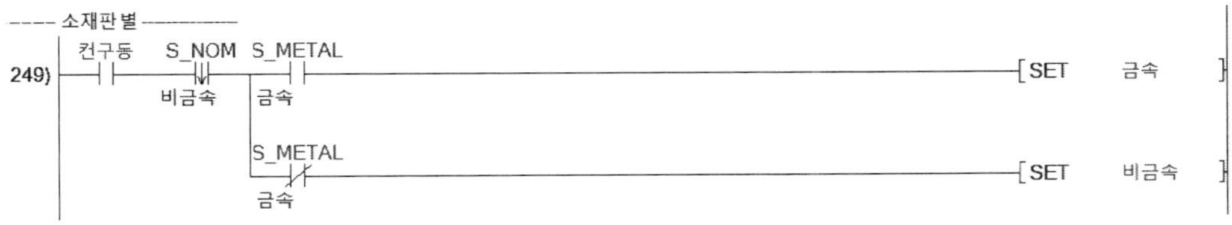

⑤ 금속 처리 공정 : 배출박스로 저장

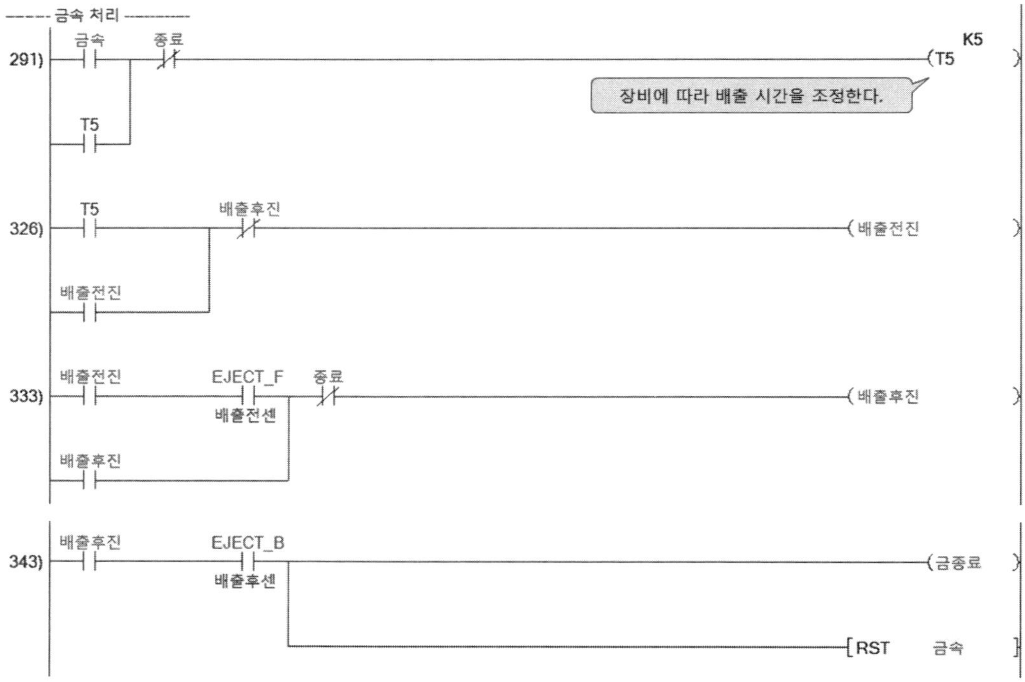

⑥ 비금속 처리 공정 : 저장박스로 이송

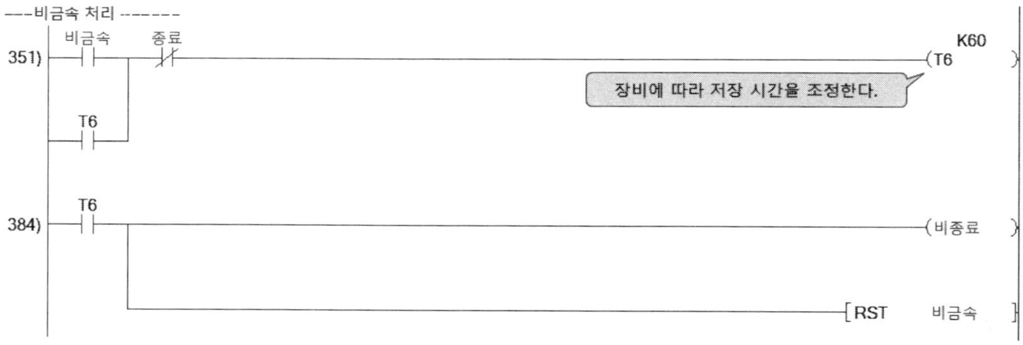

⑦ 종료 처리

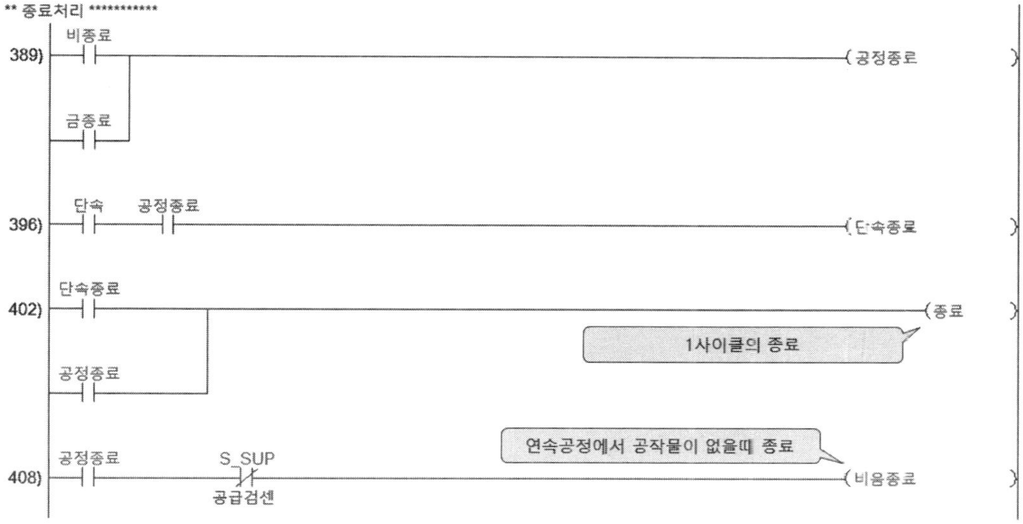

⑧ 출력부

테스트 동작의 출력 제어신호와 병렬 접속하여 액추에이터로 연결한다.

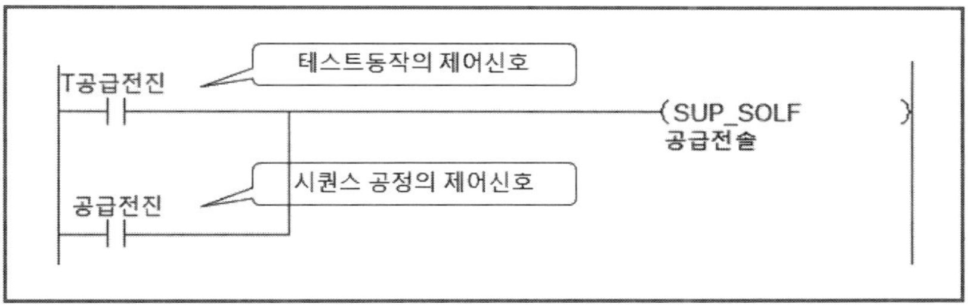

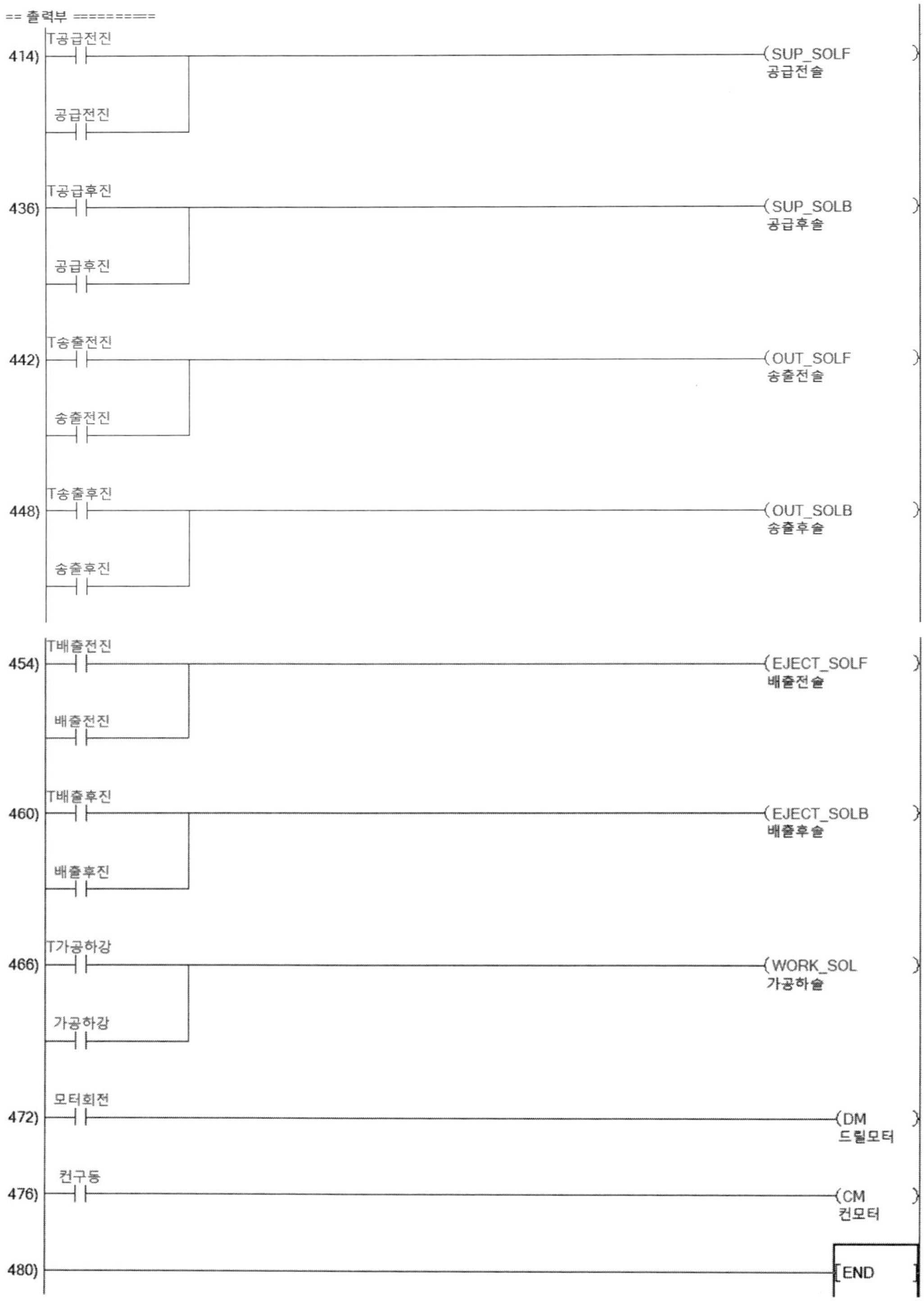
== 출력부 =========
414)
T공급전진
공급전진
SUP_SOLF
공급전솔
436)
T공급후진
공급후진
SUP_SOLB
공급후솔
442)
T송출전진
송출전진
OUT_SOLF
송출전솔
448)
T송출후진
송출후진
OUT_SOLB
송출후솔
454)
T배출전진
배출전진
EJECT_SOLF
배출전솔
460)
T배출후진
배출후진
EJECT_SOLB
배출후솔
466)
T가공하강
가공하강
WORK_SOL
가공하솔
472)
모터회전
DM
드릴모터
476)
컨구동
CM
컨모터
480)
END

4. 부가조건 1

- 매거진에 공작물이 있을 경우 녹색 램프가 점등하고 없을 경우 소등한다.
- 공작물 재질을 판별하여 비금속이면 황색 램프가 점멸(0.5초 ON/0.5초 OFF)하고 금속이면 황색 램프가 점등한다.(단, 해당 사이클이 종료되면 소등)

래더 프로그램 출력부의 맨 하단에 추가한다.

5. 부가조건 2

연속동작 중 가공실린더 하강, 상승 동작을 지연시간(2초)을 포함하여 3회 반복한다. 연속 동작시 공급 및 가공 공정 중에서 다음의 가공실린더의 하강과 상승 부분이 하강 후 2초 지연을 포함하여 3회 반복되어야 한다.

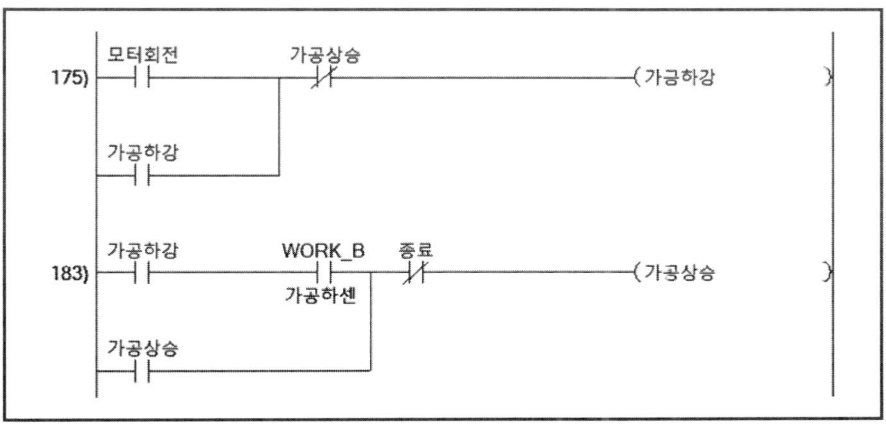

이 부분을 FOR – NEXT 명령을 이용하여 반복 수행하도록 수정하도록 한다. 이 명령어 사용법은 4장의 <4.13 구조화 명령> 절을 참고하기 바란다.

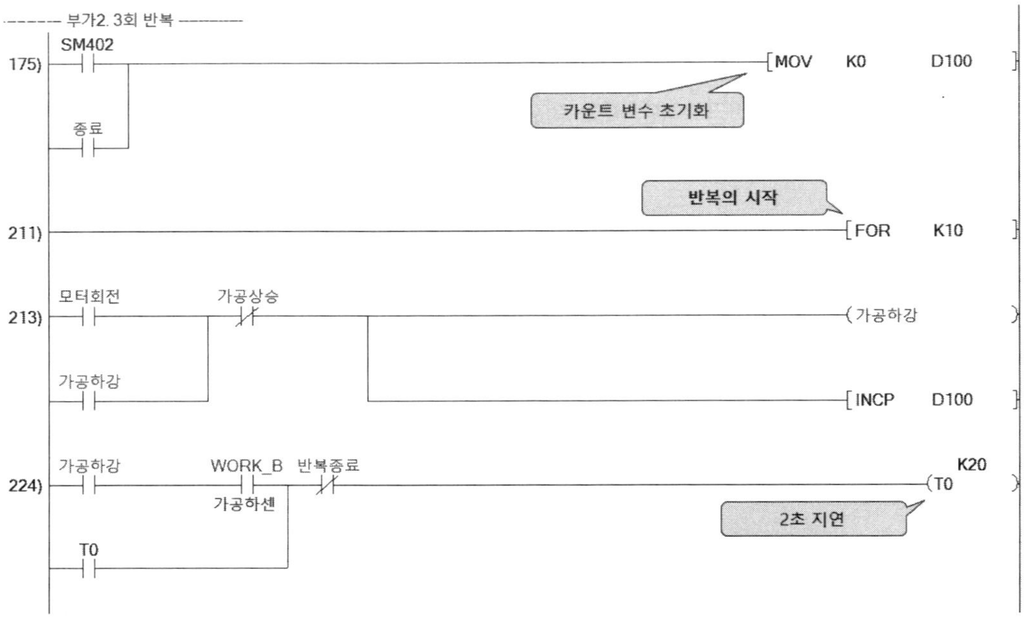

"모터회전" 제어신호가 루프 내에서 항상 ON 상태이므로 무한반복 수행이 된다. 따라서 횟수를 카운트하여 3회일 때 BREAK 명령을 이용하여 FOR 루프에서 빠져 나오도록 한다.

-[BREAKP D110 P1]- : 루프에서 포인트 P1으로 탈출하며 잔여 횟수를 D110에 저장한다.

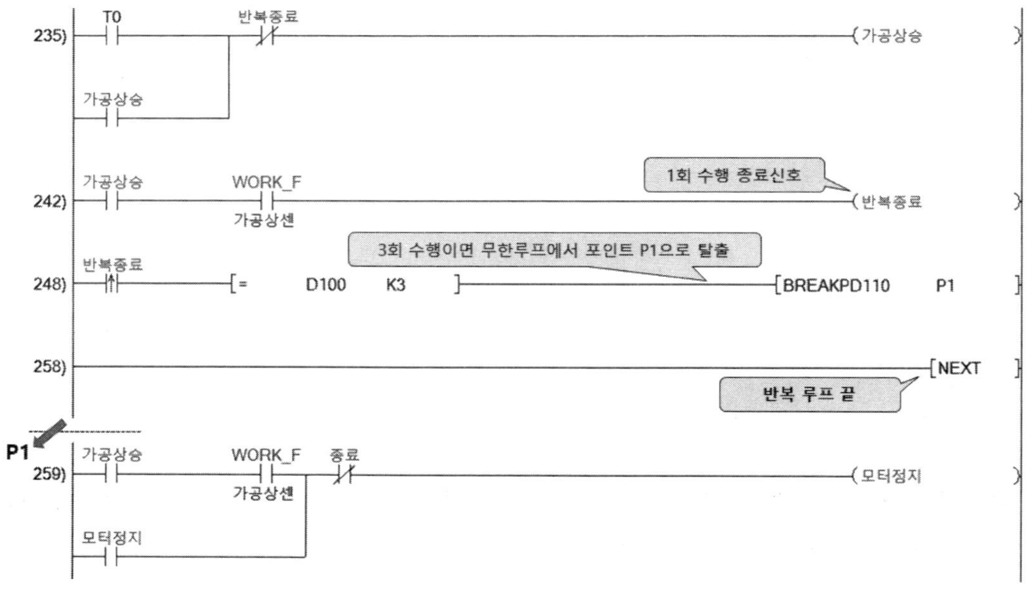

6. 부가조건 3

- 비상정지 스위치를 누르면 시스템은 현재 상태로 정지(실린더는 진행 중인 행정을 마치고 정지, 모터는 모두 정지)하고, 녹색·황색 램프는 소등, 적색 램프는 점멸(1초 ON/1초 OFF)한다.
- 비상정지 스위치를 해제하면 시스템이 리셋된다.

① 시퀀스 공정 시작("공급전진") 부분 바로 위에 비상정지 스위치 조작에 대한 처리부분을 삽입한다.

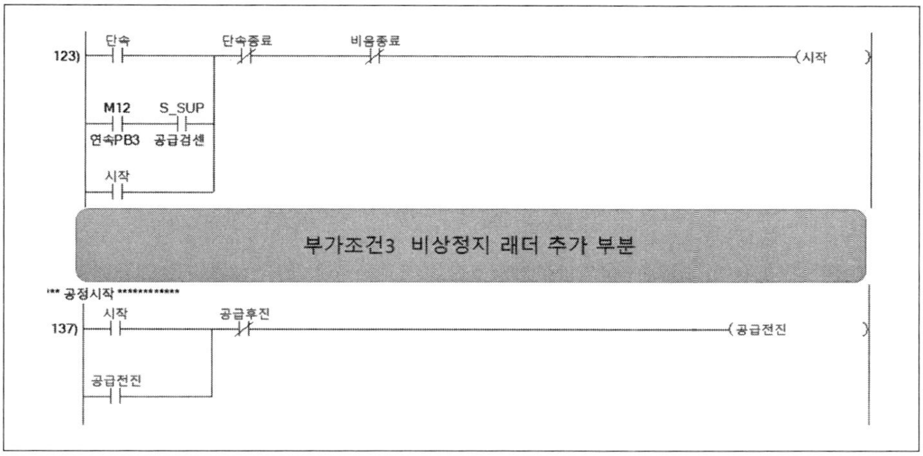

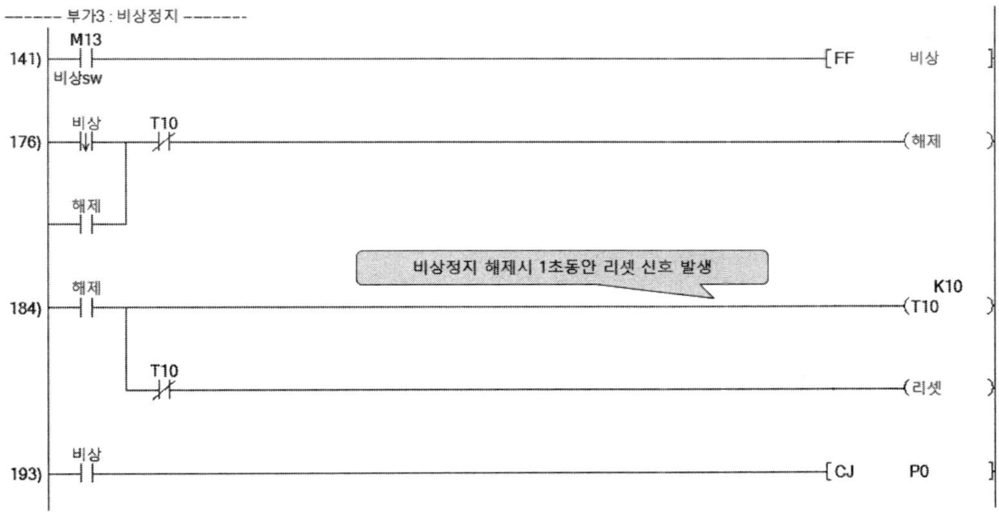

② 출력부 맨 위에 포인트 P0 삽입과 후진 솔레노이드에 비상정지 해제시 리셋신호로 강제 후진 되도록 한다.

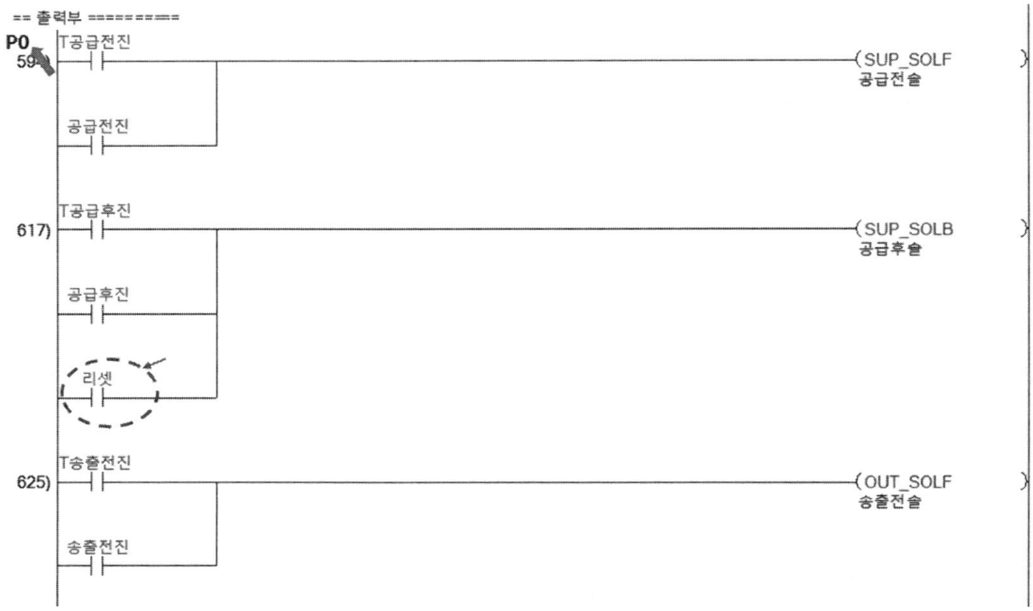

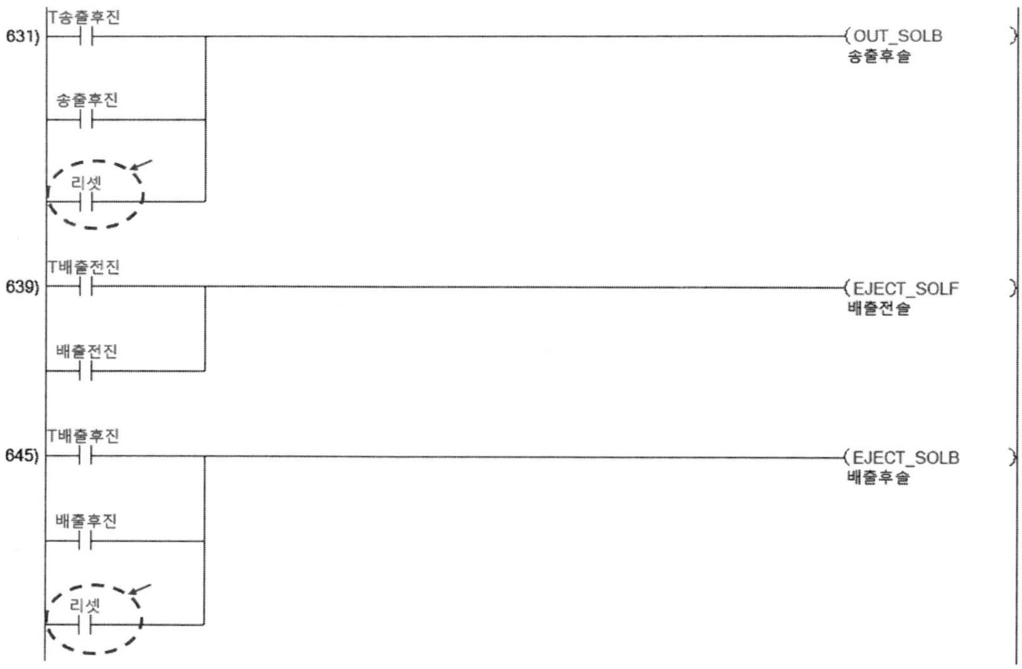

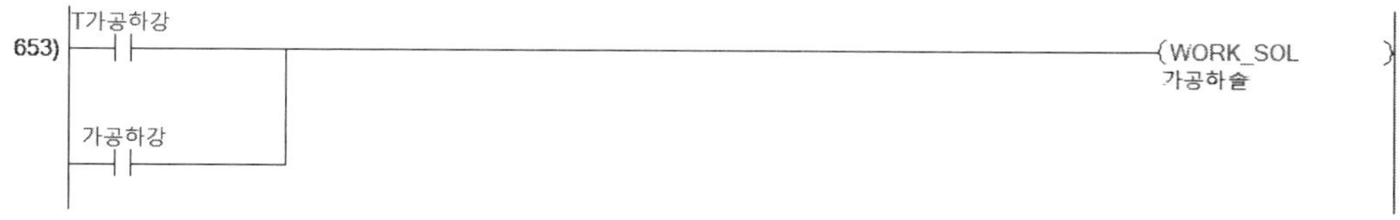

③ 출력부 하단에 모터는 정지, 녹색과 황색 램프는 소등되고, 적색 램프 점멸 동작을 추가한다.

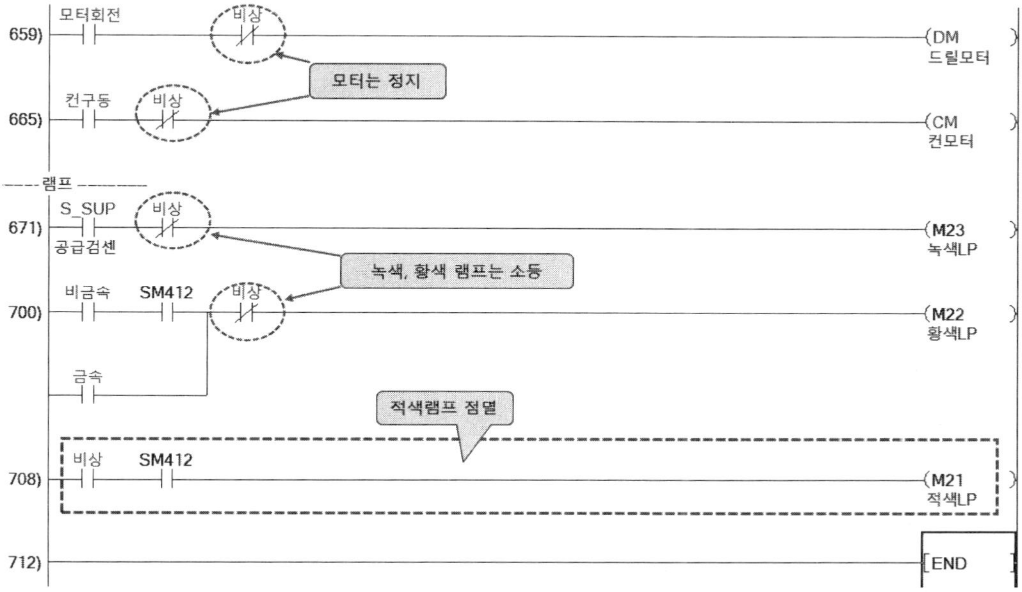

④ 시퀀스 공정 프로그램 전체에 모든 자기유지 회로 부분에 리셋 신호 b접점을 추가하여 리셋 시 자기유지 신호를 끊어지도록 한다.

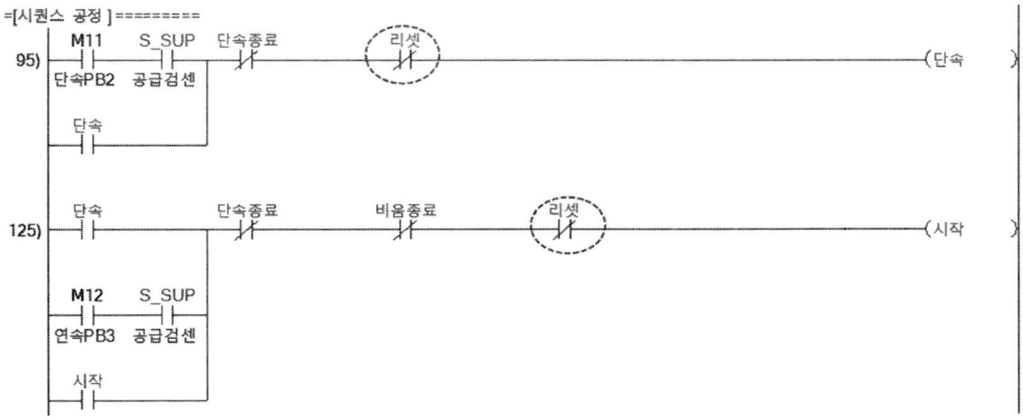

:

⑤ 금속 공정 종료시와 비금속 공정 종료시 "[RST 금속]", "[RST 비금속]" 명령 앞에 리셋 신호를 추가한다.

[전체 완성된 래더도]

▪ 테스트 동작

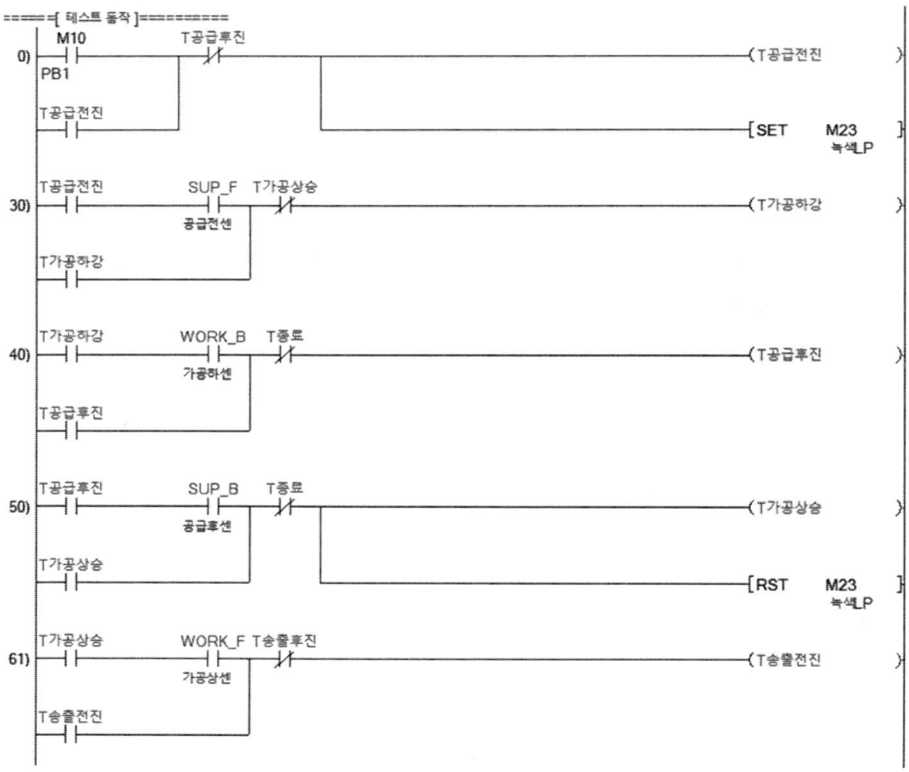

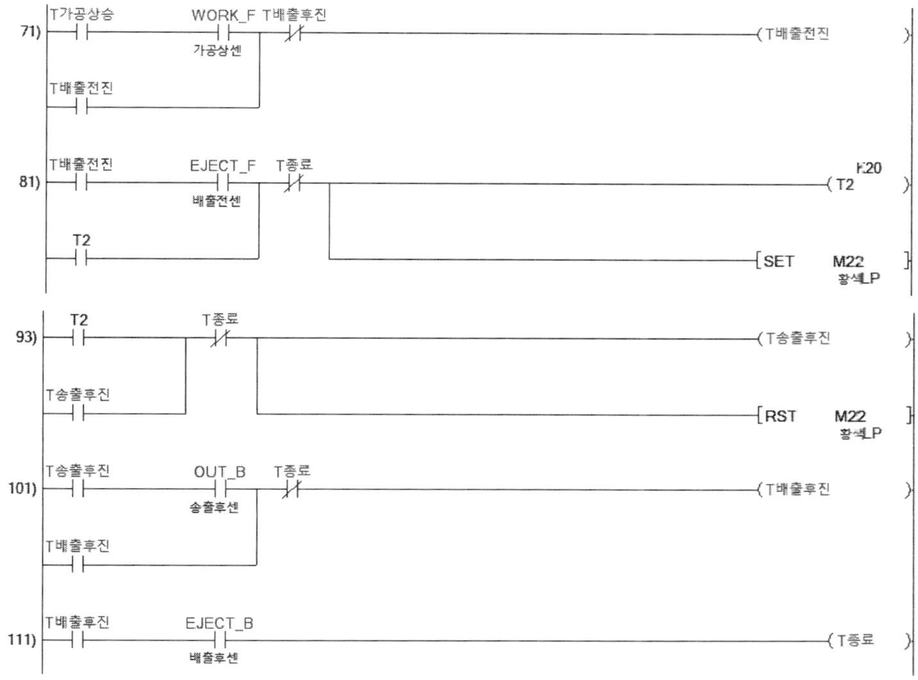
71)
T가공상승
WORK_F
T배출후진
가공상센
T배출전진
T배출전진
81)
T배출전진
EJECT_F
T종료
배출전센
K20
T2
T2
SET
M22
황색LP
93)
T2
T종료
T송출후진
T송출후진
RST
M22
황색LP
101)
T송출후진
OUT_B
T종료
송출후센
T배출후진
T배출후진
111)
T배출후진
EJECT_B
배출후센
T종료

■ 단속/연속 시퀀스 공정

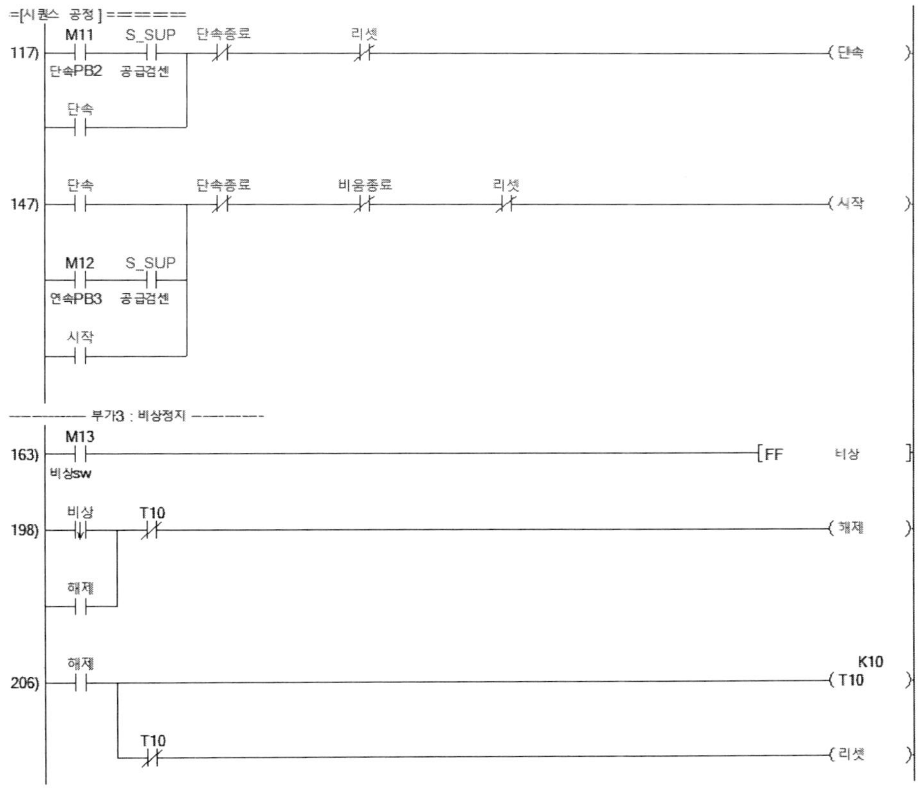
=[시퀀스 공정]======
117)
M11
S_SUP
단속종료
리셋
단속PB2
공급검센
단속
단속
147)
단속
단속종료
비움종료
리셋
시작
M12
S_SUP
연속PB3
공급검센
시작
부가3 : 비상정지
163)
M13
비상sw
FF
비상
198)
비상
T10
해제
해제
206)
해제
K10
T10
T10
리셋

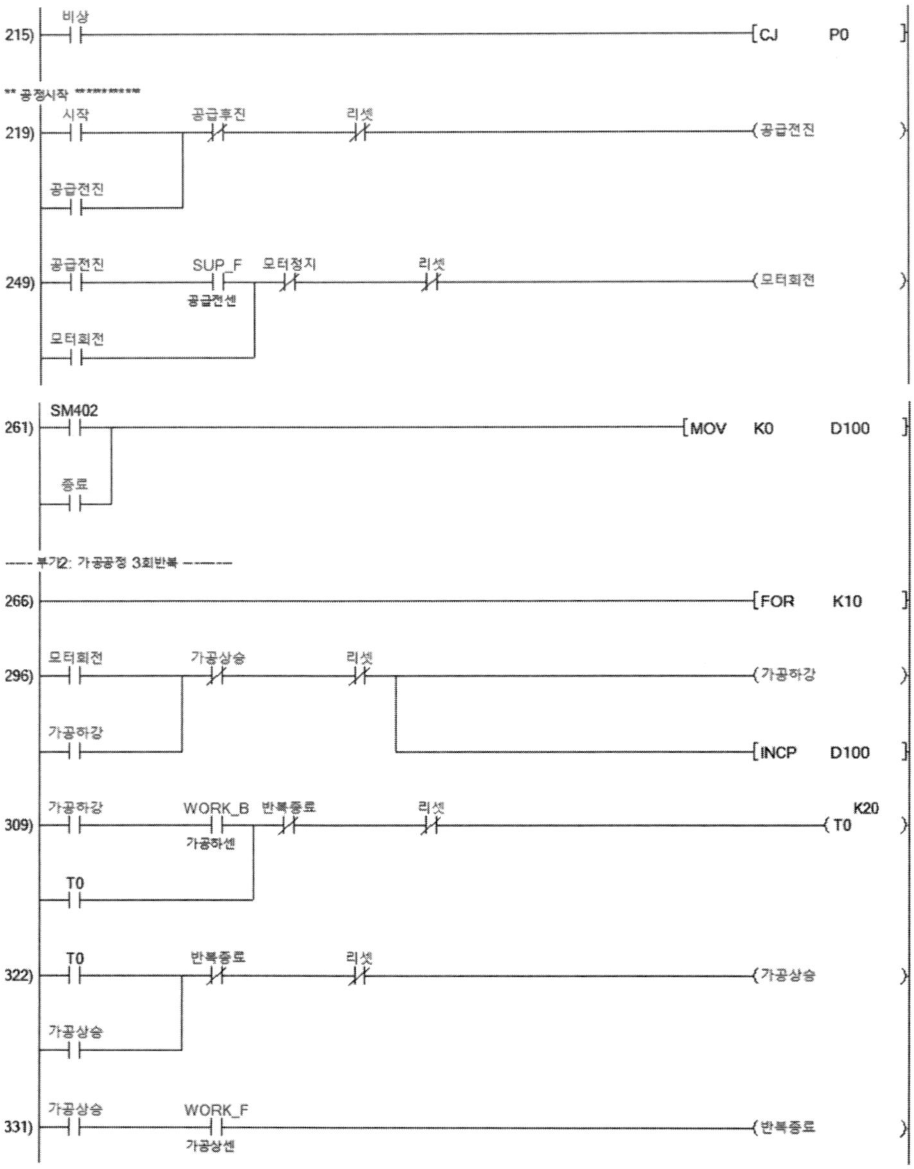
215)
비상
CJ P0
** 공정시작 **********
219)
시작
공급후진
리셋
공급전진
공급전진
249)
공급전진
SUP_F
공급전센
모터정지
리셋
모터회전
모터회전
261)
SM402
MOV K0 D100
종료
----- 부가2: 가공공정 3회반복 --------
266)
FOR K10
296)
모터회전
가공상승
리셋
가공하강
가공하강
INCP D100
309)
가공하강
WORK_B
가공하센
반복종료
리셋
K20
T0
T0
322)
T0
반복종료
리셋
가공상승
가공상승
331)
가공상승
WORK_F
가공상센
반복종료

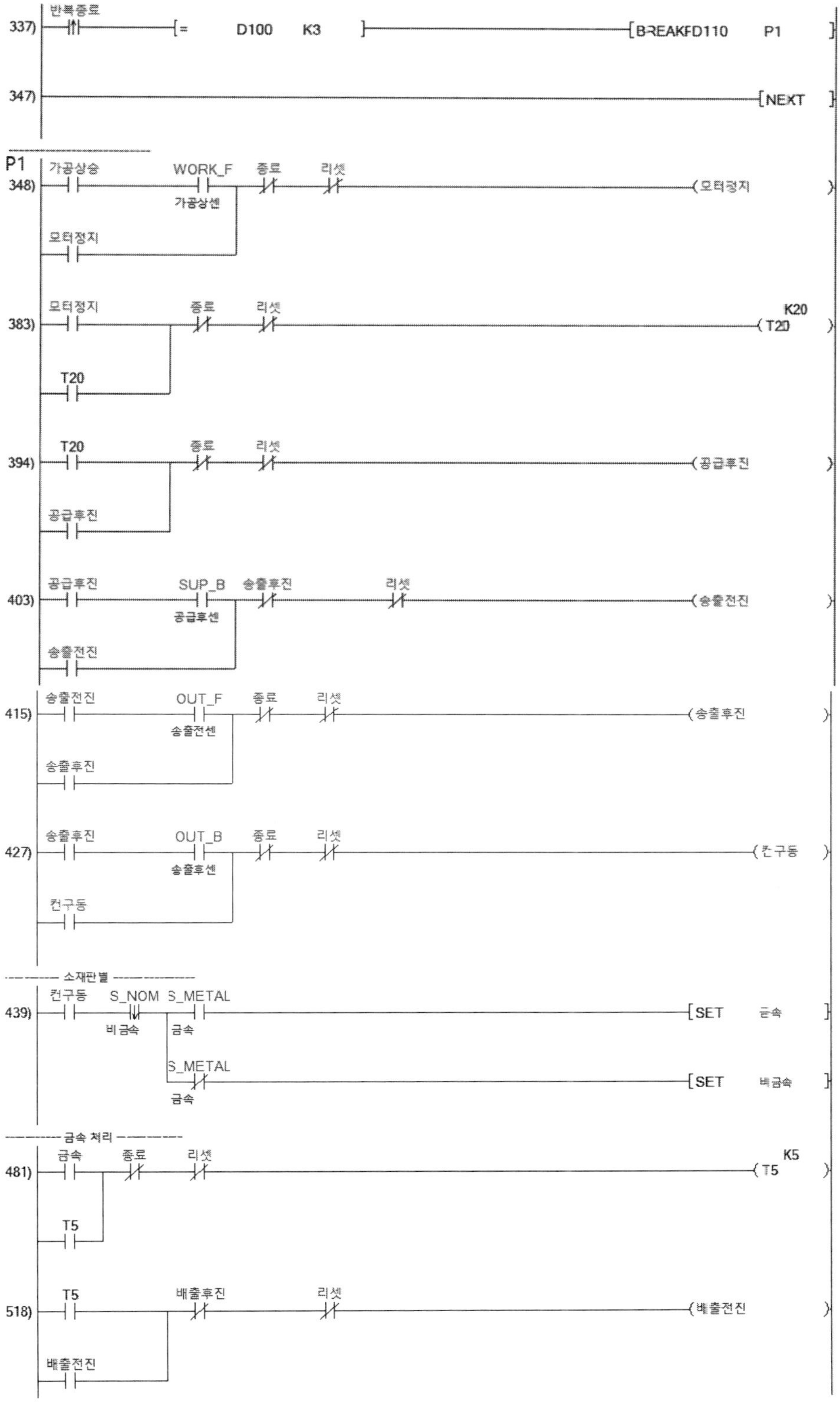

337) 반복종료 [= D100 K3] [BREAKFD110 P1]
347) [NEXT]
P1
348) 가공상승 WORK_F 가공상센 종료 리셋 (모터정지)
모터정지
383) 모터정지 종료 리셋 K20 (T20)
T20
394) T20 종료 리셋 (공급후진)
공급후진
403) 공급후진 SUP_B 공급후센 송출후진 리셋 (송출전진)
송출전진
415) 송출전진 OUT_F 송출전센 종료 리셋 (송출후진)
송출후진
427) 송출후진 OUT_B 송출후센 종료 리셋 (컨구동)
컨구동
소재판별
439) 컨구동 S_NOM 비금속 S_METAL 금속 [SET 금속]
S_METAL 금속 [SET 비금속]
금속 처리
481) 금속 종료 리셋 K5 (T5)
T5
518) T5 배출후진 리셋 (배출전진)
배출전진

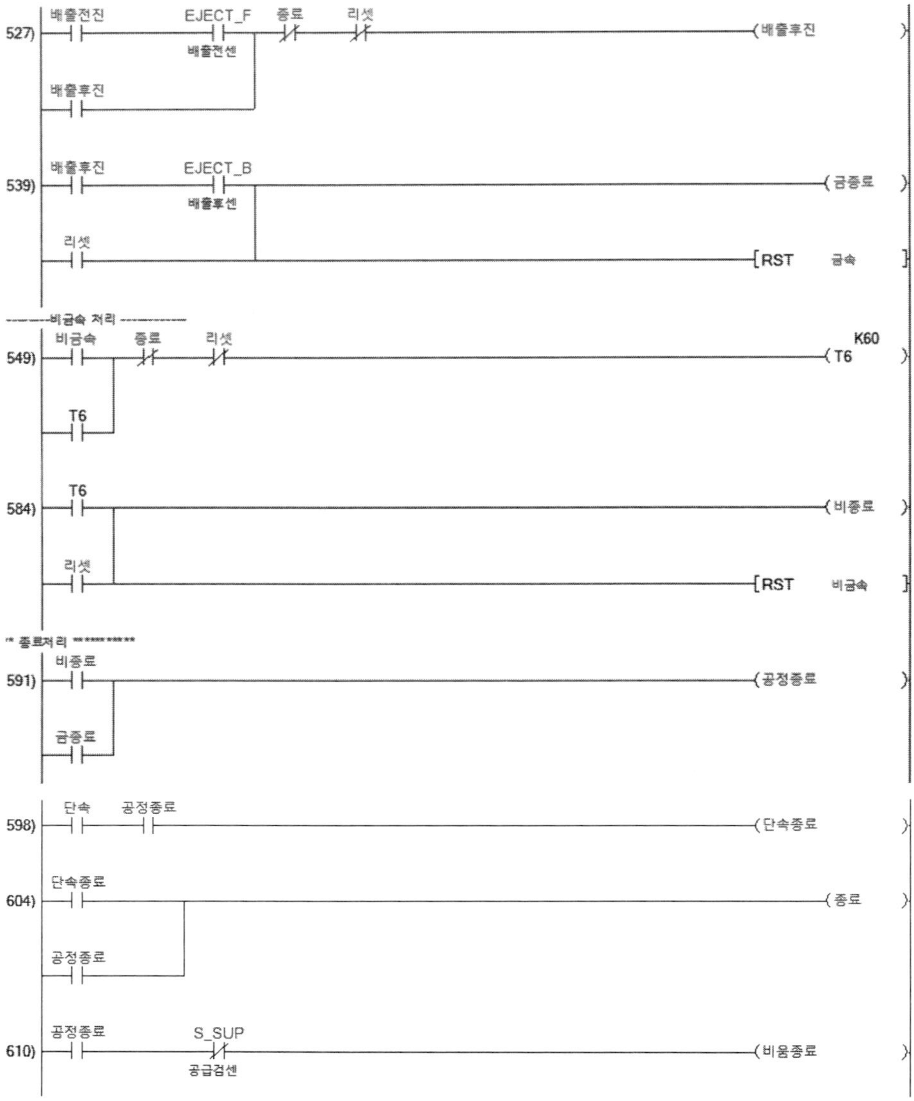
527)
배출전진
EJECT_F
배출전센
종료
리셋
배출후진
배출후진
539)
배출후진
EJECT_B
배출후센
금종료
리셋
RST 금속
-------비금속 처리 -----------
549)
비금속
종료
리셋
K60
T6
T6
584)
T6
비종료
리셋
RST 비금속
* 종료처리 **********
591)
비종료
공정종료
금종료
598)
단속
공정종료
단속종료
604)
단속종료
종료
공정종료
610)
공정종료
S_SUP
공급검센
비움종료

- **출력부**

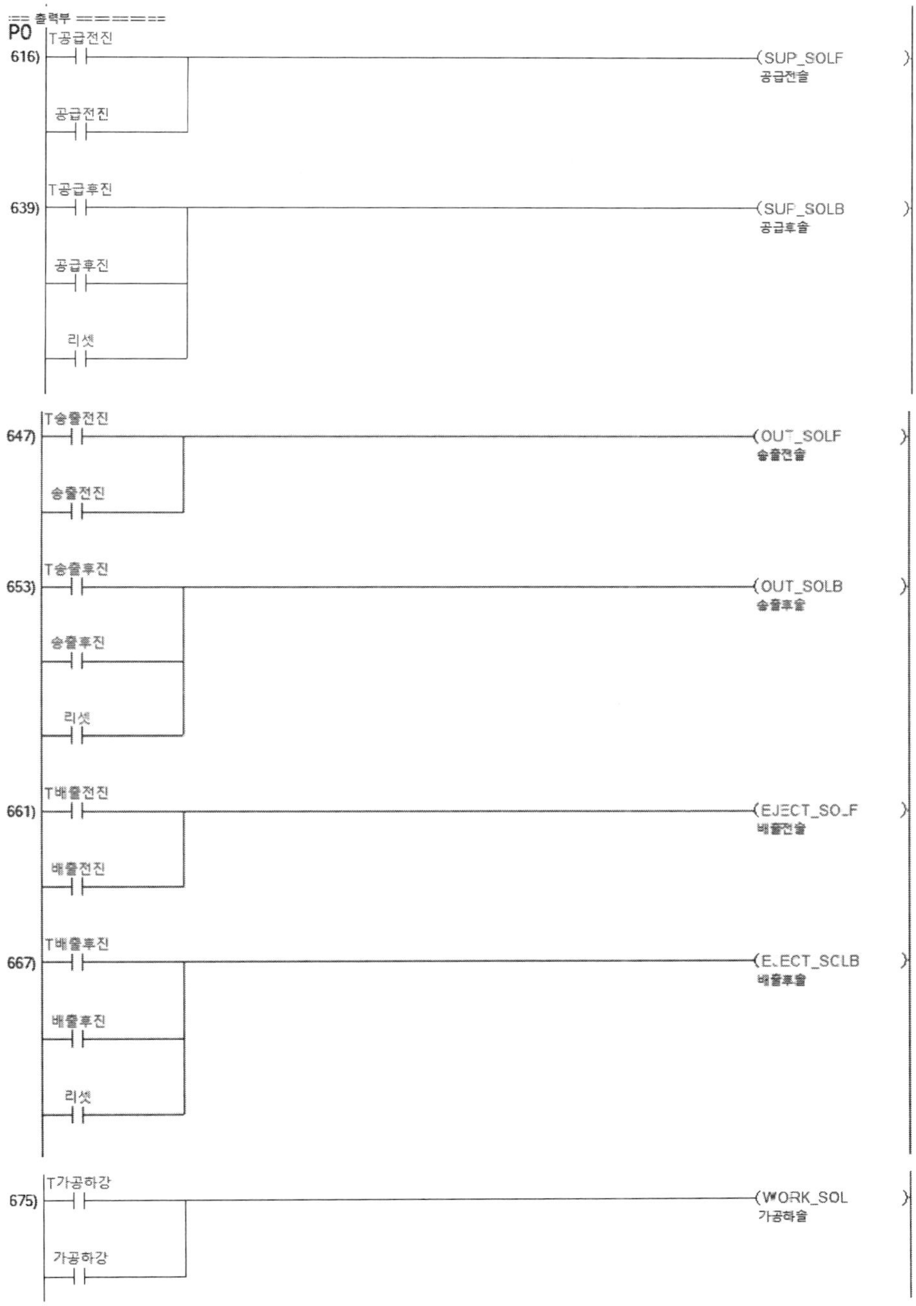

=== 출력부 ========
P0
T공급전진
616)
SUP_SOLF
공급전솔
공급전진
T공급후진
639)
SUP_SOLB
공급후솔
공급후진
리셋
T송출전진
647)
OU⁻_SOLF
송출전솔
송출전진
T송출후진
653)
OUT_SOLB
송출후솔
송출후진
리셋
T배출전진
661)
EJ=CT_SO_F
배출전솔
배출전진
T배출후진
667)
E.ECT_SCLB
배출후솔
배출후진
리셋
T가공하강
675)
WORK_SOL
가공하솔
가공하강

모터회전
비상
681)
DM
드릴모터
컨구동
비상
687)
CM
컨 모터
램프
S_SUP
비상
693)
공급검센
M23
녹색LP
비금속
SM412
비상
722)
M22
황색LP
금속
비상
SM412
730)
M21
적색LP
734)
END

활용과제 7.2

위의 실습을 다음과 같이 동작하도록 수정하시오.

[과제 1]

테스트 동작

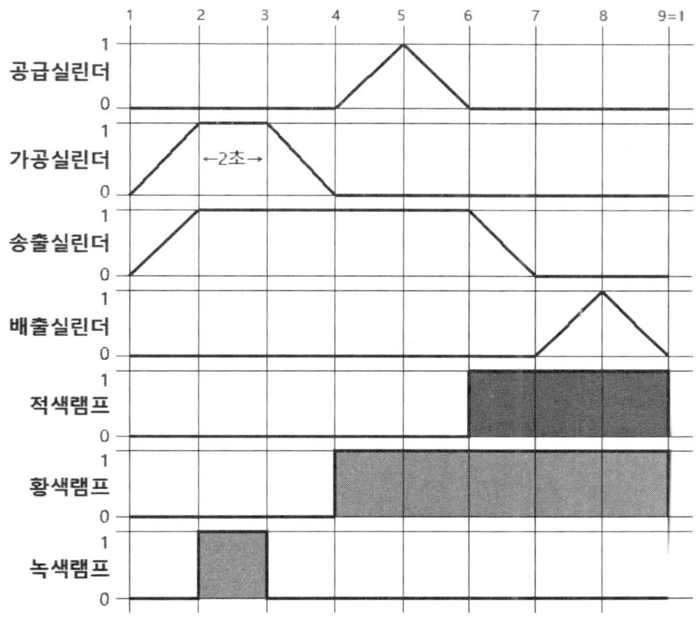

[과제 2]

연속동작 중 PB3 스위치를 누르면 재질에 관계없이 배출박스에 배출한다(단, 해당 사이클에만 적용).

[과제 3]

연속동작 중 PB3 스위치를 누르면 매거진에 물품이 남아있어도 현재 사이클 동작이 완료된 후 종료한다.

부 록

[단축키 일람표]

툴바 아이콘	단축 키	대응하는 메뉴	개요
	F5	a 접점	커서 위치에 a 접점을 씁니다.
	Shift + F5	a 접점 OR	커서 위치에 a 접점 OR을 씁니다.
	F6	b 접점	커서 위치에 b 접점을 씁니다.
	Shift + F6	b 접점 OR	커서 위치에 b 접점 OR을 씁니다.
	F7	코일	커서 위치에 코일을 씁니다.
	F8	응용 명령	커서 위치에 응용 명령을 씁니다.
	F9	가로선 입력	커서 위치에 가로선을 씁니다.
	Shift + F9	세로선 입력	커서 위치에 세로선을 씁니다.
	Ctrl + F9	가로선 삭제	커서가 위치한 가로선을 삭제합니다.
	Ctrl + F10	세로선 삭제	커서가 위치한 세로선을 삭제합니다.
	Shift + F7	상승펄스	커서 위치에 상승펄스를 씁니다,
	Shift + F8	하강펄스	커서 위치에 하강펄스를 씁니다.
	Alt + F7	상승펄스 OR	커서 위치에 상승펄스 OR을 씁니다.
	Alt + F8	하강펄스 OR	커서 위치에 하강펄스 OR을 씁니다.
	Shift + Alt + F5	상승펄스 부정	커서 위치에 상승펄스 부정을 씁니다.
	Shift + Alt + F6	하강펄스 부정	커서 위치에 하강펄스 부정을 씁니다.
	Shift + Alt + F7	상승펄스 부정 OR	커서 위치에 상승펄스 부정 OR을 씁니다.
	Shift + Alt + F8	하강펄스 부정 OR	커서 위치에 하강펄스 부정 OR을 씁니다.
	Alt + F5	연산 결과 상승펄스화	커서 위치에 연산 결과 상승펄스화를 씁니다.
	Ctrl + Alt + F5	연산 결과 하강펄스화	커서 위치에 연산 결과 하강펄스화를 씁니다.
	Ctrl + Alt + F10	연산 결과 반전	커서 위치에 연산 결과 반전을 씁니다.
	F10	외곽선 쓰기	커서 위치에 외곽선을 입력합니다.
	Alt + F9	외곽선 삭제	커서 위치에서 외곽선을 삭제합니다.
	Ctrl + B	인 라인 ST 박스 삽입	인 라인 ST 박스를 삽입합니다.
	–	디바이스 코멘트 편집	디바이스 코멘트를 편집합니다.
	–	스테이트먼트 편집	스테이트먼트를 편집합니다.

툴바 아이콘	단축 키	대응하는 메뉴	개요
	–	노트 편집	노트를 편집합니다.
	[Ctrl] + [L]	행간 스테이트먼트 일람	프로그램에서 사용되고 있는 행간 스테이트먼트를 일람으로 표시합니다.
	[Ctrl] + [Alt] + [F1]	템플릿 표시	명령/함수/제어 구문에 대응하는 템플릿을 삽입합니다.
	[Alt] + [←]	템플릿 인수 선택(왼쪽)	메뉴를 선택할 때 마다 템플릿의 인수를 왼쪽에서 선택 상태로 합니다.
	[Alt] + [→]	템플릿의 인수 선택(오른쪽)	메뉴를 선택할 때 마다 템플릿의 인수를 오른쪽에서 선택 상태로 합니다.
	[Ctrl] + [Alt] + [F6]	디바이스 표시	컴파일에 의해 할당된 실제 디바이스를 표시합니다.
	–	확대/축소	래더의 표시 배율을 변경합니다.
–	[Shift] + [Insert]	행 삽입	커서의 위치에 행을 삽입합니다.
–	[Shift] + [Delete]	행 삭제	커서 위치의 행을 삭제합니다.
–	[Ctrl] + [Insert]	열 삽입	커서의 위치에 열을 삽입합니다.
–	[Ctrl] + [Delete]	열 삭제	커서 위치의 열을 삭제합니다.
–	[Ctrl] + [Shift] + [→]	오른쪽 래더 기호에 가로선 접속	커서 위치에서 오른쪽의 래더 기호에 가로선을 접속합니다.
–	[Ctrl] + [Shift] + [←]	왼쪽 래더 기호에 가로선 접속	커서 위치에서 왼쪽의 래더 기호에 가로선을 접속합니다.
–	[Ctrl] + [→]	오른쪽 방향으로 가로선 입력/삭제	커서 위치에서 오른쪽 방향으로 가로선을 입력/삭제합니다.
–	[Ctrl] + [←]	왼쪽 방향으로 가로선 입력/삭제	커서 위치에서 왼쪽 방향으로 가로선을 입력/삭제합니다.
–	[Ctrl] + [↓]	아래 방향으로 세로선 입력/삭제	커서 위치에서 아래 방향으로 세로선을 입력/삭제합니다.
–	[Ctrl] + [↑]	위 방향으로 세로선 입력/삭제	커서 위치에서 위 방향으로 세로선을 입력/삭제합니다.
–	[Ctrl] + [/]	A/B 접점 전환	A 접점과 B 접점을 전환합니다.
–	[Ctrl] + [:]	스테이트먼트/노트 종류 전환	스테이트먼트/노트의 종류를 전환합니다.
–	[Ctrl] + [Alt] + [Enter]	명령 부분 편집	1번째 인수를 선택한 상태에서 래더 입력 화면을 엽니다.
–	[Alt] + [→]/[←]	–	래더 입력 화면에서 디바이스/라벨을 선택 상태로 합니다. [→]/[←]에서 선택 디바이스/라벨을 전환합니다.
–	[Alt] + [↑]/[↓]	–	래더 입력 화면에서 디바이스/라벨을 인크리먼트, 디크리먼트 합니다.
–	[Ctrl] + [Space]	–	래더 입력 화면에서 명령/라벨의 후보를 표시합니다.
–	[Ctrl] + [↑]/[↓]/[→]/[←]	–	래더 입력 화면 표시 중에 편집 화면의 커서를 이동합니다.
–	[Ctrl] + [G]	점프	지정행을 표시합니다.
–	[Ctrl] + [Alt] + [PgDown]	다음 래더 블록 선두 점프	커서를 현재의 위치에서 다음 래더 블록의 선두로 점프합니다.

툴바 아이콘	단축 키	대응하는 메뉴	개요
–	Ctrl + Alt + PgUp	이전 래더 블록 선두 점프	커서를 현재의 위치에서 이전 래더 블록의 선두로 점프합니다.
–	Ctrl + F5	코멘트 표시	디바이스 코멘트를 표시합니다.
–	Ctrl + F7	스테이트먼트 표시	스테이트먼트를 표시합니다.
–	Ctrl + F8	노트 표시	노트를 표시합니다.
–	Ctrl + -	래더 블록 숨기기	래더 블록을 숨깁니다.
–	Ctrl + +	래더 블록 표시	숨겨진 래더 블록을 표시합니다.
–	Ctrl + 마우스 휠 위로 회전	크게	편집 화면의 문자의 표시 크기를 크게 합니다.
–	Ctrl + 마우스 휠 아래로 회전	작게	편집 화면의 문자의 표시 크기를 작게 합니다.
–	Ctrl + Shift + Enter	상하로 바둑판식으로 FB 열기	래더 에디터와 펑션 블록의 프로그램 에디터를 상하로 바둑판식으로 표시합니다.
–	Ctrl + R	Zoom 소스 블록 열기	Zoom 소스가 되는 SFC도를 표시합니다.
–	Shift + Alt + ↑/↓/←/→	위 방향으로 이동/ 아래 방향으로 이동/ 왼쪽 방향으로 이동/ 오른쪽 방향으로 이동	SFC도상의 커서를 상/하/좌/우 방향으로 이동합니다.
–	Ctrl + F1	명령 도움말 열기	명령 도움말을 표시합니다.
–	Space	–	검색 화면을 표시합니다.
–	F1	명령 도움말	명령의 상세 설명을 표시합니다.
–	Ctrl + Shift + =	–	인 라인 ST 편집 시 대입 연산자(: =)를 삽입합니다.

변환/컴파일 관련 단축키

내 용	단 축 키
변환	F4
변환+RUN 중 쓰기	Shift + F4
변환(모든 프로그램)	Shift + Alt +F4
PLC 쓰기	Alt + O + W

모니터 모드 관련 단축키

내 용	단 축 키
모니터 모드	F3
모니터 중 쓰기모드	Shift + F3
모니터 종료	Alt + F3
쓰기 모드	F2

[특수 릴레이와 특수 레지스터]

[표] 특수 릴레이

번호	명 칭	내 용
SM400	상시 ON	• 항상 ON되어 있는 접점
SM401	상시 OFF	• 항상 OFF되어 있는 접점
SM402	RUN 후 1스캔만 ON	• RUN 후 1스캔 시간동안만 ON되는 접점 • 스캔 실행 타입의 프로그램에서만 사용
SM403	RUN 후 1스캔만 OFF	• RUN 후 1스캔 시간동안만 OFF되고 나머지는 ON • 스캔 실행 타입의 프로그램에서만 사용
SM404	저속 프로그램 RUN 후 1스캔만 ON	• RUN 후 1스캔 시간동안만 ON • 저속 프로그램에서만 사용
SM405	저속 프로그램 RUN 후 1스캔만 OFF	• RUN 후 1스캔 시간동안만 OFF되고 나머지는 ON • 저속 프로그램에서만 사용
SM409	0.01초 클록	• 일정한 시간간격으로 ON/OFF를 반복하는 접점
SM410	0.1초 클록	
SM411	0.2초 클록	
SM412	1초 클록	
SM413	2초 클록	
SM414	2n초 클록	• SD414에서 지정한 값(n)에 따라 클록 시간 결정
SM415	2n(ms) 클록	• SD415에서 지정한 값(n)에 따라 클록 시간 결정

[표] 특수 레지스터

번호	명 칭	내 용
SD412	1초 카운터	• RUN 후 1초마다 +1씩 증가 카운트 • 0 → … → 32767 → 0 → …을 반복
SD414	2n(sec) 클록 설정	• n 값을 지정 (디폴트: 30sec) • 1~32767 범위 내 지정
SD0415	2n(ms) 클록 설정	• n 값을 지정 (디폴트: 30ms) • 1~32767 범위 내 지정
SD420	스캔 카운터	• RUN 후 1스캔마다 +1씩 증가 카운트 • 0 → … → 32767 → 0 → …을 반복
SD430	저속스캔 카운터	• RUN 후 1스캔마다 +1씩 증가 카운트 • 0 → … → 32767 → 0 → …을 반복 • 저속 프로그램에서만 사용

[I / O 할당표]

입력				출력			
NO	PLC	기능	기호	NO	PLC	기능	기호
1	X00	공급후진센서	SUP_B	1	Y20	공급전진SOL	SUP_SOLF
2	X01	공급전진센서	SUP_F	2	Y21	공급후진SOL	SUP_SOLB
3	X02	송출후진센서	OUT_B	3	Y22	송출전진SOL	OUT_SOLF
4	X03	송출전진센서	OUT_F	4	Y23	송출후진SOL	OUT_SOLB
5	X04	가공하강센서	WORK_B	5	Y24	가공하강SOL	WORK_SOL
6	X05	가공상승센서	WORK_F	6	Y25	배출전진SOL	EJECT_SOLF
7	X06	배출후진센서	EJECT_B	7	Y26	배출후진SOL	EJECT_SOLB
8	X07	배출전진센서	EJECT_F	8	Y27	스토퍼하강SOL	STP_SOL
9	X08	스토퍼상승센서	STP_B	9	Y28	흡착전진SOL	ABS_SOLF
10	X09	스토퍼하강센서	STP_F	10	Y29	흡착후진SOL	ABS_SOLB
11	X0A	흡착후진센서	ABS_B	11	Y2A	흡착컵동작SOL	ABS_SOL
12	X0B	흡착전진센서	ABS_F	12	Y2B	저장전진SOL	SAVE_SOLF
13	X0C	흡착센서	S_ABS	13	Y2C	저장후진SOL	SAVE_SOLB
14	X0D	저장후진센서	SAVE_B	14	Y2D	드릴가공모터	DM
15	X0E	저장전진센서	SAVE_F	15	Y2E	컨베이어모터	CM
16	X0F	공급검출센서	S_SUP	16	Y2F		
17	X10	분배검출센서	S_DIV	17	Y30		
18	X11	검사센서(1)-비금속	S_NOM	18	Y31		
19	X12	검사센서(2)-금속	S_METAL	19	Y32		
20	X13	스토퍼검출센서	S_STP	20	Y33		
21	X14	컨베이어 엔코더	CM_EN	21	Y34		
22	X15	광센서	S_OPT	22	Y35		
23	X16			23	Y36		
24	X17			24	Y37		
25	X18			25	Y38		
26	X19			26	Y39		
27	X1A			27	Y3A		
28	X1B			28	Y3B		
29	X1C			29	Y3C		
30	X1D			30	Y3D		
31	X1E			31	Y3E		
32	X1F			32	Y3F		

저자와의
협의에 의해
인지 생략

예제 중심으로 쉽게 배우는

MELSEC-Q PLC 자동화제어 실무 기초

3판 2쇄 2026년 1월 15일

저 자 정영호 / 조승근 / 최국진
발행인 송광헌
발행처 **복두(더)**
주 소 서울특별시 영등포구 경인로 82길 3-4
센터플러스 807호
(우) 07371
전 화 02-2164-2580
FAX 02-2164-2584
등 록 1993. 11. 22. 제 10-902 호

정가 : 25,000원
ISBN : 979-11-6675-611-5 95560

한국과학기술출판협회 회원사